Eco-Friendly Plant Engineering

친환경 플랜트 공학

박운진 저

A-JIN 도서출판 아 진

“내가 가는 길을 그가 아시나니 그가 나를 단련하신 후에는 내가 순금 같이 되어 나오리라 (욥23 : 10)”

머리말

교재 집필 동기

우리나라가 경제발전과 기술개발을 통해 국제경쟁력을 갖춘 요즘, 국내뿐 아니라 해외에서도 플랜트의 수주가 활발하게 이루어지고 있고, 전 세계적으로 에너지 소비의 증가에 따른 화석연료의 고갈과 지구온난화 등의 영향으로 신재생에너지의 개발과 활용에 대한 관심이 고조되고 있다. 이런 국내외적 수요를 감당해내기 위하여 에너지 플랜트 산업 분야에서 활약할 유능한 인재의 양성이 절실한 실정이다.

요즘 들어 대학에서 기계공학 전공자 중에서 플랜트 분야로 진출을 희망하는 학생들이 대폭 증가하고 있는 것은 고무적인 현상이며 시의적절하다고 하겠다. 그러나 플랜트 분야가 기계공학뿐 아니라 화공, 전기, 전자, 정보통신, 토목, 건축, 산업공학 등 공학의 전 분야와 더불어 경제, 경영, 법률, 정치, 홍보 등 실로 다양한 전공분야들을 망라하는 대규모의 종합적이고 유기적인 복합 산업분야라는 특성상 이를 한 권의 단행본 교재로 다루기에는 어려움이 많고, 더욱이 우리의 공학교육이 개개의 학과나 전공분야별로 운영되고 있는 실정이라 대학의 기계공학 학부과정에 적합하도록 집필된 마땅한 플랜트 공학 교재가 거의 없는 것이 현실이다.

이런 현실을 감안하여 플랜트 설계와 건설 분야에서 부족하나마 실무 경험을 체득한 저자의 독특한 배경을 토대로 이론에 치우치기 쉬운 대학의 강의와 플랜트 현장의 실무를 연결시켜 주는 것도 학생들에게 의미 있는 일이 아닐까 판단되어 본 교재를 집필하게 되었다. 무엇보다도 취업을 준비하는 기계공학 전공자들에게 플랜트 산업에 대한 개략적인 소개를 통해 플랜트의 특성을 이해할 수 있도록 돕는 일이 우선이라 생각되어 학문적 바탕을 새롭게 구축하기보다는 이 분야의 고전으로 널리 알려져 온 H. F. Rase와 M. W. Barrow의 저서 제1장 2를 토대로 삼아 요즘의 플랜트 산업 추세를 반영하여 본 교재를 구성하였다.

지난 수 십 년간의 엄청난 기술의 발전에도 불구하고 플랜트의 설계, 건설, 및 운영의 기초적 사항이 그다지 변하지 않았다는 것은 크게 놀라운 일은 아니다. 그러나 본 교재에서는 그러한 기초적 사항뿐만 아니라 더불어 발전된 공법과 기술도 보완하고, 다양한 최신 기술의(a-state-of-the-art) 플랜트를 소개함으로써 학생들에게 플랜트 산업계로의 취업과 진로선택에 도움을 주고자 하였다. 본 교재에서는 기계공학의 열유체 에너지시스템 관련 분야를 망라함으로써 기계공학의 기초이론인 열역학, 유체역학, 재료역학과 더불어 열전달,

유체기계, 신재생에너지 등의 응용 교과들을 플랜트 설계, 건설, 운영 분야에 실무적으로 적용할 수 있도록 하였다.

다양한 최신 기술이 집적된 플랜트를 시각적으로 학생들에게 보여주기 위해서는 현실적으로 다양한 실물사진이나 동영상 등의 소개를 통해서만 가능하다. 이를 위하여 기존의 여러 종류의 플랜트 요소들에 관한 폭넓은 영상자료나 사진들이 여러 경로를 통해 본 교재에 인용되어 있음을 밝히는 바이다. 이렇게 인용된 자료들 중에는 미처 원저작자의 허락을 득하지 못한 경우도 있을 것으로 우려된다. 그러나 어떤 경우라도 이는 단지 학생들의 교육을 우선적으로 고려한 것으로 플랜트 공학도의 양성 교육 외의 다른 상업적 목적이나 의도를 전혀 갖고 있지 않다는 점을 강조해 두고자 한다. 본 교재에서 인용된 사진이나 도안들 중 원저작자의 사전 동의 없이 사용된 점이 있다면 이는 전적으로 저자의 게으름 때문이기도 하지만 대부분의 경우 널리 유포되어 있는 자료들의 출처를 밝히는 것이 쉬운 일은 아니며 그런 시도와 번거로움이 학생들의 교육에 직접 들어갈 시간과 노력을 넘어서는 것이 될까 우려함 때문이다. 이에 관계자 제위께 깊은 양해를 구하고 감사를 함께 전하고자 한다.

감사의 글

본 교재에 이용된 수많은 자료의 수집, 분석과 도안 및 그림의 준비에 많은 시간과 노력을 보태어준 한기대 기계공학부 곽상윤, 강민호, 주준 제군에게도 감사의 말을 전한다.

오랜 기간 동안 플랜트 설계와 건설 현장에서 여러 가지 현장실무에 길잡이가 되어주셨던 국내외의 여러 선학 선배 엔지니어들에게 무한한 존경과 감사를 전한다. 특히 저자의 플랜트 엔지니어 시절에 잊을 수 없는 도움과 격려를 아끼지 않으신 현대엔지니어링(주)의 박형순 전 고문님과 이학원 전 부장님, 한국전력 자회사의 이임택 전 사장님, 제주대학교 이윤준 교수님, 캐나다 원자력공사의 협력사인 NCM 전 사장 O. G. Weber, 그리고 Arabian-Bechtel사의 기계엔지니어인 R. E. Kisner, 그 외의 수많은 분들께 빚진 마음을 후학들의 지도에 열심을 다함으로써 갈음하고자 한다.

이 책을 출판하도록 배려해 주신「도서출판 아진」의 김근배 대표님께 깊은 감사를 드리며 부족한 필자의 책들을 아끼고 사랑해주시는 독자 여러분들께 다시 한 번 감사드린다.

한국기술교육대학교 아우내 교정에서 **박운진**

차 례

PART 1 플랜트 서론

PART 2 플랜트 설계의 주요 단계

PART 5 터보기계 선정 상세사항

PART
6
플랜트
건설 시공

부록

PART 1

플랜트 서론

1.1 플랜트란 무엇인가?

1.1.1 플랜트의 정의와 분류

플랜트의 정의

일상적인 의미의 플랜트란 한 그루의 식물이나 나무(plant)를 가리킨다. 이런 플랜트는 한 그루의 독립적인 개체로서 뿌리, 줄기, 잎과 꽃의 각 요소를 종합하는 조화로운 구성을 이루고 외부로부터 흡수한 영양소를 가지고 광합성이란 과정을 통해 열매를 맺는다. 이와 유사하게 여러 요소들로 이루어진 하나의 단위 공장(facility: 설비)이 원료(input: 입력)를 공급받아 어떤 제조 과정 (process: 공정)을 거쳐 필요한 제품(output: 출력)을 생산해낼 때 이런 기계장치 시스템을 통틀어 플랜트 시스템 또는 간단히 플랜트라 부른다.

Tree(plant)	Power plant
root+stem	civil foundation+steel structure
CO_2+H_2O(input)	fuel(hydrocarbon)+air(input)
leaf=photosynthetic process	boiler+turbine=Rankine cycle
flower+fruit(output)	generator+cable=electricity(output)

한편, 플랜트 산업이란 석유, 가스 ,담수 또는 전력 등 제품을 생산할 수 있는 설비를 공급하거나 공장을 지어주는 산업을 말한다. 특히 해외에서 플랜트를 수주하면 설비와 부품 상당 부분을 국내에서 조달하기 때문에 전체 수주액 중 절반 정도는 수출로 연결되는 국가의 중요한 기간산업 중의 하나이다.

플랜트의 분류

모든 플랜트는 특정한 목적을 가지고 설계되고 건설되며 또한 운용된다. 플랜트는 그 목적에 따라 다양한 원료를 입력(input)으로 공급받아 계획된 공정을 거쳐 원하는 최종 제품을 출력(output) 하는 기계장치 시스템이므로 일반적으로 플랜트에서 생산되는 최종 제품을 기준으로 플랜트를 분류하고 명명한다. 대개의 경우 산업계에서는 플랜트를 다양한 화학제품과 공산품을 생산해내는 화공(화학 공정) 플랜트와 전력을 생산해내는 발전 플랜트의 두 분야로 대별하여 업무를 수행한다.

화공 플랜트에는 셀 수 없이 다양한 화학제품이나 식음료 등을 생산해내는 제조 공정들이 있으며 원료로서는 주로 원유에서 추출된 석유나 농산물 등이 이용된다. 반면에 출력으로서 전기에너지를 생산해내는 모든 발전 플랜트에는 비교적 단순한 몇 가지 전력 생산 공정이 채택되고, 대신에 입력으로 사용되는 다양한 에너지원의 종류에 따라 석탄, 석유, LNG를 이용하는 화력 발전과 원자력 발전, 수력 및 조력 발전 플랜트로 구분된다. 최근에는 화석 연료의 고갈에 따른 대책의 일환으로 다양한 신재생에너지원을 이용한 풍력, 태양열, 태양광, 지열, 소수력, 파력 발전 등의 연구와 개발이 활성화되고 있다. 여러 가지 다양한 범주로 플랜트를 분류할 수 있으나 일반적으로 아래와 같이 나눌 수 있다[그림 1-1, 1-2, 및 1-3 참조].

1) chemical process plants (화학 공정 플랜트)
2) oil refinery plants (petroleum distillation plants; 정유 플랜트)
3) power plants (oil, coal, LNG, 발전 플랜트, 신재생에너지 플랜트)
4) nuclear power plants (원자력 플랜트)
5) desalination plants (해수 담수화 설비)
6) water treatment plants (수처리 설비)
7) environment plants (탈황 설비 등)
8) steel mill, airport & seaport, hospital, automobile manufacturing plants, off-shore plants, industrial plants, etc. (제철소, 공항과 항만, 병원, 자동차 생산설비, 해양 플랜트; 산업 플랜트 등)

[그림 1-1] 정유 플랜트(바레인) 5

[그림 1-2] 화력발전 플랜트(미국, 플로리다) 4

[그림 1-3] 원자력발전 플랜트(울진)

본 교재에서는 주로 기계공학 전공자를 대상으로 하여 플랜트를 다루고 있으므로 화학 공정 플랜트를 기초로 하는 공정 개발에 관한 내용은 최소화하고 에너지 생산 플랜트의 대표 격인 발전 플랜트를 중심으로 집필되었다. 그러나 플랜트 공학의 기초를 이해하는 데에는 플랜트의 종류와는 크게 관련되지 않을 것으로 판단된다.

1.1.2 플랜트 엔지니어와 친환경 플랜트

플랜트 엔지니어

플랜트 엔지니어는 각종 플랜트 프로젝트에서 공학적 기술과 경제적 판단을 기초로 하여 플랜트의 계획 단계로부터 완공 후 상업 운전에 이르기까지의 전 과정에 참여하는 여러 전공 분야의 기술자를 말한다. 플랜트의 종류에 따라 플랜트 엔지니어와 플랜트 전문가 집단의 주 전공 분야 별 구성은 달라질 수 있지만 대체로 그 구성은 기계공학, 화학공학, 원자핵공학, 전기-전자-정보통신공학, 금속-재료공학, 토목공학, 건축공학, 환경공학, 그리고 산업공학 등 거의 모든 공학 분야의 전문가 집단과 더불어 경제 및 경영학 분야, 법률 및 지적재산권, 언론 및 홍보의 전문가 집단으로 이루어진다. 플랜트의 대부분을 차지하는 화학 공정 플랜트에서는 주로 화학공학을 전공한 프로젝트 관리자(project manager)를 중심으로 전기전자, 토목, 건축 등 여러 전문가 집단이 프로젝트를 수행하며, 화력발전 플랜트에서는 주로 기계공학을 전공한 엔지니어가 프로젝트 관리자가 된다.

플랜트 엔지니어 및 전문가 집단이 수행하는 플랜트 프로젝트에서의 업무는 대체로 1) 기본설계, 발주, 입찰, 수주 계약(contract) 2) 주 설계(design & engineering) 3) 구매 및 제작(procurement & fabrication) 4) 설치, 건설 및 감리(erection, construction & supervision) 5) 시운전(commissioning or test operation) 6) 운전 및 보수(operation and maintenance)로 구분할 수 있다.

플랜트 전문가 집단은 주로 대기업 집단 같은 유명한 플랜트 설계, 제작 및 건설 회사들과 플랜트를 상업적으로 운영하는 공기업 형태의 전력, 수자원, 광물자원, 도시가스, 지역난방 공사 등에서 활동하게 된다. 특히 플랜트의 설계, 구매 및 건설을 모두 수행하는 회사를 EPC업체(Engineering, Procurement & Construction firms)라 하는데 규모가 큰 플랜트 프로젝트의 대부분은 국제적인 경쟁에 의해 이루어지고 있다.

플랜트 전문가들이 그들의 조직 내에서 수행하는 업무는 회사와 계약의 형태에 따라 다양하다. 예를 들어 보면 대체로 제안서(proposal) 작성, 입찰의향서 평가[bid (technical) evaluation], 공사 도급계약서(contract)의 작성, 플랜트 상세 설계 및 도면 작성(engineering & drawing drafting), 시방서 및 구매 지시서(specification & purchase orders) 작성, 공정 관리(scheduling), 설치 및 건설 시공, 품질 관리, 기성고 관리, 시운전, 상업 운전 및 보수, 그리고 관련 법규, 표준(ASME, ANSI, DIN, JIS, KS standards, codes, N stamp 등), 기타 자료, 문서(documentation) 등의 관리가 있다.

친환경 플랜트

산업혁명 이후 혁신적인 기술 발전에 따라 인류 문명을 풍요롭게 해주는 다양한 제품을 생산해내는 수많은 대규모 공장설비 즉 플랜트가 건설되고 운영되어오고 있으며 이에 따라 인류는 예전에 경험해보지 못한 막대한 양의 에너지를 소비하게 되었다. 그러나 주지하다시피 21세기에 들어서서 인류의 주된 에너지원이었던 화석연료의 고갈로 인해 인류의 물질문명은 위기를 맞고 있으며[그림 1-4 참조], 한편 토양과 물 및 대기의 오염, 오존층 파괴, 기후 변화와 지구 온난화, 환경오염에 따른 생태계 파괴와 종 다양성의 위기 등으로 인류의 삶의 질이 나날이 위협받고 있는 실정이다.

[그림 1-4] 화석 연료 시대의 종말 [3]

최근에는 저가의 에너지를 대량 공급하는 몇몇 국가들은 에너지 공급을 정규 외교채널을 통해 현실화할 수 없는 정치적 목적의 달성을 위한 잠재적인 정치 경제적 무기로 사용하고 있다. 이러한 에너지 테러 때문에, 한국을 포함한 세계의 에너지 의존적 국가들의 국민들은 새로운 에너지원의 개발과 함께 에너지 보존의 중요성을 더욱더 인식하게 되었을 뿐만 아니라, 전 세계적으로도 보다 친환경적인 에너지 플랜트에 대한 관심이 고조되고 있다. 또한 고갈되는 화석 연료에 대한 대책으로 다양한 신재생에너지의 개발이 추진되어오고 있으며 오염원의 배출을 최소화하는 친환경 플랜트의 필요성이 날로 증대되고 있다[그림 1-5 참조].

[그림 1-5] 친환경 발전 플랜트의 예(솔라 타워, 스페인 세비아)

인류 전체의 이익을 위하여 이러한 새로운 에너지원을 발굴하고 친환경 플랜트를 개발하는 것은 과학자, 기술자 및 플랜트 엔지니어들의 책무이다. 이를 달성하기 위해 플랜트 엔지니어들은 다양한 에너지의 형태, 에너지원, 변환기술 및 보존방법을 각각의 이점, 한계 및 내재문제점 등과 함께 이해할 수 있도록 이에 대한 친밀한 지식을 갖추어야만 한다.

20세기의 전반부에, 에너지원은 주로 경제성 (즉, 저 비용)을 고려하여 개발되었고 후반부에서는, 동력 엔지니어들은 에너지변환에 있어서 세 가지 "E" 즉 energy(에너지), economy(경제성), 및 ecology(생태학)를 고려해야만 하게 되었으며 이러한 세 가지 "E"를 균형적으로 다루는 것이 주된 기술적 도전의 과제가 되고 있다. 그러나 친환경을 강조하는 21세기에 들어서서, 에너지 엔지니어들은 에너지변환의 6가지 "P", 즉 power(동력), pennies(돈), pollution(오염), politics(정치), prejudice(편견) 및 public relations(홍보)를 고려해야만 하는 부담을 한층 더 안고 있다.

이런 조건들을 만족하기 위해 노력하는 것은 때때로 우리의 사기를 매우 떨어뜨리고 혼란스럽게 할 수 있다. 더욱이 오늘날 가능한 최선의 선택으로 여겨지는 변환시스템들이 실제적인 운전에 들어갈 경우 경제적이 아니거나 또는 일반 대중에게 수용될 수 없을 수도 있다. 하나의 대규모 발전소를 계획에서 가동하기까지 8년에서 12년이 걸린다고 할 때, 이 새로운 발전소가 완공 시 그 때의 전력수요를 만족할 지, 관공서의 규정 및 새로운 법규들을 만족할 수 있을 지를 예측하기는 매우 힘든 일이다.

1.1.3 플랜트와 에너지, 에너지원 및 성장률

개요

인류의 역사를 통하여, 문명의 주된 진보는 에너지 소비율의 증가에 의해 이루어져 왔다. 오늘날에도 에너지 소비는 사람들의 생활수준과 나라의 산업화에 직접적으로 연관되어 나타나며 이것은 다시 플랜트 산업의 성장과 직결된다. 그러므로 플랜트와 에너지는 불가분의 관계이며, 어떤 종류의 플랜트이던 간에 모든 플랜트의 건설과 운용에 있어서 플랜트 엔지니어는 무엇보다도 먼저 에너지와 에너지원, 이용 가능한 에너지 자원량, 전력의 생산과 소비 및 경제 성장률에 대한 폭넓은 지식을 갖추어야 하며 현명한 에너지원의 선택과 이용을 사려 깊게 고려해야만 한다.

가용한 에너지의 공급이 충분한 나라들에서는 높은 산업성장률과 그에 따른 국가총생산의 증가가 실질적으로 높은 것을 알 수 있다. 그러나 때때로 값싼 에너지가 가용할 때 이는 에너지의 비효율적 이용으로 이어지고, 때때로 이는 생태학적 재앙을 초래하는 결과가 된다. 그러나 세계 인구 대부분의 생활수준을 향상시키기 위해서 현재의 에너지 소비 율이 크게 확산되어야만 한다는 사실은 분명하다.

[그림 1-6]에서 세계의 다양한 국가에 대한 1인당 국민소득으로 측정된 생활수준과 1인당 에너지 소비율과의 관계를 볼 수 있다. 그림에서 보듯이 여러 나라의 생활수준은 에너지 소비율과 대체로 비례하며 인도나 이집트 등 개발도상국들은 국민소득과 에너지 소비율 모두가 세계평균보다 낮으며 대다수의 서방 선진국들은 세계평균을 훨씬 상회한다. 또한 한국을 포함한 경제신흥국들의 에너지 소비율은 소득에 비해 상대적으로 높은 반면에 스위스나 덴마크 등 서방 선진국들의 에너지 소비율은 소득에 비해 상대적으로 훨씬 낮은 것으로 나타난다.

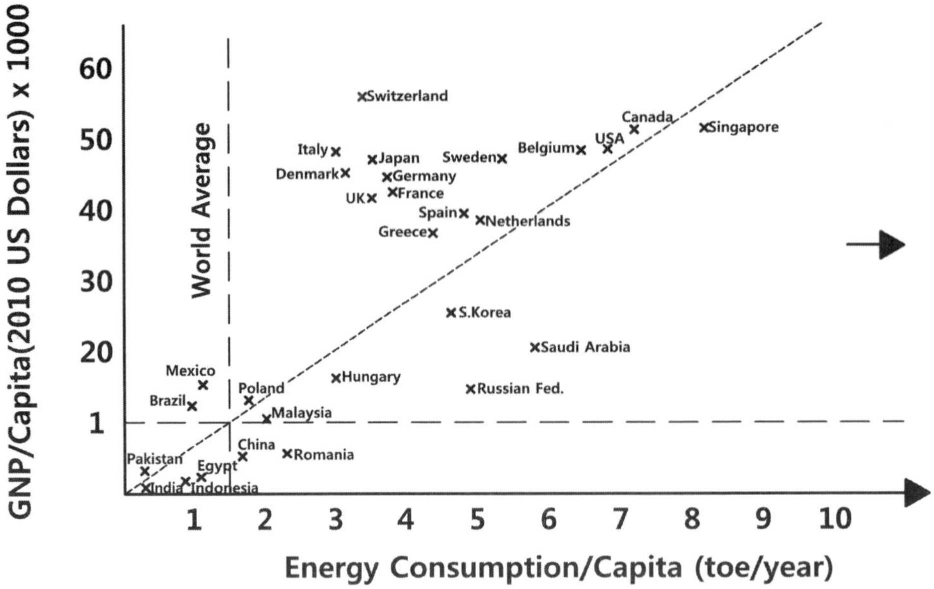

[그림 1-6] 국가별 GDP에 따른 에너지 소비율 3

에너지와 동력의 단위

플랜트의 설계와 운용에 있어서 에너지 계산을 수행할 때 에너지 단위와 동력 단위를 혼동하지 않도록 주의를 기울여야 한다. 동력(power)이란 에너지율(P = dE / dt)이고 에너지는 주어진 시간 간격에 대한 동력의 적분 값과 같다. 국제표준(SI) 단위가 본문 전체에 걸쳐 일반적으로 사용되나 때때로 다른 단위가 쓰이기도 한다.

에너지의 SI 단위는 joule(J)로서 J, kJ, MJ이 주로 사용되지만, 본 교재에서 필요한 경우 사용되고 있는 다른 단위로서는 칼로리(cal), 영국 열 단위(Btu) 및 foot-pound 힘(ft.lbf) 등이 있다. 이에 덧붙여, 에너지를 와트시(Wh), 킬로와트시(kWh), 마력시(hph) 등등의 동력과 시간의 곱으로 표현하는 것도 일반적이다.

에너지원

모든 에너지원은 두 가지 일반적 범주로 묶을 수 있는데, 외계로부터 지구에 도달하는 에너지원인 유입에너지(income energy)와 지구 내 또는 지구상에 기 존재하는 에너지인 자본에너지(capital energy)가 그것이다. 유입에너지는 태양 및 달 에너지를 포함하며 자본에너지원에는 화석연료, 지열에너지 및 핵에너지를 포함한다.

유입에너지원은 실제적으로 외계공간으로부터 지구로 에너지를 제공하는 모든 가능한 에너지원을 포함한다. 이에는 항성, 행성 및 달뿐만 아니라 지구의 대기 중으로 들어오는 유성의 위치에너지로부터 오는 전자기, 중력 및 입자 에너지를 포함한다. 유입에너지원 중에서 유용한 형태는 직접 태양에너지로 불리는 태양으로부터의 전자기에너지 형태와 조류를 발생시키는 달의 중력에너지이다. 유입에너지원의 이용은 그것이 연속적이며 고갈되지 않는 에너지원으로 비교적 오염이 적기 때문에 매우 매력적이다.

직접태양에너지는 또한 다수의 간접적인 비 고갈 에너지원을 만들어 낸다. 직접적인 태양열은 지구의 자전과 결합되어 대기 중에 바람의 형태로 다소 큰 규모의 대류흐름과 해양에서의 해류를 생성한다. 태양에너지의 흡수는 또한 동력발생 가능성을 지닌 대양에서의 매우 큰 열 구배를 형성한다. 이와 함께 지표수의 증발은 높은 고도에서 비로 응축되어 구름을 형성하고 이는 수력발전 또는 수력동력원을 제공한다. 바람은 또한 에너지를 발생시킬 수 있는 대규모의 해양 파도를 만든다.

직접태양에너지의 또 다른 간접형태는 광합성과정의 결과로 만들어지는 모든 생체물질이다. 이 에너지원은 바이오매스(biomass)라는 일반적 명칭을 가지며 이에는 나무, 동물, 식물, 유기폐기물과 그것들로부터 도출될 수 있는 기타 생성물이 포함된다. 목재와 같이 이 물질들 중의 몇 가지는 직접 연료로 이용될 수 있고 또는 차콜, 알코올, 에탄 및 다른 연료가스와 같은 다른 연료를 만드는데 이용될 수 있다. 바이오매스의 다른 형태들은 지구상의 저개발국가에서 광범위하게 실용되고 있으며 이들의 이용은 미국에서 가능한 대체 연료 에너지원으로 연구되고 있다.

유입에너지의 다른 주요 에너지원은 달 에너지인데 이것은 근본적으로 달로부터의 중력에너지이다. 이 중력에너지는 조수간만의 차이를 만든다. 전기 생산을 위하여 조수 동력을 이용하는 여러 제안이 있었다. 이런 시스템은 조수만의 입구를 가로질러 다수의 댐을 건설하는 것을 포함한다. 댐에는 다수의 가역 수력 터빈을 통해 조수가 전후로 흐르도록 한다.

전 세계에 4개의 조력발전 시스템이 건설되었다. 러시아의 키슬라야 구바에 설치된 매우 소규모(2 MW)의 조력발전 시스템, 캐나다 노바스코샤의 아나폴리스 강의 펀디 만에 설치된 20 MW 용량의 시스템과 프랑스의 랑스 강어귀의 240 MW 조력시스템 그리고 최근에 한국의 시화호에 설치된 10기의 25.4MW 터빈으로 이루어진 시스템이 있다. 프랑스 랑스 조력발전소는 지금 양수-저장 시스템으로 사용되고 있다. 동력 수요가 적은 시간엔 발전기-전동기 유닛이 역행되어 바닷물을 강어귀로 양수하여 끌어드리고 그 물은 차후로 피크동력 수요 시에는 동일한 발전기를 통해 바다로 방출된다.

캐나다 조력 시스템은 1984년에 완성되었고 캐나다의 펀디 만을 따라 설치될 예정인 다른 시스템의 원형으로 고려되고 있다. 아나폴리스의 조력시스템은 단일 효과 수력 터빈을 채택하고 있는데 랑스 조력발전소가 이중 효과 수력 터빈을 채용한 반면에 조수가 빠져나갈 때에만 동력을 생산하는 시스템이다.

한국에서는 2011년에 시화방조제로 형성된 시화호의 담수화 계획을 포기하고 단류식 조력발전을 가동하기 위한 조력발전 시스템을 완공하여 시설용량 254 MW (25.4 MW 수차발전기 x 10기)의 세계 최대의 조력발전소로서 전력생산에 돌입하였다.

세계의 모든 조력 시스템의 총 가용량은 약 64,000MW로 추정되고 있다. 이는 매우 큰 규모의 동력이지만 세계의 총 발전량의 10% 미만이다. 조력의 이용이 세계의 에너지 수요 충족에 대한 해답을 제공치 못할지라도, 이 에너지원은 고갈되지 않으며 상대적으로 오염이 없다. 그러나 조수에너지의 주요한 사용은 주변의 조수유역에서의 조수에 영향을 미칠 수 있으며 어떤 지역에서는 홍수를 일으킬 수 있음을 고려해야 한다.

현재 세계의 연료에너지의 핵심적인 주된 원천은 화석연료라 불리는 자본에너지원이다. 미국의 예를 들어 보면, 이 에너지원은 총 연료에너지의 약 90%를 공급한다. 그 외의 10%는 주로 수력발전과 원자력발전이다.

인류가 이용 가능한 연료에너지의 마지막 주된 원천은 지열에너지이다. 이것은 지구의 딱딱한 껍질 아래 및 속에 갇힌 열에너지이다. 이 에너지는 증기, 온수와 고온의 또는 용융된 암석의 형태로 존재한다. 이 에너지는 간헐천, 온천과 화산분출을 통해 방출된다. 이에는 지구가 형성될 때 존재했던 원시 열에너지뿐만 아니라 무거운 방사성동위원소의 붕괴로부터 발생된 열에너지가 포함된다.

지열에너지원은 보통 두 가지 범주 중 한가지로 나눠진다. 열수(hydrothermal) 지열원은 수증기와 온수에 관련된 범주에 속한다. 열암(hot rock)에 관련된 지열에너지원은 열암(petro-thermal) 에너지원이라 부른다. 지각 아래에 갇힌 열에너지는 굉장한 저장량을 갖고 있다. 그러나 이제까지 몇몇 시도에도 불구하고 지각을 뚫기가 불가능하였다. 결과적으로 지각 내에 갇힌 빈 공간에 저장된 지열에너지만이 회수 가능할 뿐이다. 이 빈 공간들은 지질학적 활성 단층선 근처에서 보통 발견된다.

지열에너지의 이용은 최신기술은 아니며 1904년 이탈리아의 라데렐로에 처음으로 지열증기 우물이 천공되었다. 그 플랜트의 현재 전기발전용량은 400 MW 정도이다. 미국의 캘리포니아 및 유타 주에 몇 기의 지열발전소가 있고 멕시코, 아이슬란드, 뉴질랜드, 일본 및 러시아에도 지열발전소가 있다. 이들은 주요 지질학적 단층 부근에 위치하고 있다.

많은 사람들이 오염이 없는 에너지의 주요 원천으로 지열에너지를 장려하고 있다. 하지만 자세히 살펴보면 지열에너지는 장려된 바와 같이 오염이 없는 에너지원이 아닐지도 모른다. 지열시스템의 설치 시 공기오염이 심각한 문제가 될 수 있는데 이는 방사능 기체와 황화수소(H2S)가스의 방출 때문이다. 또한 대부분의 지열에너지 이용 현장에서 얻을 수 있는 증기는 상대적으로 낮은 온도의 포화증기 상태로 존재한다. 다시 말해 증기 터빈을 가동시키는데 필요한 과열증기 조건을 만족시키기에는 증기에너지 조건이 빈약하기 때문에 지열발전소는 기존의 화석연료발전소의 경우와 동일한 전력 생산을 위해 통상 세 배 이상의 열에너지를 주위환경으로 배출하며 이에 따른 열오염의 발생을 가중시킨다.

열수 지열 에너지원은 보통 고농도의 무기물을 함유한다. 이것이 몇 가지 문제를 야기한다. 첫째, 무기물은 열수가 냉각될 때 열전달 표면 위에 덮인다. 둘째, 포화된 냉수의 배출이 문제가 될 수 있다. 열수원의 또 다른 문제는 대지가 함몰될 수 있다는 점이다. 대부분의 지열 증기시스템에서 폐증기는 때때로 소음공해와 함께 대기로 직접 배기된다. 또 다른 예상되는 문제는 이 에너지원을 이용함에 따라서 지진활동이 증가할 수 있다는 점이다. 이것은 열을 얻기 위해 물을 균열된 열암에 물을 분사할 경우에 특히 사실이다. 물이 단층을 윤활 시킬 수 있으며 이로써 지진활동을 증가시킨다.

지각 아래의 뜨거운 맨틀과 용융 핵에 갇혀있는 지열 량은 매우 크지만 회수 가능 량은 매우 제한되어 있다. 더욱이 이들 빈 공간은 화석연료처럼 통상적으로 열에너지가 제거된 다음엔 고갈되어 버린다. 세계의 주요 지열지역으로부터 회수 가능한 총에너지는 약 3,000,000MW-년 이다.

에너지 자원량

지구의 에너지 저장량(매장량)은 4가지 일반적 범주로 나뉜다. 여기에는 재생 가능한 또는 비 고갈 에너지원, 화석연료, 핵분열 물질과 친 핵연료 물질 및 핵융합 동위원소 등이 포함된다. 어떤 경우엔 에너지 자원량(또는 유보량)은 불변하는 확정된 수치라기보다는 원료 에너지의 현재 가격(시세)에 강하게 의존되는 가변적 수치이다. 이는 셰일 오일, 석유 및 우라늄과 같이 재생 불가능한 에너지 자원량에 있어서 특히 사실이다. 에너지 비용이 증가함에 따라 저품위 광물을 채광 하거나 석유생산의 2차적 및 3차적 회수방법을 찾아보는 것이 경제성을 갖게 된다. 이는 사용 가능한 자원량을 효율적으로 증가시키는 것이다.

회수 가능한 자원량에 가격이 어떻게 영향을 미치는가 하는 좋은 예로서 천연우라늄의 가격을 들 수 있다. 우라늄 중에서 유용한 연료는 우라늄-235(U-235)이고 이것이 자연적으로 핵분열이 가능한 유일한 동위원소이다. U-235 자원량은 13.7x1021J로 나타나 있는데 이것은 킬로그램 당 UO의 가격이 66달러 일 때에 해당한다. 만약 우라늄 가격이 4배($265/kg)로 증가할 경우 가용한 자원량은 약 200배로 늘어날 것이고, 가격이 60배로 증가하게 되면 가용한 자원량은 30,880x1021J, 즉 2000배로 증가할 것이다. 우라늄 공급가격이 60배 증가하면 이에 따라 원자력 발전비용이 당연히 증가하지만 이 때 원자력 발전비용의 총 증가는 4배 이하로 예측되는데 왜냐하면 현재의 광석비용은 원자력으로부터 전기에너지 생산에 드는 총비용 중에서 매우 작은 부분을 차지하기 때문이다.

에너지 이용

역사의 여명기 이래로 새로운 에너지원이 발견되고 새롭고 더 나은 변환방법과 기술이 발전됨에 따라 인류는 점점 더 많은 에너지를 이용해 왔다. 최초의 에너지원은 사람과 동물의 근육에 의한 동력이었다. 사회가 진보된 어느 이른 시기엔 사람들은 탄수화물(식물과 나무)의 연소로부터 에너지를 생산하는 법을 배우게 되었다. BC 3000 년경에 사람들은 배를 움직이기 위해 바람을 이용하기 시작하였고 암흑기엔 풍차방앗간을 돌리기 위해 바람을 이용하기 시작하였다. 수력은 예수 탄생 시기쯤에 처음 이용되기 시작했지만 다량의 기계에너지를 생산하기 위해 열에너지가 이용되기 시작한 것은 18 세기말이 지나서이다.

미국의 예로 지난 130여 년 동안 주요 연료에너지원의 변화를 조사해 보면, 1850년엔 연료에너지의 90%이상이 나무나 목재의 연소로부터 얻어 졌다. 65년 뒤인 1915년엔 석탄이 80%이상을 제공했고 목재의 공헌도는 10%로 떨어졌다. 다시 65년 뒤인 1980년에 연료에너지의 75%가 석유와 천연가스의 연소로부터 얻어지고 20%가 석탄에 의해 제공되었다.

주요 연료에너지원이 해를 거치면서 변화되어 감을 인식하면서 다가올 미래인2050년엔 과연 어떤 연료에너지원이 주된 원천이 될 것인가를 생각해 보는 것도 흥미로운 일이다. 그것은 과연 태양에너지, 화석연료, 핵분열원자로, 핵융합로 또는 다른 어떤 동력원일까? 이들 4가지 중에서 어떤 에너지원이 다른 에너지원과 더불어 그때에 연료에너지의 주된 원천이 될 것인가를 예측해보는 것은 흥미로운 일이 될 것이다.

전력 생산과 소비

전력 생산과 소비의 변화 추이에 대한 대표적인 예로서 미국의 경우를 살펴보자. 1970 년 미국의 총 발전 설비용량은 3.56x108kW 이었고, 이에 따른 총 발전량은 1.62x1012kWh 이었다. 즉 총 설비용량을 1년간 완전 가동할 경우 3.56x 08kW x 365일 x 24시 =3.12x1012kWh 가 되며 이는 총 발전량인 1.62x1012kWh의 약 두 배가 되며 이는 전기배전망에 대한 평균 용량계수가 약 50% 이었음을 의미한다. 이 당시 미국에서의 전기 생산에 가장 중요한 에너지원들을 열거해보면 6.3%의 석유, 22.0%의 천연가스, 52.5%의 석탄과 갈탄, 18.2%의 수력발전 그리고 1.0%의 원자력이었다.

1975년까지 건설된 원자력용량은 거의 8%씩 증가하였고 1975년에 주문된 신규발전용량의 절반 이상이 원자력이었다. 총 100개의 원자력 발전소가 1986년까지 미국에서 가동 중에 있었으며 전기에너지의 약 15%가 원자력으로 공급되었다. 그러나 쓰리마일섬(TMI) 원자력발전소가 1978년에 심각한 사고를 겪은 뒤로부터 미국에서는 신규원자력 발전소가 주문되지 않았고 수많은 기 발주 원자력발전소와 건설 중인 또는 거의 완성된 몇 개의 발전소는 취소되었다. 이에 따라 1984년부터는 원자력발전이 발전량 순위에서 2위 자리를 수력발전에게 넘겨주고 3위로 내려앉게 되었다.

2011년 한국의 경우를 살펴보면 원자력 발전의 비중은 31.3%로서 발전량 순위가 2위였고 수력의 비중은 6.5%이며 그 외에는 주로 천연가스, 석유 및 석탄 등 화석연료에 의한 화력 발전이 전력 생산의 중요한 축을 이루어오고 있다.[6]

성장률(Growth Rates)

에너지 소비, 인구, 국민총생산, 개인소득 또는 어떤 선택된 변수라도 계속적으로 증가하는 양의 결과를 조사해 보는 것은 흥미롭다. 만약에 에너지 소비율 (동력) P와 같은 양이 동일한 연간증가율 i로 증가한다면 단위시간당 어떤 양의 변화율은 아래와 같다:

$$\frac{dP}{dt}=i(P) \text{ 또는 } \frac{dP}{P}=i\,dt \tag{1-1}$$

임의의 시간 $t=0$에서 최초 동력이 P_o라 놓으면, 식(1-1)을 적분하여 다음을 얻는다.

$$\ln\left[\frac{P}{P_o}\right]=it \text{ 또는 } P=P_o e^{it} \tag{1-2}$$

이 식에서 i는 연간기준으로 한 일정한 성장률이다.

이에 무차원 파라미터 P/P_o 및 t/t_D를 이용하면, t_D는 배증시간 또는 동력이 2배로 증가하는데 걸리는 시간이다. 따라서$t=t_D$, $P=2P_o$일 때 이를 식 (1.2)에 대입하면 다음을 얻는다.

$$i\ t_D=\ln 2 \text{ 또는 } t_D=\frac{[\ln 2]}{i}=\frac{0.693}{i} \tag{1-3}$$

1920년에서 1975년까지 미국에서 전기에너지 소비는 역사적으로 연간 약 7%의 평균을 나타내었다. 이는 전기발전용량이 수요를 따라잡기 위해 매 0.693/0.07 즉 9.9년마다 두 배가 되었음을 의미한다. 1975년 이래로 전기소비는 그처럼 빠르게 증가하지는 않고 있다.

1.2 플랜트 프로젝트 조직과 프로젝트 엔지니어

1.2.1 플랜트 프로젝트 조직

플랜트 업종의 EPC(Engineering, Procurement, Construction) 회사들마다 자사의 업무 영역을 감당하는 독특한 프로젝트 운영 조직을 가지고 있다. 예로서 플랜트 설계를 주 업종으로 하는 플랜트 엔지니어링 회사의 경우 플랜트 설계 부서의 조직은 대체적으로 프로젝트(사업관리), 화공, 기계전기, 발전, 터빈, 보일러, 배관, 수처리, 설비(HVAC), 계장, 전기, 토목, 건축, 시운전, 그리고 경영 관련 부서로 구성된다. 플랜트 프로젝트를 수행하는 여러 관련 회사들의 조직의 예를 [그림 1-7]에 보였다.

1.2.2 프로젝트 엔지니어

플랜트의 설계와 설치는 절대로 어느 한 분야의 기술자로만 완성될 수 없다. 그 대신에 기계, 화공, 전기, 전자, 그리고 토목 엔지니어와 화학자, 그 외에 다른 여러 분야의 전문가들이 협력하여 노력함으로써 프로젝트를 성공적으로 수행할 수 있다. 이렇게 여러 전문분야를 통합하는 노력은 그러나 오직 단 한 사람에 의해 지휘되어야 하

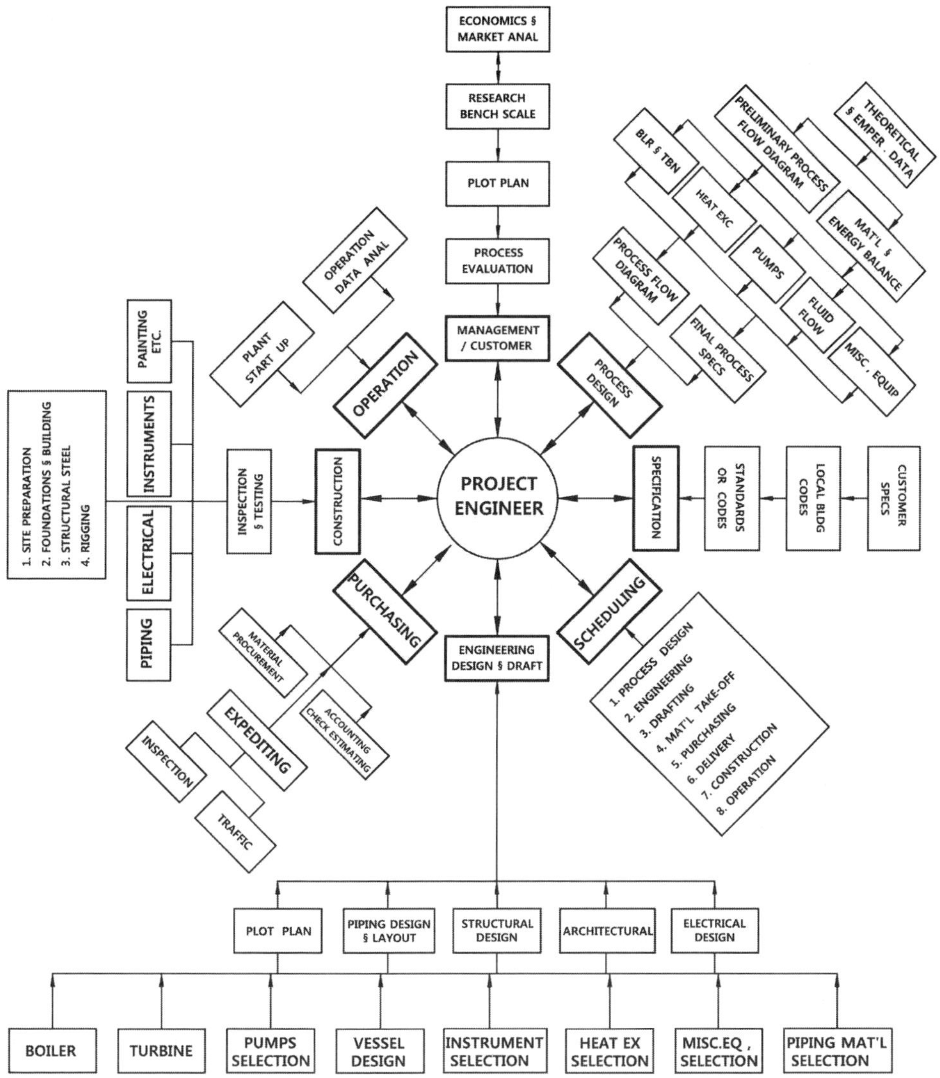

[그림 1-7] 프로젝트 조직 1

며 이 일을 감당할 사람은 프로젝트의 여러 단계에서 공정계획을 잡고 예상되는 일상적인 문제들과 공학적인 문제들을 다룰 수 있어야 한다. 그러므로 공정 플랜트의 전반적인 설계와 건설에 대한 이런 전체적인 책임을 단 한 사람에게 부여하는 방식은 플랜트 산업계에서의 관행이 되어 오고 있으며 이런 임무를 부여받은 사람을 프로젝트 엔지니어 또는 프로젝트 매니저라 부른다.

어떠한 종류의 플랜트 프로젝트에 있어서도 프로젝트 엔지니어의 임무를 수행하기 위해서는 건전한 기계공학 또는 화학공학 배경이 요구 되는 외에 다른 공학 분야들과 경영학 및 경제학에 관한 지식이 요구된다. 물론 그가 이들 분야에 전문가이어야만 할 필요는 없지만, 그런 분야들의 모든 활동을 조정하는(coordinate) 데 충분한 지식을 갖추어야만 한다.

프로젝트 엔지니어의 활동 영역은 수행하는 플랜트의 종류에 따라 그 범위가 결정된다. 일반적으로 화학 및 석유와 같은 프로세스 산업계에서 대규모 운전 회사들은 연구, 개발, 그리고 플랜트 보수를 위한 모든 공학 분야의 기술자들로 구성된 광범위한 스태프 조직을 자체적으로 유지하고 있다. 이러한 회사는 통상적 업무로서 기술적으로 그리고 경제적으로 새로운 공정 개발에 전력을 기울이고 있다. 한편 대규모 발전 플랜트의 경우에는 국가적 공공재인 전력의 생산을 담당하는 공익적 목적의 회사(국가가 운영하는 기업 또는 공사)를 통해 각 플랜트 별로 새로운 공정을 개발하고 설계를 수행하기보다는 자체적으로 개발되어 표준화된 프로세스를 이용하여 프로젝트를 수행하는 것이 통상적인 방식이다.

플랜트 프로젝트를 수행할 때, 엔지니어링 및 건설 회사(contractor: 계약자)와 운전 회사(customer: 고객) 사이의 업무분장에 있어서 다양한 방식의 조합이 가능하다.

1) 공정 개발, 공정 설계, 엔지니어링과 건설의 모든 단계를 계약자가 전부 수행. 예로서 (a) 외국 고객이 국제 규격의 플랜트를 원할 경우 (b) 신설 또는 초기 공정 산업 회사들 (c) 정립된 회사지만 설계에 적극적으로 참여할 가용 인력이 없거나 또는 모든 단계를 계약자가 주관하는 것을 선호하는 회사들 (d) 계약자가 특허 공정을 제공하거나 또는 적합한 공정을 개발하는 경우.

2) 공정 개발은 고객이, 공정 설계는 합동으로, 엔지니어링과 건설은 계약자가 수행. 이 경우가 실험실 규모와 파일럿 플랜트 작업을 통해 고객이 공정을 개발하고 실제 규모의 플랜트를 짓기 원할 때 통상적인 방법이다. 계약자는 고객의 기본 자료를 이용하여 고객과 함께 공정 설계에 참여한다.

3) 모든 공정 설계를 고객이 수행. 고객이 공정에 밀접하게 연관된 대규모 공정 설계 그룹을 가지고 있을 때에는 완성된 공정 설계를 계약자에게 제공하는 것이 좋다. 그러나 고객이 계약자에게 그 설계를 확인해 보도록 요청하는 것이 보통이다.

각 회사의 책무의 구분에 대한 다른 여러 가지 변화도 가능하다. 그러나 어떤 방식에서도 프로젝트 엔지니어의 임무는 매우 중요하다는 점을 주목해야 한다. 계약자와 고객이 모두 참여할 경우, 고객의 프로젝트 엔지니어와 계약자의 프로젝트 엔지니어는 본질적으로 병렬적인 책무를 가지며 양쪽의 책무들이 [그림 1-7]에 체계화되어 있다.

고객의 프로젝트 엔지니어는 계약자의 프로젝트 엔지니어에게 고객의요구와 선호 조건들에 관한 모든 정보를 제공해야 한다. 그는 모든 설계를 확인하고 승인해야 하며, 그 자신의 조직 내의 다양한 설계와 운전 부서로부터 검토의견을 얻어야 한다. 모든 엔지니어링 결정에 있어서 계약자와 고객 양쪽의 관심을 지켜내기 위하여, 계약상의 의무를 위하여, 그리고 무엇보다도 플랜트가 기한 내에 완공되고 시방서에 따라 운전되도록 하기 위하여 계약자의 프로젝트 엔지니어는 그 자신의 조직 내의 다양한 부서들에게 정보를 전달하는 것을 책임져야 한다.

[그림 1-7]에 보인 프로젝트 조직을 다시 참조하면 그림의 위쪽에서부터 시계방향으로 돌아가며 프로젝트 엔지니어의 책무를 손쉽게 추적해 볼 수 있다. 공정 플랜트 프로젝트를 수행한다고 할 때, 제조 회사 A(고객)는 경제성 검토와 기본 연구를 마친 뒤 플랜트를 건설하기로 결정하였다고 가정하자. 회사 A는 자사의 공정 부서와 프로젝트 엔지니어에 의해 준비된 입찰의향서를 여러 EPC회사(계약자)들에게 발송한다. 입찰의향서에는 플랜트의 제안 위치, 프로젝트의 범위, 요구되는 생산량, 그리고 계약자에게 필요한 기타 정보가 포함되어 있다. 고객과 계약자의 모든 부서들 사이에 연락을 즉각 취할 수 있도록 계약자는 그 사업에 자사의 프로젝트 엔지니어를 임명한다. 계약자의 프로젝트 엔지니어는 제안된 플랜트를 설계하고 건설하는 비용에 대한 견적을 준비하는 자사의 공정설계(process design) 부서 및 입찰을 준비하는 견적 부서와 함께 일한다. 견적서류는 책의 형태로 묶어 제안서(proposal)로서 고객에게 제출된다. 제안서에는 고객과 계약자의 모든 책무와 의무사항의 개요를 적고, 공정 유닛(process unit)과 장비를 설명하고, 설계 시방서를 첨부하고, 운전과 기계적 사항에 관련된 보증 사항을 제공하며, 그리고 완공 날짜를 작정한다.

계약이 계약자 B에게 낙찰되었다고 가정하면, B의 프로젝트 엔지니어는 즉시 자신의 회사 내에 그 프로젝트를 수행할 업무 조직을 구성한다. 제안서를 프로젝트 업무 수행의 기준으로 활용하면서, 자신의 맞상대(counterpart)가 되는 A의 프로젝트 관리자와 접촉하여 플랜트의 필수적 공정 요구사항들을 A의 공정 부서와 합의 하에 공고히 확립되도록 업무를 추진한다. 그런 뒤에 계약자의 공정 부서는 고객과 합의된 사항을 바탕으로 최종 공정 설계를 진행한다. 설계가 개발됨에 따라 기계적 시방서들이 작성되고 합의되며 프로젝트의 모든 단계들의 일정이 잡혀서 완공 날짜가 달성되도록 한다. 프로젝트 엔지니어와 그의 보조 인력에 의해 다양한 설계 및 제도 부서에 공정 정보가 전달된다. 그들은 이 정보를 해석하고 개발하여 그 공정 요구조건들이 레이아웃과 설계에 완전히 반영될 수 있는지 살펴보고 그것이 고객의 시방서에 부합하는지 검토한다.

설계가 구체화되기 시작하자마자 플랜트의 주요 장비와 부품들의 조속한 납품이 보장되도록 조달 행위가 이루어진다. 공학적 판단이 요구되는 구매는 프로젝트 엔지니어와 전문기술자의 사전 검토를 거쳐서 최적의 가용 장비가 만족스러운 가격에 확보되도록 한다.

설계가 진행됨에 따라 건설 부서의 대표자들은 프로젝트의 업무 범위와 상세 사항에 관해 프로젝트 엔지니어로부터 브리핑을 받아서 건설이 계획되고 건설 현장의 준비가 시작되도록 한다. 고객과 계약자 모두의 운전 부서들의 요원들은 설계를 검토하고 개선 사항을 제안하도록 요청받는다.

이런 모든 활동을 통해 고객의 프로젝트 엔지니어와 계약자의 프로젝트 엔지니어 및 그들의 보조 인력들은 모든 도면과 자재 요청을 검토하게 된다. 검토 사항들은 취합되어 설계 부서에 반송되어 필요한 변경이 이루어지도록 한다. 계약자의 프로젝트 엔지니어는 이런 변경 사항들이 적절히 수행되고 고객과 계약자 모두의 이해관계에 상충되지 않는지 살펴보아야 한다. 그러나 이러한 과정 중에서 발생된 변경 사항들이 원래의 공정 요구조건들이나 업무 범위 또는 시방서를 변개해서는 안 된다. 그러므로 성공적인 프로젝트의 수행을 위하여, 사실상 운전 부서에서 완공된 플랜트가 설계 시방서와 공정 및 기계적 보증 사항들에 부합함이 증명될 때까지 프로젝트 엔지니어의 책무는 끝나지 않고 계속되어야 한다.

요약하면 프로젝트 엔지니어는 전체 설계 프로젝트를 조정하고 지휘한다. 그의 적극적인 참여는 플랜트의 공정 설계가 완료된 후부터 증가하는 것이 보통이지만 많은 경우에 그는 프로젝트의 매우 이른 시기인 플랜트 입지선정 작업부터 경영진을 보좌할 수도 있고 또한 예비 자료의 수집을 지휘할 수도 있다. 그러나 그의 가장 집중적 업무는 상세 엔지니어링 설계와 제도 작업의 기간 중에 이루어지는데 이는 건설 시공에 사용될 장비의 선정과 도면의 생산에 프로젝트의 조정과 지휘 작업의 필요성이 최고조에 이르기 때문이다.

참고문헌

1 A. W. Culp, Jr. *Principles of Energy Conversion*, 2nd ed. McGraw-Hill, New York, 1991.

2 H. F. Rase and M. H. Barrow. *Project Engineering of Process Plants,* John Wiley & Sons, Inc., New York, 1957.

3 W. Shepherd and D. W. Shepherd. *Energy Studies*, 2nd ed. World Scientific Pub. Co. 2003.

4 S. R. Turns. *Thermodynamics: Concepts and Applications*, Cambridge University Press, 2006.

5 www.bing.com/images/power engineering

6 2011년 원자력발전백서, 한국수력원자력(주), 지식경제부, 2011.

PART 2

플랜트 설계의 주요 단계

2.1 플랜트 입지 선정

플랜트의 적절한 위치는 공정의 선택만큼 플랜트의 성공에 있어서 중요하다. 노동력 공급과 원료 원천 같은 많은 유형적 요인들이 주의 깊게 고려되어야 할 뿐 아니라 평가하기 더욱 어려운 수많은 무형적 요인들도 고려되어야 한다.

플랜트의 입지선정에서는 모든 요인들이 가능한 한 비중 있게 다루어져야 하며 이로써 상당한 비용을 필요로 하지만 시작에서의 잘못된 경제적 판단은 미래의 막대한 손실을 초래할 수 있으므로 주의 깊게 다루어져야 한다.

2.1.1 일반 절차

어떤 플랜트의 입지선정 연구를 진행하기 전에 기존 회사의 조직, 역사, 원가 자료, 그리고 판매 기술에 대한 완벽한 지식을 가지고 있어야 한다. 이는 한 가족이 새집을 구입할 때 자신들의 요구조건을 알고 있어야 하듯이 회사도 신규 플랜트의 입지선정 전에 자신을 알아야 한다. 그러나 이러한 지식을 획득함이 항상 용이한 것은 아니다. 빠르게 성장하는 공정 산업에서 많은 회사들이 짧은 기간 안에 소규모 가족 소유의 회사로부터 대기업으로 성장해 나가고 있다.

투명한 조직과 정책이 이러한 성장의 현상이 두드러진 시기에는 종종 실패하기도 한다. 이런 상황에서 어떤 회사가 새로운 시대에 확장을 해나가기 전에 정책과 조직에 대한 정의를 내려 보려고 시도하는 것은 매우 가치 있는 일이다.

플랜트 입지선정 연구에 관한 실용적 절차를 고안함에 있어서 두 가지 극단 사이에 적절한 타협이 이루어져야 한다. 그 하나로 지치게 하는 통계적 연구는 완성에 십 년이 걸리기도 하며, 또 다른 하나인 단도직입적인 연구는 선입견에 비중을 크게 두어 객관성이 결여될 수 있다.

많은 공정들은 플랜트 입지선정에 대한 가능성의 수를 최소화 시켜 주는 압도적 요인 중 하나 또는 몇 개를 가질 수 있다. 원재료와 수송비가 원료 산지 근처에 플랜트가 위치해야 할 조건이 될 수 있다.

이런 것들이 원료의 산지 근처에 플랜트 위치를 선정하게 하여 자동적으로 입지 조사 노력을 줄여준다. 노동력 요구조건도 대도시만이 다량의 노동력 조건을 공급할 수 있으므로 일정 규모 이하의 도시는 제외시킨다. 이런 요인들이 시간과 비용을 절약하는 효과적인 거름망 역할을 한다.

2.1.2 플랜트 입지선정 요인

플랜트의 입지선정에 대한 연구에서 고려되어야 할 중요한 요인들에 대한 논의가 아래에 주어져 있다. 이 요인들은 원료, 수송, 공정용수, 쓰레기 처리, 연료 및 동력, 노동력, 기후, 그리고 지역사회 요인들이다.

원료(Raw Materials)

원료 공급처가 플랜트 현장에 바로 위치하지 않더라도 원료 공급처 선정은 궁극적인 플랜트 입지선정에 극히 중요한 요인이다. 많은 경우에 원료공급 현황의 연구는 다른 플랜트 입지선정 요인들의 분석에 앞서서 진행되어야 하며, 이는 공정에 관한 파일럿 플랜트(pilot plant) 작업이 적어도 궁극적인 원료 공급에 관한 지식을 요구하기 때문이다. 공정개발 작업과 경제적 분석은 원료 선정에 대한 최소한의 표준적 기준을 지시하게 될 것이다. 이런 기준들이 결정된 다음에 모든 허용 가능한 원료 공급처들의 위치가 파악될 수 있고 보다 상세한 출처의 분석이 진행될 수 있다.

모든 원료 출처의 공급물량의 규모는 지금의 요구와 추정되는 미래의 요구의 관점에서 결정되어야 한다. 그 지역의 대체 원료 출처 또는 대용물의 위치도 또한 파악되고 평가되어야 한다. 플랜트 현장에 공급될 원료의 비용은 공정에 의해 요구되는 양과 질의 조건을 만족하는 모든 출처에 대해 결정될 수 있다.

정확한 화물요금도 이런 비용 결정에 이용되어야 한다. 고전적인 법칙은 만약 원료가 최종 제품으로 변환되는 중에 상당한 양의 무게가 줄어들 경우, 원료의 출처에 가깝게 플랜트를 위치하는 것이 저렴하다. 그러나 이것이 사실이지만 이런 모든 일반원칙에는 다양한 예외적인 변수가 많다. 공급된 원료의 비용 분석은 고려될 각각의 플랜트 위치에 대하여 항상 이루어져야 한다.

수송(Transportation)

앞에서 언급한 것처럼 화물요금에 적용될 간단한 거리 당 금액을 정해주는 법칙은 존재하지 않는다. 특히 철도 화물요금 체계는 매우 복잡하다. 플랜트 위치에 관련된 정보를 책임지는 엔지니어는 수송에 관하여 화물비용과 최적 위치를 확립하는 데에는 수송 전문가와 상담이 필수적임을 알아야 한다. 이러한 전문 정보는 철도나 여타 다른 수송 시설의 화물 대리점과 교통 전문가로부터 얻을 수 있다.

플랜트 입지선정에 대한 수송 시설과 비용의 효과는 조절 요인이 될 수 있다. 예를 들어 최소한의 시간에 다양한 수요자에게 여러 번의 소량 탁송을 배달하는 플라스틱 산업과 같은 산업계에서는 대다수의 수요자가 위치한 곳에 플랜트 입지를 선정하는 것이 강제적이다. 한 차 분량의 물량보다 적은 분량(Less-than-car-load-lot: LCL)에 대한 요금은 매우 비싸므로 선적되어야 할 거리는 최소한으로 유지되어야 한다.

수송 방법으로는 철도 수송, 고속도로와 도로를 이용한 트럭 수송, 강, 운하와 대양을 통한 해운 수송이 있으며 각각의 수송 방법에 따른 장단점을 고려해 플랜트 입지 선정에 참고해야 한다. 최근 들어 항공 수송의 수요가 급증하고 있어서 플랜트가 공항에 접근하기 용이할 경우 비상시나 긴급 수송에 이점이 있다.

공정용수(Process Water)

공정 산업계가 물을 가장 많이 사용한다고 알려져 있다. 물을 냉각용으로 쓰거나 공정의 어떤 단계에서 직접 원료로 쓰지 않고 작동될 수 있는 공정 플랜트는 없다. 그러므로 어떤 지역이 가능성이 있는 지역으로 고려되기 전에 그 지역의 물 공급은 사전에 연구되어야 한다. 물 문제에 전문화되어 있는 화공 엔지니어와 지질학자를 포함하여 경쟁력 있는 물 전문가로부터 자문을 얻는 게 좋다.

연구 전에 공정용수 요구조건의 현재와 미래 모두에 대한 상세 추정이 실시 되어야 한다. 그런 뒤에 고려되는 지역에서 가용한 용수의 주의 깊은 연구가 이루어져야 한다. 만약 우물물이 이용될 것이라면 지하 수반의 과거 역사에 대한 완전한 연구가 필수적이다. 지하수는 그것의 낮은 온도 때문에 만약 적당하다면 선호된다.

강이나 호수로부터의 지표수도 주의 깊게 고려되어야 하는데 이는 종종 계절적 변화에 따라 심각하게 영향을 받기 때문이다. 바다로 흘러가는 담수 하천들은 밀물 때 해수의 유입으로 염분을 포함하게 될 수 있다. 이런 조건 하에 바닷물 수면이 낮을 기간 동안에 용수를 받아 두었었다가 하천이 염분을 포함하게 되는 계절에 사용되도록 플랜트를 위해 대규모 담수 저장시설을 준비하는 것이 필요할 수 있다.

하천의 흐름이나 호수의 수면 높이 변화의 역사를 가능한 한 과거로 거슬러 올라가 확인하는 것이 필요하며 이로써 역사적 자료로부터 용수의 적당한 공급의 보장이 예측될 수 있다. 비교적 새로운 지역으로 이전하는 산업체는 종종 선례의 다른 플랜트의 가능성을 고려하지 못하는 경우가 있다.

공정용수의 양은 검토 중인 제안된 플랜트의 미래 수용에 대해 적합할 뿐만 아니라 그 지역으로 이전해 올 수 있는 다른 산업체의 예상 수요를 공급하는 데에도 적합해야 한다. 선호되는 물 공급처가 사라질 경우를 대비한 대체 공급처를 고려하는 것도 바람직하다.

가용한 물의 적절한 양을 확보하는 것에 덧붙여 물의 수질도 연구되어야 한다. 물의 화학적 및 생물학적 시험은 필요한 수처리의 정도를 표시해 줄 것이고 다른 플랜트 위치들과 비교함에 있어서 공정용수의 개발비용을 따져보는 데 도움이 된다. 그 지역 내의 다른 산업체에 대한 물 출처의 오염 가능성도 예견되어야 한다. 이런 오염은 단지 그 물을 냉각용으로 사용이 불가능하게 할 정도로 물의 온도를 올려놓는 것을 의미한다.

화공 기술자는 보통 다양한 용수 공급의 비용 비교에 익숙한 편이지만 특정한 용수 공급의 규모와 신뢰도를 고려한 판단력 있는 결정을 내리는 데 필수적인 배경을 갖추고 있는 경우는 드물다. 이러한 연구는 지질학과 천문학에 능통한 경쟁력 있는 용수 컨설턴트의 자문을 받는 것이 좋다.

쓰레기 처리와 소음 저감

앞을 내다보는 엔지니어라면 쓰레기 처리와 소음저감에 신경을 써야만 하며 인구 희박 지역에서도 이런 문제들에 관련된 특별한 규정을 갖춘 인구 밀집 도시에서처럼 중요하게 다뤄야만 한다. 대기 중이나 인근의 하천으로 쓰레기를 투기하는 것은 환경 관련 법규들을 위반하는 것으로 절대로 행해져서는 안 된다. 이런 문제들을 소홀히 다루는 것은 도덕이나 윤리를 떠나 산업체의 경제적인 측면에서도 좋지 않다. 그러므로 친환경 플랜트를 설계하는 엔지니어는 당연히 쓰레기 처리와 소음 문제를 필수적으로 연구해야 하며 플랜트의 설치가 검토될 각 지역에 대한 효과적인 제어 프로그램의 방법과 비용을 고려해야 한다.

연료와 동력(Fuel and Power)

모든 공정 플랜트는 그것을 운전하는데 있어서 증기와 전력 모두를 필요로 한다. 전기 동력은 지역의 전력회사로부터 공급받거나 플랜트 현장에서 직접 발전하여 사용하기도 한다. 만약 공정 플랜트에서 자체 전력을 생산하더라도 비상사태를 대비하여 지역의 전력 설비로부터의 예비 전력 공급에 대한 준비는 필요하다. 증기(steam)는 구입하여 사용하는 경우는 드물고 펌프와 압축기의 작동 유체로서 공정에 사용하기 위하여 플랜트 내에서 자체 생산된다.

지역에서 가용한 모든 연료의 비용은 주의 깊게 분석되어야 한다. 천연가스 파이프라인은 여러 지역에서 저렴한 가스를 이용할 수 있도록 한다. 동력 비용의 평가는 지역의 전력회사의 협조 하에 도움을 받을 수 있다.

노동력(Labor)

어떤 제품에서도 생산비용의 큰 부분은 노동 비용이 차지한다. 요즈음 인건비는 지역에 따라 별 차이가 크기 않으나 기능숙련도, 노조 관계, 그리고 노동인력의 일반적인 복리후생과 같은 요인들이 노동 생산성과 효율성에 큰 영향을 미친다. 플랜트 건설을 고려중인 각 지역의 노동시장은 가용성과 기능숙련도 결정을 위해 조사 연구가 필요하다.

기능의 숙련도는 공정 플랜트에 의해 요구되는 것과 정확히 비교될 필요는 없다. 유지보수 인력은 어떤 공정 플랜트에서든지 노동력의 큰 부분을 감당하며, 지역사회는 이런 노동력의 핵심 인력을 감당할 수 있으며 신규 인력을 공급할 훈련 시설을 갖추고 있어야 한다.

안정적 노동력의 확보가 성공적인 플랜트 운전에 가치 있는 일이 될 것이다. 지역사회에 노동인력의 가정들을 살펴보고 자기 집을 보유한 노동자의 수가 얼마나 되는지를 알면 노동인력의 만족도에 대한 어느 정도의 단서를 제공할 것이다. 국가의 노동법 외에 지방 정부나 지역사회의 노동 관련 규례, 보상, 최소임금, 그 외의 다른 노동 관습에 관련된 규정 등도 고려해야 한다.

기후(Weather)

검토 중인 각각의 지역사회에 대해 다년간의 기후 자료가 수집되어야 한다. 태풍, 지진, 홍수 등과 같은 극심한 자연 재해 조건에 특별한 관심이 기울어져야 한다. 이런 파국적 사태는 일어날 개연성이 있다고 가정하여 건설비용을 계상하여야 한다. 극단적인 추위도 공정 플랜트 운전을 종종 어렵게 만들며 장비가 동결되지 않도록 특수한 건설 시공법을 요하기도 한다.

온화한 기후는 물론 저렴한 건설비용이 가능하게 하지만 반면에 노동력의 효율은 떨어뜨린다고 알려져 있다. 플랜트를 건설할 지역에서 난방이나 에어컨을 이용한 공기조화 비용은 과거 몇 년간의 기후 자료와 기존 플랜트의 경험을 활용하여 추정될 수 있을 것이다.

지역사회 요인(Community Factors)

플랜트의 입지선정에서 가장 중요한 관점들 중 한 가지는 종종 간과되거나 또는 단지 경미하게 다루어진다. 이 관점이 바로 검토되는 지역사회의 성격과 시설의 효과이다. 상공회의소, 산업체, 운영단체 등과 같은 통상적인 정보원으로부터의 자료는 그들의 고향에 대한 자연적인 열정으로 말미암아 다소 편향된 의견을 제출하는 경향이 있기 때문에 지역사회에 관한 객관적 정보를 얻기가 가장 어려운 실정이다.

적절한 쇼핑시설의 가치는 특히 가족 단위의 여성들을 위하여 아무리 강조해도 지나치지 않는다. 지역사회 내에 적절한 호텔 등의 숙박시설과 병원, 대중교통 시설, 교회, 도서관, 학교와 같은 복리후생 시설, 그리고 극장, 콘서트장, 헬스장과 같은 문화오락과 운동 시설의 유무도 매우 중요하다. 지역사회의 휴식 및 문화 시설은 그 지역의 건전한 성장을 위해 중요하다.

특히 공정 산업계는 기술 인력에 의존하므로 지역사회 내에 수준 높은 대학이 위치해 있는지의 여부도 검토 대상에 포함시켜야 한다.

2.2 건설 프로젝트를 위한 예비자료

2.2.1 대표적 예비 자료

아래에 요약된 예비 자료들은 엔지니어가 건설현장을 조사 방문하여 수집한 대표적인 자료들이다.

엔지니어링 자료

기후 자료에는 풍향, 최대 풍속과 태풍이나 용오름 주기, 대기의 최고 및 최저 온도, 상대 습도(일, 월, 그리고 계절 별 평균), 강수량(최대, 연간, 그리고 계절 별 평균), 강설 조건, 수목선, 지역 홍수 또는 조수간만 조건 등이 있다.

플랜트 지형 자료에는 토양 분석, 지형 등고선 지도, 현장의 기울기와 특이점에 대한 자료가 있다.

물의 요구조건과 공급에 관한 자료로서 1) 공정용수(process water: 공정에 사용되는 물) 2) 공정 냉각수 3) 위생 용수(음용 가능한 물) 4) 설비 용수(일반적인 청소와 기타 서비스에 이용되는 물) 5) 증기 발생(보일러를 위한 보충수) 6) 소방수 7) 건설용 용수(건설 용수의 양은 프로젝트의 종류, 건설인력의 인원수, 그리고 건설 기간에 따라 결정된다)이 있다.

전력과 연료 서비스에 관한 자료로서 전력(electric power)과 연료 원천(fuel sources)에 관한 자료가 있으며 연료원은 1) 천연가스 2) 연료 오일과 액화 석유가스 3) 석탄 또는 다른 고체 연료 4) 플랜트 쓰레기에 관한 자료를 수집한다. 5) 생산 제품과 원료 수송과 저장에 관한 연료 자료를 수집한다.

조달 자료

조달에 영향을 미치는 예비 자료로서는 1) 작업현장에 자재가 도착될 가장 빠른 날자 2) 지역에서 가용한 건설 기본 자재 3) 연결 철도와 트럭 운송 노선 4) 주요 고속도로 5) 가장 인접한 대도시 위치 6) 플랜트 건설에 이용할 수 있는 산업 장비의 종류 7) 저장 공간과 장소 등이 있다.

조달 업무는 다음 장에서 상세히 다뤄지는데 프로젝트의 스케줄링과 계획에 직접적으로 관련되어 있다. 조달 조직은 플랜트 장비와 건설 자재의 운송에 가장 신경을 써야 한다.

운송의 방식, 소요 시간, 화물비용, 건설 자재, 현장에서의 저장 시설, 장비의 특정 부분에 대한 현장 제작 그리고 납기 등 이 모든 것이 조달 업무에 영향을 미친다. 이 중 운송과 현장 저장시설이 예비 조달 계획과 스케줄링에 가장 심각한 영향을 미친다. 조달 업무에 있어서 가장 핵심적 질문은 항상 인도(delivery) 또는 납기(delivery date)이다.

건설 자료

노동력에 관련된 자료로는 1) 지역의 임금 요율 2) 노조 관련 사항 3) 인력의 숙소 해결 가능 여부 4) 직원의 출퇴근 수송 및 주차 시설 5) 건설 인력의 위생 시설 6) 건설 자재와 플랜트 장비의 저장 지역의 위치 등이 있다.

건설 시 간섭 문제로는 지상 또는 지하 전기 전력선, 지상 또는 지하의 배관과 하수관, 플랜트 위험 지역(plant hazards), 플랜트 장비의 하역과 취급, 철도와 고속도로 연결 등에 관련된 자료가 필요하다.

2.2.2 해외 프로젝트를 위한 특수 요구사항

허가서(Permits)

국외에서 플랜트를 건설하는 경우에는 다양한 품목들의 수출입에 관련된 여러 가지 허가서와 라이선스가 필요하다. 또한 건설 현장이 있는 국가가 내륙국인 경우엔 인접 국가를 통한 선적이 필수적이므로 이에 대한 준비도 필요하다.

수출 선적 계획과 수출 포장

수출 선적에 있어서의 주된 비용은 선박 운임이며 이는 톤이나 입방 단위로 가격이 정해진다. 중량은 총중량, 포장 중량, 또는 순 중량을 기준으로 삼을 수 있는데 이는 목적지에 따라 달라질 수 있다.

외국 내 화물 이동 및 대형 장비 계획

장비의 크기와 중량에 있어서 각종 제한 사항을 알아보기 위하여 모든 외국의 철도와 항만 시설에 대한 예비 조사를 실시해야 한다.

건설 인력

외국에서 건설 공사를 수행하는 많은 경우에, 각 계약에 따라 건설 현장의 핵심 인력만을 국내에서 송출하고 대부분의 현장 인력은 현지에서 고용하거나 제 3국 노동력을 이용하는 것이 관례가 되어가는 추세이다. 여러 기술 분야의 전문 인력과 기능 수준에 따른 인력송출 문제는 이를 전문적으로 취급하는 인력송출 회사에 의뢰하여 플랜트 건설의 단계에 따라 적정한 인원의 인력이 원활히 현장에 투입되어 플랜트 완공 기일을 지킬 수 있도록 해야 한다. 현장 노동 인력의 관리에 있어서는 계약에 의거하여 국제법뿐만 아니라 현지 국가의 국내법에도 벗어나지 않도록 사전에 철저한 예비 조사를 실시하여 이를 인력 동원 계획에 반영하여야 한다.

2.3 공정 설계(PROCESS ENGINEERING)

2.3.1 화공 플랜트의 공정 설계

일반적인 화공 플랜트(chemical process plants)에서의 공정 설계(process engineering)는 화학 공정의 개발, 평가, 그리고 디자인에 관한 것이다. 화학공학의 여러 단계 중에서 화학공학도가 아마도 이 단계에서 자신의 대학 교육에서 습득한 기술 지식과 기능을 가장 잘 활용할 수 있을 것이다. 많은 플랜트 운영 회사가 공정 설계 업무를 개발, 경제성 분석 및 디자인 등의 세분화된 부서들로 나누어 운영하고 있기는 하지만 새로운 공정을 단 한 사람의 공정 엔지니어가 창안하고 그것을 하나의 완성된 플랜트에 이르는 전체 설계 과정에 적용하는 것이 특별한 경우는 아니다. 실제로 상당한 경험을 가진 많은 공정 엔지니어들은 그들의 공정에 대한 익숙한 지식의 기초 위에 새로운 플랜트의 프로젝트 엔지니어로서 설계를 지휘하도록 요청 받는다.

화공 플랜트의 공정 설계와 특히 공정 디자인에 관한 온전한 논의는 책 한 권 분량만큼의 상당한 양이 될 것이다. 그러나 공정 설계의 각종 단계들을 고려한 어느 정도의 간략한 설명은 그것을 전반적인 플랜트 설계도에 통합하는 데 도움을 줄 것이다.

2.3.1.1 기초 엔지니어링 연구와 공정 개발

화학공학의 기초 연구는 대부분 대학의 연구소와 사립 연구기관에서 수행된다. 그러나 많은 공정 산업체와 설계회사들도 나름대로 일정 형태의 기초 연구를 실행할 필요가 있다. 바로 이런 기초 연구가 여기서 논의하기에 적합한 산업체 주도형 기초 연구이다. 이런 연구에서 성공적일 경우, 산업체의 연구자는 즉각적인 상업적 중요성을 갖는 반응을 선택한다는 것이 대학과 연구기관의 기초 연구와의 차이점이다.

공정 개발은 종종 실험실 규모(bench-scale laboratory)의 연구로 시작된다. 소규모 장비가 탐험적 본질의 데이터를 얻기 위해 채택된다. 이런 실험은 후속 연구 효과를 알려주고 공정의 타당성을 제공하는 저렴한 수단이기 때문에 유용하다. 이론적 해석을 벗어나는 무형적 요인들과 미지수들이 너무 많기 때문에 이들 요인들은 경험적으로 소위 말하는 파일럿 플랜트(pilot plant) 또는 세미-플랜트(semi-plant) 장비인 대규모 장비를 가지고 다시 현실적으로 평가되어야 한다. 파일럿 플랜트와 세미 플랜트 운전에서도 상용 플랜트에서 채택될 것과 거의 동일한 절차가 적용되며 얻어진 데이터는 파일럿 플랜트에서 상업적 규모로 플랜트의 규모를 키울 때 자신 있게 이용될 수 있다.

2.3.1.2 화공 플랜트의 공정 평가

공정 평가는 공정의 기술 평가와 경제 분석 평가로 이루어지고 넓은 의미로 볼 때 연속적인 작업이다. 평가는 실험실 작업이 이루어지기 전부터 시작되어야 한다. 이른 단계에서의 주의 깊은 비용 분석은 제안된 공정이 희망적인지 여부를 보여줄 것이며 또한 실험의 방향을 제안해줄 수도 있다. 공정 평가는 의미 있는 자료와 새로운 데이터가 나타날 때마다 정기적인 간격으로 계속되어야 한다.

2.3.1.3 화공 플랜트의 비용 추정과 공정 설계

화학 공정 플랜트의 비용 추정과 공정 설계에 대한 상세한 논의는 본 교재의 범위를 넘어서는 것이며 다만 여러 공정 설계의 결과에 따른 비용 추정에 영향을 미치는 요인들로서 열교환기, 반응로의 압력 또는 온도, 그리고 흡착기의 작동 압력 등의 다양한 배열이 대체 설계에서 고려될 대표적인 변수들이 된다는 점을 부언한다.

경제적 평가에 대한 추정

경제적 평가는 공정 결정에 불가결한 지침이 된다. 여기에는 연구, 공정, 설계, 자본 경비, 그리고 최적 플랜트 운전조건의 지침을 위한 결정들이 포함된다. 신규 프로젝트의 온전한 평가는 요구되는 신규 고정 자본과 실행 자본의 추정을 요한다. 제품의 연간 생산량과 판매 가격을 가정하여 연간 매출이 계산될 수 있다. 연간 매출총액으로부터 제조, 판매, 관리 및 세금의 비용이 공제되어 프로젝트로부터 기대되는 납세 후의 수익을 얻어낼 수 있다. 이 수익은 경영진의 검토를 위해 유용한 숫자인 자본투자의 백분율로 표현될 수 있다.

경제적 평가를 추정하는 여러 가지 다양한 손쉬운 절차들이 알려져 있으며 고정 자본, 제조 원가, 그리고 연간 소득을 추정하는 이들 손쉬운 절차들은 적절한 판단과 함께 이용되면 많은 도움이 될 것이다.

(1) 고정자본 비용 추정

신규 시설의 설계가 기계 설계 단계에까지 진전되었을 때 플랜트의 최종 비용을 추정하는 가장 정확한 수단은 비용 추정 업무에 전일제로 기여하고 있는 담당자가 속한 견적부서에서 만들어진 상세 비용 견적이다. 그러나 공정 엔지니어에게 요구되는 견적은 항상 다량의 정보가 이용 가능하기 전에 작성되어야만 한다. 이런 경우에, 상세 견적은 거의 보증하기 어렵거나 정확하지 못하다.

[그림 2-1]에는 고정자본, 즉 플랜트에 설치될 장비의 비용을 기준으로 플랜트의 총비용을 추정하는 잘 알려진 두 가지 손쉬운 방법을 소개하고 있다. 한 가지 방법으로 먼저 장비의 추정 비용의 총액을 산출하여 거기에 일정한 인자를 곱하여 총 플랜트 비용을 빠르고 간단하게 추정하는 것이다. 또 다른 방법은 좀 더 상세히 추정하는 방법으로 특정 상황의 지식과 견적 작성자의 판단에 따라 플랜트 비용의 중요한 부분의 가중치의 변화를 허용하는 방법이다.

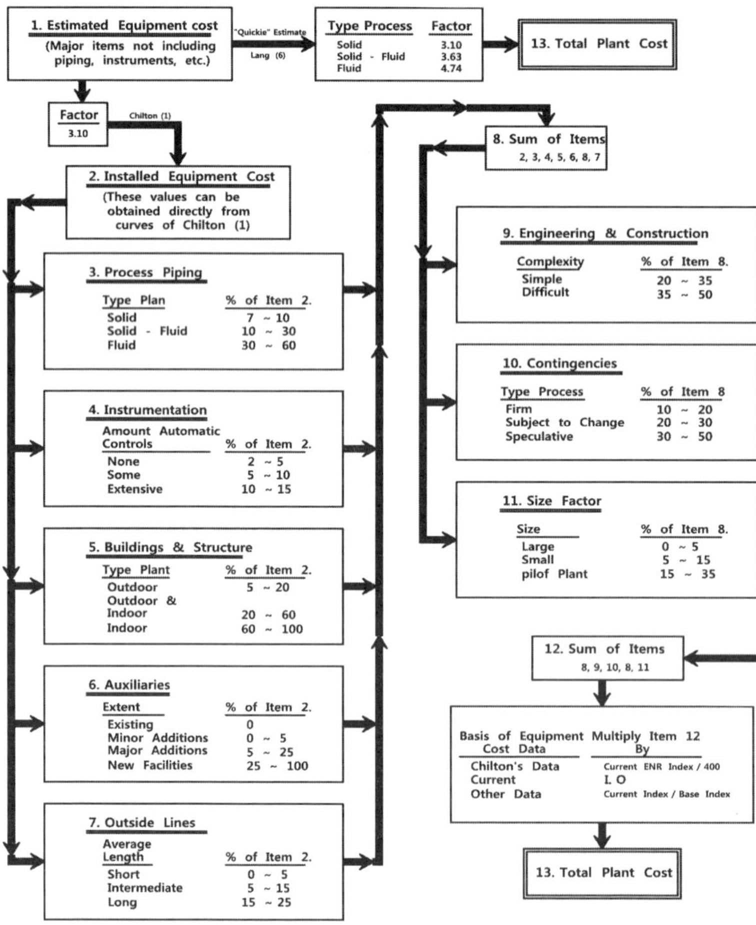

[그림 2-1] 플랜트 총 비용의 추정 6

(2) 제조비용

총 제조비용은 [그림 2-2]에 요약한 바와 같이 인건비, 오버헤드, 고정 비용과 유지비, 원자재, 설비비, 실험실 경비, 그리고 특허료 등의 로열티의 총합으로 추정될 수 있다. 연간 고정 비용에 유지비를 더한 비용과 일반적인 오버헤드를 얻기 위한 곱셈 인자들이 [그림 2-2]에 주어져 있다.

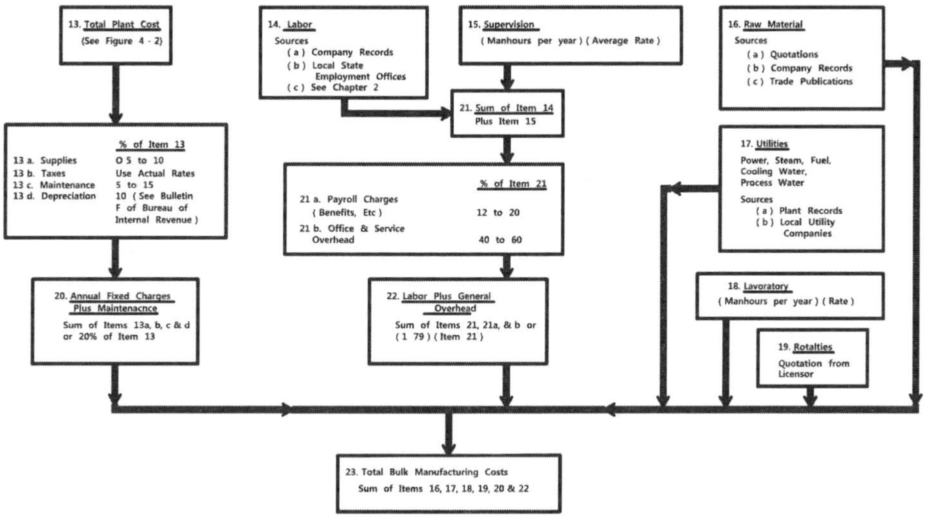

[그림 2-2] 제조비용의 추정 6

(3) 연간 소득

경영진의 일차적인 관심은 물론 신규 공정이나 신규 플랜트로부터 기대되는 순이익이 될 것이다. 이를 위하여 자본 요구조건, 수익에 관한 사항, 그리고 투자에 의한 소득과 관련된 상세한 예측이 실시되어야 하며 이에 관한 상세한 논의는 이 교재의 범위를 넘어서는 것이므로 생략한다.

2.3.1.4 공정 설계 절차

설계의 기본

어떤 설계 계산을 진행하기 전에 설계의 기본이 명문화되는 것이 긴요하다. 명문화한 문서에는 원하는 제품의 양과 질, 원자재와 그 특성, 설비와 그것의 온도와 압력, 그리고 부산물의 적치 여부와 같은 다른 요인들이 포함되어야 한다. 또한 설계에 사용될 안전 인자(safety factor)의 선정과 공정 설계의 완료 날짜의 결정과 같은 두 가지 중요한 결정이 이 시기에 이루어져야 한다.

먼저 안전 인자는 중요한 것이지만 종종 무시되는 설계 항목이다. 빈번히 어떤 장비 개발의 다른 여러 단계에서 다양한 개인들이 작업을 수행함에 따라 단 한 가지 항목에 있어서도 장비의 설계 작업 내에 수많은 감춰진 안전 인자들이 개입된다. 이런 절차는 종종 심각한 과도설계를 초래하기도 하며 불필요한 비용이 추가되게 한다. 그러므로 하나의 안전 인자를 사용하는 것이 바람직하고, 각 종류의 장비에 대한 인자들은 작업의 시작 시점에서 선정되는 것이 좋다.

두 번째 항목인 완성 시기는 더욱 중요한데 이는 공정 설계를 위한 가용한 시간이 접근 방식 전체를 지배하기 때문이다. 만약 짧은 시간만이 주어질 경우 시간을 소모하는 어떤 엄청난 계산을 시도해보는 것이 불가능하다. 그 대신에 앞선 작업에 기초한 수많은 가정들을 도입하는 것이 필수적이고 이러한 절차에 따른 위험을 받아드릴 준비를 해야만 한다. 실제 설계를 진행하기 전에 이런 결정들이 내려지는 것이 확실히 현명한 일이며 이는 안전 인자에 관한 기본정책이 그에 따라 영향을 받게 될 것이기 때문이다.

개략적인 흐름도 및 물질과 에너지 평형

오랜 기간의 공정에 대해 경험은 통상적으로 장비의 가장 바람직한 배치를 좌우하는 요소이다. 만약 공정이 새로운 것일 경우 실험적 작업과 경제적 평가를 통해 요구되는 유닛 운전을 선택하는 데 필수적인 정보를 얻어야 한다. 실험적 작업은 항상 성공적으로 완료되는 것은 아니므로 공정 설계 엔지니어는 실험 자료에 어떤 결함이 있는지 인식하여 추가적 데이터를 요구하여야 한다.

적합한 정보가 존재한다고 가정하고 공정 엔지니어는 요구되는 양과 질의 완성 제품 생산을 위해 필요한 모든 운전 조건을 표시하는 개략적인 흐름도(schematic diagram)를 먼저 구축해야 한다. 필요한 각 유닛의 운전이 경제적 관점에서 몇 가지 대안을 제안할 수도 있다. 그런 뒤에 각 유닛 주변에 대한 물질 및 에너지 평형(mass and energy balance)을 구축하고, 그 결과를 체계적으로 기록한 자료들을 이용하여 개별 장비 항목들에 대한 여러 가지 설계계산을 수행하고 시방서를 작성할 수 있다. 플랜트의 공정 설계의 초기단계에 쉽게 이해되는 흐름도(flow diagram)와 정확한 물질에너지 평형 표를 준비해 둔다면 프로젝트의 수행 시 설계 오차를 없애고 설계의 다양한 단계에서 효율적인 작업이 가능하게 될 것이다.

설계 절차

화공 플랜트의 통상적 공정 설계 절차는 두 가지 주요 부분으로 분리할 수 있을 것이다. 그 첫 번째는 주문에 따라 제작될 장비의 실제 설계에 관련된 것이다. 두 번째는 표준 제조 장비에 대한 운전조건을 규정짓는 것으로 이루어진다. 첫 번째 범주에 증류 타워, 흡수 타워, 흡착 및 추출 유닛과 반응로 같은 장비가 있다. 이들 질량전달을 포함하는 항목들은 단계의 이상적인 수효나 평형 단계들의 수효를 계산함으로써 설계된다. 그런 뒤에 단계들의 실제 수효는 적당한 경험으로 정해진 효율의 적용으로 결정된다.

이후의 반응로의 설계 절차 등에 관련된 화공 동역학(chemical kinetics)이나 질량 전달 이론(mass transfer theory)의 적용 등 화학공학의 상세 사항은 화공 엔지니어들이 감당할 몫으로 남겨두기로 한다.

2.3.2 발전 플랜트의 공정 설계

화공 엔지니어가 주로 담당하고 있는 일반적인 화학 공정 플랜트(chemical process plants)에 있어서, 다양한 제품의 생산을 위한 수많은 종류의 다양한 화학 반응을 이용하는 공정의 설계는 앞에서 논의했던 바와 같이 플랜트의 기술적 운용과 상업적 운영에 있어 성공과 실패를 좌우하는 가장 핵심적인 사항이다. 반면에 기계 엔지니어가 주로 담당하고 있는 일반적인 에너지 및 발전 플랜트의 경우에는 플랜트의 생산 제품이 전기 동력, 즉 전력 생산일 경우가 대부분을 차지하며 전기를 생산해내는 공정은 열역학에서 널리 알려진 랭킨사이클을 기본으로 하는 재열-재생 사이클이 주를 이루고 있다.

따라서 발전 플랜트에 있어서 에너지원 및 연료의 종류에 따른 부분적인 공정 설계의 변화가 있을 뿐이며 새로운 공정의 설계와 개발에 대한 논의는 핵심 사항이 아니다.

그러므로 에너지 및 발전 플랜트에 있어서의 공정 설계는 필요한 수요에 부응하는 충분한 양의 에너지 생산과 에너지의 효율적 이용을 위한 열평형 설계(heat balance diagram)와 더불어 환경오염을 최소화하기 위한 여러 가지 조치 등의 친환경적 요구 조건을 만족하기 위한 노력이 경주되고 있다.

2.3.2.1 발전 플랜트의 에너지 경제학

일반사항

어떤 제안된 에너지 플랜트의 가장 중요한 고려사항 중 하나는 그것에 드는 비용이다. 일반 대중이 환경을 보호하는 시스템을 일반적으로 지지하는 반면, 그 시스템에 관련되어 심각한 비용이 들지 않을 때까지만 그들의 지지가 일반적으로 지속된다. 결과적으로 오늘날의 에너지 엔지니어는 어떤 새로운 플랜트에 관련된 비용이 얼마인가 예측할 줄 알아야만 한다. 일정한 플랜트로부터의 에너지 비용은 자본비용 및 운전비용의 두 가지 일반적 범주로 나눌 수 있다. 자본비용은 전체적인 동력비용의 일부로서 회사가 부도를 내지 않는 한 그 플랜트가 운전 중이거나 그렇지 않거나 관계없이 지불되어야만 하는 고정적인 비용이다. 따라서 자본비용의 연간 금액이 일정한 반면에 에너지 단위 출력 당 자본비용(비용/kWh)은 플랜트 출력이 증가(용량계수의 증가)함에 따라 감소된다. 자본비용에는 용지비용, 건설비용, 장비비용, 투자비용 및 세금과 보험 등이 포함된다. 이 목록에서 규모가 큰 비용은 보통 건설, 장비 및 투자비용에 관련된 것들이다.

운전동력비용은 플랜트의 운전과 관련된 제반 경비를 포함한다. 그것은 운전 인원의 임금과 부가급부, 재료(연료)비용, 보수유지비, 일정 세금과 보험 등으로 구성된다. 이런 비용은 근본적으로 플랜트에 대한 에너지 출력 또는 용량 계수에 직접적으로 비례함으로 운전에 관련된 비용/kWh로 나타낸 단위동력 비용은 근본적으로 일정하고 플랜트의 에너지 출력과 무관하다. 더욱이 시스템이 운전되면 이런 비용의 발생은 에너지의 형태로 회사에 즉시 상환되기 때문에 이런 경비에 관련된 이자비용은 보통 발생하지 않는다. 발전소의 주된 운전비용은 일반적으로 연료비용이고 이는 통상적으로 쉽게 예측될 수 있다.

자본비용

최초 플랜트 비용(용지, 장비 및 건설)과 투자비용에 관련된 자본비용은 기본 경제 방정식으로부터 결정될 수 있다. 만약 에너지 플랜트의 원래 가격 또는 현재가격이 (Pr) 주어지면, 그 시스템의 수명기간 전체에 걸쳐 벌어들인 이자를 포함한 투자가치는 복리계산공식으로 평가될 수 있다. 연간 이자율 i %/년으로 (Pr) 원금의 투자가 행해지면 이것이 연에 n번 복리로 되면, t년 말에 투자의 미래 또는 최종의 총 가치, F_{nt}는 아래와 같이 표현된다.

$$F_{nt} = \mathrm{Pr}\left(1+\frac{i}{n}\right)^{nt} \tag{2-1}$$

F_{nt}는 종종 투자의 미래가치로 불린다. 만약 n이 무한대로 접근하면, 원금(Pr)은 일정률로 증가하게 되고 결국 위의 식 (2-1)은 앞 장에서 다뤘던 성장률 식 (1.2)와 같은 형태가 되며, 이럴 경우 t년 후의 플랜트 미래 가치 F_t는 다음과 같다.

$$F_t = \mathrm{Pr}\ e^{it} \tag{2-2}$$

현재 가치와 미래 가치, 장단기 이자율, 그리고 플랜트의 건설기간 등을 복합적으로 고려한 자본비용의 산출에 대한 상세 사항은 본 교재의 범위를 넘어서는 것으로 여기서는 생략한다.

운전비용

앞서 표시된 대로, 운전비용은 유지보수 비용, 노동비용, 연료비용과 약간의 보험과 세금을 포함한다. 이 들은 플랜트의 운전과 직접 연관되고 연간 운전비용은 근본적으로 플랜트 출력에 직접 비례한다. 이 비용들 중에서 노동 및 연료비용은 추정될 수 있고 보험과 세금도 역시 추정될 수 있을 것이다. 유지보수 비용은 한편 유사한 시스템의 유지보수 이력이 알려져 있지 않는 한 정확히 추정될 수 없다.

대부분의 생산시설은 연료 공급자들과 연료를 에너지 단위 당 일정한 값, 보통 백만 kJ 당 비용,으로 제공하도록 협상할 것이다. 이를 기준으로 동력시스템의 전체 열효율과 kJ/kWh로 나타낸 플랜트의 전체 발열률을 고려하면 유닛의 연료비용을 계산할 수 있다.

노동에 관련된 운전비용은 시스템이 에너지를 생산할 때 플랜트의 동력출력에 다소 의존적이다. 단위노동비용은 플랜트에서의 작업인원 수, 그들의 평균 연봉, 플랜트의 용량 계수 등을 고려하여 추정될 수 있다. 용량 계수는 플랜트의 평균과 등급 동력 출력의 비율이다.

시스템 동력비용

다양한 에너지변환 시스템에 대한 동력비용은 기초 경제방정식의 이용으로 결정될 수 있다. 다양한 전기 생산시스템은 자본과 운전비용 사이에 상이한 분포를 가지며 이 들 비용의 분포는 종종 시스템이 전력망에 어떻게 채용되고 있는지를 지시한다. 자본비용은 높지만 운전비용은 낮은 시스템은 장기간 연속운전이 요구되는 곳에 이용될 수 있다. 낮은 자본비용과 높은 운전비용이 드는 시스템은 피크동력수요에 맞추는 경우처럼 간헐적 운전이 요구되는 곳에 이용된다.

가스 터빈 발전소는 비교적 낮은 자본비용과 높은 연료 및 유지보수비용으로 특성지워진다. 이 시스템은 피크조절용으로 이용되며 이는 이것이 피크동력수요의 시간에만 채용된다는 것을 의미한다. 석유나 가스연소 시스템은 중간 수준의 자본 및 운전비용을 가진다. 핵 및 석탄연소 발전소는 비교적 높은 자본비용과 낮은 연료비용으로 특성 지워진다. 따라서 이들 플랜트는 “기본 부하” 동력플랜트로서 운전하기에 가장 적합하며 여기서 이들은 단위동력비용을 가능한 한 줄이기 위해 등급용량에 가깝도록 운전한다.

현대식 발전소의 건설에 필요한 자본의 규모를 살펴볼 때, 이자율이 계속 변하더라도 만약 건설공기가 12년에서 6년으로 (이는 프랑스에서 핵발전소를 짓는데 드는 대략적 시간인데) 감축된다면 플랜트의 총자본 비용도 대략 절반 정도로 절감될 것이라는 점에 주목하는 것은 흥미롭다.

2.3.2.2 발전 플랜트의 경제성 판단

발전 용어

에너지 플랜트에 적용되는 상업적 용어에는 두 가지가 있는데 이는 “동력밀도”와 “비동력”이다. 동력밀도(power density)는 단위 부피당 동력(kW/m)이다. 비동력(specific power)은 단위 연료 질량 당 동력이다(kW/kg fuel).

한편 최근 들어 전력산업에 새로운 용어인 복합발전(cogeneration)이 소개되어오고 있다. 복합발전은 종전에는 "플랜트 발전" 또는 "부산물 동력"으로 불리었다. 광의로 볼 때, 복합발전은 전기를 공정용 열 또는 증기와 같은 다른 유용한 에너지 형태와 함께 동일 부지 내에서 생산하는 것으로 정의된다. 이론적으로 터빈 배기(이는 보통 손실되는데)의 응축의 잠열이 산업공정에서 사용될 수 있다면, 전체 시스템 효율은 약 35에서 40%로부터 약 75에서 80% 증가될 수 있을 것이다.

전기 동력 생산과 관련된 용어는 세 가지 기본 범주로 나뉜다. 이 범주에는 동력 시스템 성능계수, 동력발생 시스템의 종류 및 경제적 계수 등이 포함된다. 초심 에너지 엔지니어는 일반적 용어에 대해 다소의 이해를 가져야 한다.

동력시스템 성능계수

기초 열역학 과정을 거친 거의 모든 공학자는 동력 시스템의 열효율, η의 정의를 아마도 알고 있을 것이다. 보통 이 용어는 무차원으로 고려되지만 실제로는 전기 형태의 출력 에너지(또는 동력)를 열에너지로 변환되는 화학 또는 핵에너지 형태의 입력 에너지(또는 동력)로 나눈 단위를 가진다.

발전소 운전에 참여하는 대부분의 엔지니어는 통상 열효율을 이야기하지 않는다. 대신에 가깝게 관련된 용어인 '발열률(heat rate)'이라 불리는 용어를 생각한다. 발열률은 1kWh의 전기에너지를 생산하기 위해 요구되는 열량의 kJ 단위의 수치로 주어진다.

"용량계수(capacity factor)"는 플랜트 성능에 적용되는 통상적 용어 중의 하나이다. 이는 발생 시스템의 평균동력과 주어진 기간에 걸친 등급 동력의 비율로 정의된다. 또 다른 성능계수는 부하계수(load factor)인데 이는 주어진 기간 동안 주어진 시스템에 대한 평균동력과 최대동력의 비율이다. 부하계수는 동력사용자 또는 고객에게 통상 적용되는 반면에 용량 계수는 동력발생시스템에 적용된다. 동력시스템에 대한 가용계수(availability factor)는 시스템이 동력 생산에 가용한 특정 시간간격의 분수이다.

발전소에서 통상 이용되는 동력시스템 용어는 "회전유보(spinning reserve)"이다. 동력 시스템의 운전에 있어서 시스템과 동기화된 과잉용량이 있어야만 한다. 이 과잉용량은 회전유보라 불리고 이것은 시스템의 가장 큰 단위의 동력과 적어도 동등해야 한다. 따라서 만약 가장 큰 단위에서 순간적으로 시스템 가동이 중단되는 현상 즉 '멈춤(trip)'이 발생하면 회전유보가 부하를 재빠르게 떠안을 수 있다.

통상 사용되는 또 다른 동력 시스템 용어는 "예비용량(reserve capacity)"이다. 동력망에서의 모든 단위의 총 등급용량과 예상 피크부하 또는 시스템의 수요 사이의 차이이다. 어떤 시스템에서이건 다소의 과잉용량 또는 예비용량이 있어야만 하며 이는 어떤 주어진 시간에 플랜트가 멈추거나 보수 계획이 잡혀있기 때문에 운전될 수 없는 몇몇 유닛이 보통 있기 때문이다. 대부분의 시스템들은 최소한 20%의 과잉용량을 갖도록 애쓰고 있다.

동력시스템의 종류

전력 생산시스템은 보통 세 가지 종류 중 하나의 범주로 귀속될 수 있는데 즉 기본부하 발전소, 중간 부하 발전소 및 피크 유닛이다. 연간 전동력(full-power) 시간이 평균 5000시간[용량계수>57%, 즉 5000시간/8760시간(=365일 x 24시간)=0.57] 이상인 시스템을 기본 부하 플랜트라 한다. 이들 시스템은 전형적으로 높은 등급 출력, 높은 자본비용과 낮은 운전비용을 갖는다. 앞서 표시된 대로 석탄연소발전소와 원자력발전소는 보통 기본부하 발전소로 이용된다.

연간 전동력 시간이 평균 2000에서 5000 미만(23%<용량계수<57%)인 발전소는 중간부하 발전소라 불린다. 오래되어 낮은 효율의 발전소는 석유연소 유닛과 신규 복합사이클 발전소와 더불어 이런 서비스를 위해 이용된다.

피크동력 시스템은 통상 기후가 더운 지역에서는 하절기에, 기후가 추운 지역에서는 동절기에 최대수요시간의 동력수요를 만족시키기 위해서만 운전되는 발전소이다. 이런 발전소는 낮은 이용률, 통상 연간 2000 전동력시간(용량계수 <23%),을 갖기 때문에 낮은 자본비용의 시스템이 종종 채택된다. 불행히도 이런 시스템들은 높은 운전비용이 들며 이것이 전체 단위 동력비용을 높게 한다. 연소 터빈, 디젤 엔진과 양수저장 발전소 등은 피크 유닛으로 보통 채택된다.

2.4 흐름도(Flow Diagram)

기계 엔지니어는 설계와 운전 시에 문제 풀이에 있어서 질량 및 에너지 평형(mass and energy balance)과 흐름도(flow diagram)를 이용할 줄 아는 것이 중요하다. 회계사에게 대차대조표와 손익계산서가 복잡한 재정문제를 풀 수 있도록 해주는 것과 마찬가지로 질량 및 에너지 평형은 공정의 흐름도와 함께 기계 엔지니어에게 문제를 빠르고 막힘없이 가시화하고 풀어내도록 도움을 준다.

흐름도를 스케치 하는 것은 경험 있는 기계 엔지니어에게 거의 본능적인 작업이다. 그것은 그의 사고 과정일 뿐 아니라 그의 설명 기술의 일환이다. 이 형태는 보통 투박한 스케치 또는 개략적인 흐름도이다. 플랜트의 설계와 건설에 있어서 엔지니어링 흐름도라 불리는 보다 완성된 흐름도가 엔지니어링 설계 그룹의 모든 부서에 공정 정보의 전달에 있어서 불가결한 톱니바퀴이다.

2.4.1 개략적인 흐름도

개략적인 흐름도를 그리는 데 따라야할 규칙을 최소한으로 하도록 제안하는 것이 바람직하다. 바로 그런 본질로 인해 그것들은 개인마다 특색 있게 그려지고, 다양한 목적으로 이용된다. 공정이나 운전 모드를 동료, 상급자 또는 고객에게 설명하기 위해 이용할 때 독창성은 종종 필요한 강조점을 제공한다. 그러나 명확성은 결코 희생되어서는 안 되며 이 명확성을 확보하기 위하여 듣는 사람이 고려되어야 한다.

일반적인 용도의 개략적인 흐름도에는 세 가지 형식이 있다.

(1) 블록 다이어그램(Block diagram)

(2) 공정 흐름도(Process flow diagram)

(3) 그래픽 흐름도(Graphic flow diagram)

블록 다이어그램

블록 다이어그램은 개략적인 흐름도 중 가장 단순하며 설명이 적은 것이다. 명칭이 암시하듯 플랜트에서 보통 하나의 유닛 운전이나 플랜트의 전체 구역을 대표하는 사각형 블록으로 구성된다. 이 블록들이 유동 순서를 표시하는 화살표에 의해 연결된다. 이런 그림 중 하나가 [그림 2-3]에 도시되어 있다.

블록 다이어그램은 공정 연구의 초기 단계에서 극도로 유용하고 블록 안에 의미 있는 중요한 데이터를 써넣을 수 있기 때문에 경제적 또는 운전상의 연구 결과를 제출하는데 특히 가치가 있다.

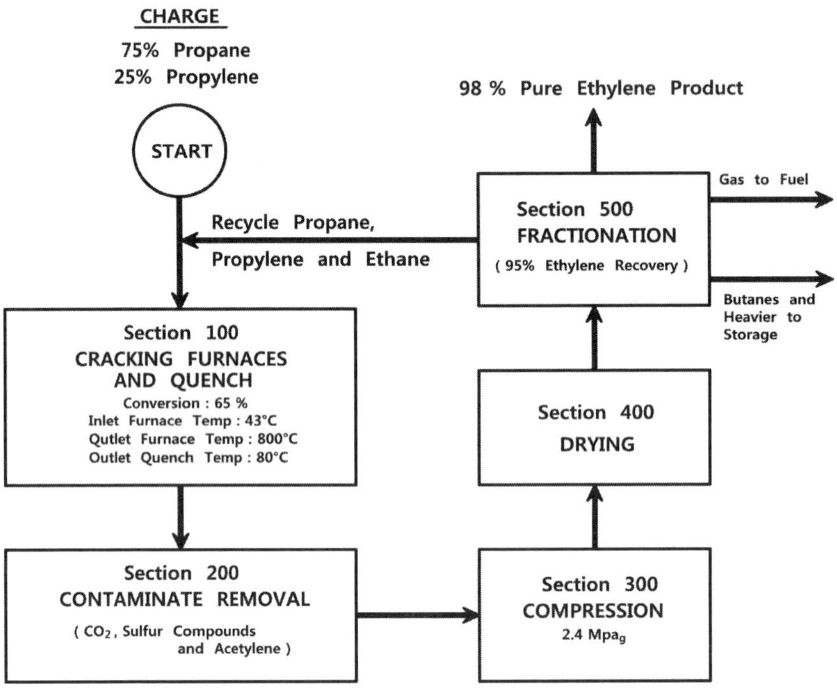

[그림 2-3] 블록 다이어그램 6

공정 흐름도

[그림 2-4]에 도시된 바와 같은 공정 흐름도는 공정 엔지니어가 설계 작업과 공정 연구에 가장 빈번히 사용하는 것이다. 그것은 공정 흐름과 작동들이 분명하도록 그려져야 한다. 이는 필수적인 상세 사항을 제외하고 모든 것을 생략함으로써 달성되는데 유동의 방향을 표시하기 위해 자주 화살표들을 이용하고, 주요 유동 라인에 대해서는 굵은 선을 채용하고, 다이어그램의 다양한 중요 점들에서 온도, 압력, 및 유량을 표시한다. 열교환기 효율, 용기 설계 정보와 같은 적절한 공정 설계 데이터와 특정 장비의 요구되는 높이와 같은 특수한 요구조건을 보여 준다.

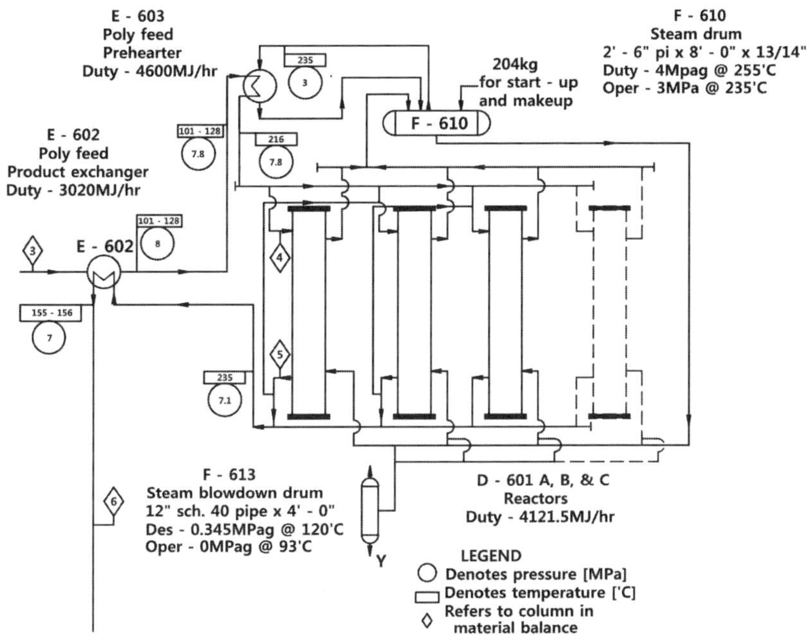

[그림 2-4] 공정 흐름도 6

펌프와 교환기와 같은 표준 항목들에 대한 편리한 기호들이 [그림 2-4]에 보인 것처럼 종종 이용된다. 밸브, 설비 라인, 그리고 장비의 여유 품목들은 공정을 명확히 하기 위해 필요한 경우가 아니면 생략된다. 다만 공정의 제어에 필수적인 계장은 나타낸다.

명확성, 정확성, 그리고 활용도는 좋은 공정 흐름도에 대한 원칙적 기준이다. 그것은 플랜트 설계의 초기 단계 전반에 걸쳐 이용되고 많은 엔지니어들은 그것을 보고 이해해야만 한다. 보다 완벽한 엔지니어링 흐름도가 바로 이 다이어그램으로부터 개발된다. 공정 흐름도에 관한 사려 깊은 능숙한 일처리의 중요성은 강조해도 결코 지나침이 없다.

그래픽 흐름도

[그림 2-5]에 보인 바와 같이 흐름도의 어떤 특징을 별도로 강조할 필요가 있을 때 유용한 그래픽 흐름도는 광고, 회사 재무보고서, 그리고 기술 보고서에서 가장 빈번히 이용된다. 이런 종류의 다이어그램에 따로 제안할 규칙은 없는데 이는 종종 비범한 독창성이 원하는 목적을 가장 효과적으로 달성하기 때문이다. 그것은 독창적이고 유익한 정보를 명확히 그리고 시선을 끄는 방식으로 제시해야 한다.

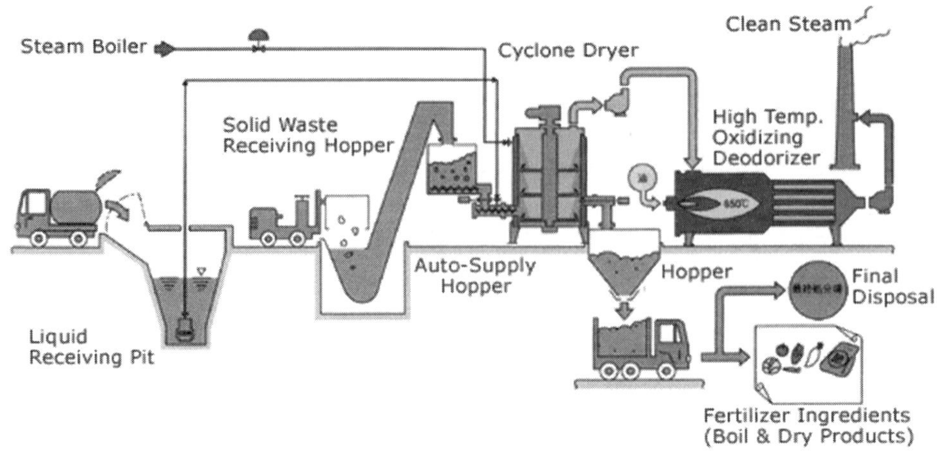

[그림 2-5] 그래픽 흐름도 10

2.4.2 엔지니어링 흐름도

공정 연구와 개발의 초기 단계를 지날 때는 다양한 개략적인 흐름도들이 매우 훌륭한 역할을 해낸다. 공정 계산이 완성되고 건설 계약이 체결되면 보다 종합적인 엔지니어링 혹은 기계적인 흐름도가 요구된다[그림 2-6과 2-7].

이 다이어그램에서 필요한 것을 이해하기 위하여 그것의 용도를 이해해야만 한다. 어느 엔지니어링 사무소에서도 흐름도는 모든 설계 그룹에 제공되는 정보의 중심적 원천이다. 이들 그룹에는 전기, 배관, 구조, 계장, 그리고 펌프와 압축기 설계자들이 포함된다. 그것은 설계 엔지니어들과 중역들에 대한 공통의 만남의 장으로의 역할을 담당한다. 다양한 배경의 수많은 사람들이 그것을 참조해야하기 때문에 표준화는 불필요한 혼동을 피하기 위하여 필수적이다. 중요한 정보가 생략되거나 쓸모없는 정보가 포함되어서는 안 된다.

특히 엔지니어링 흐름도는 주요 장비들과 배관 시스템뿐만 아니라 계장 시스템이 나타나도록 작성되어 플랜트 시스템의 전체적인 운전 원리를 이해할 수 있도록 하는 것이 필수적이며, 이에 따라 플랜트 실무자들은 자주 엔지니어링 흐름도, 즉 플랜트 시스템 플로우 다이어그램을 배관 및 계장 다이어그램(Piping and Instrumentation Diagram)이라 하고, 줄여서 피앤아이디(P&ID)라고 부른다.

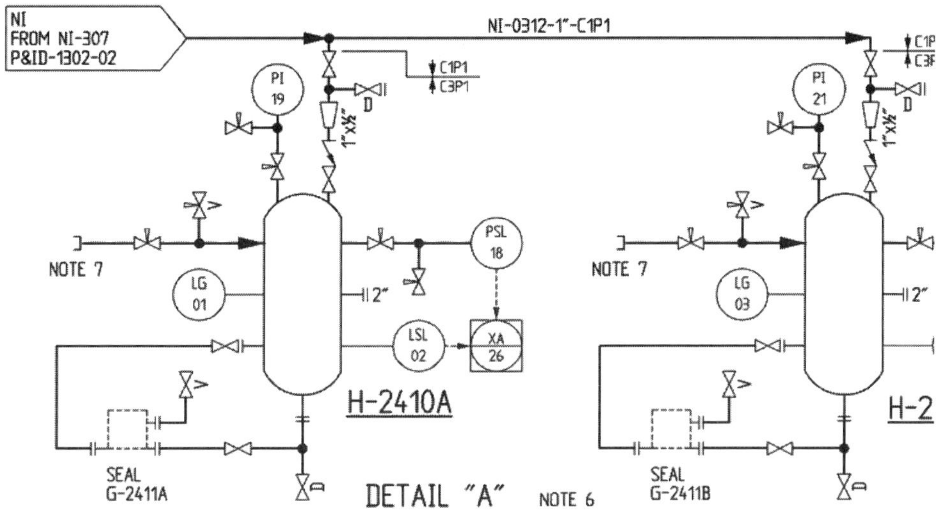

[그림 2-6] 엔지니어링 흐름도(플랜트 압력용기 주위 시스템의 예) [10]

공정 장비

모든 공정 장비의 품목들은 여유분까지 포함하여 그림에 보여야 한다. 가능한 한 장비의 모양에 닮은 그림을 스케치하여 다이어그램의 모든 이용자들이 그 품목들을 식별하는 데 도움을 준다. 간단한 입면도가 통상적으로 이용되지만 다이어그램의 평면 위에 모든 연결이 나타나도록 바뀌기도 한다. 이런 절차는 단순화를 향해 나아간다. 노즐들은 적절한 상대적 위치에 자리 잡도록 하는데, 분류 칼럼 내에 적절한 트레이에 위치하도록 한다. 이들 다이어그램을 스케일대로 그리는 것은 비실용적인데 이는 비교적 작은 품목들은 심하게 줄어들기 때문이다. 그러나 상대적 크기의 차이를 유지하는 것이 바람직하며 이것은 수직보다 수평에 대하여 다른 스케일을 이용함으로써 때때로 달성될 수 있다.

장비는 변화가 상당히 심하므로 각 품목에 대한 표준화된 스케치가 불가능하다. 그러나 [그림 2-7]에서와 같이 펌프, 모터, 그리고 터빈을 나타내는 것은 표준화가 가능하다.

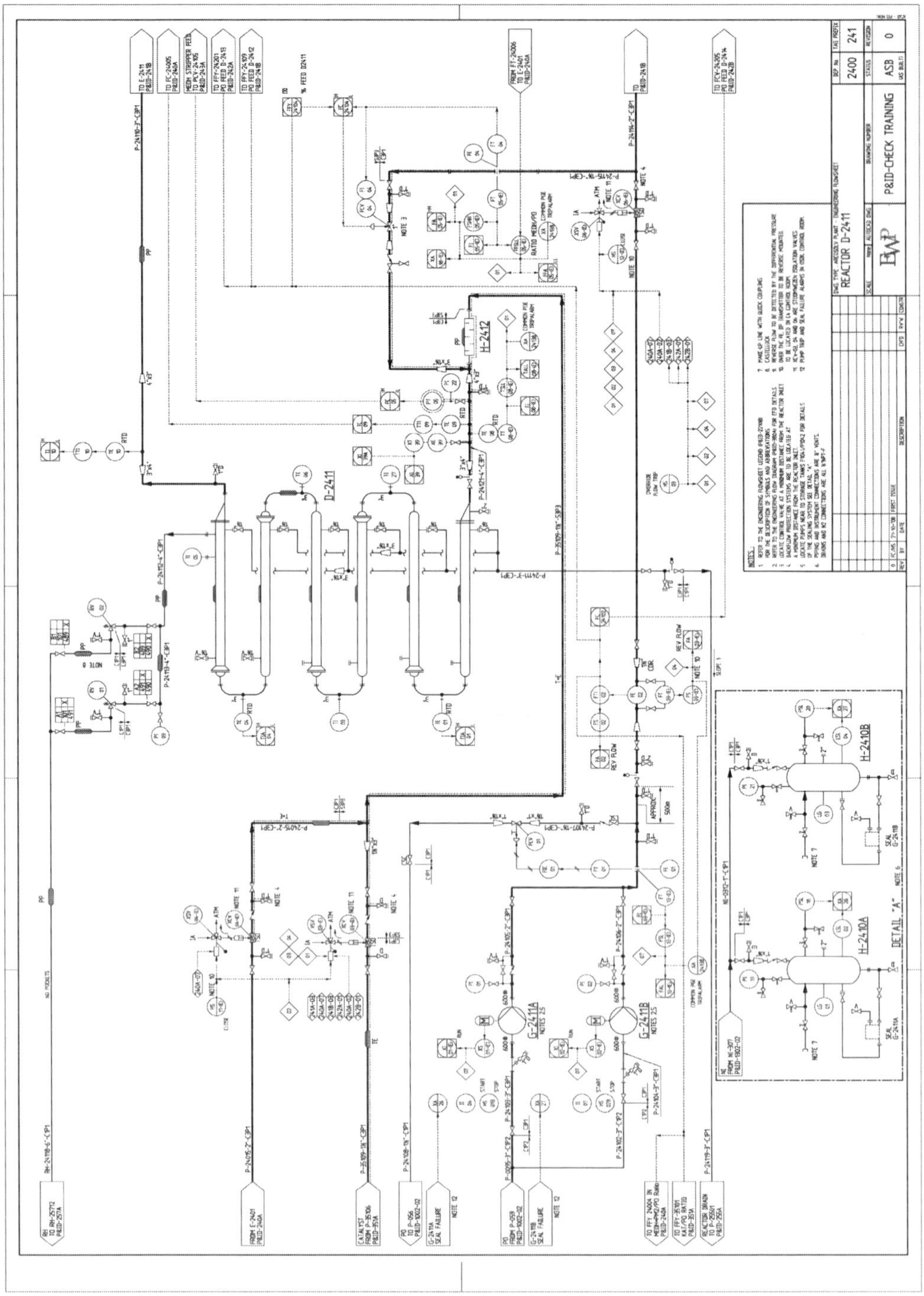

[그림 2-7] 엔지니어링 흐름도 일례 10

표시법

어떤 필수적 정보라도 장비의 각 항목 근처에 제공되어야 하고, 이들 표기법은 다이어그램의 각 이용자에 의해 요구되는 자료를 간결한 방식으로 제공해야만 한다. 경험적으로 펌프와 용기와 같은 통상적 품목에 대해 요구되는 정보를 적어오고 있다. 특수 장비에 대해 전체적인 치수와 중요한 운전 특성들이 종종 주어진다. 아래의 표기법이 제안된다.

Compressors	K, C
Exchangers	E, C (for condensers) and RB (for reboiler)
Heaters	H
Pumps	P or PU
Reactors	R
Storage tanks	ST
Towers	T
Vessels	V

[표 2-1] 전형적인 장비 지정 기호

항목 번호

장비의 모든 부품에 항목 번호를 부여하고 그 번호를 장비의 위 또는 곁에 나타내야 한다. 만약 항목번호 부여체계가 주의 깊게 계획되어 있다면 흐름도의 이용에 그리고 설계와 건설 작업의 모든 단계의 수행에 측정할 수 없는 도움을 줄 것이다. 성공적으로 이용된 대표적인 시스템은, 공정 유닛이 지역들과 구역들로 나뉘어져 있을 경우에는, P-101과 같은 숫자를 채용한다. 이 문자가 장비의 종류를 표시하는데 여기서는 펌프의 경우이고 101은 그 펌프가 100 지역에 있는 한 펌프를 표시한다. 만약 이 펌프가 동일한 여유분을 갖고 있다면 그것은 P-101A가 될 수 있다. 장비에 대한 통상적인 문자 지정방법이 [표 2-1]에 주어져 있다.

공정 정보

중요한 공정 정보 또한 나열되어 있어야 한다. 아래에 몇 가지 통상적 항목들이 제안되어 있다.

Vessels
Service
Diameter, height, thickness
Special features (lining, etc.)
Design conditions
Operating conditions
Heat exchangers
Service
Differential pressure across shell and tubes
Heat transfer area
Duty in kJ/s
Design conditions
Temperature and pressure at inlet and outlet
Pumps
Service
Size and type
Fluid
Pump temperature
Density at pump temperature
Design m^3/s at pump temperature
Design differential
NPSH (Net Positive Suction Head)
Compressors
Service
Stages
Suction conditions
First stage suction
Second stage suction
Second stage discharge
BHP (Brake Horse Power) first stage
BHP second stage
Capacity m^3/s

배관과 밸브

장비를 받쳐주는 모든 공정 라인들과 설비 라인들은 엔지니어링 흐름도 상에 보여진다. 종종 주요 공정 라인들은 두껍게 그려져 기본적인 유동 순서가 보다 분명해 지도록 한다. 설비 라인들은 [표 2-2]에 보인 것처럼 다양한 부호를 사용하여 그려져서 즉시에 몇 가지 서비스의 구별이 가능토록 한다. 화살표는 유동을 따라서 도움을 줄 필요가 있는 곳마다 이용된다. 요구되는 모든 밸브와 체크 밸브가 표시되지만 플랜지와 피팅류는 장비에 결합될 때만을 제외하고 그리지 않는다. 범용 밸브에 대한 통상적인 부호들이 [표 2-2]에 주어져 있다. 라인 사이즈이외의 사이즈를 갖는 밸브의 크기는 밸브 근체에 기재한다.

배관 디자이너는 그의 정보의 주된 출처로서 흐름도를 이용하기 때문에 많은 데이터가 다이어그램 상에 주어져야 한다. 온도와 압력, 유량, 그리고 유체 유동의 서술이 제공되어야 한다. 덧붙여 라인들에 대한 시방이 주어져서 사이즈, 재질, 그리고 파이프의 두께, 플랜지 등급, 그리고 피팅과 밸브의 등급이 각 라인마다 알려져야 한다. 이 정보가 라인 넘버링 시스템의 방법으로 편리하게 제공될 수 있고 여기서 한 장비로부터 다른 장비까지 연장된 각 라인에는 한 개의 분리된 번호가 주어진다.

이들 번호들은 유량, 압력, 온도, 그리고 그 라인에 흐르는 유체와 함께 양식 위에 기록될 수 있다. 라인 넘버는 라인 사이즈나 라인 시방이 바뀔 때마다 변경된다. 혼동을 피하기 위해 한 라인 넘버는 한 라인이 삭제되면 소거된다. 라인 넘버는 지역 지정을 포함할 수 있다. 예를 들어 전형적인 어떤 시스템에서 하나의 라인에 대해 3″-06-403E 와 같은 하나의 고유한 라인 넘버를 부여할 수 있다.

3″	0	6	403	E
line size	fluid class	area number	line number	piping spec

제4장에 설명하겠지만 배관 시방서는 서비스의 각 등급에 대해 상세히 기재되어 있기 때문에 배관 디자이너는 흐름도, 라인 리스트, 그리고 배관 시방서로부터 레이아웃과 디자인에 필요한 모든 정보를 얻을 수 있다. 이들 라인 넘버는 공장-제작 파이프의 표시와 인식에 계속적으로 이용된다. 그러므로 엉성하게 번호가 매겨진 흐름도는 프로젝트 전반에 걸쳐 상당한 혼동을 초래할 수 있다.

밸브는 흐름도 상에 번호와 기호 모두로 인식된다. 번호는 상세한 밸브 시방을 참조하며 디자이너와 재료구매 담당 모두에게 매우 유용하다. 일부 회사에서는 흐름도 상에는 밸브에 번호를 매기지 않으나 배관 도면에는 대부분 번호를 사용한다.

ITEM	SYMBOL		
Valves & Fitting		**Line Designations**	
Angle Valve		Main Process	
Blind Flange		Secondary	
Check Valve		Air	
Figure 8 Flange		Condensate	
Flange		Sewer	
Gate Valve		Steam	
Globe Valve		Steam Traced	
Hose Connection		Water	
Plug Valve		NOTE : Usually no attempt is made distinguish flanged and screwed fittings on flow diagrams. The piping specification as noted by the line number designation provides this information.	
Reducer	OR		
Strainer			

[표 2-2] 전형적인 흐름도를 위한 밸브와 배관 기호 6

계장

플랜트 운전의 제어하기, 기록하기, 그리고 표시하기 위한 모든 계기장치는 흐름도 상에 표시되어야 한다. 보통 공정 엔지니어는 공정 흐름도 상에 필수적인 계장을 개략적인 방식으로 표시한다. 이것에 후속 설계가 더해져 다른 모든 계장과 함께 엔지니어링 흐름도에 추가된다.

미국 계장 협회는 혼동을 피하기 위해 지켜야 할 표준 계장 기호표를 준비하고 있다. 이들이 [그림 2-8(a), (b) 및 (c)]에 전재되어 있다. 계장 넘버는 그림처럼 기호 안에 보통 포함되어 있다. 제어 밸브와 릴리프 밸브의 사이즈는 배관 디자인을 돕기 위해 이들 항목 부근에 기재되어야 한다.

다이어그램의 배치

엔지니어링 흐름도의 잘 계획된 배치는 작업의 모든 단계에 걸쳐서 효율적이고 고품질의 기량을 보증해 줄 수 있다. 만약 실제 플롯 플랜에 대한 어떤 생각이 떠오르면 흐름도가 그려질 때 실용적이 될 수 있도록 다이어그램을 비슷하게 그리는 데 매우 도움이 된다. 이러한 배치는 레이아웃 담당과 배관 디자이너에게 플랜트를 보다 즉각적으로 시각화하는 데 도움을 주고 흐름도의 배치 때문에 실제로는 매우 짧지만 길게 나타나는 라인을 과도하게 강조하는 것을 막아준다.

훌륭한 배치를 달성하는 많은 방법이 있다. 펌프와 같은 장비는 다른 장비의 아래에 배치될 수 있고 모든 장비는 한 개의 공통 기저 라인 위에 배치될 수도 있다. 공정 라인들은 하나의 도면 위에 그려질 수 있고 설비 라인들은 다른 도면에 그려질 수 있다. 또는 설비와 공정 두 가지 라인이 모두 동일한 도면상에 그려질 수도 있다. 후자의 경우는 전체적인 그림을 한 장의 도면에서 볼 수 있다. 그러나 종종, 특히 대형 압축기 설치에서처럼, 설비 연결이 너무 과도해지면 너무 과밀해지는 경우를 초래한다.

쉽게 읽고 이해되기 위하여 흐름도는 과밀하게 나타내지 말아야 한다. 종종 여러 장의 분리된 도면이 공정을 나타내는 데 필요하기도 하다. 한 장의 도면상에 있는 장비로부터 연결되어 또 다른 장의 도면으로 지나가는 라인들은 일정한 높이에 유지되도록 해서 다음 장으로의 라인이 연속되도록 하여 쉽게 찾을 수 있게 한다.

INSTRUMENTATION
FLOW PLAN SYMBOLS.

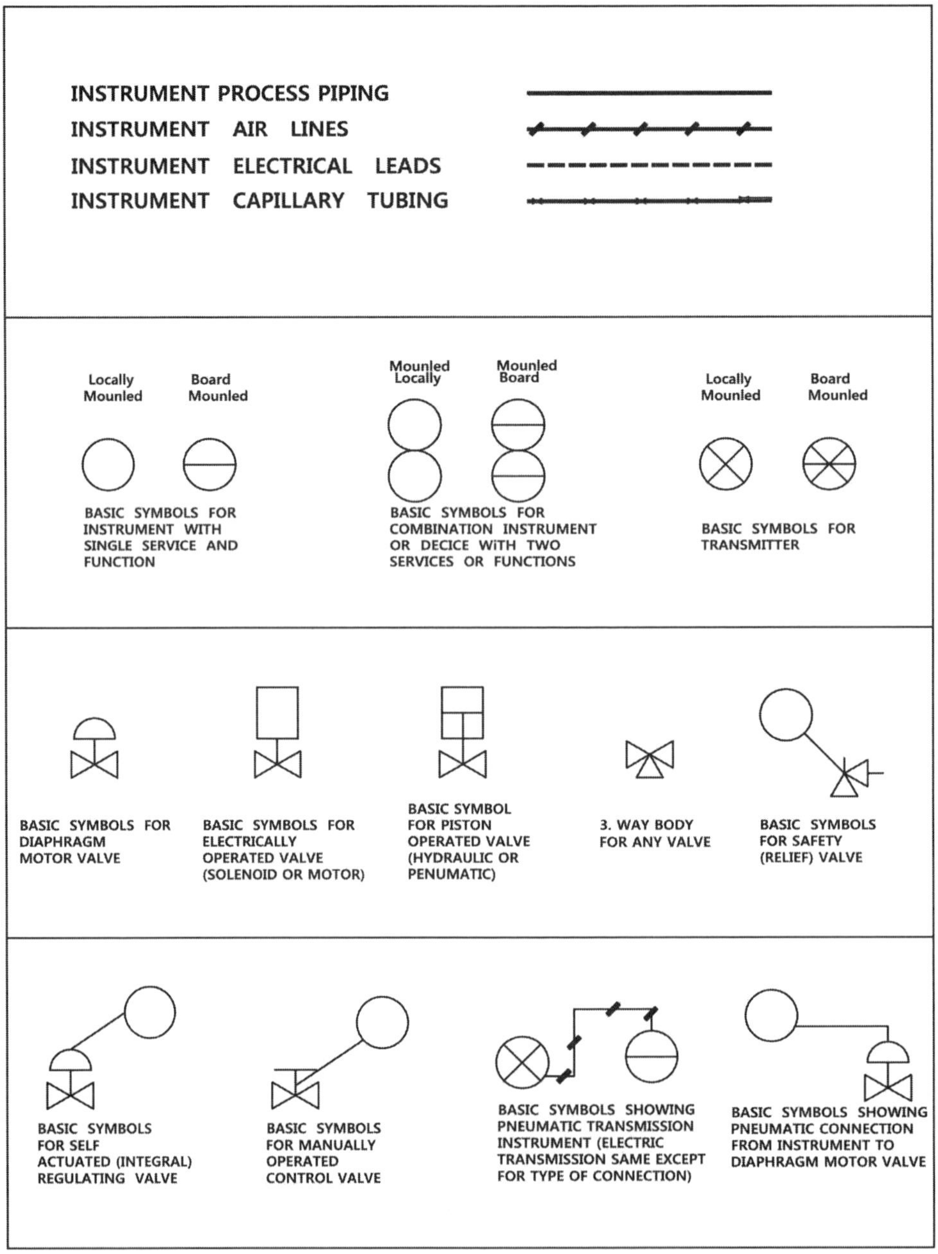

[그림 2-8(a)] 계장 유동 계획 기호

TYPICAL INSTRUMENTATION SYMBOLS
FOR TEMPERATURE AND PRESSURE

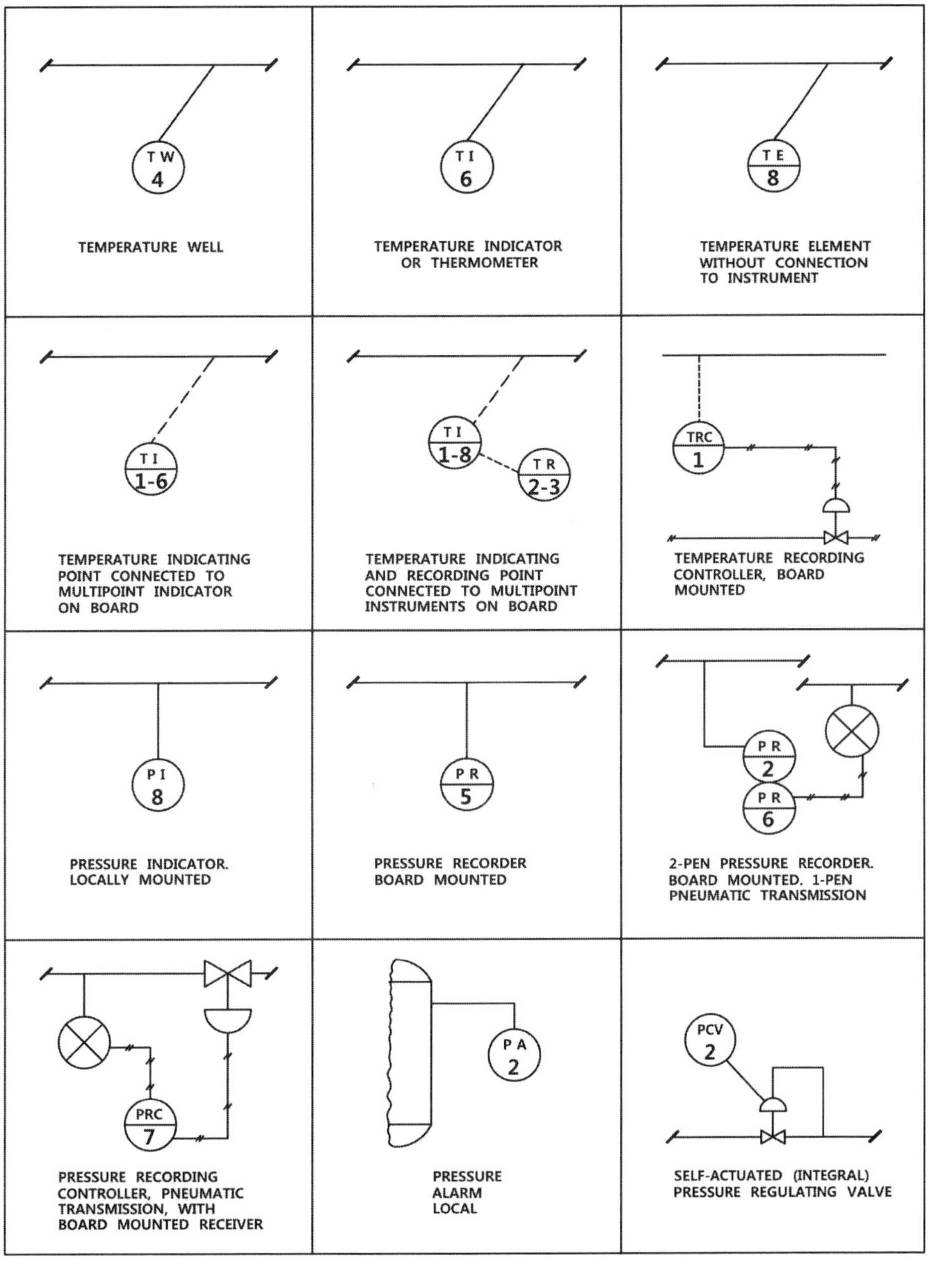

[그림 2-8(b)] 계장 유동 계획 기호

TYPICAL INSTRUMENTATION
SYMBOLS FOR FLOW AND LEVEL

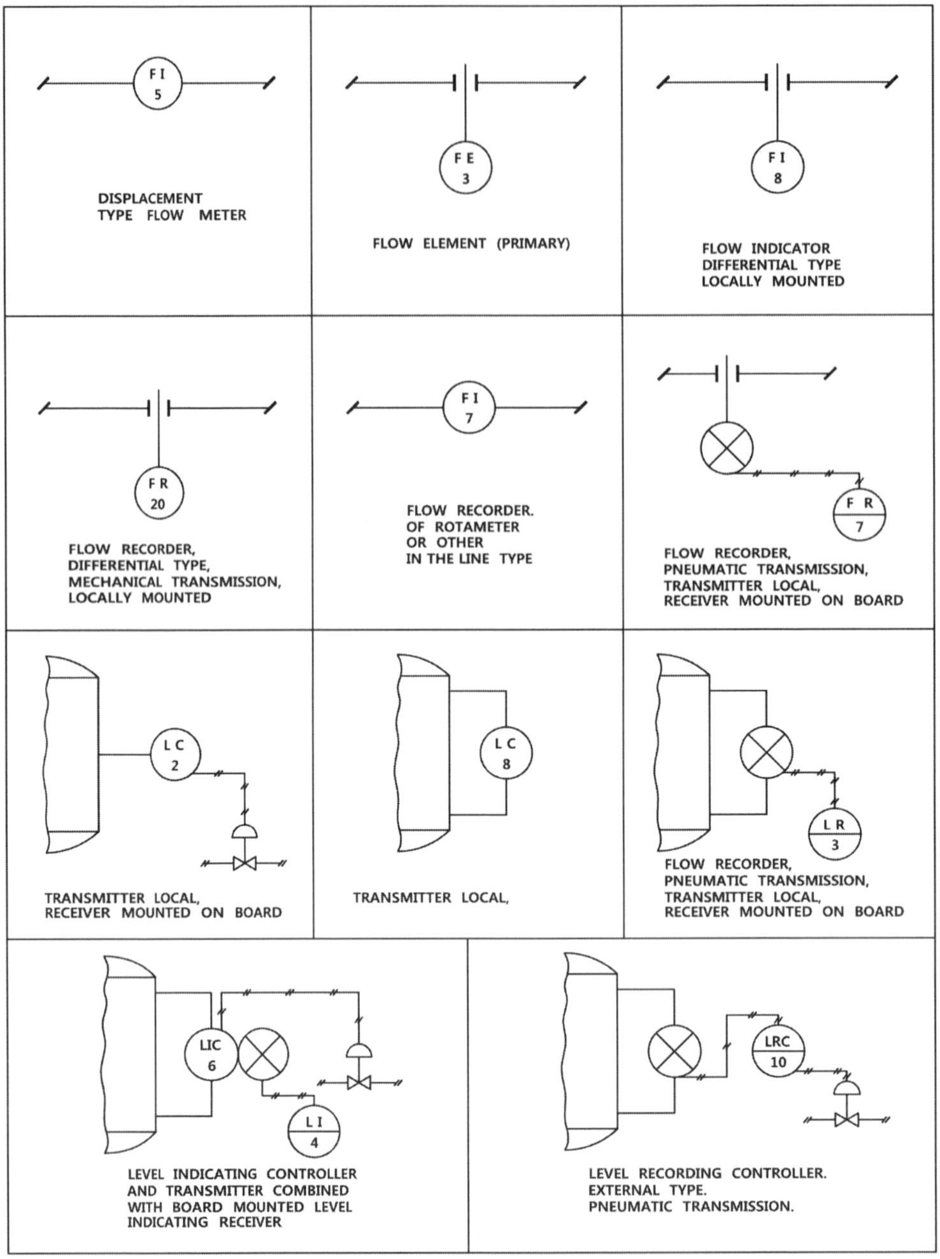

[그림 2-8(c)] 계장 유동 계획 기호

2.5 플롯 플랜 (배치계획)

엔지니어링 흐름도가 완성된 다음에 그리고 상세한 배관, 구조, 그리고 전기 디자인을 시작할 수 있기 전에 플랜트 내의 공정 유닛들의 배치와 이들 공정 유닛들 내의 장비의 배치가 계획되어야 한다.

이 계획 작업은 프로젝트 엔지니어, 배관 및 구조 디자이너 그리고 공정 엔지니어를 포함하는 전문가 그룹에 의해 수행된다. 그들의 작업 결과물이 플롯 플랜(plot plans)인데 여기엔 마스터 플롯 플랜과 유닛 플롯 플랜이 있다. 마스터 플롯 플랜[그림 2-9]은 각각의 공정 유닛, 운송장, 그리고 빌딩을 보여 준다. 유닛 플롯 플랜[그림 2-10]은 한 개의 공정 유닛 내의 각각의 장비를 평면도에 그려 위치를 보여 준다.

플롯 플랜의 준비는 공정 플랜트의 디자인에 있어서 가장 중요한 기능이다. 훌륭한 운전, 경제적 건설, 그리고 효율적인 유지에 대한 관건은 장비와 빌딩들의 잘 계획된 기능적인 배치에 달려있다. 종사들의 만족과 양호한 홍보에 대한 관건은 정결하고 미적으로 만족하는 플랜이다.

각 플랜트는 여러 면에서 다르며 정확히 똑같은 두 개의 플랜트 현장은 없으므로 하나의 이상적인 플롯 플랜은 있을 수 없다. 그러나 만족스러운 배치를 보장하는 보다 중요한 규칙들을 기술하는 것은 가능하다.

2.5.1 마스터 플롯 플랜

[그림 2-9]는 전형적인 마스터 플롯 플랜의 스케치이다. 일반적으로 플랜트는 가장 편리하게 도로로 분리된 블록들로 나뉜다. 수많은 인자들이 도로의 위치와 블록들의 배치에 영향을 미치며 그 중 일부를 아래에 소개한다.

플랜트 지형. 배수 시스템은 현장의 등고선 지도로부터 계획될 수 있다. 그 다음 도로들과 공정 유닛들과 빌딩들이 들어 설 일반 지역들이 선택될 수 있다. 최소한의 성토가 요구되고 최적의 토양 특성을 가진 현장의 부분들이 이들 지역들로 선정된다.

현장의 가장 높은 지역은 제품의 저장을 위해 이용되면 이점이 있으며 이는 중력을 이용한 탱크 카 하역이 가능할 수 있기 때문이다. 만약 탱크가 넘쳐흐르는 경우 화재의 급속한 번짐을 방지하기 위해 이들 탱크 주위로 제방이 설치되어야 한다.

기존 고속도로와 철도 시설. 사무실과 창고들은 주요 고속도로로부터 손쉽게 진입 가능하도록 하고 창고들, 야적장, 제품 상차 지역은 인접한 철도에 편리하도록 한다.

만약 플랜트가 항만 시설을 갖출 경우 제품 저장소는 도크에 인접한 곳에 두어야 한다.

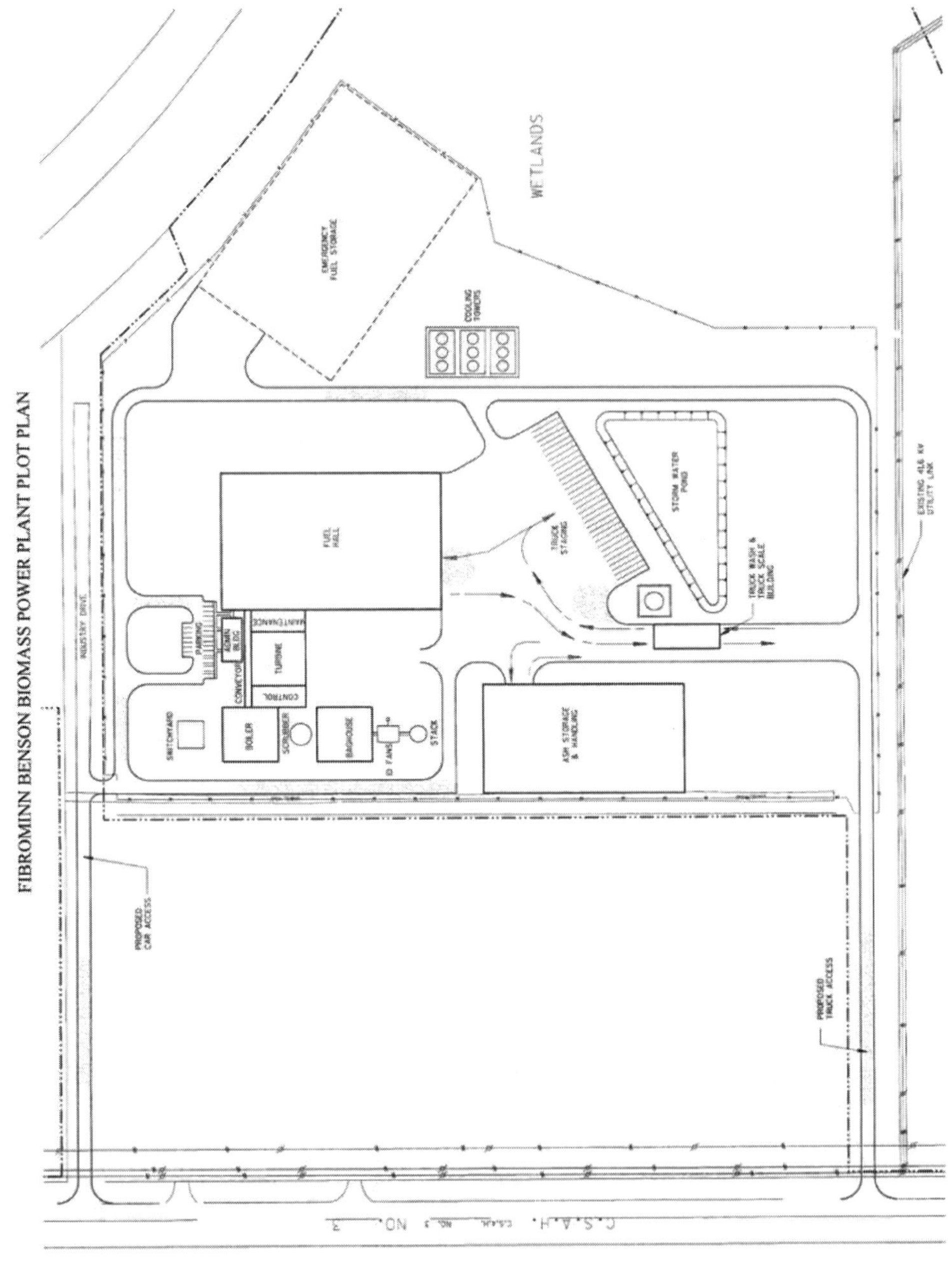

[그림 2-9] 마스터 플롯 플랜 **10**

공정 유닛의 종류. 만약 한 공정 유닛으로부터의 생산물이 다른 유닛으로 직접 공급될 경우 그 유닛들은 배관과 펌프 비용을 줄이기 위해 인접하는 것이 좋다. 운전, 유지, 그리고 설비 분포는 종종 플랜트의 한 구역 내에 유사한 유닛들을 위치시킴으로써 단순화된다.

안전. 안전 규칙은 본 교재 뒤의 제6장에서 충분히 다루어진다.

플랜트 서비스. 발전소, 상점, 창고, 식당, 그리고 탈의장 등은 최대 효율과 편리뿐 아니라 공정 운전과 간섭을 최소화시키도록 위치해야 한다.

일반적 계획 작업의 한 가지 간단한 시작 요령은 각각의 공정 유닛, 발전소, 기계공작실, 탱크 지역, 그리고 사무소 건물 등을 축척대로 오려서 직사각형 카드보드를 만든다. 이들 오려낸 종잇조각을 전체 플랜트 현장의 도면 위에 올려놓는다. 각각의 배치는 사각형으로 보인 각 지역과 모든 연결 배관이 표시된 개략적인 블록 다이어그램을 준비하여 후속 검토가 행해질 수 있다. 설비 배관도 역시 이 다이어그램에 포함되어야 한다. 이 블록 다이어그램은 유닛 간의 배관에 필요한 공간을 결정하는 데 도움이 되고 최종 마스터 플롯 플랜을 개발하는 데 큰 도움이 된다. 각각의 제안된 배치에 대한 건설, 운전, 그리고 차후 확장 시의 경제성을 토대로 가장 수용할만한 플랜이 결정될 수 있을 것이다.

2.5.2 유닛 플롯 플랜

유닛 플롯 플랜[그림2-10]은 수많은 요소들이 공정 유닛을 채우고 있으므로 상세사항들이 많다는 점을 제외하고 마스터 플롯 플랜과 같은 방식으로 준비된다. 디자인이 진행됨에 따라 이 단계에서 시작된 축척 모델이 가장 도움이 된다. 요약하면 유닛 플롯 플랜을 준비하는 단계는 아래와 같다.

1) 용기, 열교환기, 펌프, 그리고 압축기와 같은 모든 장비의 주요 항목들을 나열한다. 각각의 크기와 무게를 표시한다.

2) 높이 들어 올려놓아야 할 장비들을 결정한다. 장비를 높은 위치에 들어 올려놓는 것은 펌프의 흡입 측 요구조건 또는 다른 공정 요구조건에 의해 지배된다. 장비를 올려놓는 것은 항상 비용이 많이 들고 공정의 만족스러운 운전에 필요할 경우에만 수행되어야 한다.

3) 공정 흐름과 운전 절차를 연구한다. 각 장비의 흐름 순서와 기능은 완벽하게 이해되어 플롯 안에서 그것의 배치가 기능을 잘 할 수 있도록 한다.

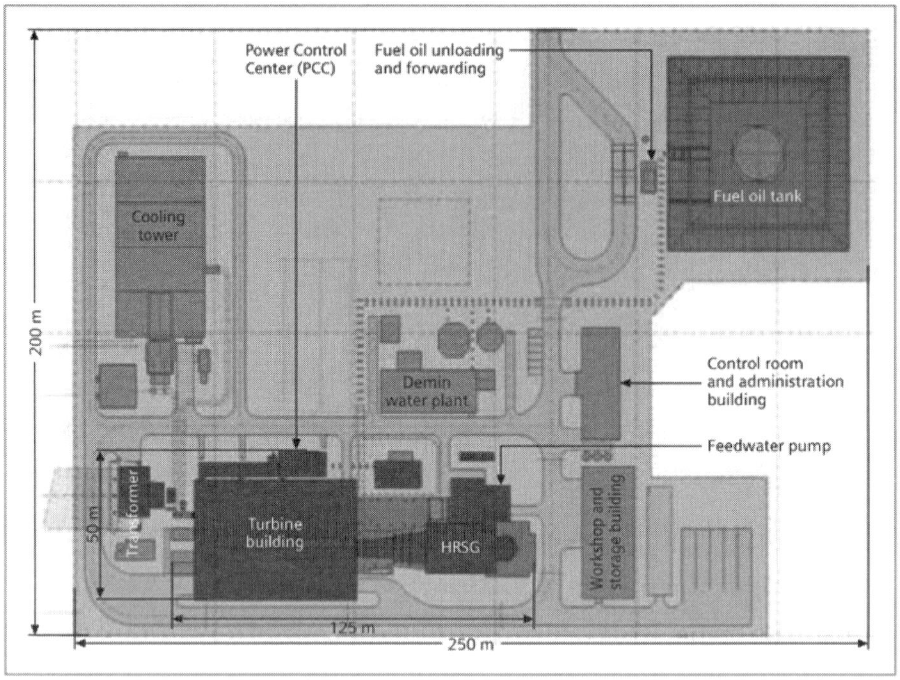

[그림 2-10] 유닛 플롯 플랜 10

4) 장비의 각 항목에 대한 유지보수 방법을 결정하여 주기적인 유지보수가 필요한 장비에 접근이 용이하게 한다.

5) 모든 운전 위험을 연구하여 장비의 가장 안전한 배치 방안이 되도록 한다.

6) 다음의 규칙에 따라 장비의 간격을 계획한다.

- 펌프들 간의 간격을 1미터보다 가깝게 하지 말 것. 근접 간격은 유지보수를 어렵게 한다.
- 제거할 부품이 있는 장비는 길이가 긴 파이프를 분리해 떼어내거나 다른 장비를 움직이지 않고 그 부품을 제거할 수 있도록 설치해야 한다. 호이스트 기구의 자유로운 접근이 필수적이다.
- 스프레드 푸팅(spread footing)과 같은 기초는 종종 그것이 지지할 장비의 치수를 초과한다는 점을 기억하라. 그러므로 장비와 기초의 크기가 모두 고려되어야 한다.

7) 모든 장비에 대해 설치 문제를 연구하라. 가능하다면 배치가 장비의 설치를 쉽도록 해야 한다.

훌륭한 플롯 플랜 작업은 일련의 규칙을 따르는 것보다 경험 있는 판단에 더욱 좌우되는 일인데 이는 너무 많은 가치들이 만족되어야 하기 때문이다. 경험 있는 엔지니어 그룹은 상대적으로 짧은 기간에 수용할만한 플롯 플랜을 개발할 수 있다. 장비를 대표하는 모델을 이용하여 이들 전문가들이 회의실 탁자에 둘러 모여 수많은 가능한 배치들을 역동적이며 빠르게 제안할 수 있다. 참여 인력 각자의 경험을 묶어서 각 배치의 장점과 단점이 즉시 결정될 수 있다. 플롯 플랜 작업은 당연히 플랜트 디자인 그룹 내에서 가장 경험 많고 유능한 엔지니어의 작업이다.

2.6 프로젝트 스케줄링

주의 깊은 계획 작성과 스케줄링은 플랜트의 설계와 건설 못지않을 만큼 복잡하며 어떤 프로젝트에도 없어서는 안 될 필수적인 것이다. 예비 공정 설계 작업, 흐름도, 그리고 플롯 플랜이 완료된 후에 프로젝트 스케줄이 개발된다. 이 프로젝트 스케줄은 작업 전체에 걸쳐 진행 상황을 기록하고 계획하는 데 지침이 될 것이다.

2.6.1 프로젝트 스케줄의 목적

스케줄은 엔지니어링, 제도작업, 그리고 구매뿐 아니라 각 주요 항목과 장비에 대한 건설 작업에 대한 개시일과 종료일을 표시해야 한다. 만약 스케줄이 적절히 준비되고 이를 잘 따라가면 프로젝트의 적기 완공이 보장될 것이다.

건설 작업의 합리적인 조속 종료와 엔지니어링 작업의 효율적 조정을 확보함에 덧붙여서 스케줄은 계약 회사들이나 운전회사의 설계 그룹에게 인력 요구사항을 예상할 수 있는 유일한 방법을 제공한다. 특히 계약 담당 조직들은 그들의 인력에 대한 연속적인 고용을 유지하기 위하여 주의 깊은 계획 작성을 요한다. 가장 경제적인 인력 운용은 최소한 서너 개의 프로젝트를 이어서 수행할 때 현실화될 수 있다. 단 하나의 프로젝트만을 수행할 때는 대개 전문화된 인력에 대해 일부 유휴 기간을 초래한다. 둘 또는 그 이상의 프로젝트가 동시에 설계될 때 기본 단계들도 동시에 일어나며 따라서 똑같은 문제들이 병행하여 수행되는 프로젝트들에서 발생된다.

2.6.2 공정표 (Schedule Sheet)

[그림 2-11]은 원유 증류 유닛의 그림 형식으로 준비된 공정표로 매우 편리한 것으로 알려져 있다. 여기의 기호들은 개시와 종료 시점을 표시한다. 각 항목에 대항하여 두 개의 수평 그래프가 스케치되어 있다. 위쪽 그래프는 계획된 스케줄을 보인다. 아래쪽 그래프는 출고시간까지의 실제 작업 진행 상황을 표시한다. 각 항목에 대한 두 번째 그래프는 그 시점까지의 진행 상황을 보인다. 만약 필요시 시간 축척은 월 단위 대신 주 단위로 확대하여 진행 상황을 표시할 수 있다.

이와 같은 공정표는 인쇄된 양식 위에 준비되고 계약자와 고객의 중역진에게 복사하여 배포될 수 있다. 이런 그래프식의 표현 방식은 요직에 있는 인사들이 제안된 공정표에 따라 현재 작업의 진행뿐 아니라 미래 작업 계획을 빠르게 결정할 수 있도록 해준다.

2.6.3 공정표 작성 방법

작업의 진행 상황을 제어하는 것으로 알려진 핵심 장비와 자재 항목들이 [그림 2-11]에서와 같이 나열된다. 흐름도와 플롯 플랜이 이 목록을 준비하는데 가장 편리한 정보 원천이다. 플롯 플랜은 프로젝트를 구역들로 구분하는데 논리적인 기준을 제공한다. [그림 2-11]은 이런 구역 또는 유닛에 대한 한 예를 보인다.

장비 납기가 완공을 좌우한다.

스케줄의 준비에 있어서 다음 단계는 최단기의 완공일자를 결정하는 것이다. 이 날짜는 가장 납기가 긴 장비의 품목에 의해 제어된다.

완공 가능 일자가 일단 선정되면 엔지니어링, 제도 작업, 그리고 건설은 상세하게 스케줄 되어 종합 공정표(master schedule)가 완성된다.

디자인과 건설 조직의 전반적인 노력은 공정표에 기재되어 모든 작업이 조정될 것이다. 정보, 장비 및 재료는 잘 흘러서 어떤 그룹도 뒤처지지 않도록 해야 한다.

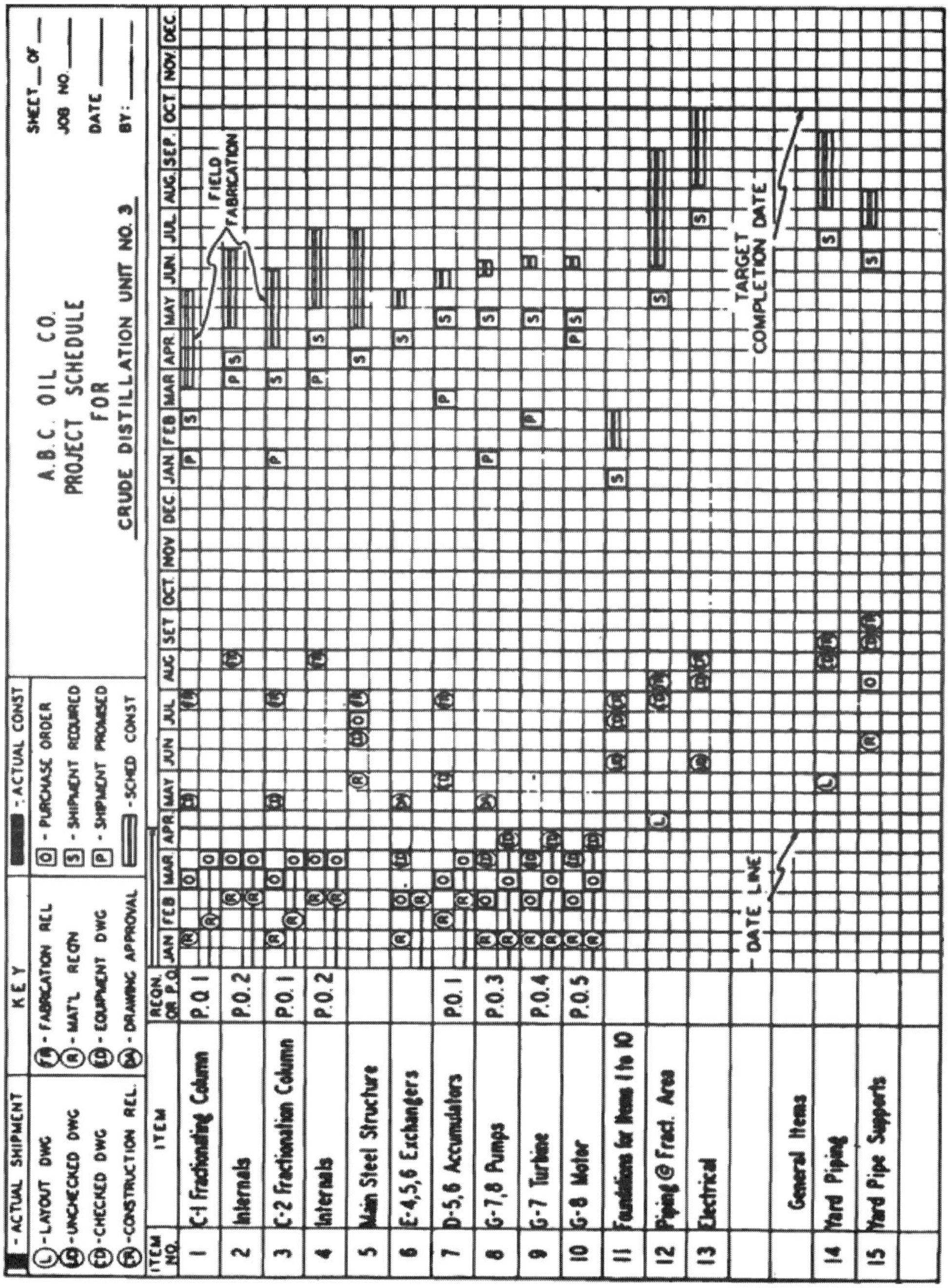

[그림 2-11] 프로젝트 스케줄 6

플랜트 디자인과 건설의 작업 순서(Sequence of Operation)

다음의 디자인과 건설 작업의 순서는 대다수의 공정 플랜트 프로젝트의 전형이다.

1) 공정 설계와 공정 흐름도 준비.

2) 엔지니어링 흐름도와 예비 플롯 플랜의 준비.

3) 부분적인 용기 설계. 주요 용기들은 통상적으로 장기 납기 품목이고 이것들은 공정 정보가 완성되자마자 부분적으로 조달되기도 한다. 혼합기, 교반기, 그리고 기타 용기에 관련된 장비들 같은 용기 내부물은 이 시기에 규정되어야 한다.

4) 완성된 도면의 준비 없이도 조달될 수 있는 전기 및 증기 원동기, 펌프, 압축기, 자재 취급 장비, 그리고 기타 장비들을 포함한 기계 장비의 시방서.

5) 계장 시방서. 제어 밸브는 보통 예비 배관 배치가 완료될 때까지 연기된다.

6) 4번 항이 완료되자마자 주요 전기 개폐장치, 주 플랜트와 변전소 변압기, 그리고 모터 스타터와 같은 소형 전기 기어의 디자인. 단선으로 작성되는 플랜트 전기 배전도는 플랜트 부하의 연구가 충분히 가능하도록 어느 정도 완성되어야 한다. 이 작업은 때때로 다양한 프로세스 동력에 관한 조사결과를 이용해 수행된다.

7) 열교환기, 직화 히터, 기타 히터 장비와 증기 발생 장비의 설계와 시방서.

8) 밸브 시방서와 밸브 품목 번호 목록을 포함한 배관 시방서의 준비. 이는 엔지니어링 흐름도로부터 직접 밸브를 산출할 수 있도록 해준다.

9) 일반 플롯 플랜과 구역 플롯 플랜을 종결하기.

10) 배관 배치 계획하기 및 지하 배관에 대한 자재의 목록 작성.

11) 예비 벤더 자료가 접수되어 있는 용기와 기타 장비에 대한 기초의 설계. 예비 기초 자재의 목록 작성. 모든 주요 장비의 앵커볼트의 목록 작성. 파일이 이용될 경우 파일 배치가 이 시기에 완료될 것이고 파일을 위한 천공 작업이 시작될 수 있다. 예비 건설 작업이 종종 이 시점에서 시작된다.

12) 철 구조물 설계 또는 공정 작업을 위해 요구되는 기타 구조물의 설계. 플랜트 빌딩의 건축 연구.

13) 전기 도관 배치, 지하 전기 자재 목록 작성.

14) 6번 항 아래의 독립적인 전기 장비에 대한 기초의 설계.

15) 3번에서 7번 항에 대한 인증된 치수 도면의 접수.

16) 용기 노즐의 방향을 결정하고 확정하기에 충분한 배관 배치의 완료.

17) 용기의 제작 발주. 용기 제작자는 위 3번 항의 사항을 기반으로 선정되었을 것이다.

18) 설치를 위해 건설 인력에게 토목기초 도면의 배포.

19) 철 구조물의 조달과 제작을 위한 철 구조물 도면의 배포. 건설 인력에 의해 고층의 보강 콘크리트 구조의 건설을 위한 모든 자재의 방출.

20) 건설 시작. 공사 현장의 준비, 예비 정지 작업과 기초 터파기.

21) 조달을 위하여 밸브와 기타 배관 자재를 포함한 예비 배관 자재 목록 작성의 완료.

22) 파이프 지지를 위한 기타 주요 철 구조물의 완료 및 파이프 지지대 제작에 이용되는 현장 설치용 모든 기타 품목의 목록 작성.

23) 계장 설치 도면의 시작. 계장 설치에 요구되는 모든 자재의 목록 작성.

24) 배관 디자인의 완료 및 배관 제작 발주.

25) 건축 디자인과 빌딩에 대한 자재 목록의 완료. 이 단계는 공정 작업에 이용되지 않는 빌딩에 대해서는 훨씬 먼저 완료될 수도 있다.

27) 모든 주요 장비의 조달 완료. 기타 자재의 조달은 계속될 것이다.

28) 4번에서 8번 항 하의 품목들이 작업현장으로 도착되기 시작한다.

29) 지하 설치작업의 완료.

31) 주요 품목과 철 구조물이 도착되고 지상 설치작업이 시작된다.

32) 배관 설치공사.

33) 전기 설치공사.

34) 계장 설치공사.

35) 시험.

36) 단열재 설치공사.

37) 청소작업.

38) 시운전 절차.

39) 고객에 의한 플랜트 인수.

이 목록을 훑어보면 각 작업이 하나 또는 그 이상의 선행 작업에 종속적이라는 사실을 알게 된다. 복잡한 상호종속성이 존재하는데, 즉 한 디자인 그룹은 다른 디자인 그룹들로부터의 정보에 의존하고, 제작자들은 디자이너로부터의 정보에 의존하며 만약 이 정보가 지체되면 납기가 지체되는 것이며, 그리고 결국 건설 인력은 디자이너로부터의 정보와 제작자로부터의 자재에 의존한다.

공정표 작성의 예

공정표 작성의 예로서 [그림 2-11]에 나열된 항목들을 고려하자. 배관 레이아웃이 대부분의 공정 플랜트에서 제도 작업 시간의 주요 부분을 요한다. 배관 디자이너와 제도사는 그러므로 장비의 벤더 도면과 용기 스케치를 가능한 한 일찍 공급받아야 한다.

설계 계산과 적용 코드에 기초한 용기(vessel) 스케치는 용기 디자인 그룹에 의해 준비된다. 그런 뒤에 이들 스케치는 적절한 설계 요구조건과 원하는 보증을 기술한 요청서 또는 다른 서류를 동반하여 조달 부서로 방출된다. 견적을 받기 위해 조달 부서로의 요청서 방출은 [그림 2-10] 위에 기호 R로 지정된다. (항목 1의 아랫부분을 참조하면 C-1 열에 대한 요청의 시간이 스케줄에 뒤쳐진 것을 볼 수 있다.) 분류탑(fractionating columns)이(항목 1과 3) 배관 레이아웃에 보다 더 중요하기 때문에 이들을 요청하기 위한 시간은 덜 중요한 완충기(accumulator)보다(항목 7) 두 주 전에 스케줄이 잡혀 있다.

장비의 벤더 도면은 용기 스케치와 거의 같은 시간에 배관 디자인 부서에 접수되어야 한다. 견적의 조기 요청(R로 표시된)과 주문의 발주(O)는 벤더 도면의 정시 접수(ED)를 보장한다. 그러므로 이들 자료는 빠른 공정 설계 시방서의 종결과 효율적인 조달 업무에 달려있다.

흐름도와 플롯 플랜과 더불어 벤더 도면과 용기 스케치는 주요 라인들에 대한 배관 레이아웃의 준비에 이용되기 위해 배관 디자인 부서로 전달된다. 이 레이아웃의 완료 일자(L)는 필요한 도면의 수와 이 작업에 할당된 레이아웃 디자이너의 수로부터 추정된다.

배관 레이아웃은 주요 철 구조물과 용기의 노즐 방향에 대한 예비 설계를 위해 충분한 정보를 포함하며, 이는 순차적으로 제작된 철구조의 요청, R(항목 5), 기초의 설계, UC(항목 11), 그리고 전기 배전 시스템의 설계를 허용한다.

이 기간 동안 배관 디자인은 계속되고 도면의 확인 작업의 시작을 가능하게 하는 완료 단계에 이른다. 용기 도면이 확인되고(CD) 그리고 제작자에게 보내져서 그들이 제작 도면을 준비할 수 있게 한다. 이들 제작 도면의 승인 후에 제작자는 용기를 제작하도록 "출도(released)"된다(FR).

장비 도면들도 역시 확인되고 그리고 지적 사항이 있다면 이와 함께 벤더에게 회송된다. 그런 뒤에 철 구조물, 기초, 배관, 그리고 전기 도면들의 확인 작업이 거명된 순서대로 뒤따른다. 이 작업의 스케줄링에 있어서 벤더 도면과 용기 도면은 철 구조물 확인 작업을 위해 필요하다는 점을 기억해야만 한다. 기초 도면들을 위하여 철 구조물, 벤더와 용기 도면들이 필요하고, 그리고 배관과 전기 도면들을 위하여 앞서 확인된 모든 도면들이 필요하다.

이 예제는 스케줄 준비의 원리를 보여주기 위한 것이다. 실무용 스케줄의 준비에 필요한 인도 시간과 인력 시간의 예측을 위하여 상세한 제안이 아래에 주어져 있다.

2.6.4 공정표 작성을 위한 정보

제조 및 인도 시간 (Manufacturing and Delivery Times)

장비의 납기는 공정 설계를 포함하여 설계 조직들을 통틀어 모든 작업에 영향을 미친다. 추후의 계산에 크게 영향을 받지 않을 기본 디자인을 갖는 주요 장비는 가급적 조기에 상세 설계가 이루어져야 하는데 이는 이런 품목이 가장 긴 인도 기일을 갖게 될 것이기 때문이다. 만약 특별나게 커다란 대형 기계나 벽 두께가 두꺼운 압력용기가 요구되는 경우 이들 품목들은 가급적 조기에 규정되거나 스케치되어서 예비 형태로 방출되어서 조달 업무가 진행되도록 해야 한다.

가능한 최대 인도 시간을 결정하기 위하여 조달될 장비는 연구되고 모든 주요 품목에 대한 목록이 준비되어야 한다. 음의 목록은 [표 2-3] 다양한 종류의 장비에 대한 가능한 인도 시간을 나타낸다. 현재의 견적이 가장 믿을만한 인도 시간을 알려주는 원천이지만 다음의 목록은 다양한 종류의 장비에 대한 추정치이고 예측을 위해 이용될 수 있다.

엔지니어링 제도와 건설에 대한 인력 시간 요구사항

장비의 중요한 품목에 대한 납기가 정해지고나면 엔지니어링 제도작업, 조달, 그리고 건설 단계들에 대한 인력 시간 요구사항이 계산되어야만 하고, 이에 따라 현실적인 스케줄이 개발될 수 있고 적정 인원수가 업무에 할당될 수 있도록 해야 한다.

1) Vessels	
Forged or heavy wall chambers, greater than 3" thick	12-14 months
Large heavy plate vessels, greater than 1" thick	10-12 months
Drums or other lightwall vessels	6-8 months
Small vessels	4-6 months
Internals, trays, or special equipment	4-6 months
2) Machines	
Large capacity pumps, turbines, compressors, any machine over ten tons in weight	10-18 months
Medium capacity pumps	8-10 months
Low pressure, low temperature pumps, compressors (cast-iron and smaller cast steel units)	6-8 months
3) Heat Exchange Apparatus	
Large condensers, high pressure or high temperature apparatus	8-12 months
Ordinary shell and tube heat exchangers	6-8 months
Double pipe exchangers (extended surface)	4-6 months
4) Heaters	
Direct fired heaters (erected)	6-8 months
Package units of various types	4-6 months
5) Electrical Equipment	
Electrical materials, motors, cable, conduit (depending on size and quantity)	1-8 months
Electrical switchgear (depending upon size)	2-12 months
6) Instruments	
Prefabricated complete panel boards	5-8 months
Single instruments	2-4 months
7) Piping and Accessories	
Fabricated pipe (from time approved drawings are received by fabricator)	6-8 months
Random pipe, carbon steel(dependent on size and quantity)	1-2 months
Random pipe, alloy or stainless (depending on size)	1-6 months
Valves, alloy, high pressure, or special	6-10 months
Control valves, alloy and other	1-6 months
Valves, cast and forged steel (depending on size)	1-3 months
Valves, cast-iron and small brass or bronze	1-3 months
Expansion joints and special support appurtenances	1-6 months
Fittings, alloy and carbon steel(depending on material)	1-6 months
8) Structural Steel. (From time approved drawings are received by fabricator)	1-4 months

[표 2-3] 다양한 종류의 장비에 대한 전형적인 인도 또는 제작 시간

인력 요구사항의 논의는 전문 품목의 엔지니어링(specialty engineering), 프로젝트 엔지니어링, 공정 설계(process engineering), 디자인-제도작업, 조달, 그리고 건설 노동력 등에 대해 이루어져야 하고 총 소요되는 인력 시간의 계산은 각각의 요소에 소요되는 인원수와 필수 소요 기간을 고려하여 산출한다.

인력 배분 계획 작성

다양한 엔지니어링 단계들에 대한 스케줄은 대부분 정교하지 않다. 엔지니어링 용역에 관여된 회사에 대하여 아마도 가장 효율적인 또는 실용적인 작업은 예측보다 적은 수의 인원을 활용하여 작업 부하가 피크일 때엔 초과근무를 운영하는 것이다. 또 다른 대안은 직원을 필요한 다양한 작업에 투입함으로 인원 활용의 유연성을 높이는 것이다. 많은 소규모 회사들이 후자의 경우로 매우 효율적으로 운영된다.

제도작업에 필요한 인원 시간의 계산은 여러 가지 방식으로 이루어지며 개별 엔지니어링 회사의 경험과 노하우, 그리고 활용하는 컴퓨터 소프트웨어인 상용 디자인 코드의 성능에 따라 달라질 수 있고 이에 대한 상세한 논의는 본 교재의 범위를 넘어서는 것이다.

2.6.5 스케줄 부서와 최근의 스케줄관리 기법

스케줄 부서(Scheduling Departments)

자신들의 엔지니어링 설계와 제도 작업 작업의 상당한 양을 수행하는 계약자와 운전 회사는 모두 영구적인 스케줄 설계 부서를 설립이 바람직하다는 점을 발견하게 된다. 이런 스케줄링 부서는 플랜트의 설계와 건설의 모든 단계에서 적합한 배경을 가진 사람으로 구성되어야 한다. 플랜트 건설의 네 단계, 즉 공정 설계, 기계 설계와 제도, 구매, 그리고 설치에 완벽하게 통달한 광범위한 경험을 갖춘 사람들을 요한다.

많은 경우에 대학에서 산업공학 또는 스케줄 관리 교과목을 이수한 엔지니어가 플랜트 관련 기업과 현장에서 스케줄링 업무에 경험을 쌓거나 기계, 화공, 전기 공학을 전공하여 플랜트 현장에서 실무 경험을 쌓은 엔지니어들이 스케줄링과 관련된 교육과 훈련을 받아 전문적인 공정관리 엔지니어로서 공정관리 부서에서 여러 가지 프로젝트의 공정계획 수립을 담당하는 전문가로 활동하기도 한다.

최근의 스케줄 관리 기법

플랜트 프로젝트의 성공 여부는 계약에 체결된 공사완료 기일 내에 플랜트를 완공하는가에 달려 있고, 많은 경우 스케줄을 합리적으로 관리하여 최적화를 통한 공사기간의 단축을 달성할 수 있다면 발주처나 계약자 모두에게 커다란 이점을 가져다 줄 수 있을 것이다.

공기 단축을 목적으로 최근 들어 플랜트의 설계, 조달, 제작, 건설, 그리고 시운전까지의 모든 단계의 작업을 정밀 분석하고 각 요소 단위 작업들의 선수 후수 조건들을 검토하여 최적의 네트워크를 이루도록 스케줄을 작성하는 이른바 네트워크 공정표에 의한 기법들이 폭넓게 적용되고 있다. 아래에 플랜트 프로젝트에 잘 알려진 두 가지 네트워크 공정기법을 간략히 소개한다.

PERT 기법

PERT(Program Evaluation and Review Technique)는 1957년 미 해군에서 연구목적으로 개발된 뒤에 플랜트 건설, 제품개발 등에 활용되었다. PERT는 대규모의 생산계획 일정이나 연구과제 계획일정을 컴퓨터를 이용하여 계획하고 관리하는 기법이다.

PERT 기법은 예측하기 힘든 복잡한 연구개발 과제의 요소 작업들의 공정을 해석하여 연구개발 과제의 진행을 빠르게 하고 효율적으로 관리하는 것이다. 처음 작업으로

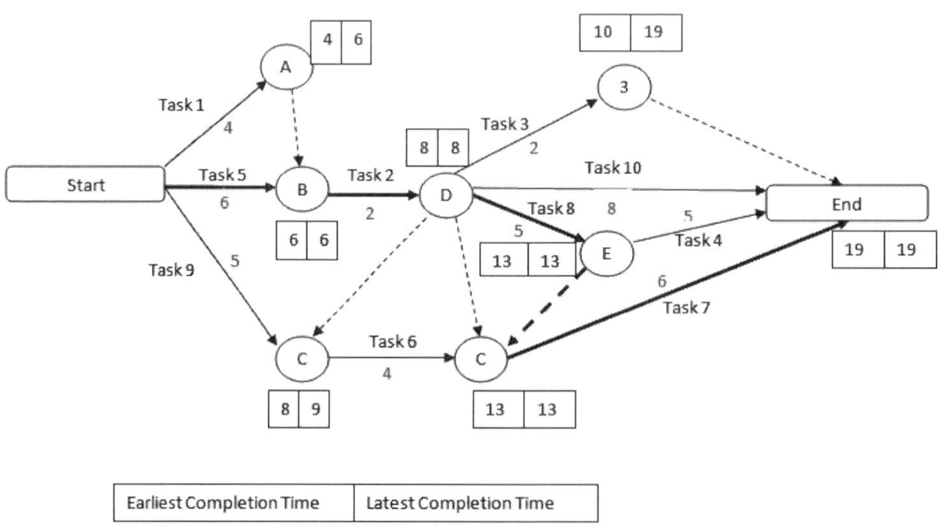

[그림 2-12] CPM 기법의 일례 10

공정이 정해지면 다음 단계는 이 작업이 바람직한가의 여부를 판단하여 수정작업을 거치는 기법을 특징으로 하며, 주로 결과를 예측하기 힘든 새로운 연구과제 개발 프로젝트에 적용된다.

CPM 기법

CPM(Critical Path Method; 임계경로법)은 처음 미국 듀퐁사에서 개발된 공정관리 기법으로 단위 요소 작업 중에서 공사의 전체 기간에 직접적 영향을 끼치는 필수 요소 작업들을 선수 조건을 따져서 일렬로 나열하면 공사의 개시시점에서 공사의 완공 시점까지의 필수 요소 작업들로 연결된 최단의 공사 경로가 만들어지는데 이를 주 공정 또는 임계경로(critical path)라 부른다. 요즘은 컴퓨터를 활용하여 PERT와 CPM의 장점을 혼합한 보다 종합적인 공정관리 기법, 즉 CPM(Complete Project Management)으로도 불리고 있는데 이 기법은 주로 과거에 선행 경험이 있던 프로젝트에 활용된다. 특징은 작업 공정에서 변화량을 처리, 여러 수준의 네트워크 관련 시켜 망을 통한 임계경로를 결정한다.

이 기법에서는 네트워크를 작성하여 분석함으로 상세 계획 수립이 용이하고 변화 변경에 즉시 대처가 가능하고, 네트워크를 통한 전체 활동의 파악과 종합적 중점관리가 가능하다. 또한 일정 계획에서 총 소요 시간의 예측 신뢰도를 향상시켜 인원 및 시설의 활용을 촉진하고, 제한된 자원을 주 공정에 우선순위를 부여하여 자원의 효율화를 꾀하며 세부계획 단계의 순위와 우선순위를 유기적 파악함으로써 공정관리의 최적화를 달성한다.

CPM 기법은 이상과 같은 특징으로 완공 시기와 공사 지연금 등 납기의 관리가 생명인 플랜트 건설 프로젝트에 폭넓게 활용되고 있는 공정관리 기법이다.

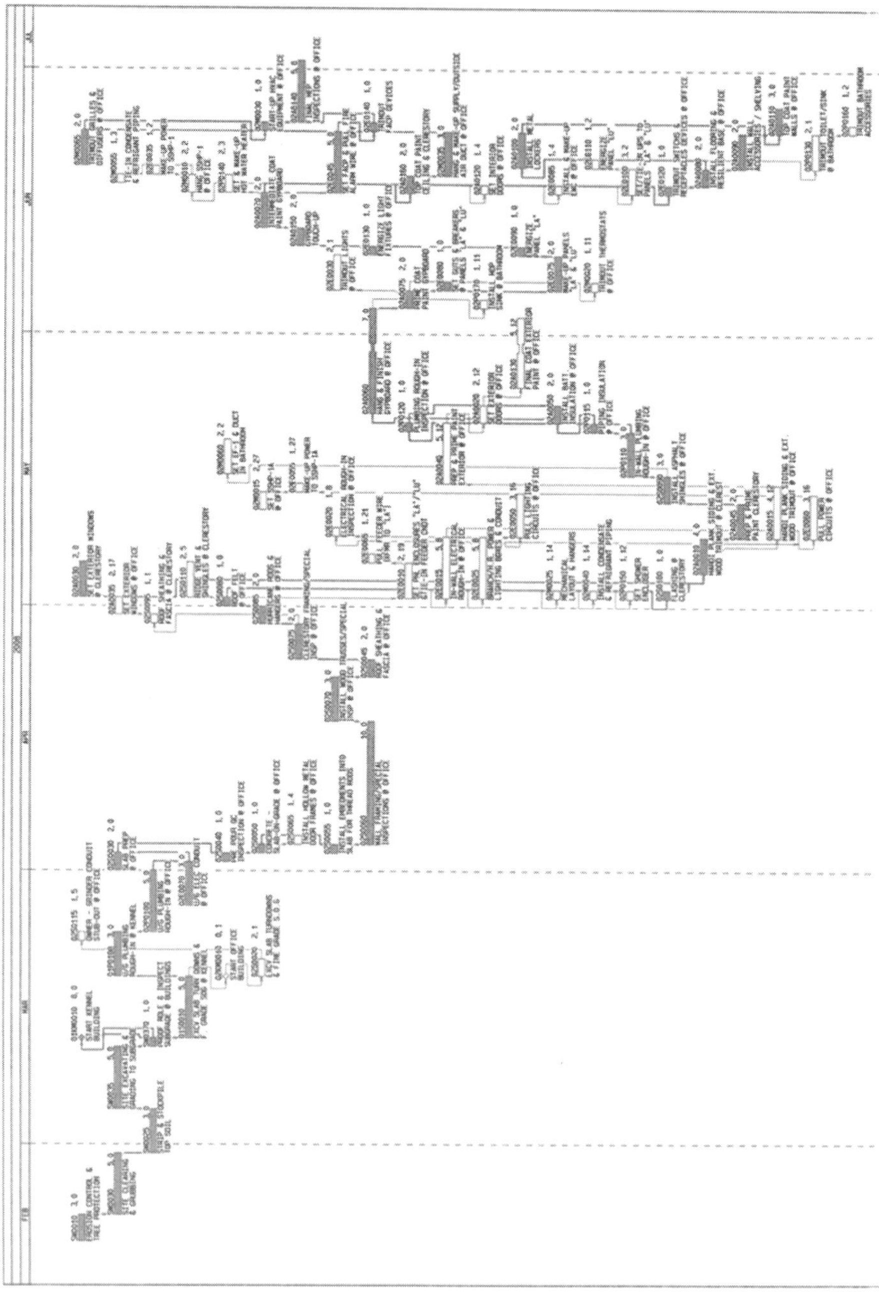

[그림 2-13] CPM 기법을 이용한 종합 스케줄의 일례 10

2.7 엔지니어링 디자인과 제도작업

프로젝트 엔지니어가 공정 시방서와 일반 기계 시방서, 예비 플롯 플랜, 그리고 프로젝트 스케줄을 접수한 뒤에 전문 품목 엔지니어와 디자인 제도사들의 작업이 시작된다. 공정의 계산과 결정 사항들을 플랜트 시설의 구매, 제작, 그리고 설치에 있어서 필수불가결한 도면과 시방서로 변환시키는 것이 이들의 임무이다.

엔지니어링 디자인과 제도 작업의 노력은 디자인의 다양한 단계에서 전문가 그룹으로 나눠진다. 이들 전문가들의 작업은 두 가지 주요 범주로 구분되는데 즉 장비 전문 엔지니어링과 디자인 제도작업이다.

2.7.1 장비 전문 엔지니어링

공정 엔지니어와 협력하여 장비 전문 엔지니어는 공정 장비에 대한 상세한 기계 시방서를 개발한다. 덧붙여서 그들은 공정 시방서에 가장 부합되는 장비의 선정에 있어서 구매 부서를 도와준다. 다음의 전문 품목 그룹이 유지된다.

펌프와 압축기

펌프와 압축기의 선정에 전문화되어 있는 엔지니어는 이 그룹에 포함된다. 그들은 펌프와 압축기 제조업자와 밀접한 접촉을 유지하고 주어진 업무에 대하여 최선의 장비를 선정할 뿐 아니라 공정 및 프로젝트 엔지니어들에게 적용과 설치 문제에 관해 자문하여 준다.

열교환기

이 그룹은 열교환기 설계에 관한 전문가들로 구성되어 있는데 이들은 모든 열교환기 장비에 대하여 비교를 위한 설계 계산을 실시함으로써 견적과 시방서를 확인할 수 있다. 일부 계약 회사들은 자신들의 열교환기를 자체 제조하기도 한다. 이런 경우에 이 그룹은 설계 계산을 수행한다.

용기 디자인

용기는 공정의 요구조건에 부합하도록 만들어져야 하며, 어떤 플랜트 설계 조직이라도 전문 용기 디자인 그룹을 가지고 있어야 한다. 이들은 모든 압력용기, 탱크, 연돌(stack), 그리고 덕트를 고객의 시방서와 적용할 코드에 따라 설계한다. 용기 디자이너는 또한 용기 스케치와 용기의 내부 부품의 레이아웃의 준비를 마련하거나 감독한다.

계장

이 분야를 담당하는 전문 엔지니어는 공정 및 프로젝트 엔지니어에게 흐름도의 개발 과정 중에 계장설비에 대해 조언하고 프로젝트에 대한 모든 계장설비를 선정한다.

배관 자재

배관 자재 전문가는 각 작업에 대해 배관 및 단열 시방서들의 준비에 있어서 도움을 준다. 배관 도면 위에 보인 모든 배관 자재와 부품들의 목록을 만들고 시방서와 관련 코드에 부합하는 자재를 선정한다.

2.7.2 디자인 제도작업

장비의 선정이 완료된 뒤에 완전한 플랜트 디자인의 개발은 제도작업과 긴밀하게 연관되어 있어서 디자인 제도작업이란 용어는 종종 네 가지 주요 범주로 묘사되곤 하는데, 즉 배관 디자인, 철 구조물 디자인, 전기 디자인, 그리고 계장 설치 디자인이다. 이들 범주의 디자인 업무는 대개 제도 기술에 의해 성취된다.

배관 디자인

플랜트 엔지니어링에 있어서 배관 디자인은 중요하다. 거의 모든 플랜트에서 배관 디자인과 제도작업은 보통 총 엔지니어링 인력 시간의 절반 가까이를 소비한다.

배관 그 자체는 공정 엔지니어링과 친밀히 연관되어 있다. 플랜트에 대한 배관 레이아웃을 만드는 디자이너는 다른 어떤 단계에 속한 사람들보다 다양한 공정 요구사항에 대해 더 많이 배우고 이해해야만 한다.

배관 디자이너는 다음의 업무를 수행한다.

1) 모든 배관을 시방서와 적용 코드에 따라 레이아웃, 배치, 그리고 디자인하기.

2) 압력용기 노즐의 방향 잡기.

3) 철 구조물, 기초, 그리고 다른 형태의 장비와의 간격을 위해 배관 이외의 도면을 확인하기.

4) 응력에 대해 모든 배관 배치를 연구하기.

5) 응력계산을 준비.

6) 모든 기계적(제조된) 팽창 조인트를 규정하고 목록을 작성하기.

7) 배관도면 상에 모든 추력(thrust)과 다른 힘들을 보여주고 모든 앵커와 서포트의 위치를 잠정적으로 정하기.

8) 복사 가능한 형태로 모든 공식적인 계산을 완료하기.

9) 모든 상세 배관 서포트, 행거 등을 설계, 선정, 그리고 목록작성 하기..

구조 디자인

이 그룹에 속한 전문가는 모든 기초, 모든 철 구조물, 그리고 보강 콘크리트 구조물, 그리고 모든 산업용 빌딩을 이 그룹에 포함된 건축 디자이너와 연계해서 설계한다. 기초들은 대개가 지하에 위치하므로 이 그룹의 전문가는 지하 배관을 담당하는 디자이너와 긴밀하게 함께 작업해야 한다. 이들의 작업은 다음과 같다.

1) 디자인 스케치와 공식적 계산을 준비하기.

2) 모든 철 구조물 상세 도면의 준비.

3) 빌딩 도면의 준비와 난방, 통풍, 그리고 위생배관(plumbing)의 디자인.

4) 모든 자재의 시방서와 목록 작성하기.

전기 디자인

이 그룹에 속한 전문가는 특정한 시방서에 따라 프로젝트에 요구되는 완벽한 전기 디자인에 책임을 지며 다음의 업무를 담당한다.

1) 모든 전기 도관이 레이아웃과 초종 도면의 준비.

2) 변전소, 스위치기어 등을 위한 모든 기타 전기 도면의 준비.

3) 모든 전기 장비 시방서의 준비. 주요 플랜트 스위치기어와 플랜트 변압기 변전소에 대해 시방서는 보통 프로젝트 엔지니어와 연계 하에 준비된다.

4) 계기(시스템) 설계 인원과 연계 하에 모든 계장 전기 도관 도면의 준비.

5) 모든 전기 자재, 케이블, 도관 등의 완성된 목록 작성.

6) 모터의 마력, 회전, 그리고 기타 기계적 요구조건들은 종종 기계 그룹의 인원에 의해 규정된다. 그러나 완성된 모터 시방서는 전기 디자인 또는 엔지니어링 인원과 연계 하에 준비된다.

계장 디자인

계장 설비의 선정과 시방서의 준비는 계장 전문가에 의하여 제도 작업 전에 처리되며 설치에 요구되는 엔지니어링과 직접적으로 연계될 필요는 없다. 계장 디자이너의 업무는 다음과 같다.

1) 기호로 모든 계기의 위치를 보여주고 일반적으로 계장 배관의 다양한 배치를 보여주는 계장 설치를 위한 일반 배치 도면을 작성한다.

2) 일차 계기가 정해져 있고, 품목 번호, 그리고 (기호로 표시된) 계기의 종류, 모세관의 형식, 또는 기타 연결 배관, 공기 또는 공정 유체, 또는 일차 계기로부터 컨트롤러와 제어 요소까지의 전기적 연결을 나타내는 적절한 배관 도면 번호 또는 기타 도면 번호를 보여주는 모든 계기의 목록을 작성한다.

3) 배관 디자인 부서에 의해 다루어지는 제어 밸브를 제외하고 현장에 장착되는 모든 계기의 설치를 위한 상세 도면을 준비한다.

4) 제어반의 제작과 설치를 위한 제어반 상세 도면을 준비하고 제어실 설치를 위한 제어반 뒷면 도면을 준비한다.

5) 전선 자재와 전기 도관을 제외하고 모든 기타 배관 또는 기타 자재의 목록을 작성한다.

6) 벤더 도면의 적합성을 확인한다. 계장 벤더 도면은 계기 치수 상세에 충분하다.

7) 오리피스와 수동 및 자동 제어 장치, 온도 측정점, 압력 측정점 등의 적합한 위치에 대해 배관 도면을 확인한다. 기타 일차 장치의 적합한 위치에 대해 모든 도면을 확인한다.

플랜트 도면의 종류

두 가지 주된 형식의 도면들이 플랜트 프로젝트에 요구되는데 즉 디자이너들에 의해 준비된 도면과 제조업자에 의해 준비된 도면이다. 플랜트 디자이너에 의해 준비된 거의 모든 도면이 조달업무에 이용되는데 가격을 위해 벤더에게 직접 보내지거나 또는 자재 목록 작성과 순차적 조달업무를 위해 이용된다.

(1) 공정 플랜트 디자이너에 의해 준비되는 도면.

① 건설 현장에서 제작되거나 또는 그 밖의 장소에서 제조 또는 제작되는 장비의 설치를 위해 준비되는 도면. 또한 자재 목록작성에 이용된다.

② 구매자에 의한 최초 또는 일반 디자인으로 타자에 의한 장비의 제조를 위하여 준비된 도면.

③ 시설의 건설을 위해 준비되는 도면. 또한 자재 목록작성에 이용된다.

(2) 제조자의 도면과 데이터.

① 제조나 제작에 자기가 사용할 목적으로 제조자에 의해 준비되는 도면, 종종 공장도면(shop drawings)이라 부른다.

② 구매된 장비를 세우는 데 구매자에 의해 사용되는 제조자에 의해 준비된 설치 도면.

③ 디자인에 있어서 구매자에 의해 이용되는 제조자에 의해 준비되는 치수 도면, 데이터 시트, 카탈로그 절취 시트.

설치 도면 (Installation Drawings)

플랜트 프로젝트에서 플랜트의 종류에 따라서 도면의 준비는 때때로 제작의 상세사항이나 건설 또는 설치를 위한 도면보다도 장비의 위치를 정하는 목적으로 더 많이 사용되기도 한다. 이런 경우엔 장비의 위치들은 공간 필요조건을 결정하기 위해 도면들을 활용하여 주의 깊게 계획되고 정해져야 한다. 따라서 주요 플랜트의 모든 부품들은 놓일 자리와 축척이 상당히 상세하게 그려져야만 한다. 연결 치수들이 도면에 보여 져서 설치가 가능하게 해야 한다.

위치 도면 또는 설치 도면의 중요성은 철 구조물, 펌프, 압축기, 용기, 그리고 다른 장비들이 콘크리트 기초 안에 준비된 앵커 볼트에 잘 들어맞아야만 한다는 점을 인식할 때 더욱 분명해진다. 장비와 위치의 치수가 결정되어야 그에 대한 기초의 설계 도면을 작성할 수 있다. 건설 인력은 건설 공사를 착수하기 전에 이들 설계 도면들을 가지고 있어야 한다.

벤더 프린트 (Vendor-Prints)

벤더 프린트(제작자의 자료와 도면)의 적절한 취급은 프로젝트의 성공에 긴요하다. 벤더에 의해 제출되는 세 가지 형태의 프린트는 제작도면(shop drawings), 설치도면(erection drawings), 그리고 치수 도면과 데이터 시트(dimension drawings and data sheets)이다.

제작도면은 구매자의 특별한 요구조건에 따라 설계된 제작 배관, 압력용기와 탱크, 철 구조물, 그리고 기타 품목을 제외하고는 통상적으로 벤더에 의해 제공되지 않는다. 이런 도면들은 플랜트 설계에 사용되기 위하여 구매자에게 필요하지 않다.

설치도면으로 지칭되는 벤더 프린트는 제작된 장비를 인식하고 설치 순서를 표시하기 위하여 구매자가 이용하는 도면이다.

세 번째 종류의 벤더 프린트는 치수 도면과 데이터 시트인데 구매자가 플랜트 설계를 위한 데이터의 출처로서 사용하는 도면이다.

벤더 프린트의 보관과 분배

설계 작업에서 벤더 프린트의 취급은 주의 깊게 계획되고 엄밀한 절차에 따라야 한다. 식별이 부적합하면 이것이 대부분 발생하는 오류의 근원이 된다. 이런 오류는 노력의 낭비를 초래하고 제작을 진행하도록 제작자에게 내려가는 지시를 지연시킬 수 있다.

벤더 프린트의 취급에 있어서 가장 중요한 요구 조건은 적절한 품목 번호로 식별할 수 있도록 하는 것이다. 특정한 지침이 벤더에게 발행되어야 하는데, 선호하기는 입찰 의향서부터 시작하여 그들의 도면에 장비 품목 번호의 포함을 요청하는 것이다.

벤더 프린트는 예비용, 구매자의 승인용, 또는 인증된 프린트로서 제출될 수 있다. 도면의 지위가 결정된 다음에 프린트는 예비(Preliminary), 승인용(For Approval), 또는 인증(Certified)을 나타내는 도장이 찍혀야만 한다. 모든 벤더 데이터는 중요도와 상관없이 그런 도장이 찍혀져야만 한다.

제도작업 관습

배관 디자인을 수행하는 일반적인 작업 방식은 프로젝트의 종류와 규모에 따라 수행하는 계약 회사마다 자신들의 고유의 관행에 따른다. 배관 디자인의 수행에 있어서 특별히 고려해야 하는 사항으로 배관 응력해석을 위하여 고정점인 앵커 및 지지점인 서포트의 위치와 그리고 모든 힘들이 배관도면 위에 표시되어야 한다.

그 외에 용기 디자인, 구조 디자인, 전기 디자인, 그리고 계장 디자인의 각 분야 별 일반적인 제도작업 관습은 각각의 프로젝트의 종류와 규모에 따라 수행하는 계약 회사마다 자신들의 고유의 관행에 따른다.

또한 제도작업에 적용되는 도면 축척(drawing scales)에 관한 사항도 일반적인 관습에 따라 회사마다 고유의 관행을 준용하여 이루어진다.

최근 들어 플랜트 엔지니어링을 위한 디자인과 제도작업에는 CAD(Computer Aided Design or Drafting) 시스템이 광범위하게 적용되고 있으며 이를 위한 매우 다양한 상용 프로그램들이 거의 모든 단계의 엔지니어링 작업 과정에 폭넓게 활용되고 있는 실정이다.

참고문헌

1 A. W. Culp, Jr. Principles of Energy Conversion, 2nd ed. McGraw-Hill, NY, 1991.

2 B. G. A. Skrotzki and W.A. Vopat. *Power Station Engineering andEconomy*, McGraw-Hill, 1984.

3 C. H. Chilton. *Chem. Eng. 66*, No. 6 (1949), p. 97.

4 E. C. Dybdal. *Chem. Eng. Progr. 46,* (1950), p. 57.

5 E. M. Hoover. *The Location of Economic Activity*, Nabu Press, 2011.

6 H. F. Rase and M. H. Barrow. *Project Engineering of Process Plants*,John Wiley & Sons, Inc., New York, 1957.

7 H. J. Lang. *Chem. Eng. 56*, No. 6 (1948), p. 112.

8 J. O'Brien and F. Plotnick. *CPM in Construction Management*, 6th ed., McGraw-Hill, 2005.

9 M. Hajdu. *Network Scheduling Techniques for Construction ProjectManagement*, Springer, 1996.

10 www.bing.com/images/power engineering

PART 3

사업과 법적 절차

3.1 조달 업무 (Procurement Operations)

필요한 장비와 자재를 합리적인 가격으로 구매하고 그것들을 적절한 시기에 인도되도록 하는 것은 플랜트 건설에서 가장 중요한 단계이다. 엔지니어링 조직의 조달 부서가 이런 일을 하지만 그러나 프로젝트 엔지니어의 자문과 도움 없이는 할 수 없다. 공정 분야의 많은 구매 대리인들이 공학적 배경을 가지고 있지만 그들에게 기술의 모든 단계에 대해 숙지하고 있기를 기대하는 것은 불가능하다. 그러므로 그들에게 엔지니어의 판단이 요구될 때마다 프로젝트 엔지니어의 자문을 구하는 것이 필요하다. 이런 식으로 프로젝트 엔지니어는 최신의 제품 정보와 가격, 공급자(vendor)와 접촉, 그리고 무엇보다도 자재를 제 스케줄에 맞춰 구매하기 위하여 구매 부서에 의존해야만 한다. 따라서 플랜트 건설의 조달을 위한 구매 부서의 운영과 조직에 대해 정통해야 하는 것은 중요하다.

공정 플랜트 프로젝트를 위한 조달은 제조 공장을 위해 필요한 구매 업무와 달리 정기적으로 다량을 구입하되 상대적으로 몇 가지 표준 상품만을 취급한다. 공정 플랜트 프로젝트에 대한 구매에 관계된 인력은 폭넓은 경험을 갖추고 수많은 종류의 장비에 대한 가능한 공급처들을 잘 알고 있어야 한다.

3.1.1 조달 부서의 조직과 운영

계약 방식 대 상품 구입 방식

공정 플랜트 프로젝트를 위하여, 조달은 계약 방식 또는 상품 구입 방식에 의해 행해지거나 또는 그 두 방식을 조합한 방식으로 이루어진다. 계약 구매에 있어서 하나 또는 그 이상의 구매자들은 특정 프로젝트(계약)에 배정된다. 상품 구입 방식에서는 각 구매자는 어떤 자재나 장비를 사용될 프로젝트와는 상관없이 취급한다. 양쪽 방식이 나름대로 장점을 가지고 있다.

상품 구입 시스템은 많은 프로젝트를 취급하는 대규모 조직에서 보다 자주 이용된다. 상품 구매자는 취급되는 특정 상품에 전문가가 되는 경향이 있고 그 분야에서의 변화에 대해 정보를 잘 유지할 수 있다. 이런 전문화가 필수적으로 바람직한지의 여부 또는 건설 프로젝트에 대한 조달에 이 방식의 이점이 이용될 수 있는지의 여부는 논란거리가 되는 질문이다. 상품 구입 방식이 이용될 때 한 명이나 여러 명의 프로젝트 코디네이터가 임명되어 일정한 공정표나 프로그램을 따라서 조달이 이루어지도록 해야 한다.

계약 구매 시스템이 보다 다방면으로 넓은 경험이 있는 구매자를 요하는 반면에 이 방식은 구매자가 특정한 계약에 보다 많은 관심을 가지므로 협동 작업이나 화합 노력을 가능하게 하는 이점을 가지고 있다. 계약 구매는 통상 작은 조직에 보다 적합하다.

상품 구입 방식은 조직의 정책이 과다 구매를 허용할 때 가장 효율적이다. 주어진 자재의 대량 구입은 할인된 가격으로 구매가 가능하게 한다. 이 방식에서 잉여 문제가 초래되지만 조직이 잉여 자재를 저장할 준비가 되어 있지 않은 한, 잉여 자재의 적절한 관리, 화물, 취급, 그리고 저장은 추가 비용의 지출을 의미하고 이런 지출을 항상 특정 계약에 감당시킬 수는 없다. 일반적으로 플랜트의 구매자는 모든 자재나 장비는 "신품"이어야 한다는 조항을 규정해 놓고 있을 것이다. 만약 계약 회사가 최초 구입자라면 고객은 저장된 잉여 자재나 장비의 사용을 거부할 수 있다. 이러한 품목이 녹슬거나 중고처럼 보이는 밸브나 다른 장비일 경우 특히 그러하다.

엔지니어링 참여가 요구되는 장비의 조달

구매자의 엔지니어링 부서나 벤더에 의한 도면의 준비 없이 구매될 수 있는 자재는 거의 없다. 도면의 준비의 주된 이유 중 하나는 자재나 장비 조달을 돕는 것이다. 도면상에 보인 모든 자재는 구입되고 배달되어야 한다.

상업적 또는 구입 단계와 설계 단계는 결코 완전히 분리될 수 없다. 일반적으로 펌프, 압축기, 전기 스위치기어, 그리고 계장과 같은 특수화된 운전 장비의 주문이 발주되는 시간까지 엔지니어링 참여가 계속되는 것이 필요하다.

생동감 있는 조달 자료를 구성하는 공정 장비에 대한 도면과 시방서는 엔지니어링 그룹에서 준비되어야 한다. 이 작업에서 엔지니어는 보통 시방서의 개발의 예비 단계에서 값진 판매 엔지니어의 조력을 구한다. 사실상 때때로 프로젝트의 업무 범위에 따라서는 펌프와 계장과 같은 장비의 설계와 최종 선정을 벤더와 직접 함께 진전시키는 것은 전문화된 엔지니어링 그룹을 위해서 좀 더 실용적이다. 그러면 가격은 일찍이 결정되었을 것이므로 조달 조직은 오로지 최종 상업적인 사무 업무를 처리하면 된다.

벤더와 구매자 모두의 상호 이익을 위해 벤더와 접촉하도록 권위가 부여된 종업원의 숫자를 제한하는 것이 충고된다. 만약 그렇지 않을 경우 상황은 매우 혼란스러워진다. 벤더를 접촉하는 엔지니어는 입찰의 사업 용어와 법적 관점을 숙지하고 있어서 올바른 견적이 확보되도록 해야 한다.

기성 자재의 조달

공통으로 제조된, 또는 기성 품목은 일상적으로 조달 부서에서 취급되는데 왜냐하면 시방서와 자료가 완료된 다음에 이런 장비에 주문을 내는 것은 통상적으로 가격과 배달에 관한 늘 다루는 일이기 때문이다. 배관 자재와 같은 공통 품목에 대한 수용가능한 제조자의 숫자는 종종 문제를 제시한다. 잘 알려지고 신뢰할만한 제조자가 많이 있을 경우 동일한 종류의 장비에 대해 모든 수용 가능한 업체에 입찰의향서를 계속해 보내는 것은 시간 낭비이다. 모든 수용 가능한 제조자로부터의 하나의 입찰 분석은 가격구조가 심각히 변하기까지는 동일한 벤더에게 계속적으로 주문을 내는 충분한 기초가 되어야 한다. 총괄 주문(blanket order) 또는 정해진 제조자로부터 한 종류의 자재 모두를 구매하기로 한 합의는 그러나 단일 프로젝트에서조차 장기간 이뤄져서는 안 된다. 주된 공정 플랜트를 위한 조달 행위는 보통 적어도 1년 이상 계속되며 가격은 이 기간 동안 변동될 수 있다. 조달 부서는 가격동향을 알아야 하고 경제성을 위해 이들 변화를 이용할 권리를 갖는다.

독촉 및 검수

독촉과 검수는 종종 조달 부서에 의해 감독된다. 프로젝트 독촉의 주된 기능은 그러나 건설 스케줄을 맞추기 위해 자재의 이동을 독촉하는 것이고 구매 행위에 관계된 사람들에 의해 감독될 필요는 없다.

3.1.2 조달 절차

공정 플랜트 프로젝트를 위한 자재 조달은 몇 단계로 구분될 수 있다.

1) inquiry	A formal request for a quotation of price.
2) quotation	The formal reply to the request for price.
3) bid comparison	Objective study of all quotations received for a particular item.
4) purchase order	The formal order sent to the successful bidder.
5) inspection	The examination of materials during fabrication and upon completion to insure highest quality.
6) expediting	The acceleration of progress on manufactured equipment by the purchaser.

입찰의향서(Inquiry)

벤더에게 가격 문의의 단계인 입찰의향서 단계의 실제적인 상세 작업은 1) 시방서 또는 도면의 형태로 자료의 축적 2) 입찰의향서가 배포될 벤더의 선정, 그리고 3) 서류 작성 및 우편 발송이다. 항목 1)은 엔지니어링의 책임이고 2)는 과거의 경험 또는 엔지니어링 부서로부터 개발되며 3)은 사무 작업이다.

많은 회사들이 표준 입찰의향서를 양식을 보유하고 있다. 그 양식에는 변함없이 "이것은 주문이 아닙니다(This is not a order)"라는 문구가 종이 위에 인쇄되어 있어서 혼동을 피할 수 있도록 한다. 도면과 시방서는 적용 가능할 경우 입찰의향서에 첨부된다. 견적 방법에 대한 개요가 설명되고 납기에 대한 약속, 지불 방법, 그리고 가격의 세분화에 대한 요청이 이뤄진다. 견적이 요구되는 날짜가 주어지고, 그리고 서면 견적이 요청된다.

주어진 항목을 위해 부탁된 입찰의향서의 숫자는 회사의 정책에 달려있다. 만약 고객을 위하여 계약 회사가 조달을 수행한다면 고객의 요망사항이 뒤따르게 될 것이다. 사실상 많은 공정 회사는 계약자에게 수용 가능한 벤더의 목록을 제공하고 배포할 입찰의향서의 최소 숫자를 규정한다. 세 개의 입찰의향서가 일반적으로 최소한의 숫자인데 이는 세 개의 견적이 가격, 납기, 그리고 제품의 품질의 기준으로 벤더를 선정할 수 있도록 보증할 것이기 때문이다.

견적(Quotation)

판매자(vendor)는 그의 견적을 다수의 일반 조건들과 정의들이 인쇄된 특수 양식의 서류로 제출한다. 이들 조건과 정의는 작은 글자로 인쇄되어 있지만 무시되어서는 안 되며 이는 서류의 법적인 부분이기 때문이다.

견적될 장비에 속한 특정한 정보는 견적 양식 위에 활자화되고 다음 사항들을 포함해야 한다.

1. **C.I.F.** An export trade term. The seller's quoted price includes the cost of goods, marine insurance, and all transportation charge. Prices quoted are usually in the currency of the destination country.

2. **C.&F.** Same as C.I.F., except that insurance is not included.

3. **Ex-Dock.** Price quoted includes cost of goods and additional costs required to transport and then unload goods at a given prt of importation, including payment of duty.

4. **Ex-Factory, Ex-Mill, Ex-Warehouse.** Price quoted is for materials at the point of origin (manufacturer's plant).

5. F.**O.B. Free on board.** The terms F.O.B. must be qualified to avoid misunderstanding.

5(a). **F.O.B. (named inland carrier).** Price quoted includes cost of goods and cost of loading goods on the carrier. (Truck, railroad car, etc.) Seller is responsible for goods until loaded on carrier.

5(b). **F.O.B. (named inland carrier).** Freight prepaid to named point. Quoted price includes cost of goods, loading, and freight to named point. The seller, however, does not assume responsibility for the goods after leaving the point of departure.

5(c). **F.O.B. Vessel (named port of shipment).** Quoted price includes cost of goods and delivery in proper condition on board a vessel and a named prot of shipment. Seller is responsible for goods until they have been loaded on board the vessel.

5(d). **F.O.B. Factory.** Not a very definite term. May mean that cartage to railroad depot must be paid by purchaser. Term should be avoided.

6. **F.A.S. Vessel (named port of shipment).** Free along side of vessel at port of shipment. Quoted price includes cost of goods and the transportation and unloading charges necessary to deliver goods within reach of the ships loading tackle.

[표 3-1] 견적 시의 무역 용어

(1) 수량과 견적될 자재의 개요

개략적인 서술은 만약 완전한 서술이 주어지는 시방서를 참조할 경우엔 특히 짧게 기재한다. 추가적인 서술형 문헌과 도면도, 만약 항목의 서술에 도움을 줄 경우, 역시 첨부된다.

(2) 가격

가격은 단가(항목별 가격)와 총 가격(항목 전체 숫자에 대한 가격과 총 주문에 대한 가격).

(3) 예상 중량

이 정보는 최적 선적 방법의 계획수립과 입찰 비교 시에 필수적인 요소이다.

(4) 견적의 종류.

① 고정 가격 - 견적 가격은 만약 주어진 시간제한(통상적으로 30일) 내에 받아들여질 경우 판매자가 지켜야 한다.

② 물가상승 구문 - 주문을 낼 때와 선적 사이에 인건비, 자재비, 그리고 운송비의 증가에 기인한 가격의 상승 조정을 허용하는 문구를 삽입한다.

(5) 교역과 수량에 따른 할인

할인량은 견적에 주어져야 한다. 특히 카탈로그에 열거되어 있는 자재에 관한 교역에 따른 할인의 이용은 벤더와 구매자 모두에게 이점이 있다.

(6) 교역 용어(Terms)

지불조건 등 교역에 따른 다양한 용어들 중에서 F.O.B와 같은 대표적인 것들에 대한 정의와 법적 적용에 대한 짧은 요약이 [표 3-1]에 주어져 있다.

(7) 납기(Delivery date)

많은 건설 프로젝트에서 가장 중요한 것은 예상 납기이다. 대략적인 제품 인도 소요기간이 보통 일, 주, 또는 월 단위로 주문일로부터의 소요기간이 견적에 나타나야 한다.

입찰서 비교(Bid Comparison)

입찰서 또는 견적서가 접수된 후에 각 견적에 있어서의 다양한 중요 요인들의 도표와 분석을 준비함으로써 가장 최상의 벤더가 선정될 수 있다. 반드시 고려되어야 할 요인들은 다음과 같다.

1) 시방서(specification)

2) 가격 및 물가상승(price and escalation)

3) 납기(delivery)

4) 지불조건(terms of payment)

5) 조건(정책)(conditions (policy))

6) 보증(guarantee)

7) 화물운송(freight)

8) 노동 조항(제조 노동력)(labor clauses (manufacturing labor))

9) 선적 방법(shipping method)

프로젝트 엔지니어는 모든 설계 특징을 열거하고 평가해야 한다. 상세한 분석이 이루어지면 각 벤더의 제안의 특징이 잘 정돈된 도표 상에 비교되어 명확하지 않은 채 남아있는 차이점들이 분명하게 되도록 한다.

구매지시서(Purchase Order)

벤더의 선정 후에, 성공적인 견적을 기준으로 구매지시서가 발행된다. 구매지시서 양식이 이 목적으로 이용된다. 이들 양식상의 정보는 세 범주로 나눠질 수 있는데 즉 머리 부분(heading), 본문 부분, 그리고 표준적인 인쇄된 노트 부분이다.

머리 부분. 회사 명칭과 주소 그리고 벤더의 명칭과 주소, 선적 주소, 지침, F.O.B. 지점, 용어, 주문 일자, 구매지시서 일련번호, 그리고 자재가 필요한 날짜를 기재한다.

본문부분. 양식의 본문부분은 보통 벤더의 견적을 참조함으로 시작되는데 각 항목의 수량, 개요, 그리고 가격을 열거한다. 주문의 총액도 함께 주어진다.

인쇄된 노트. 다수의 표준적인 기재사항, 주문의 용어와 조건이 구매지시서 위에 함께 인쇄되어 있다. 대부분의 조달 조직에서 표준적으로 이용되는 노트 사항에는 보증(guarantee), 검수(inspection), 품질(quality), 노동 문구(labor clauses), 하도급자 문구(subcontractor clauses), 선적 지침, 특허 보호, 그리고 여타 다양한 특수 조항과 조건들이 구매지시서의 일부로 포함될 수 있다.

3.1.3 검수

공정 플랜트를 위한 조달 단계의 중요한 단계는 제작의 기간 동안과 완성된 장비의 검수(inspection)이다. 구매 회사의 시방서와 도면의 주의 깊은 개발을 통해 획득된 이점들이 제작자의 공장에서 만들어진 부주의한 솜씨와 오류로 인해 사라질 수 있다. 그러므로 특히 주요 품목의 장비에 대해 구매자가 자신의 검사관을 벤더의 공장에 파견하는 것은 가치 있는 일이다. 공장에서 장비를 검수하는 특권은 통상적으로 주문이 발주되기 전에 합의에 의하며 구매지시서에 포함된다.

펌프와 압축기와 같은 기계 장비에 관한 증인 시험에 임하는 것, 압력 용기, 배관과 철 구조물의 제작 방법을 관찰하고 승인하는 것, 그리고 제작되는 장비에 벤더의 직원들의 최상의 솜씨를 격려하기 위한 것이 검사관의 임무이다.

3.1.4 독촉(Expediting)

독촉(expediting)의 주된 기능은 프로젝트 스케줄에 따라 작업 현장에 구매된 자재가 납기에 도착하도록 보장하기 위한 것이다. 밸브와 피팅 같은 자재는 공급자의 창고로부터 이용이 가능하고 따라서 아무 때나 배달될 수 있다. 그러나 특수하게 설계된 장비의 진행 상황은 독촉관(expeditor)이라 불리는 구매자의 직원에 의해 연속적으로 추적되어야만 한다.

독촉관의 임무를 간단히 요약하면 아래와 같다.

1) 납기에 영향을 미칠 수 있는 자료의 축적한다.

2) 지연과 병목현상을 예상하고 그리고 이들을 벤더와 직접 해결한다.

3) 우선순위 확보에 있어서 벤더를 도와준다.

4) 조달 문제 해결에 있어서 벤더를 도와준다.

5) 필요시 납기 계획을 변경한다.

6) 하도급 벤더와 주 벤더의 공급자들과의 서신교류.

7) 자신의 조직 내에서 엔지니어링 스케줄의 변경을 숙지하고, 그리고 필요시 이런 정보를 벤더 또는 제작자에게 전달한다.

8) 긴요한 도면을 완성하도록 자신의 조직을 독려한다.

3.2 사무 절차

엔지니어링은 프로젝트 엔지니어의 단지 하나의 기능일 따름이다. 기술적 책무에 추가하여 그는 사무소를 관리하여야 한다. 이 사무소의 직원은 보통은 보조 프로젝트 엔지니어, 비서, 그리고 파일 관리 직원으로 구성된다. 물론 그곳은 대규모 엔지니어링 사무소의 작은 부분인데 거기에는 다른 프로젝트 엔지니어들 또는 프로젝트 관리자들 및 그들의 직원들과, 회계, 구매, 제도 그리고 전문 품목 엔지니어링과 같은 부서들이 포함되어 있다.

프로젝트 엔지니어의 사무소와 다른 부서들 사이에는 아이디어와 지시사항의 교환이 계속된다. 또한 회사 밖의 사람들과 직접 접촉하거나 서신을 교환한다. 그러므로 그는 회의, 서신교류, 그리고 서류 정리를 유지하는 시설을 개설하여야 한다. 이런 기능에 대한 논의는 가치 있는 일로서 이들 중 어느 것이라도 불량하게 실행되면 엔지니어링이 경쟁력이 어떠하던지 간에 실수와 잘못된 디자인을 생산해내게 될 것이다.

3.2.1 회의(Conferences)

프로젝트 엔지니어는 공식적인 정책 결정 회의를 통해서뿐만 아니라 비공식 회의 또는 다른 부서들의 사람들, 고객의 대표자들, 그리고 판매 엔지니어들과의 친목 모임에 의해서도 많은 사람들과 근무일 동안 생각을 교환해야만 한다.

사람을 다루는 데 있어서 항상 그렇듯이 무형의, 그리고 대부분은 갖춰줄 수 없는 그러한 겸손, 열린 마음, 그리고 정중함과 같은 품성이 중요하다.

겸손은 과학의 어느 분야에서든지 가장 근본적인 인품 중 하나이다. 어느 진실한 과학자는 그의 분야에서 지식의 많은 가정들과 간극들을 숙지하고 있고, 결코 모든 것을 안다고 생각하지 않는다. 그렇지만 겸손함이 비굴함을 의미하지는 않는다. 절제하지 않으면 잠정적인 견해들이 지속될 수 있다.

열린 마음은 개인과 집단 모두를 다루는 데 중요하다. 만약 동일한 기술적 이점이 있는 두 가지 의견이 제안된다면 당신의 의견과 그 일을 실행해야만 하는 다른 사람의 의견 중에서 다른 사람의 의견을 취하는 편이 유리하다. 그가 그 자신의 방식으로 더 나은 작업을 해낼 것으로 가정하는 것이 논리적이다. 또한 대규모 회의에서 열린 마음이 제 몫을 감당한다. 이런 상황에서 열린 마음은 다른 사람을 경청하는 능력이 된다.

회의에서 종종 각 참가자들에게 명령을 실행하도록 강요하는 것 같은 분위기가 만들어 진다. 이런 유혹을 물리치고 열린 마음을 유지함으로써 문제의 분석과 그리고 다른 이들에 의해 제시된 생각에 기초하여 고려되는 결론들을 조심스럽게 제출함으로써 측량할 수 없는 기여를 할 수 있다.

대부분의 사람들은 어린 시절 이래로 훈련된 예의범절을 갖추고 있다. 이런 교훈들은 권위 있는 방문자들이 바쁜 순간에 도착할 때 종종 잊혀 진다. 특히 판매 엔지니어가 시기가 나쁠 때 찾아오게 되면 부당한 대우를 받게 된다. 경쟁력 있는 판매 엔지니어는 그들의 특정 분야에서 상당한 지식을 가지고 있고, 그리고 엔지니어가 새로운 개발에 관한 정보를 유지하도록 도움을 준다. 그들과 보낸 시간은 그들의 제품을 사지 않더라도 낭비된 것은 아니다.

공식적 회의

공식적 회의는 현대 산업계에서 중요한 도구가 되고 있다. 공정플랜트 프로젝트를 위하여 공식적 회의는 서신교류로 처리될 경우 몇 주씩 걸리는 것을 회의장에서 주요 인사들과 전문가들 사이에 의견을 직접 나눌 수 있도록 해준다. 그러나 회의가 성공적이기 위하여, 공식적 회의는 능력 있는 지도자를 필요로 하며 회의 며칠 전에 분명한 목적이 알려져야 한다. 만약 많은 것이 달성되려면 목적은 정확히 규정되어 있어야 한다. 일반적 주제에 관한 회의는 너무 많은 사람을 불러 모으게 되고, 아무 것도 성취되지 않으며, 그리고 때때로 오해를 불러일으킨다.

작업의 특정한 단계에서 논의가 필요하게 될 때, 오로지 그 논의에 가장 크게 기여할 수 있는 그런 사람들만 참석하도록 용청되어야 한다. 그런 뒤에 회의의 지도자는 논의의 과정에 관한 개요를 설명하고, 그 자신의 생각을 강하게 말하지 말고, 회의가 원래 계획대로 따라가고 있는지 살펴본다.

회의에 관한 완비된 기록이 작성되어져야 한다. 확실한 기억이란 존재하지 않으며 그리고 합의와 결정 사항의 회의록을 마련하는 것이 바람직한데 이로써 책임이 분명히 드러나고 업무 분장이 완벽히 이해되기 때문이다.

회의 기법은 종종 현대의 사업에서 그릇 사용되기도 한다. 너무 잦게 불필요한 회의가 소집되고 있다. 일부 조직에서는 회의가 너무 많아 정작 일할 시간은 없다. 만약 어떤 한 사람이 결정을 내릴 수만 있다면 다른 인사들의 시간을 빼앗는 것은 의미가 없다. 회의란 많은 배경에 의해 대표되는 지식이 결정을 내리는데 요구될 때만 소집되어야 한다.

3.2.2 기술적 문서 작성(Technical Writing)

공과대학 졸업생들은 종종 자신의 생각을 표현하는 능력이 부족하다는 비평을 받는다. 일반적으로 공과대학 학부생은 보고서 작성에 관해 한 두 개의 과목을 수강하고 이것이 그들의 문서 표현에 있어서의 유일한 지침을 제공한다.

프로젝트 엔지니어에 의해 작성된 문서는 폭넓게 다양한 독자들에게 적합해야 한다. 이러한 문서 작성에는 다음과 것들이 포함된다.

(1) 기술 보고서

① 계약 제안서

② 방문한 플랜트의 개요 및 운전

③ 상세한 회의록

④ 운전 지침과 같은 기술 지침서

(2) 기술적 신문기사

무역이나 전문 저널에 발표용으로 쓰인 글

(3) 서신교류

① 사내 서신

② 설계 지시

③ 다양한 종류의 사외 공문

기술 보고서

기술 보고서의 준비는 통상적으로 엔지니어의 훈련 과정의 일부를 이룬다. 각 회사는 자신들의 구성 방법을 가지고 있는데 일반적으로 기술 보고서는 발송 공문으로 시작해 타이틀 페이지, 요약, 그리고 보고서의 본문으로 이루어진다.

보고서 작성에서 가장 중요하게 고려해야 할 점은 보고서를 읽게 될 대상이다. 예를 들어 대형 회사의 사장을 위한 보고서의 작성에 있어서 엔지니어는 사장님이 대부분의 시간을 회사 경영에 보내고 있음을 깨달아야 한다. 그는 더 이상 그의 기술적 능력을 연습하거나 복잡한 이야기를 필요로 하지 않는다. 만약 보고서에 이론을 논의할 필요가 있다면 문외한이 이해할만한 용어로 서술되어야 한다.

기술적인 기사

정기간행물인 기술 저널들은 새로운 이론과 의견을 퍼뜨리는 중심이 된다. 기술자들은 최신 개발 정보에 친숙하기 위하여 이들 저널에 실린 기사나 기사의 발췌 요약을 읽어야만 하며 가능하다면 출간용 논문을 제출함으로써 새로운 생각과 실험 자료로 일반적 지식에 기여해야 한다. 이러한 기여의 품질은 저자와 저자의 고용주 모두에게 반영되며 그런 논문의 준비는 매우 중요하게 다루어져야 한다. 기사에 제시된 정보가 신뢰할만한 하다고 가정하면 그 다음으로 중요한 관점은 발표의 방식이다.

기술적 문서 작성은 길고, 심사숙고하는 문장들로부터 벗어나야 하고 가능한 분명하게 작성되어야 한다. 주제가 종종 파악하기 어렵기 때문에 작성자가 할 수 있는 최소한의 것은 바로 개별 문장들을 이해하기 쉽게 만드는 것이다.

서신교류

서신교류는 프로젝트 엔지니어의 문서 작성의 주요 부분을 보충해 준다. 만약 서신교류가 과도하면 프로젝트 엔지니어는 단지 "서류를 뿌려대는 자"일 뿐이다.

거의 모든 대형 사업체는 엄청난 양의 문서에 직면해 있다. 요즘 시대에는 의사소통이 매우 간소화되었음에도 불구하고 기록된 문서가 여전히 법적으로 수용되는 책임을 표시하는 유일한 방법이다. 산업체에서 "(말로 하지 말고) 써서 하라!"는 구호는 일상적인 선언이다. 이런 생각으로부터 많은 필요 없는 서신교류가 늘어나간다.

외부 서신교류는 필요하지만 주의 깊게 계획함으로 줄일 수 있다. 내부 또는 사내 서신교류는 지침을 발행하거나 책임을 분명히 정하는 데 이용된다. 구두 지침으로 충분한 경우, 서면 메모를 고집하는 것은 낭비이다. 당연히 수치 자료를 포함한 복잡한 지침은 서면으로 되어야 하지만 단순한 요청 또는 지시에는 서면 작성이 거의 필요하지 않다.

사내 서신

사내 공문, 노트, 또는 메모는 보통 어떤 형태의 양식에 인쇄된 앞머리 부분으로 식별된다. 엔지니어링 용역 조직에서의 사내 혹은 부서 내 서신교류는 종종 색깔 있는 용지의 이용으로 즉각 식별되도록 하기도 한다. 몇몇 전형적인 양식이 아래에 보인다 [그림 3-1].

(1) Date: January 2, 2013 (6) OOO Chemical Co. Interoffice
(2) To: R. D. Plow (2)
(3) From: S. S. Shear (7) Approp. No. 1234
(4) Copies: E. D., M. N., R. J. (8) File 4,15,6

(5) Subject: Dwg. 2246-02-E1, Revisions

(9) Drawing 2246-02-E1 is to be revised according to the attached marked print. When revision is complete and checked, kindly return two (2) prints to thewriter prior to general distribution.

(11) Attachment 1 (10) S. S. Shear Proj. Engr.
(12) SSS/ef

[그림 3-1] 사내 공문 예 [3]

여기에 이용된 숫자는 논의를 위한 목적이며 실제 공문에는 나타나지 않는다. 사내 공문의 한 가지 독특한 것은 “Dear Sir” 또는 “Gentlemen”과 같은 존칭 인사말과 “Yours truly”와 같은 맺음말의 생략이다. 그렇지만 항목 5, 6, 7, 8에 보인 바와 같은 식별 자료는 기재된다.

이 예는 대형 회사에 일상적인 발송 공문이다. 그것은 몇 가지 파일에 대한 기록과 또한 이 경우에는 도면의 지위(status)를 보여주고 있다. 번호가 매겨진 모든 항목들은 9, 10, 11, 12를 제외하고 공문 용지에 미리 인쇄되어 있다. 항목 6은 회사를 식별하게 해주는데 이는 이런 공문의 복사본이 때때로 공식적인 사외 서신에 첨부되기 때문에 필요하다. 복사본의 수신처의 이니셜(항목 4)들은 사내 의사소통에 종종 이용된다. 파일들(항목 8)은 부서나 프로젝트를 위한 특정한 기록 파일을 참조하며 서류 정리 직원이 공문을 정리하는 데 도움을 준다.

메모 양식

메모 양식은 때때로 사내 의사소통을 위해 이용된다. 보통은 공문 양식과 같은 크기로 다양하게 이용되는데 주로 그때그때 필요시 직접 손으로 써서(수기) 작성되는 경우가 많다.

일반 지침 공문

모든 직원들에게 내리는 일반 지침은 여러 사람들에게 배포될 수 있는 형태로 이용되며 요즘에는 주로 사내 이메일을 이용하는 추세이다. 다음의 양식이 종종 이용된다[그림 3-2].

OOO Chemical Co.
Eng. Dept.
Letter No. 2832

Date: January 2, 2013
Subject: Use of Variable-type Machines

To: Chief Draftsman, All Project Engineers, Design Section Leaders, Engineering Division Department Heads, Plant Maintenance Dep't.

Four (4) variable-type machines have been installed in room 308 (third floor north-end of Engineering Building) and have been in use for several weeks during operator training. We are enclosing copies of a sheet showing the various sizes of type form, numerals, and symbols which are available. You may call Ext. 325 for extra copies.

The machines have been provided to reduce hand lettering on drawings and, by means of the smaller type, to reduce size of printed forms. Supervisory personnel are expected to become familiar with the application of these machines so that they can be used to the fullest extent.

General instructions are being prepared and will be issued shortly.

A. D. Hochstad, Chief Engineer

[그림 3-2] 일반 지침 예 [3]

발송 공문(사내)

많은 양의 자료가 조직을 통해 전달되어야 한다. 발송 공문 또는 양식은 시간을 절약해 준다. 다음의 양식은 단지 채워 넣기만 하면 되거나 해당되는 문구에 체크만 하도록 되어있다[그림 3-3].

Date:
To:
From: Project No.____________________
We are attaching ________copies of:______________________________

Drawing No.________________
B/M No.____________________
Vendor Print________________ Vendor_______________________
Approved___________________ Kindly revise as noted__________
Approved as noted___________ Return to Vendor______________
Release for fabrication_________ Release for construction________
For you use in design_________ For your use and record________
For preliminary use only________

When revised, please return _________prints to writer.

[그림 3-3] 발송 공문 예 3

설계 지침 공문

일반 지침 공문에 추가하여 엔지니어링과 디자인 변경을 위한 특수한 양식을 제공하는 것이 바람직하다. 엔지니어링 회사에서는 이런 공문의 명칭을 "디자인 지침", "엔지니어링 메모" 또는 때때로 "디자인 공문"과 같은 다른 명칭을 쓰기도 한다. 가장 중요한 요구사항은 이러한 메모는 다른 종류의 서신들과 달라보이도록 하여 특별한 취급을 받을 수 있게 하는 것이다[그림 3-4].

항목 1, 2, 3은 설명이 필요치 않은 항목이다. 항목 4는 계약자인 "ABC 엔지니어링사"에 의해 지정된 계약 번호를 보여준다. 이런 종류의 숫자 지정은 자동 회계 시스템이 이용되는 산업체에서 폭넓게 이용된다.

(1) ABC ENGINEERING CORP., SEOUL, KOREA

(2) Customer OOO CHEM. CO.

(3) Date 11/21/12 (4) Contract 6-25316-2 (5) Design Inst. No. E-22

(6) DES. SECT. E (7) Sheet 1 of 1

(8) Dwg. (9) VendorX (10) Mat'l B/M

(11) Spec.X

It has been agreed in a conference on 11/21/13 that all electric motors shall be as manufactured by Korea Electric Co.

The applicable catalog numbers are:

H.P.	Volt.	Cat. No.
Up To 5 hp	220/110	E-A-1222
6 to 30 hp	440	E-B-2136
31 to 50 hp	440	E-C-3145
51 and bove	2300	D-4460

A. L. Gerund, Proj. Eng. (12)

G	F	B	S	P	V	H	M	E	I	Proc.	EF	CF	C	Total
								1		1	1	1	2	6

[그림 3-4] 설계 지침 예 [3]

이 경우 처음 숫자는 플랜트의 설계와 설치와 같은 일반 작업의 종류를 나타낸다. 두 번째 숫자의 첫 자리는 계약의 형태, 그 다음 네 자리는 계약의 일련번호를 나타낸다. 마지막 숫자는 프로젝트의 부분을 표시한다.

항목 5는 주제와 지침의 번호를 알려준다. 이 경우 주제 E는 electrical design을, 항목 6은 기본적인 설계 그룹을, 항목 7은 시트 번호를 각각 나타낸다. 항목 8, 9, 10, 그리고 11은 일반적인 정보의 종류를 지정하는 수단이다.

이 경우 항목 9는 벤더, 11은 시방서를 나타내며 이 항목에 체크 표시된 것은 이 정보가 벤더와 시방서에 관련된 것이라는 나타낸다. 만약 도면이나 자재목록에 관련된 것이었다면 항목 8 또는 9가 체크되었을 것이다.

항목 12는 이 "설계 지침"의 배포와 사본의 숫자를 표시하기 위한 단순화된 방법을 제공한다. 글자들은 아래의 설계과 또는 설계부를 지칭한다.

G	General	**B**	Buildings
F	Foundations	**P**	Piping
S	Structural, steel or concrete	**H**	Heat apparatus
V	Vessels	**E**	Electrical
M	Mechanical equipment	**Proc.**	Procurement
I	Instrumentation	**CF**	Contract file
EF	Engineering File		
C	Customer		

이 경우 사본들은 E;전기, Proc.; 조달, EF; 엔지니어링 파일, CF; 계약 파일, 그리고 C; 고객에게 배부되도록 체크 표시된 것이다.

상용 서신교류

외부 회사에게 보내도록 작성된 공문의 종류는 1) 소유주와 계약자 간의 서신 2) 구매자와 벤더 간의 서신 3) 하도급자, 벤더, 그리고 자문 회사(consulting firm)에게 보내는 다양한 엔지니어링 또는 조달 지침으로 나누어 볼 수 있다.

소유주-계약자 간의 서신교류

운전 회사는 보통 외부로부터 중역들이나 또는 요직 인사들에게 오는 서신을 주의 깊게 제한한다. 출처가 소유주인 소유주와 계약자 간의 서신은 통상적으로 중역에 의해 또는 발기인 편 중역의 이름으로 전부 서명될 것이다[그림 3-5].

반대로 계약 회사는 많은 기능들이 동시에 발생되어야 하고 이런 어떤 제한은 비실용적이기 때문에 서신의 작성을 제한할 수 없다. 소유주와 계약자간의 모든 서신은 주제에 관계없이 통상적으로 계약자의 프로젝트 엔지니어에게 향하게 될 것이다[그림 3-6].

OOO Chemical Co.
Seocho, Seoul KOREA

E. G. Martin, Chief Engineer — Letter Number 168
February 2, 2013

ABC Engineering Corp.
1223 8th St.
Principia, N. J.
Attn. Mr. A. L. Gerund

Subject: App'n No. 8-2324, ABC Contr. 6-25316-2
Des. Inst. E-22

Gentlemen:

In order to effect a possible saving in driver costs it has been decided that the specification for motors above 5 H.P. will include the words "or equal" after the Korea Electric Co. catalog number.

For other acceptable motor manufacturers please refer to our Approved Vendor List transmitted in our letter No. 55, November 16, 2013. It is suggested that only two (2) bids be requested in addition to proposals form Gyro.

Yours truly,
OOO Chemical Co.
E. G. Martin, Chief Engineer

By________________________
S. S. Shear, Project Engineer

SSS/ef
Copies E.D., M.N., R.J.
App'n 8-2324

[그림 3-5] 소유주가 계약자에게 보낸 공문 예 [3]

ABC Engineering Corp.
1223 Eighth St.
Principia, N. J.

(1) Contract 6-25316-2
(2) Letter No. 85
(3) Files 5, 7, 15.
February 6, 2013

(4) Mr. E. G. Martin, Chief Engineer
OOO Chemical Co.
Seocho, Seoul
(5) Attn. Mr. S. S. Shear, Proj. Eng.
(6) Subject: Letter 168 and Design Instruction E-22. Telephone Conversation 2/2/2013

Gentlemen:

This will confirm our telephone conversation in which we advised you that your letter No. 168 (February 2, 2013) would not affect the original specification of one manufacturer, Korea Electric Co., for motor drivers.

Following our usual practice the procurement department obtained three bids for motors based on preliminary data. This was unnecessary since your original specifications had indicated only a single manufacturer. Proposals received were analyzed, as is our practice for all equipment.

Korea was found to have an acceptable delivery, and the prices were lower than other bidders on all items. The analysis in this case was not transmitted to you because the low bid was received from the manufacturer that you had originally specified.

A letter of intent was issued to the vendor January 2, 2013 in order to place the equipment on an early schedule. Our confirming purchase order, based on final specifications, has now been issued to the Korea Electric Company. If our priority is not changed, delivery can be expected in early June.

Yours truly,
ABC Engineering Corp.

A. L. Gerund, Project Engineer

ALG/rs

[그림 3-6] 계약자가 소유주에게 보낸 공문 예 [3]

벤더에게 가는 공문, 의향서

벤더에게 가는 공문은 설계와 자재의 변경, 추가 비용, 납기, 그리고 의향서에 관련된다[그림 3-7, 3-8 및 3-9 참조].

보통 벤더는 구매 지시서의 접수에 의해 주문을 통보받는다. 구매 지시서의 준비와 배포는 시간이 많이 들며, 납기가 늦어질 수 있을 때, 정식 구매 지시서의 발행에 앞서 장비의 주문을 위하여 아래의 예에 보인 바와 같은 의향서가 작성된다.

ABC Engineering Corp.
1223 Eighth St.
Principia, N. J.

(1) Contract 6-25316-2
(2) Files 7, 15.
January 2, 2013

Korea Electric Company
2286 Enoch Ave.
Portland 6, Pa.
Subject: Proposal 3427, October 23, 2013

Gentlemen:

Please accept this communication as a letter of our intent to purchase equipment essentially as described in your proposal 3427, provided:

a. Prices quoted are firm.
b. Delivery promise of six (6) months or better as based on our priority rating will be maintained.
c. You agree to proceed with engineering, design and manufacture immediately by placing this equipment in your schedule.

Please acknowledge receipt of this letter immediately. Our formal purchase order will be issued together with complete specifications at an early date.

Yours truly,
ABC Engineering Corp.

____

N. A. Mayberry, Jr.,
Purchasing Agent

NAM/pe

[그림 3-7] 의향서 예 3

ABC Engineering Corp.
1223 Eighth St.
Principia, N. J.

Contract 6-25316-2
Files 7, 15.
February 16, 2013

Robertson Tubing Co.
897 Field St.
Portland 6, Pa.

Subject: Our P. 0. 5316-87
your letter of February 12, 2013

Gentlemen:

The stainless steel material substitutions requested in your letter of February 12 have been submitted to our engineering department and approval has been granted. Type 309 is acceptable where Type 316 has been specified.

Our original specification will be revised and transmitted; however, please proceed immediately on the basis of this letter.

Yours very truly,
ABC ENGINEERING CORP.

____

N. A. Mayberry, Jr.,
Purchasing Agent

RL/NAM/me

[그림 3-8] 설계 데이터에 관해 벤더에게 보낸 공문 예 [3]

ABC Engineering Corp.
1223 Eighth St.
Principia, N. J.

Date: Contract No.________________
To: Letter No.________________
File________________

Gentlemen:
We are encloseing ________________copies of preliminary final
revised Drawing No. B/M No.

For approval________________
For your use and record________________

Kindly return ________________copies with your approval or comments
as soon as possible.

Yours truly,
ABC Engineering Corp.

____

Kindly return one copy
of this transmittal for
our record upon receipt
of enclosures.

[그림 3-9] 외부 발송 공문 예 [3]

3.2.3 문서 정리 시스템(Filing Systems)

어떤 종류의 사업 행위를 위한 문서 정리 시스템은 일사분란하고 논리적인 방식으로 유지되지 않는 한 극도로 귀찮은 작업이 될 수 있다. 파일을 관리하는 기본적인 목적은 기록을 제공하는 것이며 기록의 중요성은 사업의 종류에 따라 변한다.

일반 파일

어떤 엔지니어링 조직도 모든 작업에 적용할 정책과 다른 일반 사항들이 기록되는 곳에서는 어느 종류의 일반 파일을 유지해야만 한다. 다음은 플랜트 프로젝트의 일반 파일로 이용되는 전형적인 문서 정리 시스템을 보여준다[그림 3-10]. 숫자 지정은 모든 통신에 관한 파일의 범주를 나타내기 위하여 이용되면 적절한 파일에 관한 결정에 문서 정리 직원의 도움이 필요하지 않다.

1.00 Engineering, Departmental Policies.
  1.01 Process Engineering.
  1.02 Mechanical Engineering.
  1.03 General.
2.00 Design Date.
  2.01 Mechanical Equipment.
  2.02 Electrical.
  2.03 Instrumentation.
  2.04 Vessels.
  2.05 Piping.
  2.06 Structural Steel.
  2.07 Foundations.
  2.08 Architectural.
3.00 Specifications.
  3.01 Mechanical Equipment.
  3.02 Electrical.
  3.03 And others.

[그림 3-10] 일반 파일 [3]

이들 파일은 원하는 대로 확장될 수 있다. 추가적인 구역은 4.00 Matrial Listing, 5.00 Construction Operations, 6.00 Procurement, 7.00 Contract Policies처럼 될 수 있을 것이다. 소수점 시스템의 이점은 분명하다. 예에서 보듯이, 2.04는 아래와 같이 하부 구역으로 세분화 될 수 있다[그림 3-11].

2.04 Vessels.
  2.0401 Forged Chambers.
  2.0402 Plate Vessels.
  2.0403 Thin Plate Tanks.
  2.0404 Bins.
  2.0405 Elevated Storage Tanks, Water; etc.
or, 2.01 Mechanical Equipment, extended:
  2.0101 Pumps, Reciprocating.
  2.0102 Pumps, Centrifugal.
  2.0103 Pumps, Rotary.
  2.0104 Pumps, Positive Displacement.
  2.0105 Turbines, etc.

[그림 3-11] 일반 파일의 세부 확장 예 [3]

프로젝트 파일

계약 용역에 관계되는 어느 회사라도 모든 프로젝트를 위해 이용되는 어떤 단일 종류의 문서 정리 시스템을 확립해야만 한다. 이러한 시스템은 모든 직원에게 친숙하다는 결정적 이점을 가지며 문서정리 담당 사무직원의 훈련이 부차적인 업무가 된다. 다음의 프로젝트 문서 정리 시스템은 간단하고 쉽게 배울 수 있다[그림 3-12].

마지막 파일 9.0은 중요한데 왜냐하면 그것이 공문 작성의 대략적인 날짜만 알려진 경우 공문을 위치시키는 긍정적인 수단을 제공하기 때문이다.

1.0 Contract
  1.01 Estimate
  1.02 Contract Extras
2.0 Design Instructions (May be in loose leaf binders).
  2.01, 2.02, 2.03 (Divide the same as for general file).
3.0 Correspondence to and from Customer (Except 1.0 and 6.0).
4.0 Correspondence to and from Construction Department.
5.0 Progress and Commitment Reports.
  5.1 Engineering, 5.2 Procurement, 5.3 Construction.
6.0 Accounting Correspondence.
7.0 Procurement.
  7.1 Shipping, Traffic, Expediting, 7.201 (Divide same as General File 2.00)
8.0 Conference Notes.
9.0 Daily File (copies of all outgoing correspondence filed according to date)

[그림 3-12] 프로젝트 파일 시스템 [3]

3.3 계약과 계약자(Contracts and Contractors)

간단한 말로 계약이란 어떤 일에 둘 또는 그 이상의 당사자들 간에 법적으로 그들 자신을 묶어서 합의한 것을 말한다. 이용되는 계약의 양식은 다른 회사들과 종류 또는 제공될 용역의 범위에 따라 달라진다. 계약은 엔지니어링 용역만을 위하거나 또는 재료의 구매와 설치를 포함한 엔지니어링과 건설 전체를 위하여 체결될 수 있다. 계약은 구매지시서와 같은 단순한 문건이 되기도 하고 혹은 길고 광범위한 문서가 되기도 한다. 모든 경우 문서는 각 회사의 책임자들에 의해 공식적으로 서명될 때 효력이 발생한다.

계약의 목적은 양쪽 당사자들을 보호하고 어떤 임무가 처방된 방식으로 수행되도록 보장하기 위한 것이다. 문외한의 편에서의 보편적 실수는 건설 계약은 주로 계약자에 대항하여 소유자의 보호를 위한 것이라는 생각이다. 계약은 어느 편에게도 유리하게 작성될 수 있다. 그러나 어떤 종류의 합의도 그 합의에 모든 당사자들이 묶여있는 것이다.

3.3.1 엔지니어링 회사와 건설 회사(계약자)

건설 산업은 국가 경제에 가장 중요하고 필수적인 부분이고 모든 공학 분야에서 고도로 발전된 전문가 요원들을 유지함으로써 전체적으로 산업계에 독특한 서비스를 제공한다.

공정 회사의 대다수는 새로운 시설이 요구될 때 엔지니어링과 건설 용역에 관여하는 것이 유리하다는 점을 알아냈다. 경험 있는 계약체결 조직은 항상 신규 플랜트 프로젝트에 대해 보통 급작스럽게 팽창될 수밖에 없는 운전 회사의 엔지니어링과 건설 인력보다는 더 나은 좀 더 신속한 엔지니어링과 건설 업무를 수행할 수 있다.

계약자들의 대부분의 비판은 그들의 용역 책임에 대한 것이다. 어떤 상업적 조직도 이윤 없이 굴러갈 수 없다. 설치되는 플랜트의 생산 가치의 관점에서 계약자의 용역비의 고려는 과도함 대신에 그들은 통상적으로 실제로는 온건한 편임을 보여줄 것이다. 공정 플랜트의 대부분은 정상적인 유지 보수를 포함해 3년에서 5년까지 내에서 그들의 총비용을 치러내도록 설계된다. 그러나 10년에서 20년 동안 경미한 변경 없이 운전되도록 건설되는 플랜트는 거의 없다. 18개월 또는 24개월 내에 버는 총액으로서보다는 플랜트의 생애에 걸쳐 계약자의 용역비를 고려하는 것이 보다 타당하다고 보여 진다. 정상 운전의 다년간으로 분산해 볼 때 그 비용은 정말 작게 보인다.

3.3.2 계약자 선정하기

공공 또는 정부 기금이 관련될 경우 계약을 체결하는 방법을 관장하는 많은 규정들이 각 지방 정부마다 효력을 발하고 있다. 이들 방법들을 사적인 산업체에서는 통상적으로 그대로 따르지는 않지만 그러나 작업이나 용역의 추정의 형식으로 입찰서 또는 제안서를 접수하는 관습은 실용적으로 모든 회사에서 받아드려진다. 계약자의 선정은 발행된 입찰의향서에 의해 얻어진 제안된 가격의 분석과 그리고 계약자의 평판 또는 특정 작업의 분야에서의 노우-하우를 바탕으로 이루어져야 한다.

계약자로부터 제안서를 획득하는 데 이용될 자료의 준비는 통상적으로 소유자를 위하여 비용이 많이 드는 사업인데 이는 그 자료가 계약자의 제안에 대한 기초가 될 것이고, 그리고 오해를 피하기 위하여 가능한 한 완벽해야 하기 때문이다. 완벽성을 확보하는 가장 좋은 길은 경험 있는 디자인 엔지니어로 하여금 가 그 자료를 준비하도록 하는 것이다. 소유주가 선호하는 방식으로 플랜트 요구되는 플랜트의 형태를 디자인하기 위해 계약자에게 충분한 정보가 주어져야 한다.

많은 공정 회사들은 통상 사용되는 장비의 구매 및 설계 디자인에 있어서 특정한 균일성을 제고하기 위하여 편집된 방대한 기계 시방서와 공정 시방서를 보유하고 있다. 이런 경우 이들 복사본들이 제안서를 작성하는 데 주어져서 그의 예비 설계와 추정에 통합되도록 한다. 또한 소유주와 계약자의 책무, 제안된 플랜트 현장, 수송 시설, 설비, 가용한 원료, 그리고 이용될 공정에 대한 완전한 서술이 제공되어야 한다.

요구되는 공정 정보의 정도는 프로젝트에 따라 다르다. 어떤 경우에는 계약자가 라이선스 보유자로서 활동하고 완전한 공정 설계를 제공할 것이다. 그러나 종종 공정 플랜트의 소유자(customer: 고객)인 공정 회사(process company)는 플랜트의 설계 및 건설 회사(contractor: 계약자)에게 완성된 자기 회사의 공정 설계를 제공하거나 또는 충분한 공정 자료를 공급해서 계약자가 직접 예비설계 작업을 할 수 있도록 한다.

계약자는 그들의 제안서에 이용하기 위한 비용 추정을 작성하기 위하여 예비 설계를 준비해야만 한다. 이 제안서에는 다음의 정보를 포함해야 한다.

1) 프로젝트의 일반 서술(General description of the project).

2) 계약자 업무의 범위(Scope of the contractor's work).

3) 동반되는 흐름도와 플롯 플랜과 함께 플랜트의 각 부분의 서술.

4) 예상되는 설비(Estimated utilities).

5) 구축되어야 하는 보조 장비(자재창고, 작업실, 등).

6) 주요 장비의 적요 및 목록 작성(펌프, 용기, 열교환기).

7) 적용될 기계 시방서.

8) 제품 품질의 기술과 생산율.

9) 제안된 비용과 요금(Proposed cost and fees).

이것들은 주요 항목 중의 일부이다. 제안된 디자인과 계약자의 의도를 서술하기 위해 필요한 모든 정보가 포함되어야 한다. 당연히 복잡하지 않은 제시용 도안, 차트, 그리고 개략적인 흐름도는 귀중하다.

계약은 가격만을 바탕으로 낙찰되어서는 안 된다. 대규모 플랜트 건설에서 가격 제안에 대한 평가 점수는 전체 평가 점수에서 단 몇 퍼센트의 비중을 가질 뿐이다. 소유주는 미지의 회사로부터의 낮은 가격의 제안을 받아들일 때는 극도로 조심해야 한다. 그 계약자가 제안서를 신실하게 작성했다하더라도 경험이 없다는 점이 차후에 어쩔 수 없는 상황을 초래하는 오류를 범할 수 있다.

경험 없는 소유주도 종종 어느 계약자가 건설 경험을 가지고 있었더라면 어떤 플랜트를 건설하는 데에도 자격을 갖춘 것이라고 가정하는 실수를 범한다. 계약자도 때때로 역시 동일한 생각을 하는 실수를 범한다. 미지의 계약자를 선정하기 전에 소유주는 계약자의 능력에 대해 확신을 가져야 한다. 주요 프로젝트에 대하여 소유주는 계약자의 제한사항, 재정 배경, 장비의 상태, 그리고 그의 일반 사업과 노무 관계를 살펴보는 노력을 경주해야 한다. 재정 상태도 주요 프로젝트에 대한 계약자 선정에 고려되어야 하는데 이는 보통 계약자가 수행한 작업에 대해 소유주로부터 비용을 변제받기 전에 엄청난 지출을 감당해야 하기 때문이다.

3.3.3 계약의 기본 사항과 계약의 분류

계약은 플랜트의 개발, 설계, 구매, 그리고 건설에 대해 체결되거나 또는 이들 중 한 단계에 대해서만 체결되기도 한다. 계약은 소유주와 계약자 사이에 또는 소유주의 대리인으로서 주 계약자와 많은 하도급자 사이에 이루어진다. 계약상의 합의에 대한 기본사항들은 실질적으로 제한이 없다. 다양한 서비스에 대한 다음의 서술사항은 플랜트의 설계와 설치에 일반적으로 이용되는 것들이다. 모든 사항이 운전 회사 또는 소유주**(owner)**와 계약하는 회사 또는 계약자**(contractor)** 사이에 이루어지는 것으로 가정된다.

1) Contractor as a consultant; contractor performs consulting or supervisory services only with engineering procurement and construction by others.

2) Owner to perform all engineering and procurement, contractor to perform erection services only; this may be varied to have erection performed by several contractors.

3) Owner to perform all process design furnishing data to contractor; contractor to perform all detailed engineering, procurement, and erection.

4) Contractor to perform primary research and development, engineering, procurement, erection, and initial operation: this is sometimes called a "turn-key" contract.

계약의 분류

변제의 모드(mode of reimbursement)에 따른 계약의 분류는 가장 친숙한 방법이며 법적 사업적 관점에서 가장 중요하다. 계약은 사실상 통상적으로 변제 정책에 따라 명명된다. 이들 계약서 형식의 중요성이 아래에 요약 서술되어있다.

원가가산(Cost-Plus) 계약

원가간산(cost-plus)이란 용어는 간단히 계약자가 계약에 적용할 수 있는 모든 비용과 이에 덧붙여 그의 간접비와 이익에 대해 이들 비용의 일정 백분율을 함께 변제받게 되는 것을 의미한다. 보통 이들 비용에 대한 백분율은 각 종류의 계약과 용역에 따라 달라진다. 엔지니어링 용역에 대한 변제 비용은 엔지니어링 인건비의 215-220%나 그 이상이 될 수 있다. 여행, 통신, 복사, 사무 인건비와 같은 다른 비용들은 일반적으로 실제 비용의 105-115%의 수준이다. 엔지니어링 인건비의 보다 높은 백분율은 계약자의 노하우의 판매와 계약자의 주요 인사의 비용을 고려하여 정해진 기준이다.

숙련공과 일반공의 인건비를 포함한 건설비용은 110-125%이고, 건설 감리 비용은 엔지니어링에 관한 기준과 유사하며, 그리고 건설 중장비의 비용은 기계에 대한 고정 임대율을 기준으로 한다. 소형 공구와 다른 소모성 장비에 대해서는 보통 실제 비용에 몇 퍼센트를 더하여 청구된다.

만약 계약자가 모든 플랜트 자재와 장비를 조달할 경우 구매 비용을 감당하기 위해 실제 구매 가격의 105-115% 사이의 퍼센트를 청구한다. 만약 조달 업무에 모든 직원들의 비용을 소유주가 지불할 경우 자재나 장비의 비용을 기준으로 정해진 퍼센트는 훨씬 낮을 수 있다.

원가가산 계약에 대한 통상적 비판은 계약자의 이익이 그의 비용에 직접 비례해 증가하고, 소유주는 그 비용에 대해 통제하지 않으며 계약자는 따라서 가능한 한 자기 비용을 증가시킬 것이라는 점이지만 이 생각은 오류이다. 원가가산 계약 하에서 소유주의 감사관과 엔지니어는 모든 계약자의 기록에 계속적으로 접근할 수 있다. 그 외에도 소유주는 모든 계약자의 직원과 계약에 관련된 행위에 권위를 행사한다. 사실상 계약자는 거의 고객 회사의 한 부서처럼 행동한다.

이런 이유들 때문에 소유주의 직원들이 완전히 경험 없는 사라들이 아닌 한 비정상적인 과잉 비용의 가능성은 거의 없다. 소유주는 통상적으로 모든 실행이나 지급에 대한 전체 통제권을 보유하며 따라서 소유주가 실제로는 계약자보다 비용에 대해 더욱 책임이 있다. 만약 소유주가 엔지니어링과 건설 작업에 경험이 있다면 원가가산 특징으로 인한 과도한 비용의 가능성은 거의 없다.

많은 대형 공정 회사들은 다른 종류의 계약보다 원가가산 계약을 선호하는데 이는 그들에게 보다 많은 자유와 계약자에 대한 통제권을 주기 때문이다. 공정 설계가 불완전하거나 원래 설계에서 많은 변경이 이루어져야 할 경우에 원가가산 계약은 소유주에게 상당한 이점이 있다. 실제에 있어서 만약 적절히 실행되고 믿을만한 계약자에게 주어진다면 원가가산 계약은 일괄 계약, 또는 최대가 보증이나 다른 종류의 고정가격 계약만큼 효과적이고 경제적일 수 있다.

그러나 경험 있는 계약자는 고정 가격 계약을 일반적으로 선호하는데 이는 이 형태의 계약은, 시방서들이 수용된 뒤에는, 계약자를 보다 자유롭게 해주기 때문이다. 원가가산 계약의 경우 비용의 보다 엄격한 회계행위가 필수적이고 계약자의 직원은 어떤 면에서는 단지 소유주의 고용 상태에 놓여있는 것이 된다. 그러나 원가가산 계약은 작업이 특정하게 예상될 수 없거나 사업의 시작에서 예측이 어렵거나 불가능한 많은 건설 문제들이 존재할 때 일반적으로 유일한 성공적인 행위이다.

고정대가 부 원가가산(Cost-Plus with Fixed-Fee) 계약

고정대가 부 원가가산 계약은 계약자가 규정된 대가만을 벌 수 있다는 점을 제외하고 정규 원가가산 형식과 유사하다. 모든 다른 지불은 직접 비용에 대해서만 변제받는다. 두 가지 원가가산 형태의 계약에는 많은 변형이 가능하다.

일괄(Lump-Sum) 또는 고정가격(Fixed-Price) 계약

일괄 계약은 고정된 단일 가격 이상 또는 이하를 허용하지 않는다. 계약자는 소유주가 입찰의향서(inquiry)에서 또는 계약자가 제안서(proposal)에서 상세하게 규정한 특정 서비스를 수행하도록 합의한다. 만약 계약이 유효하게 된 후에 소유주에 의해 어떤 변경이 이루어진다면 계약 조건에 따라 조정이 있거나 또는 없을 수 있다. 그러나 만약 비용이 증가되면 계약자는 추가 지불을 요구할 수 있다. 이런 계약은 종종 원래 시방서나 도면의 해석의 갈등으로 인해 두 당사자 간에 나쁜 관계를 초래한다.

공정 플랜트에 대한 고정가격 계약은 상세한 추정의 준비를 요구한다. 예비 자료는 소유자나 또는 계약자로부터 제공될 수 있다. 소유주는 때때로 계약자에게 제안서를 위한 그들 자신의 자료를 축적하도록 요청하거나 또는 입찰의향서를 위한 자료를 준비하도록 다른 회사를 고용하도록 요청한다.

일괄 또는 고정가격 사업을 위한 계약자의 제안서나 소유주의 입찰의향서는 비상시에 대한 조항을 갖춘 다른 종류의 계약들보다 훨씬 더 상세하게 준비되어야 한다.

다른 형식들처럼 일괄 계약도 비판으로부터 자유롭지 않다. 이 계약은 고정가격으로 제한되어 있기 때문에 모든 가능한 절약이 그의 이익을 증가시킨다. 따라서 계약자는 품질을 희생시켜 절약 효과를 얻는다고 지적당할 수 있다. 그러나 일반적으로 공정 플랜트의 다양한 부품들에 대한 시방서는 매우 완벽하고 원래 제안서로부터 과도한 변경은 거의 가능하지 않다.

최대가 보증(Guaranteed Maximum) 계약

최대 비용 보증계약은 보증 가격이 자재(그리고 장비)에만 또는 인건비에만 적용되는가 여부를 제외하고 일괄 계약과 유사하다. 계약은 자재 또는 인건비에 물가상승이 허용되거나 또는 모든 물가상승을 제외하도록 작성될 수도 있다.

최대가 보증 계약은 종종 최대가 이내에서 업무의 양에 따라 계약자에게 보너스를 허용하도록 작성된다. 소유주가 항상 모든 비용을 숙지하고 있어야 하기 때문에 소유주는 최대가 계약의 수행에 상당한 정도로 참여한다.

3.3.4 계약서 형식

가장 전통적인 형태의 계약서는 두 부분으로 구성되어 있다. 첫 부분은 합의사항이라 부른다. 거기엔 보편적으로 제안서나 시방서 그리고 도면들을 참조한 일반적인 작업의 범위, 계약 가격이나 지불 조건들의 윤곽이 설명되어 있고, 그리고 증인 입회와 공증이 된 필수적인 공식 서명을 포함된다. 서명은 종종 서류의 맨 마지막 면에 나타난다. 두 번째 부분은 일반 조건들로 구성된다. 완공일자, 취소, 하도급, 보험, 그리고 다른 많은 조항들과 같은 항목들이 논의된다. 세 번째 부분은 게시물, 인증서, 그리고 두 번째 부분에 포함된 특정 항목의 특수한 서술을 포함하는 것이 또한 첨부될 수도 있다.

계약서의 특징들을 상세히 논의하려는 의도보다도 대표적인 계약서들을 실제로 연구해 봄으로써 보다 많은 것을 배울 수 있다. 원가가산(cost-plus) 플랜트 프로젝트에 이용되는 두 가지 대표적 계약서가 부록 I에 첨부되어 있다.

대중적인 믿음과는 반대로 엔지니어링 계약서는 이해하기 어렵지 않다. 그것들은 필수적으로 문장으로 표현되어 아무런 오해도 가능하지 않다. 다년간의 법적 경험과 법원 결정으로 오역에 대항해 면역이 입증된 특정 표준 문구들이 만들어져 양쪽 당사자들을 강력히 보호된다.

3.3.4.1 엔지니어링 용역만을 위한 대표적 원가가산 계약서

엔지니어링 용역만을 위한 원가가산 계약서의 대표적인 예는 교재 말미의 부록 I을 참조할 수 있다.

증빙자료(Exhibits)

계약서에 첨부되는 몇 가지 증빙자료들이 참고로 준비되어야 한다. 다음은 보다 중요한 요구사항들의 개요를 설명하거나 또는 구체화시켜주는 역할을 감당한다.

증빙자료 I – 제안서(Exhibits I – Proposal)

위에 예로 보인 바와 같은 엔지니어링 계약에 대한 제안서는 보통 두 부분으로 나뉘는데 (1) 공정 그리고 (2) 기계 시방서이다.

공정 시방서는 원료와 완제품 시방서, 열 및 물질 평형, 그리고 공정을 그래프로 묘사한 필수적인 흐름도를 포함하는 상세한 공정을 서술한다. 만약 공정의 부분들이 다른 사람에 의해 설계된다면 제안서에 책무를 분명히 언급해야 한다.

기계 시방서는 스케치와 서면 서술의 수단으로 모든 장비를 나열하고 서술한다. 펌프나 압축기와 같은 순수 기계적 장비에 대한 일반 시방서는 제작자가 가격을 추정할 수 있도록 충분한 상세사항을 포함하여야 한다. 만약 가능하다면 제작자의 이름과 카탈로그 번호가 포함되어 모든 상세사항에 대해 완성되지 않았다 할지라도 식별이 정해지도록 한다. 업무의 범위, 압력 용기의 스케치 그리고 열교환기의 시방서뿐만 아니라 구조, 배관, 전기, 그리고 계장 단계와 같은 사업의 다양한 부분에 대한 시방서를 보여주는 예비 플롯 플랜이 포함된다.

제안서에 포함된 대부분의 시방서는 완성된 것이 아닌데 이는 계약의 서명에 뒤따라 수행될 엔지니어링의 상당한 부분이 시방서의 개발로 구성되기 때문이다. 또한 필요할 경우 비용과 인건비 산출 계획을 보여주는 증빙자료 II를 첨부하거나 자재와 용역의 비용 산출 근거를 제시하는 증빙자료 III 등을 첨부할 수 있다.

3.3.4.2 대표적인 엔지니어링 및 건설 계약서

완전한 엔지니어링과 건설 계약은 보통 엔지니어링 용역에 대한 계약과 유사한 형식인데 다만 여기서는 앞에서 다룬 계약서의 Part II 부분 이하의 추가적인 구절을 포함한다는 점이 다르다. 교재 말미의 부록 I에 보인 이런 예에서는 고정대가 부 원가가산 계약을 위해 준비된 것과 유사한 형태를 보이는데 첫 페이지는 서류의 타이틀로 구성되고 둘째 페이지는 계약서의 색인(index)로 구성되어 긴 계약서를 일목요연하게 살펴보는데 많은 도움을 준다.

3.3.4.3 일괄(Lump-Sum) 계약서

일괄(lump-sum) 또는 고정가격(fixed-price) 계약은 포함할 사항이 훨씬 적기 때문에 이러한 계약의 전형적인 양식은 여기에 따로 보이지 않는다. 고정 가격은 확립되어야만 하는 까닭에 원래 시방서, 작업의 서술, 그리고 장비의 종류는 계약자의 제안서나 소유주의 입찰의향서에 상세히 기술되어 있다.

3.3.5 계약과 윤리

프로젝트 엔지니어링의 계약 단계는 경쟁력 있는 법률 부서를 필요로 한다. 공학과 법학 양쪽 분야에서 훈련받은 사람이 이런 부서의 적임자이다.

그러나 모든 프로젝트 엔지니어는 그들의 임무가 계약의 많은 조항들을 수행해야 하므로 계약을 이해해야만 한다. 이런 이해를 도모하는 데 있어서 엔지니어는 법률 문구들에 대해 과도한 비판적 태도는 지양해야 한다. 긴 문장, 과장된 단어, 그리고 진부한 법률 표현들은 수 십 년의 법적 판단을 통하여 그것들의 지속성을 인증 받은 법률 관행의 보수성의 일부라고 기억되어야 한다.

존경받을만한 계약자나 고객 간에는 눈에 잘 띠지 않게 인쇄된 부분이나 혼란스러운 용어를 통하여 속이려드는 어떤 의도도 결코 존재하지 않는다. 계약은 신사들 간의 명문화된 합의 그 이상으로 간주되어야 한다. 그것은 우리의 기억이 빈약하고, 그리고 명문화된 기록이 사업상의 거래를 우호적으로 보존하는 데 보다 더 기여하기 때문에 기록되는 것이다. 법적으로 계약서는 취소의 조항들과 수행상의 실패에 대한 벌칙들을 포함하지만 그러나 이들 조치들은 양쪽 당사자들에게 시간과 비용 모두에 있어서 대가를 치르게 한다.

무엇보다도 양쪽 조직의 인원들의 성실함과 기술 경쟁력만이 성공적인 플랜트 프로젝트의 유일한 기준이다. 계약서는 의도적인 태만과 불법 행위에 대항해 방어한다. 그러나 그것은 비윤리적 관행이나 무능력으로부터 어느 당사자도 보호할 수 없다.

참고문헌

1 A. C. Howell. *Handbook of English in Engineering Usage*, 2nd ed., JohnWiley & Sons, New York, 1940.

2 G. Mills and J. Walter. *Technical Writing*, Rinehart Bros., New York,1954.

3 H. F. Rase and M. H. Barrow. *Project Engineering of Process Plants*, John Wiley & Sons, Inc., New York, 1957.

4 H. T. Lewis. Procurement: *Principles and Cases*, Richard D. Irwin, Inc, Chicago, 1951.

5 P. A. Laplante. *Technical Writing: A Practical Guide for Engineers and Scientists*, CRC Press, 2012.

6 P. Baily, D. Farmer, B. Crocker and D. Jessop. *Procurement, Principles & Management*, 10th ed., Prentice Hall, 2010.

7 R. C. Leeser. Engineer's Procurement Manual for Major Plant Equipment: A Guide to Principles and Procedures for Planning, Specifications, Bidding, Evaluation, Contract Award, Prentice Hall, 1996.

8 W. G. Crouch and R. L. Zetter, *A Guide to Technical Writing*, 2nd ed., Ronald Press Co, New York, 1954.

PART 4

엔지니어링 설계 및 장비선정 상세사항

어떤 종류나 규모에 상관없이 모든 플랜트의 설계, 건설, 그리고 운전을 성공적으로 달성하기 위해서는 담당 프로젝트 엔지니어의 주도면밀한 계획 아래 모든 단계의 과정들이 수행되고 통합되어야(coordinate) 한다. 이를 위해 프로젝트 엔지니어는 수많은 분야의 전문가들과 관련 회사들의 업무 담당자들에 의하여 진행되는 설계, 제작, 및 설치 작업들이 원활히 통합되도록 조정한다.

특히 프로젝트 엔지니어는 플랜트의 주된 공정 시설들과 기초 공사 그리고 철 구조물에 지능적으로 참여하기 위하여 엔지니어링 설계와 장비 선정에 대한 상세사항을 어느 정도 이해하여만 한다. 이를 위하여 먼저 발전 플랜트에 있어서의 주요 장비를 살펴본 뒤에 화학공정 플랜트를 포함한 모든 플랜트에 공통적으로 이용되는 주요 장비들에 대하여 논의하기로 한다.

4.1 발전 플랜트의 주요 장비

다양한 원료를 이용하여 여러 가지 제품을 생산해 내는 다른 여러 화학공정 플랜트(chemical process plants)와는 달리, 발전 플랜트(power plants)는 어떤 형태의 에너지원을 원료로 이용하던지 간에 동일한 전기적인 동력(electrical power: 전력)을 최종 제품으로 출력해내는 특수한 목적을 가진 에너지 플랜트이다.

그러므로 출력물의 종류에 따라 명명되는 화공 플랜트와 달리, 발전 플랜트는 원료로 사용되는 에너지원, 즉 입력물의 종류에 구분된다. 즉 석탄, 석유, LNG와 같은 화석연료를 연소시켜 발생되는 열에너지를 이용하는 화력 발전, 방사성 물질인 핵연료로부터 얻어지는 열에너지를 이용하는 원자력 발전, 물의 낙차를 이용하여 수차를 돌리는 수력 발전, 그리고 최근 들어 각광을 받고 있는 태양에너지, 풍력, 지열, 조력, 소수력, 바이오매스 등 친환경 신재생에너지를 이용한 발전 플랜트 등으로 구분할 수 있다.

본 절에서 다룰 발전 플랜트를 구성하는 핵심 부분은 열에너지를 발생시켜 증기를 생산해내는 보일러 부분과 생산된 증기를 이용해 회전동력을 얻어내는 터빈 부분의 두 부분으로 나뉜다. 본 절에서는 주로 발전 플랜트에 채용되고 있는 보일러 시스템과 증기 터빈 시스템에 대해서만 제한적으로 논의한다. 그 외의 다양한 공정 플랜트에 공정용 증기 공급을 위한 시스템 또는 플랜트 설비에 이용되는 보일러나 증기발생기에 관한 상세한 논의는 뒤의 4.7 절에서, 일반 플랜트의 설비용 시스템에 이용되는 터빈에 관한 일반적 사항에 대한 상세한 소개는 후속 5.4절에서 보다 깊게 다루기로 한다.

4.1.1 발전 플랜트의 원리와 구성

우리나라뿐 아니라 전 세계적으로 전력생산을 위하여 가장 널리 보편적으로 이용되고 있는 화력 발전과 원자력 발전 플랜트는 주 장비로서 보일러 또는 원자로와 증기 터빈으로 구성된다. 화력 발전소의 플롯 플랜에서 플랜트는 크게 눈에 띄는 세 구역으로 구분할 수 있는데 즉 보일러 구역, 터빈 구역, 그리고 연돌(stack: 굴뚝)을 포함하는 옥외지역(yard area)이다.

아래 [그림 4-1]에는 일반적인 화력 발전소에 대한 개념도를 보여주고 있다. 이 개념도에 보인 바와 같이 열에너지를 증기 터빈의 회전 운동에너지로 변환시키는 에너지 변환 공정은 학부의 열역학 과정에서 친숙하게 알려진 재열-재생 랭킨 사이클(reheat -regenerative Rankine cycle)이다. [그림 4-2]에는 주 에너지원으로 석탄을 사용하는 석탄연소 발전플랜트를 도식화한 일례를 보여주고 있다.

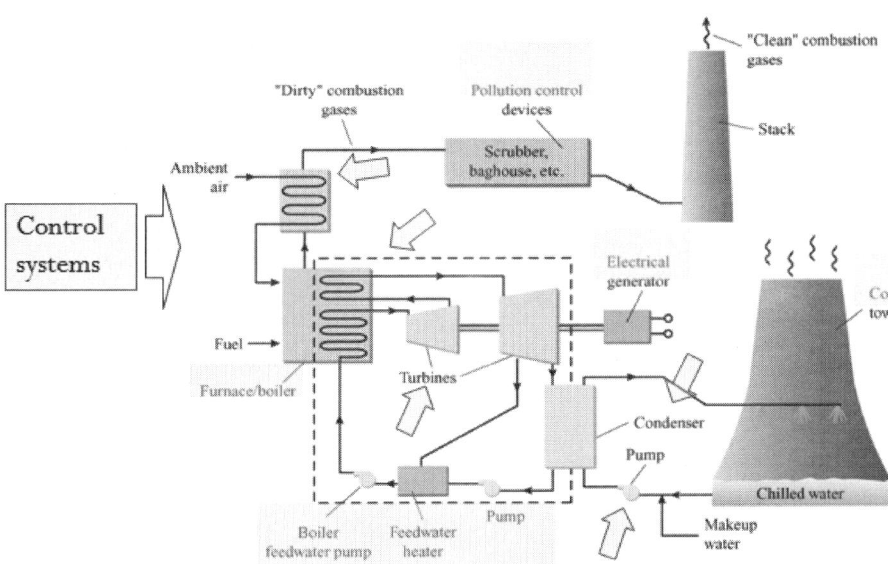

[그림 4-1] 화석연료 증기 발전 플랜트의 개념도 39

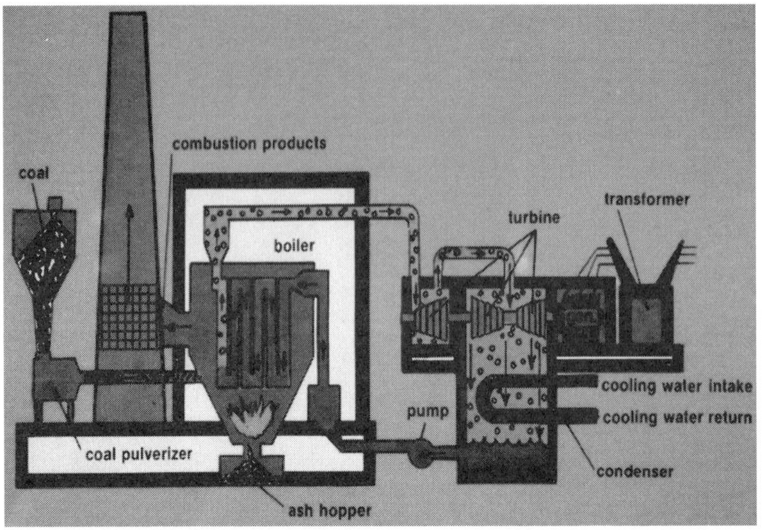

[그림 4-2] 석탄연소 화력발전 플랜트의 예 11

플로우 다이어그램(Flow Diagram)

개념도에서 보인 화력 발전 플랜트에 대한 단순화된 개략적인 흐름도(schematic flow diagram)의 일례를 [그림 4-3]에 보였다. 이 흐름도에서 플랜트의 주 장비인 보일러(boiler)와 증기 터빈(steam turbine)을 포함하여 랭킨 사이클을 구성하는 작동유체(working fluid)인 증기와 급수의 유동 상황을 모두 살펴볼 수 있다.

보일러 부분은 절탄기, 보일러의 수관, 이차 과열기 및 재열기 등으로 구성되어 있으며 터빈 부분은 고압, 중압, 그리고 저압 터빈으로 구성되어 있음을 볼 수 있다. 그 외에 탈기기(deaerator)를 포함해 8 기의 저압 및 고압 급수가열기(feedwater heaters), 응축기(condenser), 급수 및 응축수 펌프 (boiler feed and condensate pumps) 등 랭킨 사이클의 주 공정을 이루는 각종 장비들을 살펴볼 수 있다.

또한 보일러 연소에 관련해서는 강제통풍 팬, 연소가스 재순환 팬, 공기 예열기(air preheater), 그리고 연돌을 통해 배출되는 공기와 배기가스의 흐름을 파악할 수 있다.

열평형 다이어그램(Heat Balance Diagram)

전형적인 화력 발전 플랜트에 대한 물질 및 열평형 다이어그램(mass and heat balance diagram)의 일례를 [그림 4-4]에 보였다. 각 주요 장비의 입구와 출구에 요구되는 시스템의 작동유체의 조건 즉 압력, 온도, 엔탈피 및 유량이 명시되어 있어서 추후의 모든 관련된 엔지니어링 단계에서 설계 기준이 된다.

이 그림에서 보일러 출구로부터 HP 터빈으로 공급되는 과열증기를 예를 들어 본다면 압력 16.181 MPa, 온도 530.00 °C, 유량 590.00 t/h, 및 엔탈피 3280.4 kJ/kg의 조건을 설계 기준으로하고 있음을 알 수 있다.

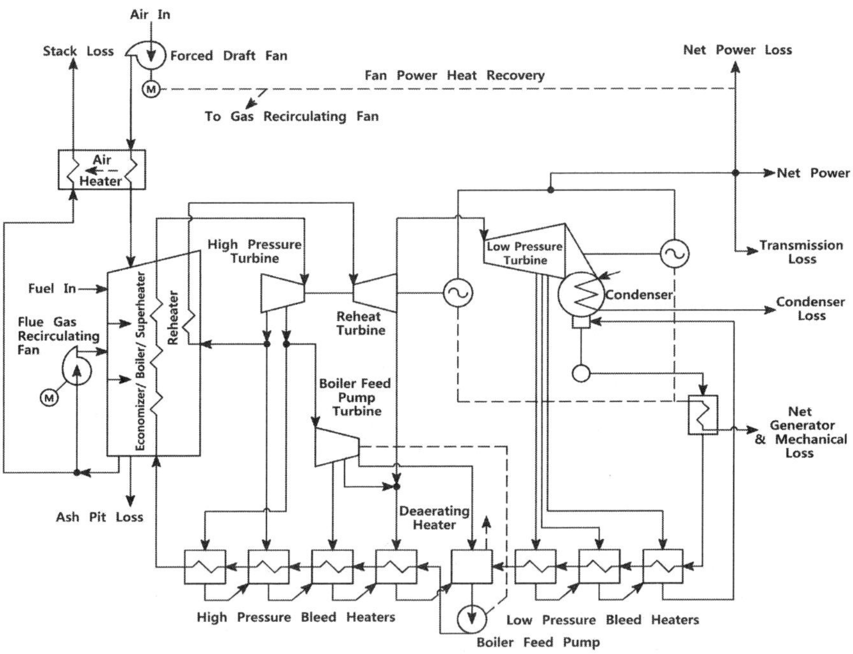

[그림 4-3] 화력 발전 플랜트의 개략적인 플로우 다이어그램 43

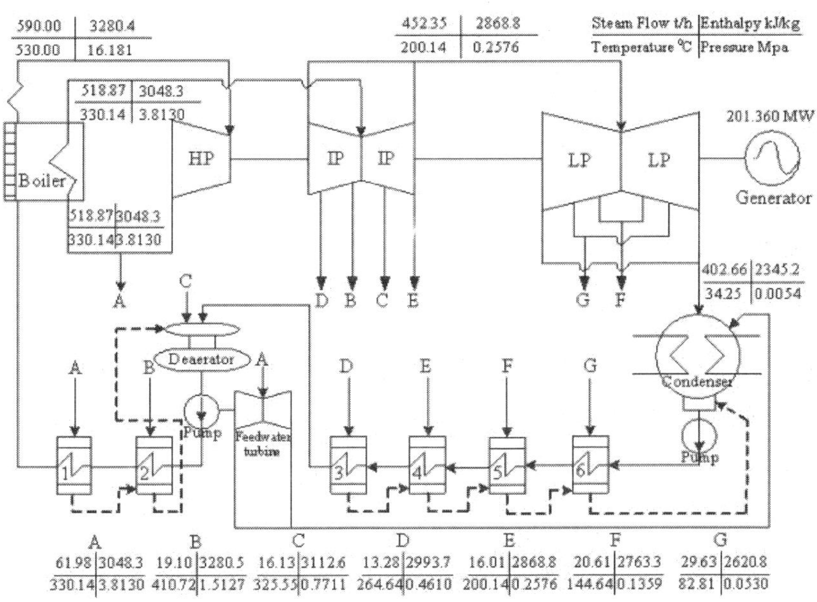

[그림 4-4] 화력 발전 플랜트의 열평형도 58

4.1.2 보일러

화석연료의 연소과정[그림 4-5참조]을 통해 발생된 열로 액체 상태의 물을 가열하여 고온고압의 과열 증기를 생산하고 이를 증기 터빈으로 공급하여 전력을 생산하는 화력발전 플랜트에서 아마도 가장 중요한 장비는 보일러일 것이다[그림 4-6]. 본 절에서는 보일러에 대한 간략한 소개를 다루기로 하며, 발전 플랜트용 보일러에 관한 보다 광범위하고 상세한 자료는 Babcock & Wilcox 사에서 출판된 "Steam: Its Generation and Use"[43]) 등에서 찾아볼 수 있을 것이다.

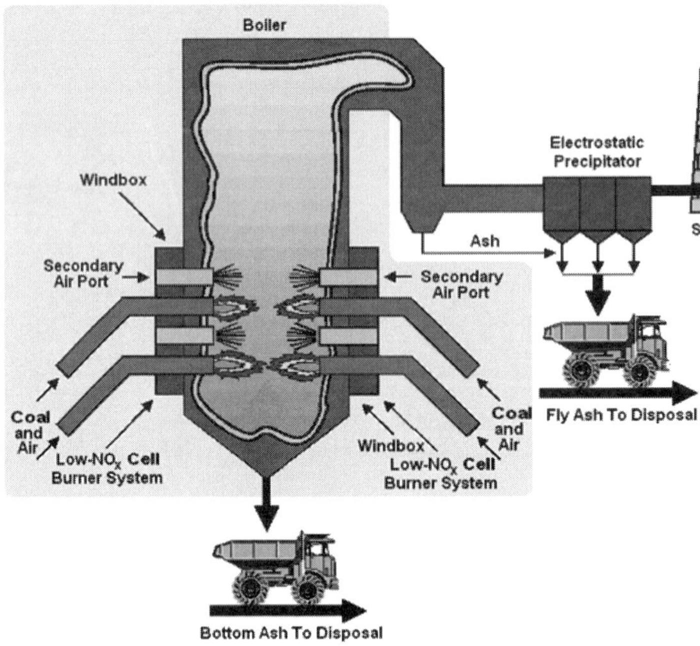

[그림 4-5] 석탄 보일러의 연소 58

증기 동력과 공정 증기

발전 플랜트의 경우, 보일러에서 발생된 증기는 펌프와 터빈을 위한 직접적인 동력원이다. 반면에 그 외의 모든 공정 플랜트의 경우, 증기는 가장 유용한 가열용 매체이다. 일부 플랜트에서 증기는 전력처럼 구매되기도 하지만 대개의 공정 플랜트에서는 통상적으로 공정 증기를 자체적으로 생산하여 이용한다.

공정 플랜트를 위한 중앙 보일러 실은 전체 플랜트를 위하여 증기를 공급할 수도 있고 소형 보일러는 사용처 인근에 위치할 수도 있다. 대규모 공정 플랜트에서는 몇 개의 보일러실을 갖추는 것이 분배 배관의 비용을 줄여서 오히려 경제적일 수도 있다.

증기 발생의 초기 단계에서 물은 증발되어 증기압 하에서 비등수와 평형을 이룬다. 이 물의 증기를 포화증기라 부르며 온도를 낮추거나 압력을 높이면 응축이 시작된다. 증기 내의 습기는 대부분의 응용에서 바람직하지 않으며 터빈과 같은 장비에서 터빈 블레이드가 습증기에 의해 심하게 마모되기 때문에 해롭다.

그러므로 대개의 증기 보일러에서 포화증기(staturated steam)는 노의 뜨거운 지역에 위치한 과열기라 불리는 열교환기를 통해 지나가도록 되어 있다. 증기는 그런 뒤에 포화온도 이상으로 가열되고 충분히 건조하게 되어 습기가 없는 과열증기(superheated steam)로 모든 사용처에 공급된다.

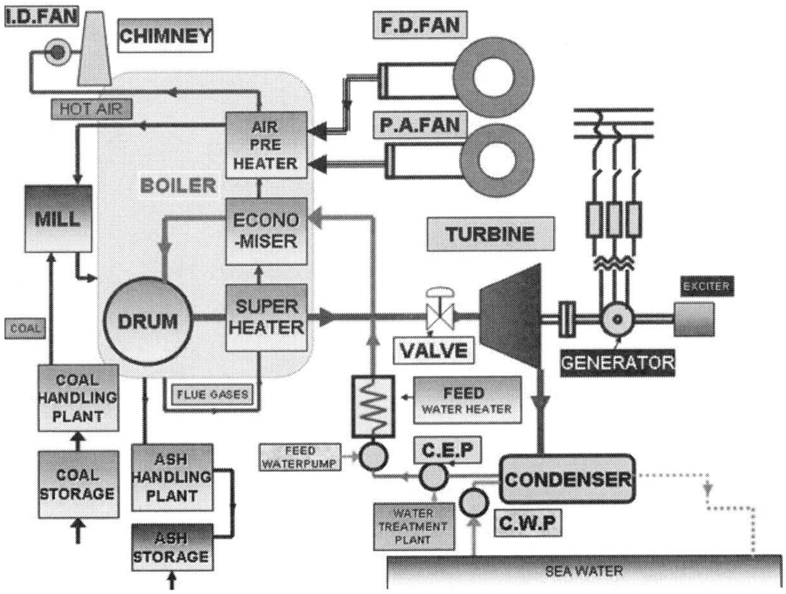

[그림 4-6] 그래픽 플로우 다이어그램(보일러 부분 강조) 58

증기발생기(Steam Generator)

증기발생기란 용어는 글자그대로 열을 이용해 물을 끓여서 증기를 발생시키는 장치를 통칭하는 말로서 화력 발전 플랜트의 보일러, 원자력발전 플랜트의 원자로 격납용기 내의 증기발생기뿐 아니라 그 외의 다양한 공정 플랜트에 이용되는 다목적의 다양한 형태의 증기발생기를 모두 포괄한다, 일반적으로 증기발생기는 열을 공급하는 노(furnace) 구간과 순환하는 물로부터 증기를 만들어내기 위해 열전달이 일어나는 보일러 구간으로 구성되어 있다. 노는 공급된 연료가 흡입된 공기와 혼합되고 연소작용을 통해 연소열을 발생시키는 장치를 가리킨다. 한편 노에서 발생된 연소열이 노를 둘러싸고 있는 수관 튜브와 증기드럼에 복사와 대류에 의해 전달되는 부분을 일컬어 보일러 구간이라 말한다. 노의 설계는 이용될 연료의 종류에 따라 달라진다.

석탄과 같은 고체 연료는 다양한 기계적인 수단으로 노에 충전되며 이런 장치에는 스토커(stokers), 운반 화상(traveling grates), 분쇄기(pulverizers), 그리고 사이클론(cyclones) 등의 장치들이 포함된다. 대형 석탄을 사용하는 노의 벽은 보통 원치 않는 클링커 형성과 벽으로부터 복사의 감소를 최소화시키기 위하여 물로 냉각된다.

석유와 같은 액체 연료는 분무(atomized)되어서 연료 방울이 가능한 한 완전히 연소되도록 해야 한다. 이런 목적을 달성하기 위해 증기 또는 기계식 분무장치를 이용하는 여러 가지 버너들이 공급되고 있다. 증기 분무식에서 증기는 노즐을 통해 기름과 함께 흘러서 분무가 이루어지게 한다. 기계식 분무 방식에서 액체 연료는 스프레이형 노즐을 통해 고압으로 강제 분사됨으로써 분무된다.

천연가스와 같은 기체 연료를 사용하는 공정 플랜트용 보일러의 가스 버너는 15-150 kPa의 압력에서 작동하며 여러 가지 형식으로 제조되는데 보통은 미분탄 또는 기름의 대체 연료의 연소를 위하여 설계된다.

보일러의 종류

보일러는 열이 전달되는 표면들로 구성되고 물과 증기의 순환과 분리를 위한 장치들로 설계된다. 보일러는 일반적으로 화관(fire-tube)식과 수관(water-tube)식으로 분류된다.

화관식 보일러에서 물 순환, 증기 형성, 그리고 분리의 모든 것이 커다란 수평 드럼 안에서 발생한다. 뜨거운 가스가 드럼 위를 통과하고 그리고 드럼 속으로 연장되는 다수의 튜브를 통과한다. 화관식 보일러는 용량이 비교적 작고 낮은 압력에서 사용된다.

수관식 보일러에서 물과 증기는 튜브 내로 흐르고 뜨거운 가스는 배플에 의해 튜브를 가로지르는 방향으로 향한다. 이 보일러는 직관식과 곡관식 보일러로 분류된다. 직관 설계는 경사진 튜브에 대해 평행하거나 가로지르는 드럼을 갖추고 있다.

급수는 드럼의 바닥에서 유입되고 뒤쪽 헤더로 흘러내려 다시 경사진 튜브로 오르는데 거기서 부분적인 증발이 일어난다. 증기와 물은 다시 전면 헤더를 통해 상승하고 증기 드럼으로 회수된다. 이런 형식의 보일러는 설계가 간단하고 최소 공간만 필요하며 그리고 유지보수가 곡관 설계보다 용이하다.

모든 대규모 고압 보일러는 수관식이다. 압력이 튜브의 바깥쪽 대신에 안쪽에 작용하기 때문에 원통형의 튜브는 보다 높은 내부압력을 견딜 수 있다. 강제 순환 보일러는 중력과 밀도 변화의 영향 하의 자연 순환 대신에 수관 보일러를 통해 물과 증기를 강제로 순환시킨다. 일관형 설계(once-through design)에서 물은 연속된 코일을 통해 가압되고 증발되며 그리고 출구에 도달하기 전에 과열된다. 이런 디자인의 경우엔 어떤 드럼도 필요하지 않으며 일차적 비용의 절약이 가능하지만 튜브가 과도하게 열을 받을 수 있고 증기가 형성되고 물 저장 용량이 작은 구간에서 스케일이 생길 수 있다.

또 다른 형식의 강제 순환 설계는 증기 드럼(steam drum)을 설치하여 이런 단점을 재순환으로 극복한다. 물은 부분적으로 증발하는 코일을 통해 지나간다. 증기와 물의 혼합물을 드럼에서 배출하는데 여기서 증기는 과열기를 통과하기 전에 물로부터 분리된다. 물은 재순환을 위해 펌프의 흡입 측으로 회수된다.

증기발생기의 보조장치

보일러의 작동을 위해 여러 가지 보조 장치들이 필요하며 여기엔 급수 처리시설, 급수 가열장치, 보일러 급수 펌프(boiler feedwater pump: BFP), 연료 공급 시설, 강제 및 유도 통풍 장비(forced and induced draft equipment), 공기 예열기(air preheater), 수트 블로워(soot blower), 과열기(superheater), 재열기(reheatr), 절탄기(economizer), 그리고 디수퍼히터(desuperheater) 등이 포함된다.

통풍장비의 기능은 노 내에 연료의 완전 연소를 위한 충분한 공기를 공급하기 위한 것이다. 공기 예열기는 유입되는 공기를 뜨거운 배기가스(flue gas)와 열교환을 시킬 목적으로 설치되며 이의 열전달 표면은 주로 박판으로 되어 있다. 발전 플랜트의 대규모 보일러에서는 륭스트롬 방식(Ljungstrom type)의 회전식 공기 예열기가 널리 사용된다.

수트 블로워는 노 표면에 적층된 불연성 먼지를 제거하는 장치이다. 모든 연료는 연소 후에 타지 않는 재를 남기며 이것이 노 표면에 부착하게 되면 열전달 표면을 단열시키고 효율을 낮추기 때문에 반드시 제거되어야 한다. 이런 수트의 적층은 고체연료의 경우에 심하며 대개의 천연가스의 경우엔 무시할만하다. 수트 블로워는 고압 증기나 공기 또는 이 둘의 혼합물을 노즐을 통해 분사한다.

발전 플랜트의 보일러 개관

전형적인 미분탄 연소식 화력 발전 플랜트의 보일러 또는 증기발생기에 대한 개념도를 [그림 4-7]에 보였다. 여기서 높게 서있는 보일러 본체는 수관들로 이루어진 네 개의 벽면으로 직사각형 단면의 비어있는 공간을 형성하며 이 빈 공간이 연료의 연소가 이루어지는 노의 일부를 이룬다. 좌측 하단으로 미분탄이 노 내로 분사되고 우하단의 공기예열기를 통해 불어넣은 공기로 연소되어 화염을 일으키면 화염 주위를 둘러싸고 있는 수관으로 이루어진 벽체에 복사열이 전달된다.

보일러 벽면을 위아래로 달리는 수관 속의 보일러 급수(boiler feedwater)는 포화증기 상태까지 가열되어 보일러 좌상단의 둥근 원통모양의 증기드럼에 모여 다시 포화액과 포화증기로 분리되면 포화증기는 다시 과열기로 들어가 가열되어 터빈에 공급될 과열증기가 만들어진다[그림 4-8참조].

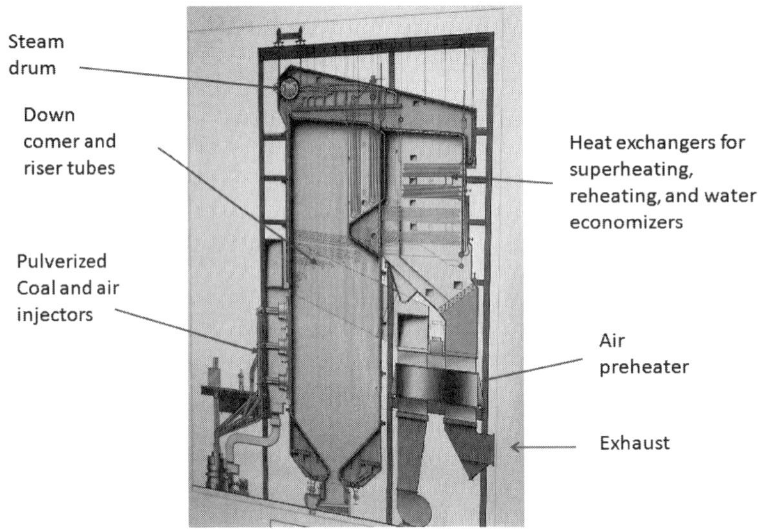

[그림 4-7] 미분탄 연소 보일러의 개념도 11

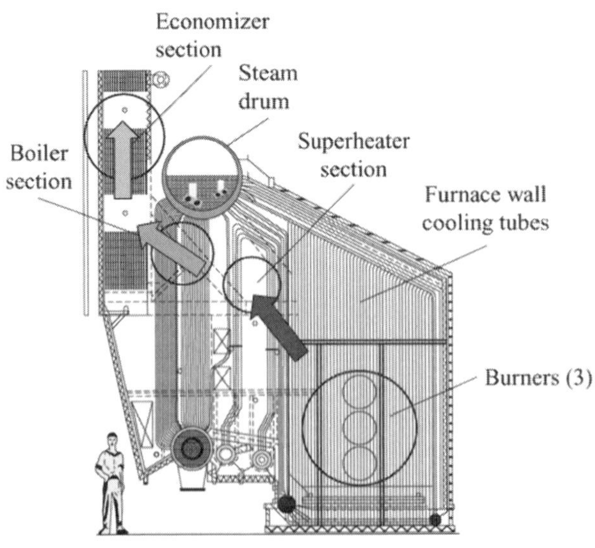

[그림 4-8] 보일러의 연소 가스의 이동개념도 39

보다 구체적인 보일러의 입면도를 살펴보기 위하여 실제 상용 화력 발전소의 보일러 구역에 대한 상세도를 [그림 4-9]에 보였다. 이 그림에서 좌상단의 증기 드럼에 주목하여 전체 보일러의 규모를 짐작할 수 있다.

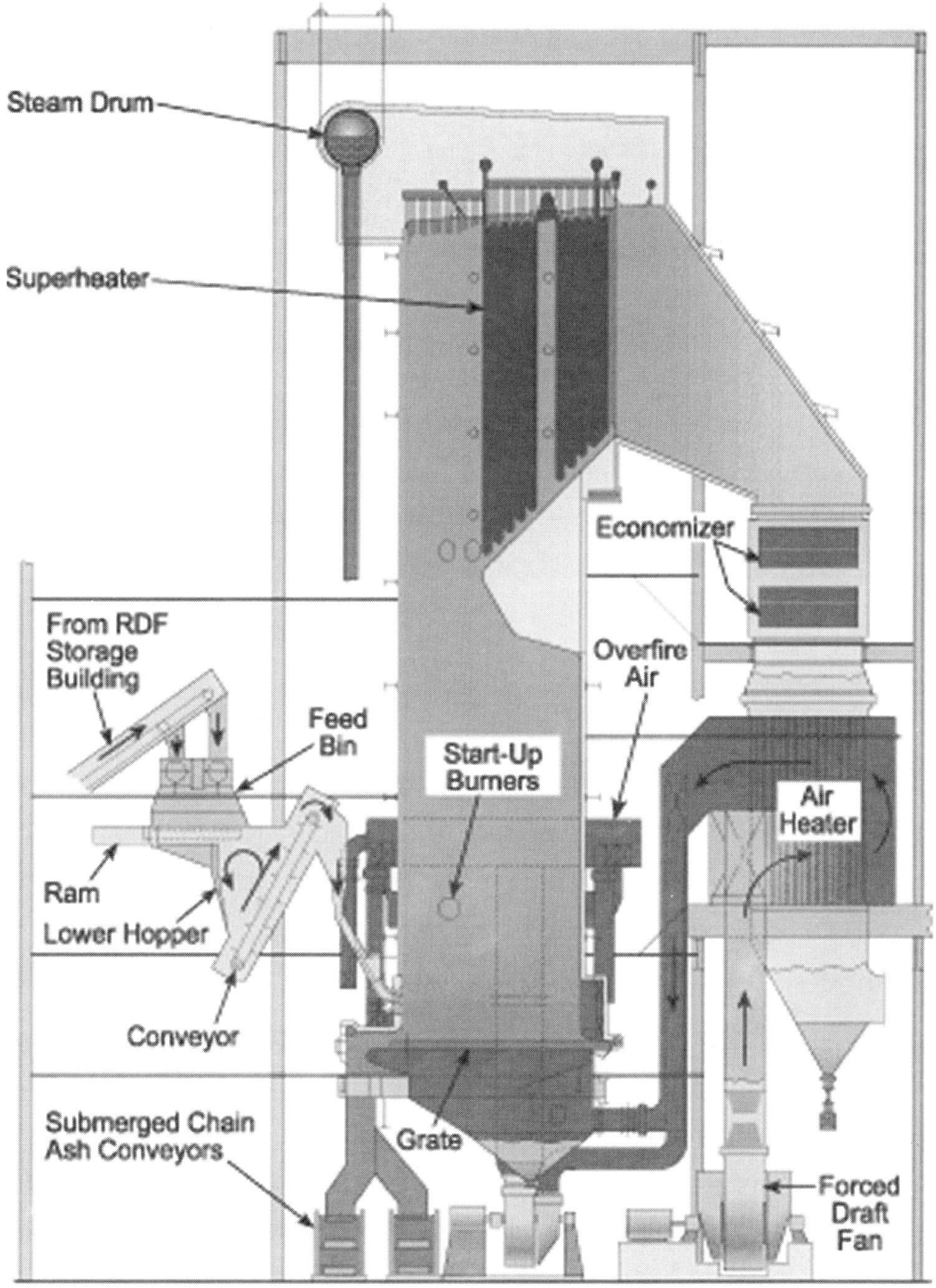

[그림 4-9] 연소 보일러의 상세 입면도 39

[그림 4-10]에는 실제 운용중인 화력 발전소의 외부에서 바라본 보일러 전경을 보여주고 있으며 여기서 좌측이 연소 배기가스가 배출되는 연돌이다.

[그림 4-10] 화석연료 증기 발전 플랜트의 노와 보일러의 연소 39

보일러 제작자와 동력 배관의 업무 분장

대규모 상용 발전 플랜트의 발전용 대형 보일러는 전문 제작회사에서 자기들이 보유한 기술과 인증을 바탕으로 제작되고 플랜트 현장에 인도된다. 따라서 주 계약자는 계약 단계에서 경험과 기술이 풍부한 책임감 있는 보일러 제작회사와 계약을 체결하여야만 플랜트의 성공적인 완공을 기대할 수 있다.

발전 플랜트의 보일러 제작자의 보일러 본체의 부속 배관 설치작업과 주 계약자(general contractor)의 동력 배관(power piping)의 설치작업 사이의 업무 분장(work scope)은 관련 코드에 의하여 엄격히 준수되어야 한다. [그림 4-11]에는 발전 플랜트용 보일러를 규정한 ASME Section Ⅰ 코드와 ANSI B 31.1의 동력 배관 코드 사이의 업무와 책임 소재를 구분하는 관할권(jurisdiction) 규정의 일례를 보여준다.

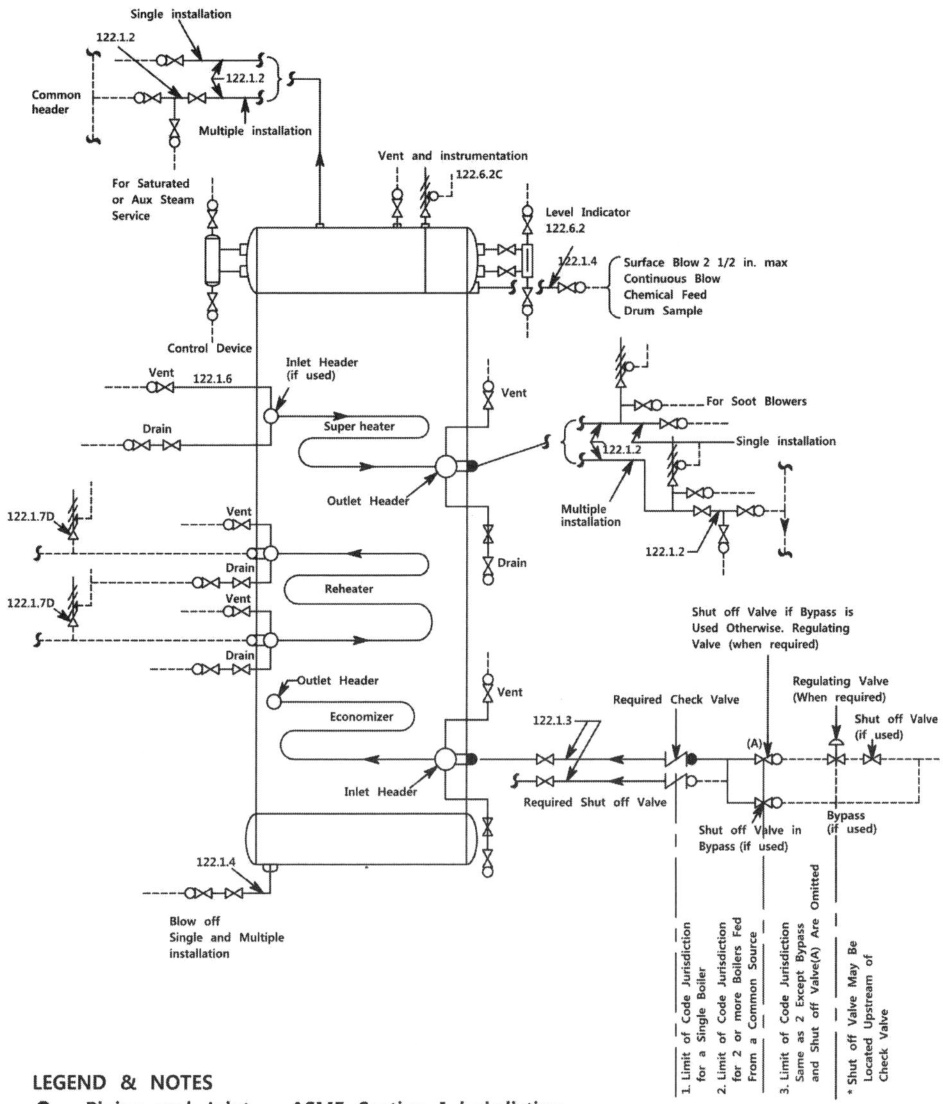

LEGEND & NOTES

●— Piping and Joint — ASME Section I jurisdiction

○--- Piping and Joint — ASME B31.1 jurisdiction

Note : Only one drain valve may be required when the valve is not intended for blow - off purposes when the boiler is under pressure (see Para 122.1.4)

[그림 4-11] 발전용 보일러의 코드 관할권 한계의 일례

4.1.3 원자로

원자력발전 플랜트는 일반적인 화력 발전소의 보일러 구역 대신에 돔 형태의 두꺼운 콘크리트 방사선 차폐 벽으로 이루어진 격납용기 내에 원자로를 설치한 원자력 섬 구역(nuclear island area)을 갖추고 있는 발전 플랜트로서 원자로를 포함하는 격납용기 구역을 제외하고는 전반적인 플랜트의 터빈 구역은 구성과 배치가 일반 화력발전 플랜트와 대동소이하다.

[그림 4-12]에는 원자력 발전 플랜트의 개념도를 보였다. 여기서 원자로 내의 핵분열 에너지는 물을 증기로 변화시키고 다시 이차 루프를 통해 증기발생기에서 별도로 분리된 물을 증기로 바꿔 터빈으로 보내는 원리이다. 이로써 방사능 누출의 위험은 원자로 섬 구역 내로 제한되고 터빈 구역에서는 일상적인 운전 업무를 할 수 있게 된다. 원자력발전 플랜트에서 채택하고 있는 원자로와 증기발생 시스템에 관한 상세한 구성과 분류에 관한 논의는 본 교재의 범위를 넘어서는 것으로 생략한다.

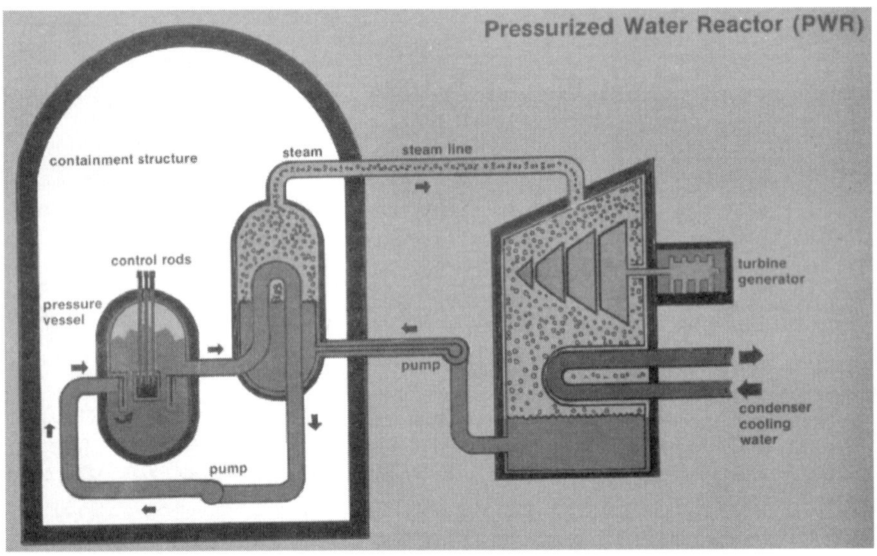

[그림 4-12] 원자력 발전 플랜트의 개념도 39

[그림 4-13]에는 터빈의 배기 증기(exhausted steam)를 응축시키기 위해 공급되는 순환수의 냉각을 위한 냉각탑을 보이고 있다. 응축기를 통과해 바다로 배출되는 냉각수는 이런 냉각장치를 거치지 않을 경우 인근 해양에 심각한 열오염(thermal pollution)을 야기할 수 있다.

[그림 4-14]에는 실제 운용중인 원자력 발전 플랜트의 예를 보여주고 있다. 여기서 일반 화력 발전 플랜트의 보일러 구역에 해당하는 위치에 둥근 돔 형태의 콘크리트 차폐 벽으로 둘러싸인 원자로 구조물을 볼 수 있다.

[그림 4-13] 원자력 발전 플랜트의 냉각탑 [11]

[그림 4-14] 실제 운전 중인 원자력 발전 플랜트 [58]

4.1.4 증기 터빈(Steam Turbine)

발전 플랜트에서 보일러의 이차 과열기(secondary superheaters)로부터 공급된 고온 고압의 과열증기는 증기 터빈으로 유입되어 팽창되면서 증기의 열에너지는 회전 운동에너지로 변환되고 이에 따른 터빈의 축일을 이용하여 발전기를 돌려서 전력을 생산해낸다[그림 4-15].

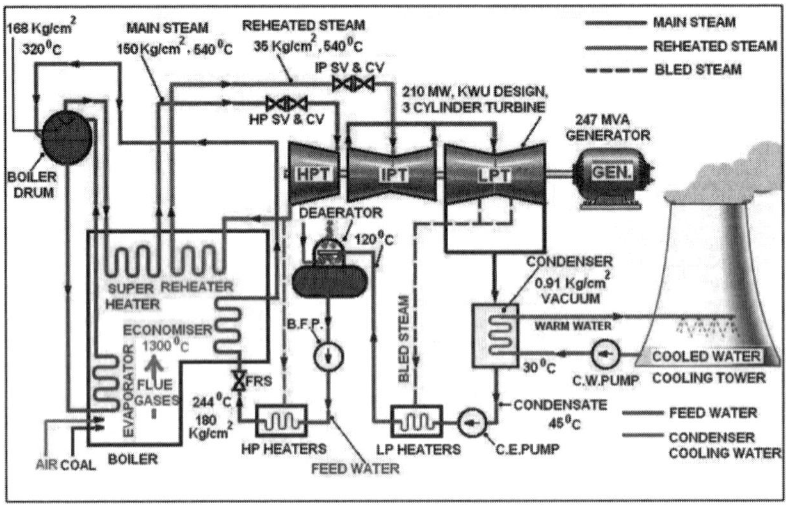

[그림 4-15] 그래픽 플로우 다이어그램(터빈 부분 강조) 58

경제적 규모의 상용 화력 발전 플랜트에서 사용되는 증기 터빈은 통상적으로 고압, 중압, 그리고 저압의 터빈들의 조합으로 이루어지며 저압 터빈의 끝머리에 발전기(generator)가 연결되어 있다. 발전 플랜트의 증기 터빈에 대한 개념도와 내부 상세도를 각각 [그림 4-16] 및 [그림 4-17]에 보였다.

증기 터빈의 분류

증기 터빈은 열에너지를 기계에너지로 전달하는 방식을 기준으로 넓게 두 종류로 분류되는데 즉 충동 터빈(impulse turbine)과 반동 터빈(reaction turbine)이다. 충동 터빈은 증기가 버킷이나 블레이드 위에 충돌하는 힘에 의해 로터가 움직이게 된다. 반동 터빈은 증기가 회전하는 원반에 부착된 제트로부터 분사되는 증기의 반동에 의해 회전한다.

충동 터빈을 다시 세분하면 1) single-velocity stage impulse turbine, 2) velocity-compounded turbine으로 나뉜다. 충동 터빈 형식에서 1)의 형식이 가장 보편적이다.

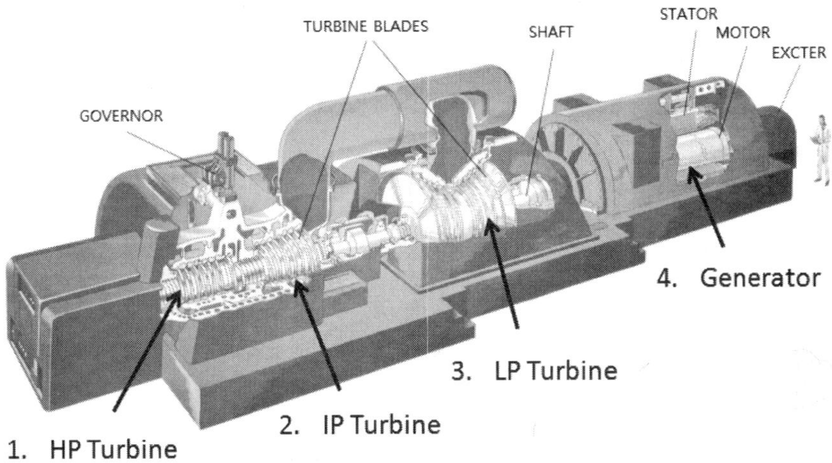

[그림 4-16] 발전 플랜트의 증기 터빈의 개념도 39

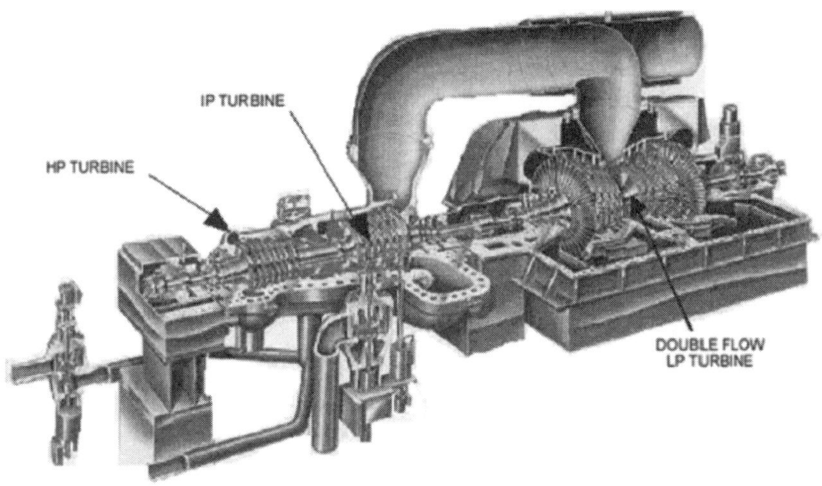

[그림 4-17] 증기 터빈의 내부 상세도 58

반동 터빈은 휠 또는 로터에 부착된 가동 블레이드와 케이싱에 부착된 같은 수효의 고정 블레이드의 열들로 구성된다. 고정 블레이드는 노즐로서 작용한다. 고정 블레이드를 통과해 지나감으로써 증기는 압력강하를 거치며 운동에너지 또는 속도의 증가를 가져온다. 가동 블레이드 열로 들어감으로써 충동 터빈에서처럼 충동이 발생한다. 그러나 이들 가동 블레이드 또한 증기가 블레이드를 통해 지날 때 반동을 생성하면서 압력강하도 거치도록 설계된다. 따라서 터빈은 반동력과 충동력의 조합에 의해 구동하게 된다.

대개의 터빈은 축류식(axial-flow type)이며, 증기 유동 방향이 대략 터빈 축과 평행하다. 하나의 특기할만한 예외는 륭스트롬 터빈(Ljungstrom turbine)으로 이 경우는 축류가 아닌 반경류(radial flow)의 반동 터빈이며 고용량과 고효율을 갖는다.

터빈은 로터의 단 수에 따라 단단(single-stage) 또는 다단(multistage) 터빈으로 나눌 수 있다. 단단 터빈은 속도 범위가 600에서 7000rpm이고 출력은 1500hp의 크기까지 제작된다. 이들은 비 응축식 유닛(noncondensing unit)으로 작동되도록 설계되며 많은 공정 플랜트의 응용에 특히 인기가 많아지고 있다. 이 터빈의 한 가지 이점은 가열용과 같은 공정 증기로 채용될 수 있는 청결한 저압 증기를 생산해낸다는 점이다. 그러므로 잘 설계된 플랜트는 펌프 구동용으로 단단 터빈을 다수 채용할 수 있으며 동시에 플랜트 전체의 사용을 위해 필요한 양만큼의 저압 공정 증기를 제공할 수 있다.

보다 가격이 비싼 다단 터빈은 일반적으로 증기의 경제성이 중요한 요인이 되는 경우인 대규모 부하에 요구된다. 이들 고효율 터빈은 종종 발전기와 대형 원심 압축기를 구동하기 위한 응축용 유닛(condensing unit)으로서 운전된다. 발전 플랜트에서 최대의 증기 경제성을 얻기 위하여 많은 독창적인 장치들이 개발되고 적용되어 오고 있다. 곧바로 응축 과정으로 진행되는 사이클이 채용되거나 또는 증기가 급수가열을 위해 다양한 지점에서 터빈으로부터 증기를 빼내는 급수가열 사이클이 채용될 수 있다. [그림 4-18], [그림 4-19] 및 [그림 4-20]에 상업용 발전 플랜트에 사용되는 다단 증기 터빈의 일례를 보였다.

현대식 보일러 플랜트에서 극도로 높은 압력의 증기를 생산하며 보일러로부터의 증기의 압력을 공정용으로 사용하기 위하여서는 플랜트의 각 부분으로 배관을 통해 보내기 전에 낮추는 것이 필요하다. 추기 터빈(extracted turbines)이 이런 목적에 매우 유용하다. 증기는 이들 터빈들로부터 공정 증기로서 사용하기 위하여 자동적으로 중간 단계들에서 추출된다. 잔여 증기는 터빈의 출구로부터 응축 시스템으로 통과한다. 이런 방식으로 다량의 동력을 발생시키고 동시에 여러 압력 수준에서 공정 증기의 요구량을 공급할 수 있다.

터빈의 응용

비응축식 단단 터빈은 공정용 터빈의 대부분을 차지한다. 이들은 일반적으로 출구 압력이 0에서 0.7MPa인 조건에서 증기 압력이 대략 4MPa 까지에서 작동되도록 설계된다. 저압 증기는 표준 다단 응축식 유닛에서 이용될 수 있다. 응축식 터빈은 6MPa 까지의 증기 압력을 위해 설계되고 어떤 경우는 출구 조건이 95kPa, 진공에서 14MPa

까지의 압력으로 설계된다. 이들 유닛은 가장 많이 대규모 산업용 발전 플랜트를 위하여 사용되고 그리고 대형 압축기와 펌프를 구동하는데 이용된다.

[그림 4-18] 발전 플랜트의 다단 증기 터빈 39

[그림 4-19] 발전 플랜트의 증기 터빈의 예 58

[그림 4-20] 제작 조립 중인 발전 플랜트의 증기 터빈 58

터빈의 기계적 특징

전형적인 다단 터빈의 단면도를 [그림 4-21]에 보였다. 케이싱은 서비스를 쉽게 하기 위하여 증기의 입구와 아래쪽 절반에서 출구가 분리되어 있다. 저압 케이싱은 주철로 만들어지고 고압 유닛은 강철로 제작된다. 회전 요소는 종종 휠이라 불리는데 이것은 축에 끼워지고, 그리고 과도한 진동을 피하기 위해 철저히 평형을 이루도록 해야만 한다. 휠 위의 블레이드들은 보통 고급 합금강으로 제작되며 특정한 스테인리스 강철이 가장 대중적이다. 물론 블레이드 재질의 궁극적인 선택은 증기의 온도와 블레이드 디자인에 달려있다.

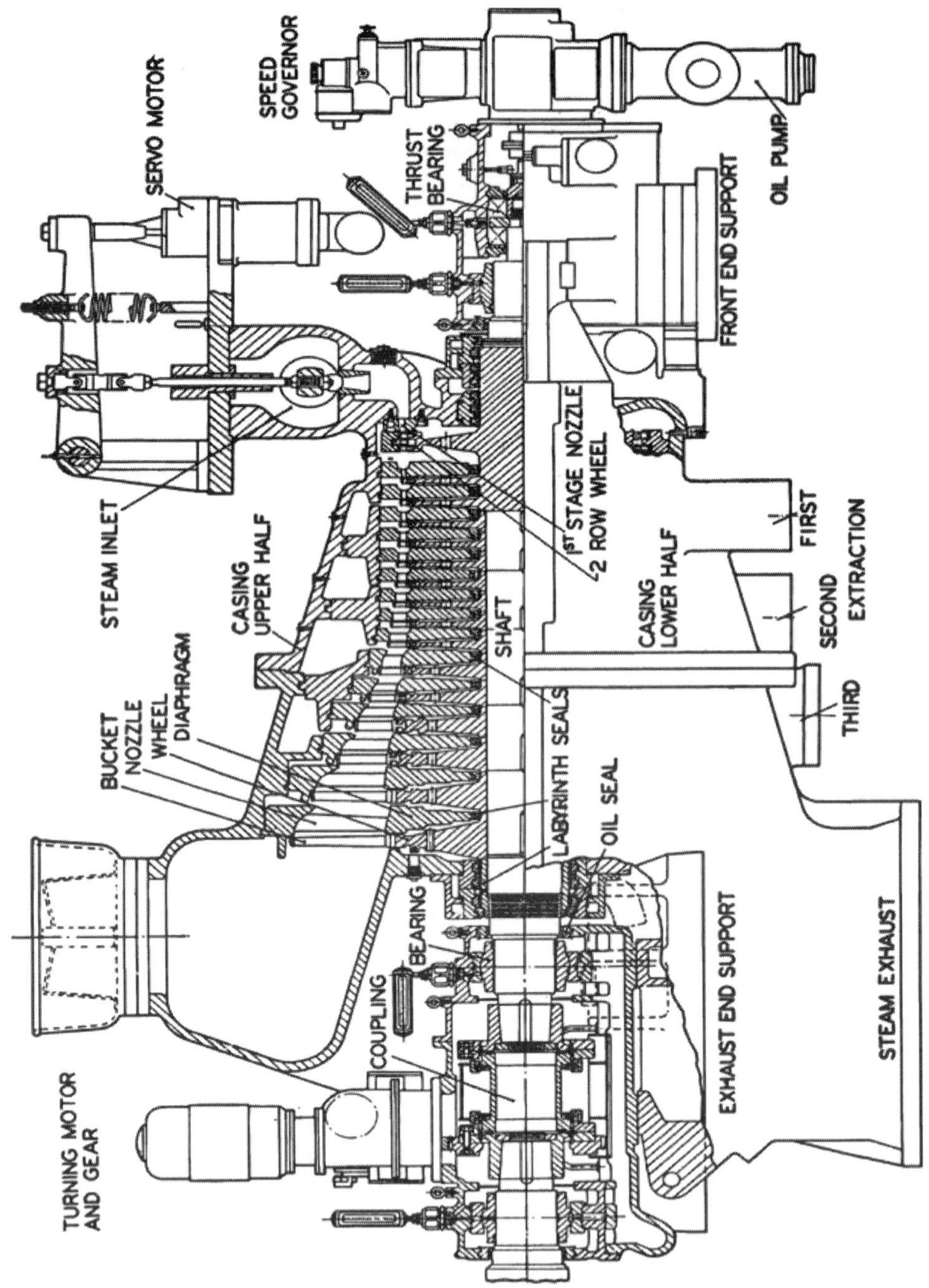

[그림 4-21] 다단 증기 터빈의 일례 [25]

대개의 표준 유닛에서 축(shaft)은 단조 탄소강으로 이루어지는데 패킹 글랜드 주위에 마모를 최소화하기 위하여 종종 스테인리스 강과 같은 합금으로 처리된다.

다단 터빈의 정지 블레이드를 보충해주는 다이어프램은 일반적으로 스테인리스 강으로 제작된다. 다이어프램은 케이싱의 경우와 동일한 방식과 같은 목적으로 수평적으로 분리된다.

노즐의 재질은 운전 조건에 따라 변하는데 주철 황동과 청동, 모넬, 스테인리스 강철 등 여러 가지 재질이 이용된다.

소형 터빈에는 자기주유식(self-oiling) 베어링이 사용되는 반면에 대형 터빈에서는 강제 윤활 방식의 베어링이 필수적이다. 이들 베어링은 수평적으로 분리되고 특수 합금으로 처리된다.

패킹 글랜드는 축이 케이싱을 이탈할 때 필수적이고, 그리고 이들은 대개 일반적으로 탄소 링 글랜드(ring glands)이다. 이 링은 쉽게 제거될 수 있도록 몇 조각으로 구성된다. 다단 터빈에서 단 사이의 글랜드 또한 요구된다. 이들은 탄소 고리 형이거나 또는 라비린스 형(labyrinth type) 글랜드이다. 응축식 터빈은 대기압 이하의 압력에서 작동되기 때문에 터빈 케이싱으로 공기의 틈입을 방지하기 위하여 글랜드를 밀봉하는 것이 필수적이다. 이와 같은 밀봉은 증기를 이용하여 가장 편리하게 달성되는데, 증기 배관을 글랜드에 연결시켜 소량의 증기를 글랜드 하우징 속으로 계속 흘림으로써 달성된다.

터빈의 제어

터빈의 속도는 터빈을 향하는 증기를 교축(throttling)하거나 다단 터빈에서 노즐로 들어오는 증기 유동을 조절함으로써 제어될 수 있다. 노즐 제어를 위하여

첫 단 노즐들은 각각 하나의 분리된 노즐 밸브로 역할을 하는 몇 개의 집단으로 나누어진다. 노즐 밸브들은 최대 증기 압력에서 열리거나 닫히는 둘 중 하나로 작동되도록 설계되고 따라서 교축 행위는 최소로 유지된다. 노즐 밸브들은 부하가 증가함에 따라 하나씩 열리고 그리고 최대 부하에서 모든 밸브가 열린다.

노즐 제어에서의 이점은 교축 손실이 제거된다는 점이다. 노즐 제어는 지연된 부분적 부하가 예상되는 대형 다단 기계에 대해 경제적임을 보여준다.

속도 감지 장치 또는 거버너(governor)는 터빈 축에 직접 연결되거나 또는 기어로 연결된 두 개의 회전 추들로 구성되는 보편적인 원심형의 장치이다. 회전 추에 작용하는 원심력은 연결 스프링의 인장력으로 저항을 받는다. 추의 위치는 속도를 표시하고 따라서 추의 움직임이 터빈 조정 장치에 전송될 수 있다.

소형 터빈에서 거버너 신호의 전달은 증기 교축 밸브에 연결된 레버를 통해 직접 이루어진다. 대형 터빈에서 신호는 소형 파일럿 밸브를 통해 전달된다.

비상용 거버너가 모든 터빈에 설치되어 있다. 이런 거버너는 정상보다 10% 높은 속도에서 원심력에 의해 쏠리도록 설계된 편심으로 장착된 추로 구성된다. 추가 쏠리게 되면 이 장치는 주 증기 밸브(main steam valve)를 닫아주고 터빈을 정지시키는 장치를 작동시킨다.

터빈 용량의 계산

예비적인 추정과 경제성 검토에 있어서 그리고 견적의 비교를 위하여 터빈의 성능을 추정하는 것이 종종 필요하다. 터빈에 관련된 계산은 간단하다. 터빈은 압축기와는 반대로 작동되지만 동일한 원리가 적용된다. 랭킨 사이클(Rankine cycle)이 이상적인 경우로 가정되고 전 효율이 실제 조건에 대해 보정하도록 적용된다. 터빈의 입구 조건에서 증기는 최종 조건으로 등엔트로피 상태로 팽창된다. 엔탈피의 변화는 증기 단위 질량 당 이론적 일을 나타낸다. 증기에 대한 몰리에르 다이어그램(Mollier diagram)이 바로 이용 가능하므로 이 계산은 몰리에르 다이어그램 상에서 가장 편리하게 그리고 빠르게 수행된다[그림 4-22 참조].

그러므로 터빈 입구와 출구에서의 증기 조건으로부터 터빈에 의한 일 ${}_1w_2$은

$$ {}_1w_2 = h_2 - h_1 \ (kJ/kg) \ \text{of steam} \tag{4-1} $$

여기서 ${}_1w_2$ = theoretical work done by a turbine

h_2 = inlet steam enthalpy

h_1 = outlet steam enthalpy

식 (4-1)은 단위 질량 당 터빈이 수행한 이론 일을 나타낸다. 실제 터빈에서 수행한 일에 대한 계산은 터빈의 전 효율을 고려하면 다음과 같다.

$$ w_a = \eta w_s \tag{4-2} $$

여기서 w_a = actual work done by a turbine

w_s = theoretical work done by a turbine isentropically

η = overall efficiency of turbine

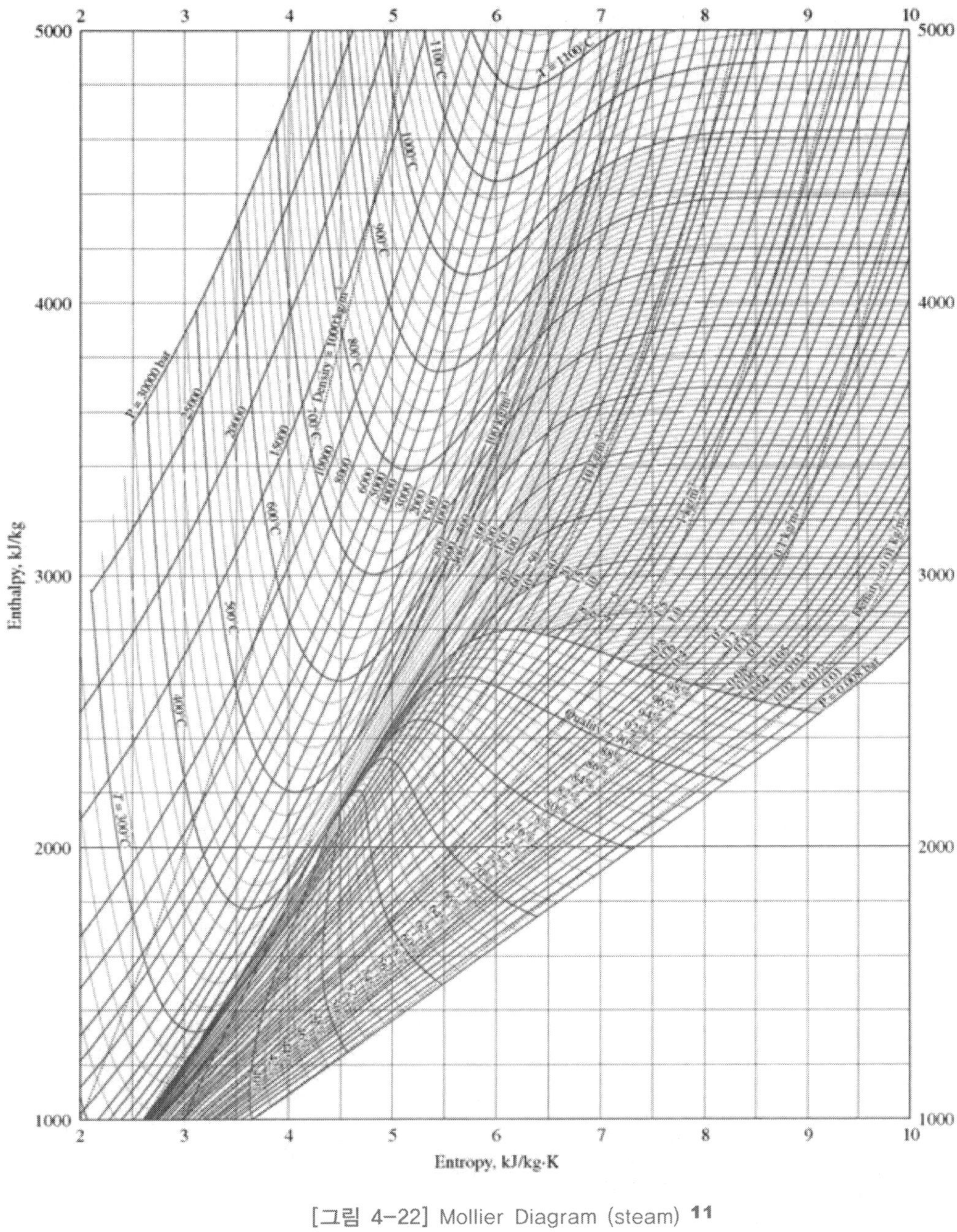

[그림 4-22] Mollier Diagram (steam) 11

터빈으로부터 나오는 배기 증기(exhaust steam)의 상태량은 증기가 공정용 증기로 사용될 때 관심의 대상이 된다. 이들 상태량은 터빈의 효율을 알면 간편하게 예측될 수 있는데, 즉 최초의 증기 엔탈피로부터 유용한 일로 터빈에 의해 사용된 실제 에너지를 감해줌으로써 예측될 수 있다. 터빈의 출구 압력을 알고 있으므로 계산된 최종 엔탈피에 상응하는 등압선의 교차점이 증기의 온도를 나타내고 이로써 시스템의 상태량이 완전히 설명될 것이다.

4.2 압력 용기(Pressure Vessel)

공정 플랜트에서 요구되는 다양한 크기, 모양, 및 종류의 용기(vessels)의 설계와 제작은 공정 및 프로젝트 엔지니어, 용기 디자이너, 그리고 제작자의 협조를 요한다. 용기 디자인은 이 분야의 전문가인 경험 있는 엔지니어의 기술을 요구한다. 다양한 코드(codes), 재료의 제작 특성, 그리고 조달 문제에 대한 실무 지식은 이 한 분야에만 전업으로 집중하도록 요구한다. 기본 설계와 제작 절차에 충분히 익숙해지는 것이 프로젝트 및 공정 엔지니어에게 가장 필요한 것이며 이로써 용기 디자이너와 기술적인 의견을 나누는 것이 가능하게 된다.

여기서 압력 용기를 다루는 주된 목적은 공정 용기의 설계와 제작을 감독하기 위해 프로젝트 엔지니어를 도와 줄 배경 정보를 개발하기 위한 것이다. 용기 디자인의 모든 상세 사항을 개발하는 것은 가능하지 않으며 또한 누구에게나 이용 가능한 다양한 코드와 표준에 제시되어 있는 정보를 반복할 의사는 없다.

4.2.1 용기 제작(Vessel Fabrication)

용기의 쉘(Shell)

공정 플랜트를 위한 압력 용기와 탱크는 보통 원통 모양이다. 주로 벤딩 롤 장치가 이런 실린더 모양을 성형하는 데 이용된다[그림 4-23 참조].

[그림 4-23] 압력 용기의 벤딩 롤 작업

쉘 플레이트(Shell Plates)

용기 제작을 위한 판은 보통 두께를 기준으로 주문된다. 제작될 용기가 클 경우 두 장 이상의 판을 성형하고 이를 용접으로 이어 제작될 수 있다.

용기의 헤드(Vessel Heads)

이상적으로 구형의 압력 용기가 주어진 금속 두께에 대해 높은 압력을 견딜 수 있기 때문에 가장 바람직하다. 구형 용기는 휘발성 액체와 기체의 저장에 이용되나 통상적인 공정 용기의 구축에는 적합하지 않다. 원통형 용기는 차선책의 디자인이고 가장 널리 이용된다. 이런 용기를 위한 헤드는 평평한 형, 타원형, 접시형, 반구형, 또는 원뿔형이다. 이런 디자인의 예를 [그림 4-24]에 보였다. 평평한 헤드는 단지 소형 용기(직경 1 m 이내) 또는 저압에서 사용되는 경우에 한하여 경제적으로 채용될 수 있다. 평평한 형태의 헤드는 용기에 용접되거나 소형 용기에는 막힌 플랜지(blind flange)로 설치되기도 한다.

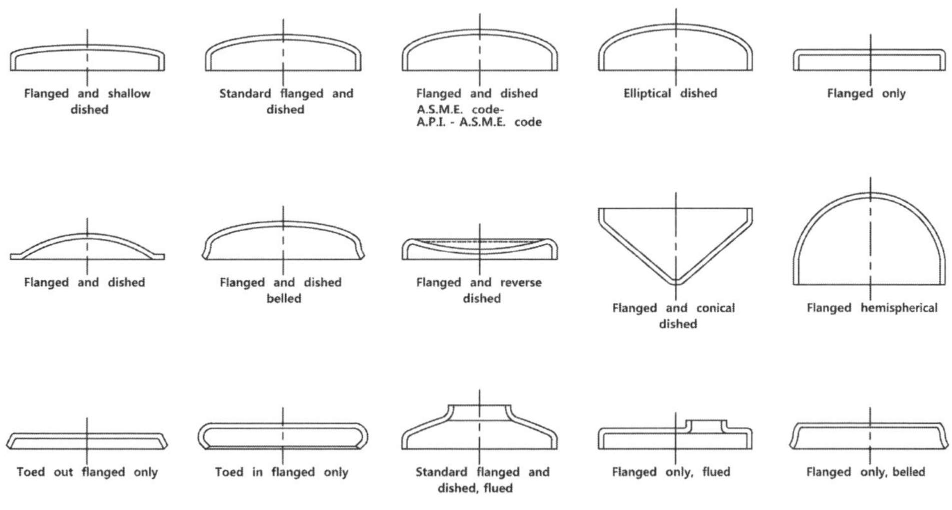

[그림 4-24] 원통형 압력용기의 헤드 종류 [25]

노즐

모든 공정 용기는 유체의 유입과 유출을 위한 노즐들과 드레인, 핸드홀, 그리고 맨홀을 위한 노즐들이 필요하다. 이런 노즐은 파이프, 파이프 커플링, 단조강 노즐, 또는 다른 적절한 재질로 코드의 요구조건에 맞춰서 제작된다. 코드에서 용접식이나 나사식 부착 모두를 허용하나 나사식 부착은 일반적으로 피하는 게 좋다. 노즐 설치를 위해 용기의 쉘에 구멍을 내는 것은 용기를 약하게 하며 따라서 노즐 주위에 보강이 요구된다. 이런 보강에 대한 상세 규정은 코드에 규정되어 있다.

용기의 내장물(Vessel Internals)

공정 용기의 대부분은 용기를 통과해 흐르는 물질의 변화를 효과적으로 이끌어내기 위해 특정한 내부 요소들을 필요로 한다. 여기에는 버블 트레이, 패킹, 그리고 증류 타워용 패킹 지지 장치, 가열용 번들, 배플, 교반기, 그리고 기타 유사한 장치들이 포함된다. 보통 용기 내장물은 용기 제작자에 의해 직접 제조되지 않는데 이는 대부분의 이런 품목은 특정 회사마다 자사의 독특한 특별 디자인과 기술적 노하우가 요구되기 때문이다.

모든 용기 내장물은 용기의 맨홀로부터 제거될 수 있도록 설계되어야 한다. 장비의 큰 조각은 부분별로 떼어낼 수 있도록 배치되어야 한다.

외부 부속품(External Appurtenances)

평균적인 공정 용기에 연결되어야 하는 노즐, 맨홀, 그리고 핸드홀에 추가하여 특정한 다른 외부 부착물이 통상적으로 요구된다. 여기에는 단열재의 지지를 위한 앵글, 러그와 다양한 플랫폼 지지를 위한 브래킷과 용기에 부착되는 사다리, 그리고 요구되는 높이에 타워를 지지하기 위한 스커트를 포함한다. 이들 품목들은 용기 제작자에 의해 공급되고 선적하기 전에 용기에 용접된다. 재질로는 보통 구조용 강이 보통 채용된다.

응력 해소(Stress Relieving)와 비파괴 검사

잔류응력이 용기의 용접부 주위에 발생되므로 이런 잔류응력은 코드의 규정에 따라 응력 풀림(annealing) 등으로 적절히 해소시켜 주어야 하며 그 결과는 X-ray 시험과 같은 적절한 방법의 비파괴 검사로 확인하여야 한다.

용기 검사

제작된 용기는 관련 코드에 부합하는지 인증되기 위하여 일정한 공공 검사원에 의한 검사를 받아야 한다. 이런 검사에 앞서 구매자는 용기의 제작 전 과정에 걸쳐 검사를 계속해 나와야 한다. 여기엔 철판과 헤드가 제작자의 공장에 도착한 때의 검사, 제철소 검사 보고서(mill test reports)의 검토, 그리고 완성된 용기의 최종 정수압 시험(hydrostatic test)을 포함하여 모든 작업을 따라가면서 실시되는 모든 검사가 포함된다.

4.2.2 압력 용기 설계 이론

불에 닿지 않는 압력 용기(unfired pressure vessels)의 설계와 제작에 대한 규칙들은 공정 산업계에 널리 이용되는 두 가지 주요 코드에 의해 주의 깊게 다루어져오고 있다. 이들 코드는 불에 닿지 않는 압력 용기에 대한 ASME와 API-ASME 코드이며 이 코드들은 전문가의 판단에 의하여 규정된 것이다. 모든 공정 용기는 이 코드의 규칙에 따라 구축되어야만 한다.

설계 방정식의 논의를 진행하기 전에 간단한 이론적 배경이 요구된다. 쉘과 헤드의 최소 두께를 결정하기 위하여 코드에 주어진 공식은 매우 간단하고 이용하기 쉽다.

얇은 벽 용기(Thin-walled Vessels)

ASME 코드에 의해 정의된 얇은 벽 용기는 내경의 절반(API-ASME에서는 내경의 1/10)보다 작은 두께를 갖는 용기를 말한다. 이러한 용기는 공정 플랜트에서 접하게 되는 대다수를 구성한다. 얇은 벽 용기에 대하여 벽의 전체 두께에 걸쳐서 같은 응력이 가정될 수 있다. 이러한 원통형 용기 내에 작용하는 압력은 [그림 4-25]처럼 길이 방향과 원주 방향 또는 접선 방향 응력을 발생시킨다.

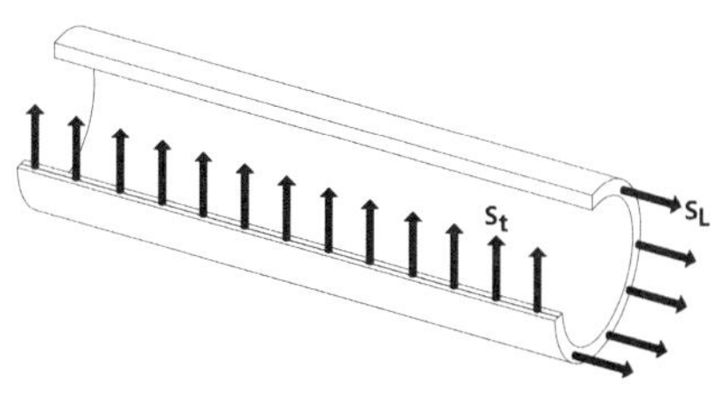

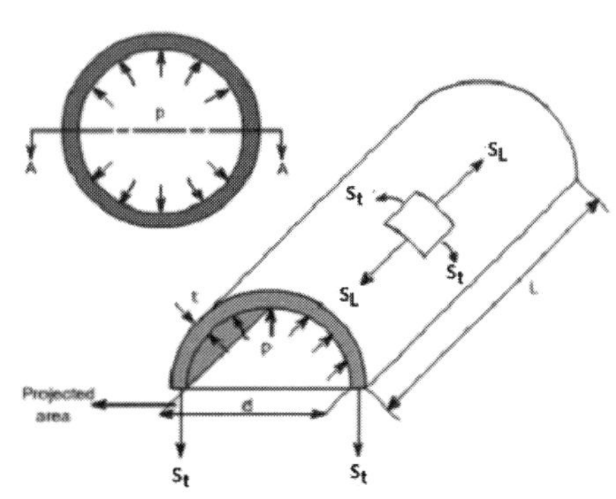

[그림 4-25] 내부압력 하의 실린더에 작용하는 응력

마주보는 힘 사이에 평형을 가정함으로써 응력은 아래의 식 (4-3)과 같이 계산될 수 있다.

$$\frac{S_m}{R_m}+\frac{S_t}{R_t}=\frac{P}{t} \tag{4-3}$$

여기서 S_m = meridional stress, the stress in a plane with the center line of rotation for the membrane and acting perpendicular to the center line

S_t = tangential stress, acts in a tangent to the circular cross section perpendicular to the center line

R_t = normal distance between the center line and a point on the shell (for a cylinder, the radius)

R_m = radius of curvature in meridional plane, infinity for a cylinder

P = internal pressure, psig

t = thickness of shell

구의 경우 R_m과 R_t는 구의 반경 R과 같고 대칭이기 때문에 S_m과 S_t는 모두 같다. 따라서

$$\frac{S}{R}+\frac{S}{R}=\frac{P}{t} \text{ 또는 } S=\frac{PR}{2t}=\frac{PD_m}{4t} \tag{4-4}$$

여기서 D_m = mean diameter 이다.

유사하게, 동일한 일반식을 이용하여 Hartog[27]는 격막 응력이 헤드와 실린더 전체에 동일하게 작용하게 되어 일정한 두께를 갖도록 하는 Biezeno의 고전적 구조를 만족하는 압력 용기 헤드의 곡률을 보여주었다. 대중적인 2:1 타원형 헤드가 거의 이런 이상적인 형상에 가깝다는 것이 흥미롭다.

실린더에 대해 R_m은 무한하고 R_t는 실린더의 반경 방향과 같으므로

$$\frac{S}{R}+\frac{S}{R}=\frac{P}{t}$$

$$S=\frac{PR}{2t}=\frac{PD_m}{4t} \tag{4-5}$$

자오선 방향 응력, 즉 실린더의 경우 종 방향 응력(S_p)은 쉘을 중심선 방향으로 고려함으로써 얻어진다. [그림 4-25]로부터 실린더의 끝에서 총 응력은 $\pi D_m t S_p$임을 알 수 있다. 이에 대항하여 종 방향으로 작용하는 압력은 $P\pi D_m^2/4$ 이다.

따라서

$$\pi D_m t S_p = \frac{P\pi D_m^2}{4} \quad \text{또는} \quad S_p = \frac{PD_m}{4t} \tag{4-6}$$

따라서 접선 방향 응력이 보다 크며, 이것이 주어진 내부 압력에 얇은 벽 실린더에 대해 요구되는 벽 두께를 계산하는데 고려되는 유일한 응력이다. 실린더의 접선 방향 응력은 종종 후프 응력(hoop stress)라 불린다.

코드(Codes)

압력 용기와 탱크의 설계와 제작을 지배하는 매우 우수한 규칙과 규정은 코드의 형태로 출간되어 나오고 있다. 다음은 대표적인 용기와 탱크의 구조에 대한 규칙을 만들어 온 코드와 조직의 목록이다.

API-ASME Code; Unfired Pressure Vessels for Petroleum Liquids and Gases.

ASME Boiler Code Section VIII; Rules for Construction of Unfired Pressure Vessels.

American Petroleum Institute; Specifications for Oil Storage Tanks, Section No. 12-C.

Underwriters Laboratories, Inc.

National Board of Fire Underwriters.

American Factory Mutual Fire Insurance Companies.

American Bureau of Shipping Rules for Classification and Construction of Steel Vessels.

위에 거명된 조직과 코드 중에, 미국기계학회(ASME)에 의해 출간된 것과 ASME와 미국석유협회(API)가 공동으로 출간된 것의 두 종류의 코드는 용기 설계와 구축에 관하여 가장 널리 통용되는 규칙이다.

실행 공식

위에 얇은 벽 압력 용기에 대해 제시된 이론적 공식은 실제 시험을 통해 신뢰할만하다고 증명되었고 API-ASME와 ASME 코드 모두에 이용된다. API-ASME는 단순히 부식허용치와 효율인자를 종 방향 접합에 대해 추가하고 다음과 같은 공식을 제시한다.

$$t = \frac{PD_m}{2SE} + C \tag{4-6}$$

내경 대신에 평균 직경을 이용한 것은 쉘의 두께를 가로질러 평균 응력 값을 조금 더 가깝게 예측하기 위한 시도이다. 한편 식(4-7)을 내경의 항으로 표현하면 다음과 같이 더욱 편리한 방정식을 얻을 수 있다.

$$t = \frac{PD_1}{2SE - P} + C \tag{4-8}$$

API-ASME 코드는 식(4-8)과 더불어 외경을 기준으로 표현된 유사한 식을 함께 보여준다. ASME는 반경 두께의 0.6 배를 덧붙임으로써 보다 정확한 평균 응력 값을 얻는 문제에 한 발 더 접근하는 다음 식을 제시하고 있다.

$$t = \frac{PR}{SE - 0.6P} \tag{4-9}$$

여기서 R은 내부 반경이다. 여기서 만약 분자와 분모에 2를 곱함으로 R이 D_1으로 바뀔 때 식(4-9)와 식(4-8)을 비교하면 약간의 차이를 나타낼 것이다.

특히, 쉘 두께 공식은 내부 압력에 의해 발생한 응력을 위해 요구되는 것이라는 점을 인식해야 한다. 자중(용기와 내용물의 중량에 의한), 풍력 부하, 온도 응력, 그리고 발생할지 모르는 기타 부하와 같은 것들도 별도로 고려되어야 한다. 때때로 높은 타워에 걸리는 바람에 의한 하중이 타워의 낮은 부분의 벽 두께를 지배하기도 할 것이다.

외압(진공 용기)에 종속되는 쉘에 대한 두께 계산은 두 가지 코드 모두에 차트 형식으로 제시되어 있다. 압력 용기에 부착되는 강화 고리(stiffening rings)의 상세 설계와 응용에 관한 사항도 역시 코드에서 다루어지고 있다.

4.2.3 용기 디자인의 개발

기본 치수와 재질의 결정

대다수의 공정 용기의 크기와 모양은 공정 엔지니어에 의해 결정된다. 증류 타워의 직경과 높이는 증류 설계 계산에 의해 제한치 이내로 정해진다. 축압기 드럼, 반응로, 그리고 침전 탱크의 부피는 비슷하게 공정 계산에 의해 지정된다. 공정 엔지니어는 용기 계획의 초기 단계에서 용기 디자이너와 잘 협의하여 가장 경제적인 설계가 현실화되도록 해야 한다. 용기의 상세한 기계 설계와 제작에 관여하는 기술자들은 기본 치수를 변경하는 위치에 있지 않는데 이는 이들 치수들이 공정에 요구되는 것으로 가정되기 때문이다. 그러므로 기본 치수는 공정 엔지니어에 의해 지혜롭게 정해져서 공정 요구조건과 경제적 디자인의 요구조건을 만족하도록 해야 한다.

용기의 건조 재질의 선정은 용기 디자이너, 프로젝트 엔지니어, 그리고 공정 엔지니어 사이에 협동적인 노력으로 이뤄져야 한다. 채택된 금속은 부식이나 마멸 조건에 저항성을 가져야 하고 실용적인 설계를 허용하도록 작동 온도와 압력에서 충분한 강도를 가져야 한다. 현명한 재질의 선정은 낮은 유지비와 최초 비용을 보증한다.

상세 기계 설계

공정 스케치를 받은 후에 용기 디자이너는 용기의 상세 기계 설계를 진행할 수 있다. 디자인은 코드들(API-ASME 또는 ASME) 중 하나를 기준으로 변함없이 수행되어야 하며 코드의 선택은 설계될 용기가 쓰일 산업계에 의해 보통 지정된다.

쉘과 헤드의 요구되는 두께의 계산을 포함하여 최초의 기계 설계가 완성된 후에, 용기의 예비 스케치가 작성되는데 여기에는 노즐의 크기와 개수를 포함하여 주요 상세사항이 나타난다. 노즐의 정확한 위치나 방향은 아직 확정된 상태는 아니다. 이 최초의 스케치는 차후의 여러 차례 개정을 통해 결국에는 최종 용기 도면으로 완성될 것이다. 이 최초의 도면이 견적을 받을 목적으로 용기 제작자에게 전달할 예비 정보의 수단으로 이용된다. 용기 제작에 필요한 강철판과 기타 재료는 종종 긴 납기를 가지므로 가능한 한 빠르게 용기 제작을 위한 주문을 하는 것이 필수적이며 최종 설계가 끝날 때까지 기다리는 것은 가능하지 않다.

용기 설계의 개발과 함께 플랜트 디자인이 동시에 진행되며 배관 도면이 완성되어 감에 따라 노즐과 맨홀의 방향과 용기 내장물의 정확한 위치가 최종적으로 확정될 수 있다. 용기 도면은 일어날 수 있는 간섭과 방향에 대해 배관 디자이너에 의해, 러그의 위치에 대해 철 구조 디자이너에 의해, 공정 요구사항에 대해 공정 엔지니어에 의해, 그리고 경제적 설계와 공정 요구조건에 대해 프로젝트 엔지니어에 의해 확인받은 후에야 완성된다.

완결된 용기 도면의 예가 [그림 4-26]에 주어져 있다. 설계 조건, 운전 조건, 코드, 그리고 재료 시방서와 같은 중요한 정보가 도면에 도시되어 있다는 점에 주목하라. 비어있을 때와 물이 가득 찰 때의 용기의 무게도 포함되어야 하는데 이는 구조와 기초를 설계하는 부서의 작업에 필요한 정보를 제공해 주기 때문이다.

구매자의 설계 부서로부터 접수된 용기 도면을 기초로 하여 제작자는 제작도면(shop drawing)을 준비한다. 이들 제작 도면은 실무 도면으로서 용접공, 보일러 작업자, 그리고 기계공들에게 이용된다. 표준 용접 기호들이 용접공들의 작업에 지침으로 이용되며 이들 중 일부가 [그림 4-27]에 보이고 있다.

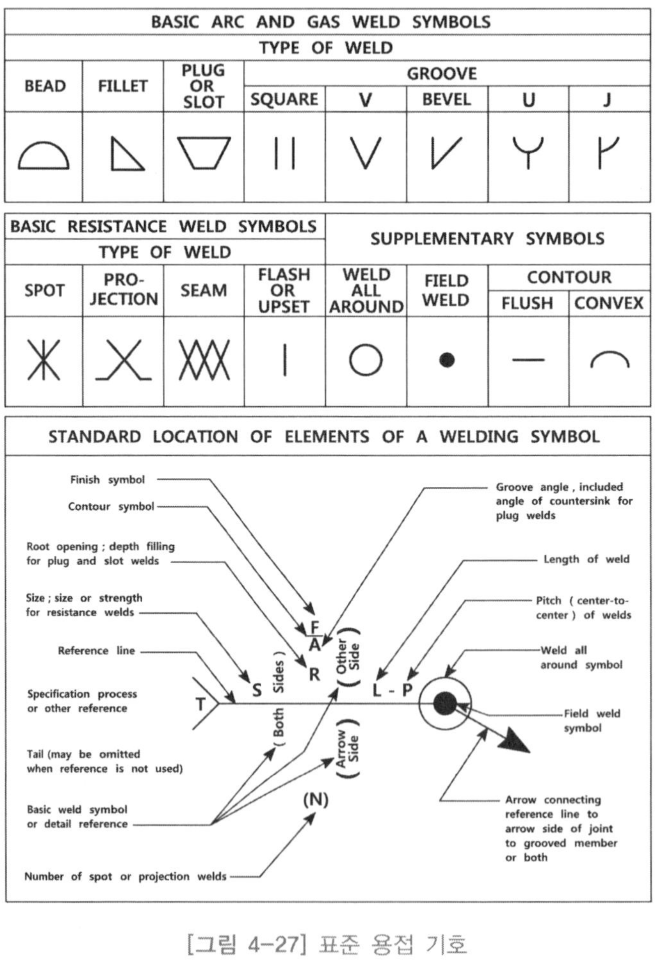

[그림 4-27] 표준 용접 기호

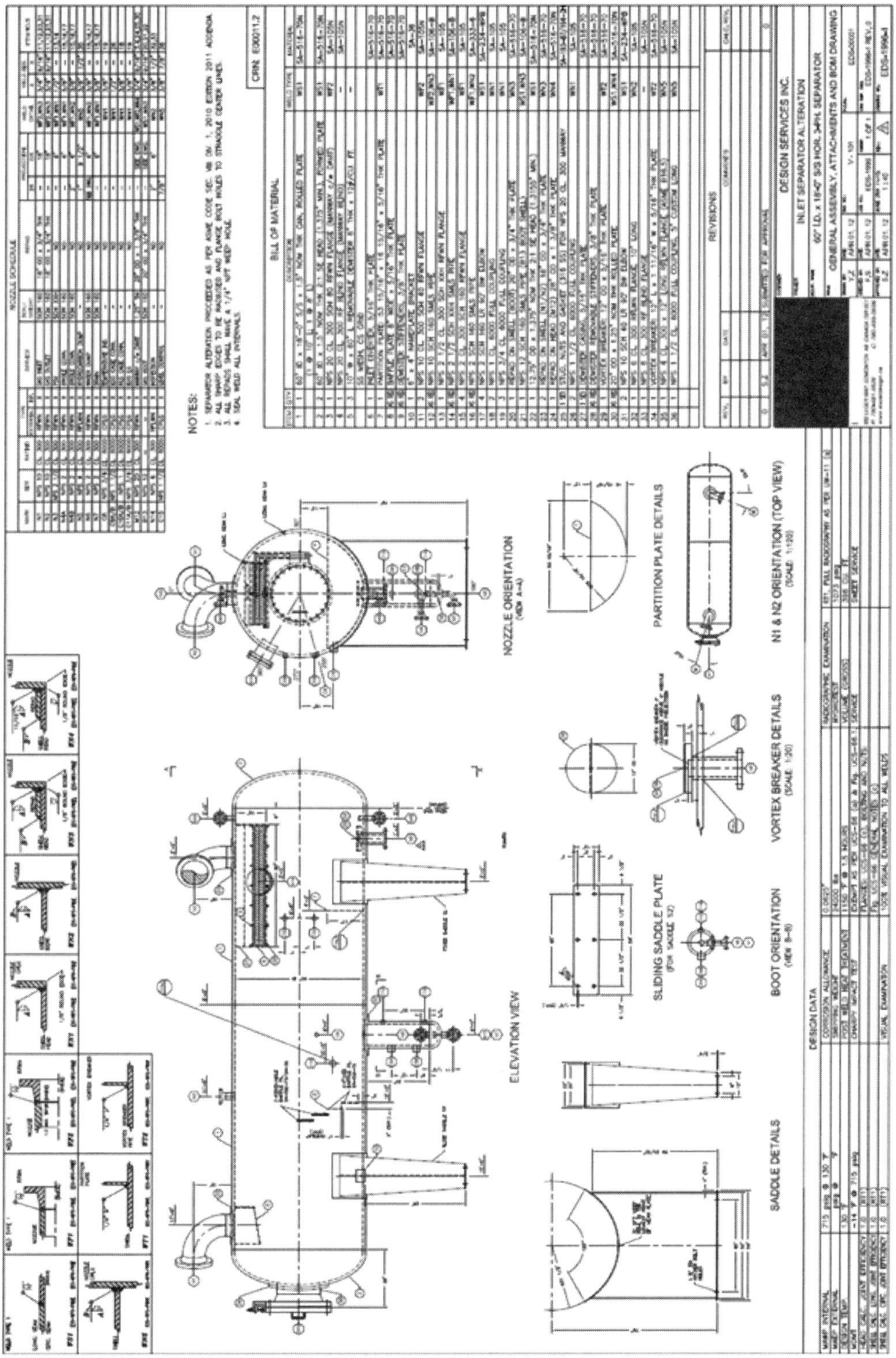

[그림 4-26] 압력 용기의 상세설계의 일례[58]

4.3 열교환기

플랜트 시스템의 다양한 프로세스는 열을 더하거나 빼주는 열전달 과정을 항상 동반한다. 그러므로 열교환기의 주의 깊은 설계와 응용은 플랜트 설계에서 중요한 고려 사항이 되어오고 있다[그림 4-28 참조].

열교환기의 완전한 설계가 프로세스 엔지니어 또는 프로젝트 엔지니어의 몫인 경우는 거의 없다. 이런 장비는 일반적으로 열교환기 제조업체로부터 구입되고 제조업체에 의해 설계되고 보증된다. 그러나 프로젝트 엔지니어는 열교환기의 설계와 제작 방법에 대해 이해하고 있어야 한다. 이들 기술의 이해는 프로젝트 엔지니어와 제조업체의 대표자 사이의 시간과 경비 모두를 절약하게 해주는 긴밀한 협력이 가능하게 한다.

Various types of heat exchangers. (a) Shell-and-tube type. (b) Cross-flow type oil coolers, aftercoolers, and combination oil/aftercoolers of aluminum construction. (c) Brazed-plate type. (d) Cutaway view of flow channels in brazed-plate heat exchanger. (e) Plate-and-frame type heat exchanger for food and beverage processing. (f) Flow channel pattern for heat-transfer plate.(g) Extended-surface, plate-fin heat exchanger for compressor intercooler and aftercooler applications.

[그림 4-28] 다양한 열교환기 응용 [39]

4.3.1 열교환기의 분류

여러 가지 종류의 열교환기가 제조된다. 몇 가지 가장 보편적으로 사용되는 열교환기의 종류가 아래에 논의된다. 특정한 응용에 대해 이점을 갖는 특수 디자인이 항상 고안될 수는 있으나 가급적이면 표준화된 설계인 소위 말하는 "스톡(stock)" 품목을 사용하는 것이 바람직하다. 열교환기 제조업체는 조립 라인 생산 기준으로 특정한 형태와 크기의 교환기를 생산할 수 있다. 이들 스톡 디자인으로부터 벗어나는 것들은 특수한 작업이 요구되고 따라서 비용이 증가된다.

이중-파이프 열교환기

이름이 말해 주듯이 이중-파이프 열교환기는 두 개의 동심 축을 갖는 파이프로 구성된 가장 단순한 형태의 교환기이다. 한 종류의 유체가 내부 파이프로 흐르고 다른 유체가 안쪽 파이프와 바깥쪽 파이프 사이의 환형 공간으로 흐른다. 이런 단순한 형태의 열교환기는 매우 작은 전열 면적을 요구하는 소규모 공정에 자주 사용된다.

이런 형태의 교환기의 장점은 비용이 저렴하다는 점이지만 다소 넓은 전열 면적이 요구되는 경우엔 [그림 4-29]에 보인 바와 같은 다양한 형태의 연장 표면을 덧붙여 사용하기도 한다.

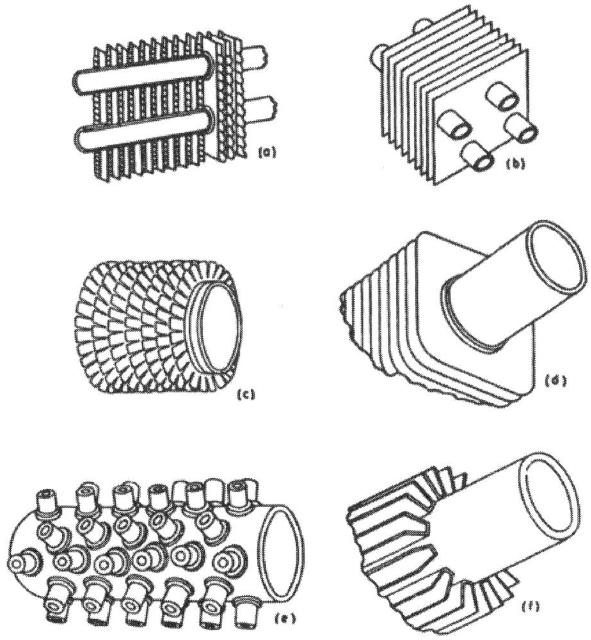

[그림 4-29] 전형적인 연장 표면 형태 25

쉘-앤드-튜브(Shell-and-Tube) 열교환기

이제까지 가장 널리 사용되는 열교환기 형태는 쉘-앤드-튜브 열교환기이다. 열 교환 면적 요구조건이 점차 증가함에 따라 이중-파이프 열교환기 디자인은 과도한 공간을 필요로 하게 된다. 그러나 쉘-앤드-튜브 디자인은 차지하는 공간의 단위 체적 당 넓은 표면적을 제공한다. 특정한 상세 설계에 있어서 다르기는 하지만 대체적으로 모든 열교환기 제조업체에서 몇 가지 표준적인 쉘-앤드-튜브 교환기를 제작한다. [그림 4-30]에는 쉘-앤드-튜브 열교환기의 개념도를 보였다.

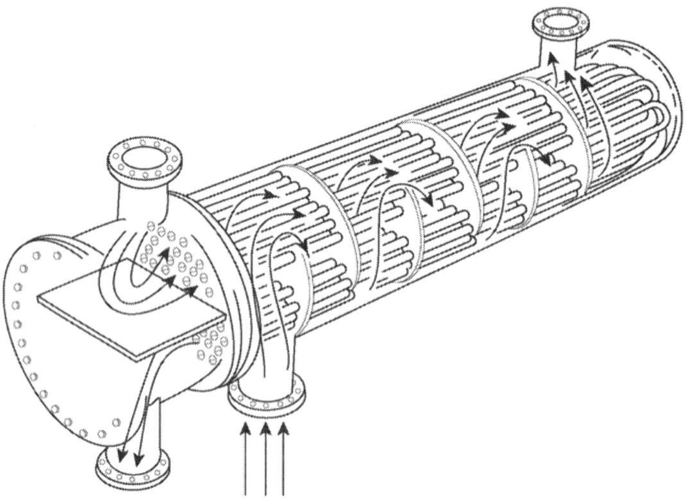

[그림 4-30] 쉘-앤드-튜브 열교환기 개념도 39

대향류 1-1 교환기

가장 효율적인 열교환은 대향류(counterflow) 배열에서 달성될 수 있는데 여기서 한 유체가 다른 유체의 유동과 반대되는 방향으로 흐른다. 쉘-앤드-튜브 장비에서 하나의 쉘 통로와 하나의 튜브 통로로 구성된 소위 "1-1 교환기"에서 이런 상황이 이루어진다[그림 4-31 참조]. 만약 1-1 교환기가 튜브 번들 위에 부유헤드(floating head)를 갖춘 형태로 공급될 경우 부유 헤드 쪽의 출구 노즐은 패킹 글랜드(packing gland)를 통과해야 하는데 왜냐하면 부유 헤드와 함께 자유롭게 움직일 수 있어야 하기 때문이다. 튜브 측 마찰 손실이 최소한으로 지켜져야 할 경우와 온도 요구조건이 진실로 대향류 유동 조건이 이용되어야만 할 때 1-1 교환기가 채택된다.

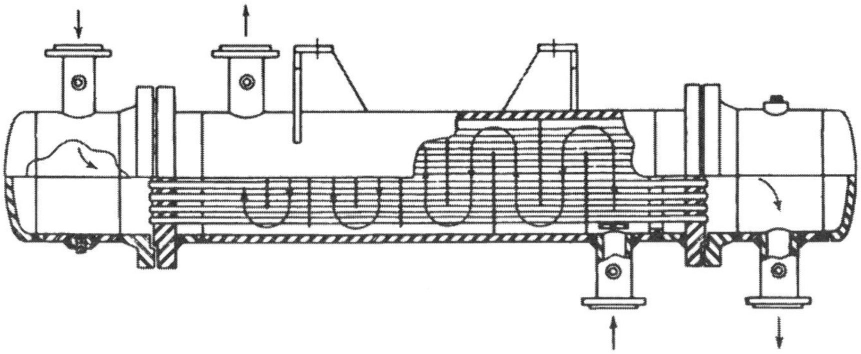

[그림 4-31] 대향류 1-1 열교환기 [25]

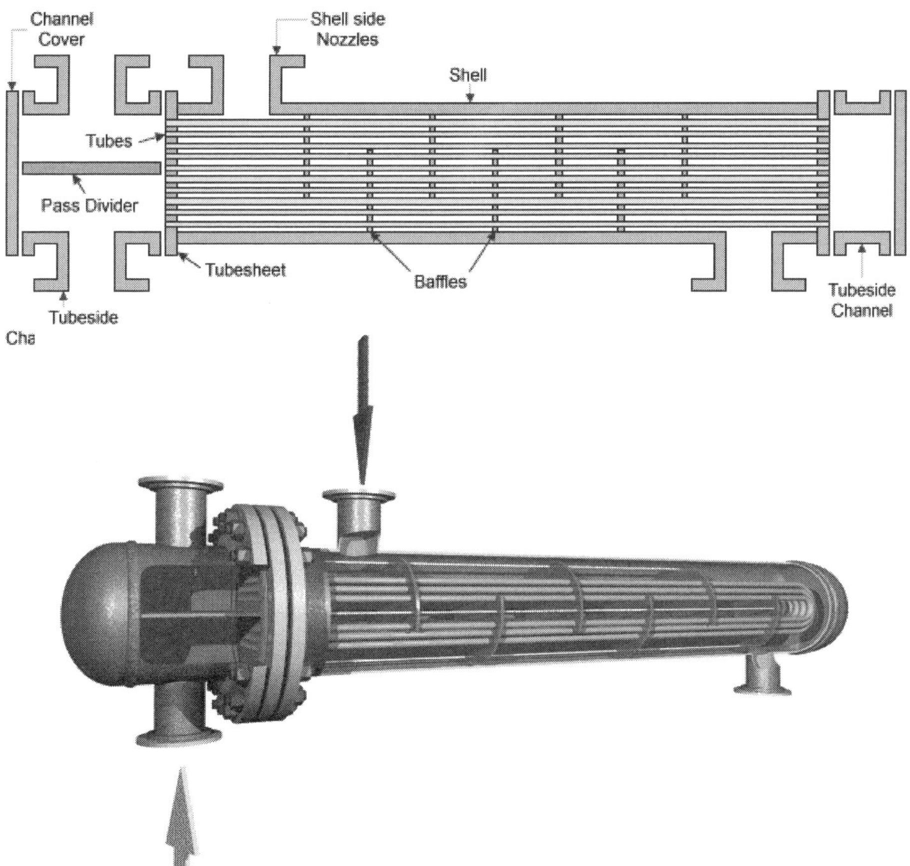

[그림 4-32] 대향류 1-2 열교환기 [58]

1-2 및 2-4 교환기

[그림 4-32]에 보인 바와 같이 1-2 교환기는 하나의 쉘 통로와 두 개의 튜브 통로로 구성된 열교환기이다. 아마도 이 디자인이 모든 쉘-앤드-튜브 교환기 중에서 가장 보편적인 것이고 유지하기 가장 쉬울 것이다. 2-4 교환기에서는 길이방향 배플(baffle)을 설치함으로써 하나의 쉘 내에 두 개의 쉘 통로들과 네 개의 튜브 통로들을 갖춘 교환기이다.

응축기(Condenser)

화공 플랜트에 사용되는 소형 응축기는 보통 표준적인 1-2 교환기로서 증기 입구 노즐 쪽에 증기 벨트나 고리형 분배기를 갖춘 것이다. 이 디자인은 더 나은 증기 분배와 과도한 입구 손실을 없앨 수 있도록 한다.

발전 플랜트에 있어서 응축기는 저압 증기 터빈의 하부에 구축되어 있는 대용량의 구조물이다. 이 응축기는 보일러의 과열기로부터 터빈으로 공급된 고온 고압의 과열증기가 터빈을 돌리며 팽창하여 에너지를 잃고 더 이상 일을 할 수 없는 상태인 배증기로 바뀌면 이를 받아서 이를 냉각수와 열교환을 통해 응축수로 바꿔주는 역할을 담당하는 특수한 형태의 일종의 대규모 열교환기이다. 이에 대한 상세한 논의는 본 교재의 범위를 넘어서는 것이다.

수직형 열교환기

대부분의 열교환기는 수평으로 설치되지만 특정한 상황에서 수직 교환기가 선호될 경우가 발생한다. 그러나 수직 열교환기는 취급하기가 더욱 어렵고 튜브 뭉치를 꺼낼 때 요구되는 열린 공간의 확보가 곤란한 점 등을 고려해야 한다.

쉘-앤드-튜브 열교환기의 명칭과 부품

[그림 4-33]에 열교환기의 중요한 부품들을 보였고 이들 부품을 서술하는 데 채용되는 통상적인 용어들이 주어져 있다. 그림에서와 같이 부유 헤드 디자인에 추가하여 몇 가지 종류의 헤드가 제공될 수 있다. 만약 팽창이 별 문제가 안 될 경우 고정 튜브판과 고정 헤드 교환기가 이용될 수 있다. 이들 교환기는 부유 헤드 교환기보다 저렴하지만 쉘과 튜브 사이의 서로 다른 팽창을 경감시킬 수단이 제공되지 않는다. 두 종

류의 부유 헤드가 사용되고 있다. 만약 헤드가 분리된 고리 형식이면 부유 헤드의 뚜껑은 튜브 번들에 앞서 제거되어야 한다. “끌어당김식(pull-through)” 부유 헤드는 헤드의 직경이 쉘의 직경보다 작게 설계되어 있다. 그러면 부유 헤드 뚜껑을 제거하지 않고 튜브 번들이 꺼내질 수 있다. 그러나 끌어당김 배열은 주어진 직경의 쉘 내에 넣을 튜브의 개수를 감소시킨다.

부유 헤드와 내부 개스킷의 이용을 피하기 위하여 튜브 번들을 보충하기 위해 U-튜브를 채택할 수도 있다. U-벤드는 온도 변화에 자유롭게 팽창한다. 이런 번들의 청소는 어려운 과제이며 이의 이용은 깨끗한 유체일 경우로 제한된다.

[그림 4-33]에 보인 조각으로 구분된 배플들은 쉘 쪽의 유체를 적절히 분배하기 위하여 가장 널리 사용된다. 오리피스 형 배플은 각 튜브 주위에 고리 형 공간을 형성하는데 그곳을 통해 쉘의 유체가 통과하고 깨끗하고 부식이 없는 유체에 대해 사용될 수 있으나 오리피스 형 배플은 그러나 지금은 잘 이용되지 않는다.

4.3.2 쉘-앤드-튜브 열교환기의 제작

표준(Standards)

쉘-앤드-튜브 열교환기의 설계와 구축에 대한 상세한 표준들이 원통형 교환기 제조협회(The Tubular Exchanger Manufacturer's Association: TEMA)에 의해 출간되어오고 있다. 기계적 표준은 열교환기의 세 가지 다른 등급 즉 R, C, 그리고 A 등급을 대표하는 세 부분으로 구분된다. 등급 R은 석유 정제와 고압 시스템의 운전 요구조건을 만족하도록 설계된다. 등급 C는 일반 공정 조건과 중급의 압력과 온도 그리고 상대적으로 부식성이 없는 유체에 적합하도록 설계된다. 등급 A는 특히 부식성이 크고 고온의 유체를 다루기 위해 합금 재질의 구조를 이용하도록 설계된다.

전체적인 튜브와 쉘의 크기는 모두 표준화되어 있는데 직경이 0.58m(23″) 이하의 크기에서는 파이프를 이용하고 그 이상은 롤 플레이트로부터 제작된다. 일반적인 튜브의 최소 피치, 최소 배플 간격, 그리고 통기구와 배수구 연결 등에 대한 상세 사항도 대부분 표준화되어 있다.

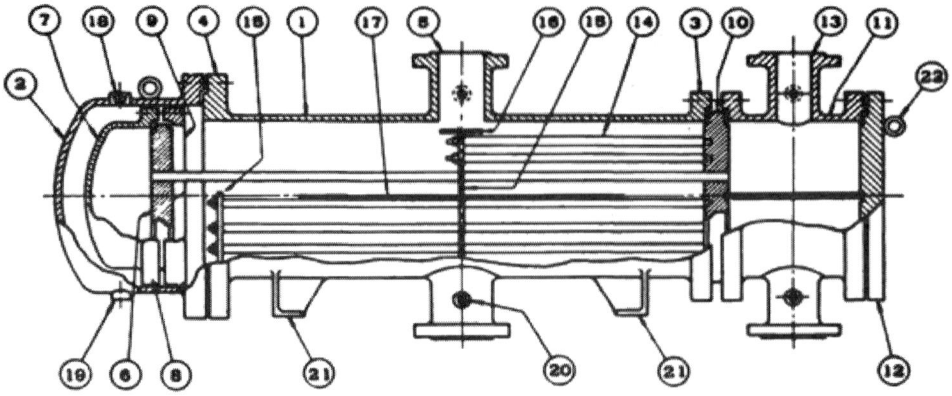

NOMENCLATURE

1. Shell
2. Shell Cover
3. Shell Channel End Flange
4. Shell Cover End Flange
5. Shell Nozzle
6. Floating Tubesheet
7. Floating Head
8. Floating Head Flange
9. Floating Head Backing Device
10. Stationary Tubesheet
11. Channel
12. Channel Cover
13. Channel Nozzle
14. Tie Roads and Spacers
15. Transverse Baffles or Support Plates
16. Impingement Baffle
17. Longitudinal Baffle
18. Vent Connection
19. Drain Connection
20. Test Connection
21. Support Saddles
22. Lifting Ring

[그림 4-33] 쉘-앤드-튜브 열교환기의 명칭과 부품 [25]

제작 절차

[그림 4-33]에 보인 쉘-앤드-튜브 열교환기의 다양한 부품들 중에서, 열교환기의 쉘 부분은 압력 용기이기 때문에 앞 장에서 언급된 동일한 방법으로 제작된다. 이들 쉘은 압력용기에 대한 API-ASME 또는 ASME 코드에 따라 제작된다.

튜브의 재질은 스테인리스강이나 브론즈, 브라스 등의 다양한 동 합금이 사용되기도 하며 혹독한 조건에서는 모넬, 니켈, 그리고 다른 재질들도 널리 사용된다. 튜브의 안과 밖의 유체가 극도로 부식성이 클 경우 서로 다른 금속을 각각 사용하는 경우도 드물지 않게 발생한다.

튜브 번들을 완성하고 난 뒤에 최종적인 정수압 시험을 수행한다. 쉘의 외면이 방청 페인트로 칠해지고 모든 플랜지들이 손상되지 않도록 조치되고 나면 열교환기는 선적할 준비를 마치게 된다.

4.3.3 열교환기 설계

열교환기 설계에 대한 기본 방정식은 아마도 열전달 교과목을 이수한 대부분의 엔지니어들에게 익숙할 것이다. 먼저 열 교환에 요구되는 열전달 면적 A_o 를 고려하면 다음과 같이 표현된다.

$$A_o = \frac{q}{U_d \Delta T} = \frac{qR_d}{\Delta T} \tag{4-10}$$

여기서 A_o = required effective surface of the heat exchanger based on the outside surface area of the tubes, in sq m

q = heat transferred in kJ/s

$\triangle T$ = mean temperature difference between hot and cold fluid (this is the driving force) ℃

U_d = design overall coefficient of heat transfer in kJ/(s)(℃)(sq m) based on outside surface area

R_d = design overall resistance $1/U_d$ based on outside surface area

열전달량 q는 표면적과 구동력 $\triangle T$에 직접 비례하고, 그리고 열 유동에 대한 저항 R에 반비례한다. 전 열전달 저항 R_d는 전기저항에서처럼 직렬로 연결된 다수의 저항들로 구성되며 그것들은 모두 덧셈으로 계산될 수 있다. 이들 저항을 요소별로 살펴보면 아래와 같다.

1) Resistance of fluid film on inside of tube.
2) Resistance of scale on inside of tube, r_i.
3) Resistance of tube wall.
4) Resistance of scale on outside of tube, r_o.
5) Resistance of fluid film on out side of tube.

따라서 전 열전달 저항을 요소별 저항들의 합으로 표현하면,

$$\frac{R_d}{A_o} = \frac{1}{h_i A_i} + \frac{1}{r_i A_i} + \frac{1}{A_m k_w} + \frac{r_o}{A_o} + \frac{1}{h_o A_o}$$

또는
$$R_d = \frac{A_o}{h_i A_i} + r_i \frac{A_o}{A_i} + \frac{A_o L_w}{A_m k_w} + r_o + \frac{1}{h_o}$$

여기서 h_i = inside film coefficient, kJ/(s)(m^2)(℃)

h_o = outside film coefficient, kJ/(s)(m^2)(℃)

r_i = inside scale resistance or fouling factor, (℃)(m^2)(s)/kJ

r_o = outside scale resistance or fouling factor, (℃)(m^2)(s)/kJ

L_w = thickness of tube, m

k_w = conductivity of tube, kJ/(s)(℃)(m)

A_m = average of A_i and A_o, m^2

A_o = outside surface area of tube, m^2

A_i = inside surface area of tube. m^2

한편 정의에 의해 $R_d = 1/U_d$이므로, 전 열전달 계수 U_d는 다음과 같다.

$$U_d = \frac{1}{\dfrac{A_o}{h_i A_i} + r_i \dfrac{A_o}{A_i} + \dfrac{A_o L_w}{A_m k_w} + r_o + \dfrac{1}{h_o}} \tag{4-11}$$

여기서 전 열전달 계수 U_d가 전 열전달 저항 R_d보다 친숙하기 때문에 열교환기 설계 엔지니어들은 주로 전 열전달 계수를 사용한다.

열교환기 설계에서 주된 문제는 식(4-11)에 나타나는 개별 저항의 평가이다. 내 외측 필름의 예측, 특히 외측 계수의 예측은 매우 혼란스러운 문제이다.

내측 필름 계수

내측 필름 계수는 유체의 상태량과 튜브의 직경에 관련되므로 다음과 같이 표현될 수 있다.

$$\frac{h_i D}{k} = \alpha \left(\frac{\rho VD}{\mu}\right)^a \left(\frac{\mu C_p}{k}\right)^c \left(\frac{L}{D}\right)^i \quad (4\text{-}12)$$

여기서 D = inside diameter, m

V = fluid velocity, m/s

ρ = density of fluid, kg/m^3

μ = viscosity of fluid, kg/m-s

k = thermal conductivity, of fluid, kJ/s-m-K

C_p = heat capacity of fluid, kJ/kg-K

L = length of tube, m

$\frac{\rho VD}{\mu}$ = Reynolds number

$\frac{\mu C_p}{k}$ = Prandtl number

$\frac{hD}{k}$ = Nusselt number

여기서 좌변의 $\frac{hD}{k}$ 는 Nusselt number로서 열전달 효과 중 대류의 효과와 전도의 효과의 비를 나타내는 무차원 수이다. 또한 식 (4-12)에서 α, a, c, 그리고 i는 상수들로서 실험을 통해 결정되어야 한다.

내측 필름 계수 h_i를 계산해 내기 위한 다양한 경험적 상관식들이 알려져 오고 있으며 이들 관련 식의 채택은 열교환기의 종류, 크기 및 유체의 유동 조건에 따라 주의 깊게 이루어져야 한다.

외측 필름 계수

쉘-앤드-튜브 교환기의 외측 또는 쉘 측 계수는 상관관계를 얻기에 가장 어려운 계수임이 판명되었다. 튜브 외측의 강제 대류에 대해 내측 유동에 이용되었던 것과 같은 형태의 방정식이 적용될 수 있다.

그러나 열교환기의 실제 설계에 있어서, 배플과 튜브의 배열의 변화 때문에 하나의 식으로 모든 쉘-앤드-튜브 교환기에 대하여 개별 계수들에 대한 데이터를 연관시키는 것은 어려운 문제가 되고 있다.

최근의 대표적인 열교환기 설계 방식

열교환기를 설계하고 그것의 성능을 평가하기 위하여 교환기의 여러 개별 요소들의 유동 및 열전달 특성을 고려한 각 요소의 개별 성능을 평가하고 이들의 효과를 통합하여 열교환기의 전체 성능을 예측하는 데에는 여러 어려움이 있어왔다. 각 요소의 열전달 특성을 알기 위해서는 위에서 살펴본 내 외측 필름 열전달 계수와 각종 열전달 저항들뿐 아니라 또한 응축 계수, 비등 계수, 파이프 벽 저항, 그리고 오염 인자(fouling factor) 등에 관한 상세한 데이터가 필수적이다.

따라서 요즘의 열교환기의 설계에 있어서는 내측, 외측 필름 계수와 여러 저항 요소들을 개별적으로 다루는 대신에 열교환기의 최종적 성능을 기준으로 통합적으로 처리하는 접근방식을 주로 채택하고 있다. 두 가지 대표적인 방식으로 로그 평균 온도차를 이용하는 방식과 유효도-NTU 방식이 널리 사용된다.

(1) 열교환기 해석: 로그 평균 온도차 방법(LMTD Method)

열교환기를 설계하거나 또는 성능을 예측하기 위하여 입구와 출구의 유체 온도, 전 열전달 계수, 그리고 열전달을 위한 총 표면적과 같은 양들과 총 열전달률을 관련시키는 것이 필수적이다. 이러한 두 가지 관계식을 전체 에너지 평형을 냉 온 유체에 적용함으로써 다음과 같이 바로 얻을 수 있다.

$$q = \dot{m}_h C_{p,h}(T_{h,i} - T_{h,o}) \tag{4-13a}$$

$$q = \dot{m}_c C_{p,c}(T_{c,o} - T_{c,i}) \tag{4-13b}$$

또 다른 유용한 표현은 총 열전달률 q를 냉 온 유체 간의 온도차 ΔT와 관련시켜 얻을 수 있다.

$$\Delta T = T_h - T_c \tag{4-14}$$

$$q = U_d A \Delta T_m \tag{4-15}$$

여기서 ΔT_m은 평균 온도차이다.

위 관계식을 평행류 방식의 열교환기에 적용하면 다음과 같다.

$$q = U_d A \frac{\Delta T_2 - \Delta T_1}{\ln(\Delta T_2/\Delta T_1)} = U_d A \Delta T_{lm} \tag{4-16}$$

여기서

$$\Delta T_{lm} = \frac{\Delta T_2 - \Delta T_1}{\ln(\Delta T_2/\Delta T_1)} \tag{4-17}$$

이 경우의 적절한 평균 온도차는 로그 평균 온도차(Log Mean Temperature Difference: LMTD)가 된다. 기억할 것은 이 식은 평행류 조건에서 얻어진 것이므로 입구와 출구에서의 온도차는 아래와 같이 정의되었다는 점이다.

$$\Delta T_1 = T_{h,1} - T_{c,1} = T_{h,i} - T_{c,i} \text{ 그리고 } \Delta T_2 = T_{h,2} - T_{c,2} = T_{h,o} - T_{c,o}$$

대향류 열교환기에서는 식 (4-16)과 (4-17)을 이용하되 다만, 입구와 출구에서의 온도차는 평행류 조건과는 달리 다음과 같음을 기억하자.

$$\Delta T_1 = T_{h,1} - T_{c,1} = T_{h,i} - T_{c,o} \text{ 그리고 } \Delta T_2 = T_{h,2} - T_{c,2} = T_{h,o} - T_{c,i}$$

현실적으로는 하나 이상의 튜브 통로를 갖는 쉘-앤드-튜브 교환기는 더 이상 진정한 대향류 유동 조건에서 작동되는 것으로 볼 수 없다. 그러므로 엄밀한 의미로서 로그 평균 온도차는 적용할 수 없게 된다. 따라서 쉘-앤드-튜브 열교환기의 다양한 배열에 이용하기 위하여 교정 인자(correction factor)가 개발되어 로그 평균 온도차에 적용될 수 있으며 이로써 참값의 온도차를 얻을 수 있다. 이런 교정인자들에 대한 편리한 선도가 TEMA 표준에 기재되어 있다.

(2) 열교환기 해석: 유효도-NTU 방법(Effectiveness-NTU Method)

열교환기를 설계하거나 또는 성능을 예측하기 위하여 유체의 입구 온도가 알려지고 출구의 유체 온도가 규정되어 있거나 또는 식(4-13a)과 (4-13b)의 에너지 평형으로부터 바로 결정될 경우 로그 평균 온도차(LMTD) 방법을 이용하는 것은 간단한 일이다. 그러나 만약 입구 온도만 알려지면 LMTD 방법의 이용은 반복 절차를 요구한다. 이런 경우엔 대안으로서 유효도-NTU 방법(effectiveness-NTU method)이 선호된다.

먼저 열교환기에 대해 최대 가능한 열전달률, $q_{\max}$을 결정하고, 이 열전달률은 원리상 대향류 형식의 열교환기에서 얻어질 수 있다.

$$q_{\max} = C_{\min}(T_{h,i} - T_{c,i}) \tag{4-18}$$

여기서 $C_{\min}$는 C_c또는 C_h 중에서 작은 값과 같다.

이 시점에서 최대 가능 열전달률에 대한 열교환기의 실제 열전달률의 비로서 유효도(effectiveness), ϵ,을 정의하는 것이 논리적이다.

$$\epsilon = \frac{q}{q_{\max}} \tag{4-19}$$

에너지 평형에 대한 식 (4-13a), (4-13b) 및 최대 가능 열전달률의 식 (4-18)에 의해 다음의 식을 얻는다.

$$q = \epsilon C_{\min}(T_{h,i} - T_{c,i}) \tag{4-20}$$

어떤 열교환기에 대해서도 유효도는 다음과 같은 함수 관계로 표현될 수 있음이 알려져 있다.

$$\epsilon = f\left(NTU, \frac{C_{\min}}{C_{\max}}\right) \tag{4-21}$$

여기서 $C_{\min}/C_{\max}$는 열용량률, C_r이라 불리는데 이 값은 상대적인 크기에 따라서 C_c/C_h 또는 C_h/C_c과 같다. 전달 유닛의 개수(number of transfer units; NTU)는 하나의 무차원 인자로서 다음과 같이 정의된다.

$$NTU = \frac{U_d A}{C_{\min}} \tag{4-22}$$

실제적인 열교환기 디자인 계산에 있어서 식 (4-21)의 $\epsilon - NTU$ 관계는 다음의 형태로 작업하는 것이 더욱 편리하며 이에 대한 광범위한 데이터가 관련 참고문헌에 소개되어 있다.

$$NTU = f\left(\epsilon, \frac{C_{\min}}{C_{\max}}\right)$$

참고로, 이중-파이프 열교환기와 쉘-앤드-튜브 교환기에 대한 일례로서 NTU를 ϵ과 C_r의 함수로서 나타내면 아래와 같다.

$$\text{Concentric tube, Parallel flow:} NTU = -\frac{\ln[1-\epsilon(1+C_r)]}{1+C_r}$$

$$\text{Concentric tube, Counter flow:} NTU = -\frac{1}{C_r-1} ln\left(\frac{\epsilon-1}{\epsilon C_r-1}\right)$$

$$\text{Shell-and-Tube, One shell pass:} NTU = -(1+C_r^2)^{-1/2} \ln\left(\frac{E-1}{E+1}\right)$$

여기서 $E = \dfrac{2/\epsilon_1 - (1+C_r)}{(1+C_r^2)^{1/2}}$

4.3.4 설계 절차

디자인을 시작할 수 있으려면 우선 먼저 열교환기 디자이너에게 특정한 정보가 주어져야만 한다. 지연을 방지하기 위하여, 프로젝트 엔지니어는 교환기에 관한 입찰을 진행 중인 각 제조업자가 만족스러운 디자인을 완성하기 위하여 필수적인 모든 정보를 제공하는지를 살펴야 한다. TEMA는 이런 필수 정보를 기재할 수 있는 표준 교환기 시방서 양식(exchanger specification sheet)을 준비하여 왔으며 교환기 제조업체들에게 이 양식의 사용을 권장하고 있다. 대부분의 제조업체에서 그들이 제안하고 있는 열교환기에 관한 정보를 전달하는데 TEMA의 양식을 이용한다. 동일한 양식이 입찰 의향서에도 역시 유용하게 사용된다.

이 교환기 시방서 양식에는 순환 유체의 종류(fluid circulating), 액체에 대한 비중 또는 밀도(specific gravity or density for liquids), 분자량(molecular weight), 점성(viscosity),

잠열과 비열(latent heats and specific heats), 그리고 부식(corrosion) 등의 정보를 기재하도록 각각의 공란이 마련되어 있다.

열교환기의 설계를 위한 절차는 열교환기에 관한 여러 참고문헌에 그 개요가 설명되어 있다. 필름 계수의 계산은 교환기의 종류와 디자인에 의존적이기 때문에 계산을 통해 총 계수를 결정하기 위하여 필수적으로 교환기의 종류와 크기를 가정해야 한다. 다음은 열교환기 전문 제조업체에서 수행해오던 교환기 설계의 일반적인 절차이다

1) 공정 조건을 규정한다.
2) 유체 흐름의 길을 정한다.
3) 전열전달계수 설계치를 가정하고 시행 면적을 계산한다.
4) 튜브의 길이, 배열, 간격, 그리고 관경을 선정한다.
5) 최소 튜브 경로 수를 결정한다.
6) 쉘 경로 수를 선정한다.
7) 표준 교환기를 선정한다.
8) 쉘 측을 진행하고 시행 배플 간격을 가정한다.
9) 쉘 계수를 결정한다.
10) 전 청결 계수 및 부패 인자를 고려한 설계 계수를 계산한다.
11) 요구되는 면적을 결정한다.

앞 절에서 열교환기 해석을 수행하기 위한 두 가지 절차로서 LMTD 방법과 NTU 접근법을 전개하였다. 어떤 문제에 대해서도 양쪽 방법 모두가 이용될 수 있고 유사한 결과를 얻게 될 것이다. 그러나 문제의 속성에 따라서 달라지지만 NTU 방법이 적용하기에 다소 용이할 수 있다.

4.4 배관 설계(Piping Design)

플랜트의 프로젝트 엔지니어링에 관한 어떤 책에서든지 배관에 관련된 별도의 장이 마련되어 있지 않은 책은 아마도 미완성의 책일 것이다. 동시에 배관의 어느 한 단계에 관한 완전한 정보라도 그 자체로 별도의 책 한 권을 넘치게 채울 것이라는 점을 이해해야만 한다. 그러므로 여기서는 배관의 모든 것을 다루기보다는 배관 설계의 관행, 재료, 그리고 모든 플랜트 배관에 가장 널리 사용되는 부속품들에 대해 간략히 살펴보고 플랜트 분야로 진출을 희망하는 사람들에게 기초적인 아이디어를 제공하고 그들의 이해를 돕기 위한 것이다.

인류의 진보에 파이프가 기여한 것보다 더 많은 기여를 해나온 다른 단일 품목의 산업 제품은 없을 것으로 믿어진다. 물을 이송하기 위한 이런저런 관(tube)들이 고대로부터 이용되어온 것은 잘 알려졌으며 아마도 역사가 기록되기 수 세기 전부터일 것이다. 이런 관의 재료로는 나무, 토관, 그리고 17세기 이후부터는 주철관이 이용되어 오고 있다. 20세기 들어서 증기 동력의 발달에 따라 증기 동력 및 수력 시스템의 요구를 만족시키기 위하여 초기의 압력 배관의 관행도 함께 발달해왔다. 파이프의 제조법이 향상되었으며 각 제조자는 그들의 특정한 고객의 요구에 응하게 되었다.

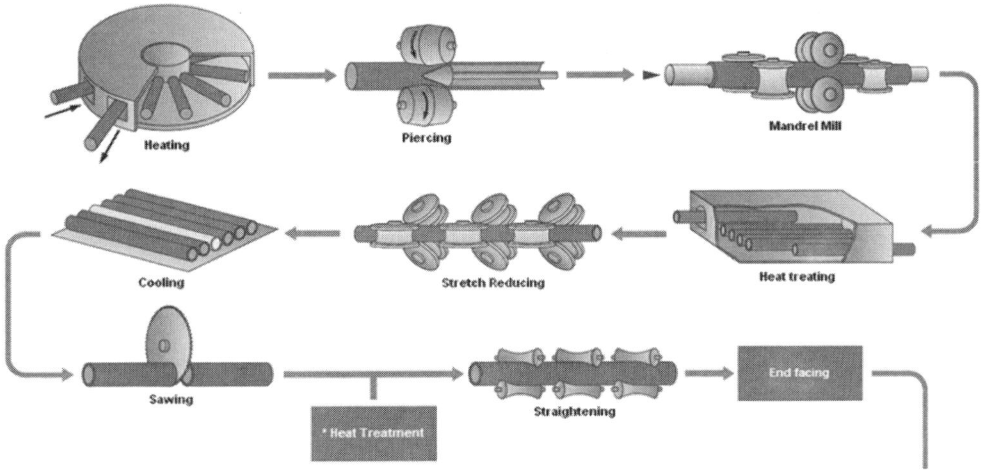

[그림 4-34] 이음매 없는 파이프(seamless pipe) 제작과정 58

초기의 파이프 제조방법과는 반대로, 오늘날의 파이프는 많은 공정들에 의해 제조된다. 탄소강, 합금강, 황동, 유리, 플라스틱, 그리고 고무와 같은 다양한 재료들이 파이프의 재료로 이용되며 이들 중 몇 가지의 철강과 합금강이 가장 보편적인 파이프의 재료이다. 파이프의 제조는 평판을 원통형으로 성형하고 몇 가지 용접방법 중 한 가지 방법으로 이음매를 용접하거나 또는 [그림 4-34]에 보인 것처럼 회전하는 한 쌍의 롤을 통과해 밀려들어오게 되는 가열된 빌렛을 천공함으로써 이루어진다. 이런 천공 작업 절차를 통해 이음매 없는(seamless) 파이프가 생산되며[그림 4-35 참조] 이렇게 제조된 파이프는 높은 허용응력으로 인해 고온 고압의 조건 하에 운전되는 대부분의 플랜트 시스템에 이용된다.

[그림 4-35] 이음매 없는 파이프(seamless pipe)

20세기 들어 수많은 관심 있는 컨설팅 엔지니어들이 다양한 이용자와 제조자의 엔지니어들과 함께 파이프에 관한 여러 코드와 관행들이 존재하도록 이를 표준화하기 시작하였다. 압력 배관을 위한 코드(code for pressure piping)는 이런 작업 결과들의 간략한 서술이다.

4.4.1 무역 관행

파이프 관경(Pipe Sizes)

파이프와 튜브 형 제품은 매우 폭넓은 크기와 다양한 재료로 공급된다. 탄소강관 또는 간단히 강관은 다른 많은 합금이나 다른 금속 또는 플라스틱 재료보다 더욱 일반적으로 이용되기 때문에 대부분의 무역 관행은 강관의 구경을 기준으로 거래되며 통상적으로 ISP(Iron Pipe Size; 철관 사이즈)로 지칭된다.

파이프는 호칭 숫자에 따른 관경을 갖는데 여기서 12인치 이상의 대구경에서만 실제 치수로 관경을 지칭한다. 따라서 IPS 2" 파이프는 외경이 2"가 아니라 2.375"이고 그것의 내경은 요구되는 파이프의 벽 두께에 따라 2.157"에서 1.503" 사이에서 변하는 크기를 갖는다. "파이프(Pipe)"란 탄소강에 대해 통상적으로 열거되어 있는 1/8"부터 30"까지 사이에 정해져있는 24가지의 호칭경(nominal pipe size; 관행적으로 부르며 통용되는 관경)을 지칭한다[표 4-1 참조]. 이들 관경에는 약 200여 가지의 두께변화를 포함할 수 있으나 이 중 100여 가지는 거의 잘 쓰이지 않으므로 특별 주문에 의하지 않고서는 구입하기 어렵다.

[표 4-1]에 나열된 호칭경은 플랜트에 가장 일반적으로 이용되는 관경이며 이 목록에 누락된 11/2", 21/2", 31/2", 5"의 관경은 이용 가능하기는 하지만 잘 쓰이지 않는다. 또한 1/2"이하의 파이프는 계장용 배관에 이용된다.

스케줄 번호(Schedule Numbers)

[표 4-1]은 호칭경의 목록의 간추린 버전으로 일부 범위의 두께 또는 중량과 호칭경만이 포함되어 있다. 스케줄 번호(schedule number)를 제외한 모든 칼럼들에 대해서는 설명이 필요 없음이 자명하다. 스케줄 번호란 다음 표현의 약어이다.

$$\text{schedule number} = 1000\,P/S \tag{4-23}$$

여기서 P = 내압(psig)

S = 허용 운전 응력(psi)

이 표현은 요구되는 파이프의 두께 계산을 위해 이용된 실제 공식에 기초한 것이다. 즉 파이프의 두께는 다음과 같이 표현될 수 있다.

$$t = \frac{PD}{2S} + C \tag{4-24}$$

여기서 D = 파이프 외경(inch)

t = 파이프 두께(inch)

C = 부식 허용치(inch)

스케줄 번호는 따라서 허용응력에 대한 운전압력의 비에 대략적으로 비례하고 또한 직경에 대한 부식두께의 비에 비례한다.

스케줄 번호가 이용되기 전에는, standard(STD), extra strong(XS), 그리고 double extra strong(XXS)라는 용어가 파이프의 두께를 지칭하는 역할을 감당했다. 관경이 10"까지의 schedule 40은 standard weight와 동일하고, 8"까지의 schedule 80은 전에 부르던 extra strong과 동일한 것이다. 일부 관경에서 double extra strong 파이프는 사용이 중지되었으나 그 대신 schedule 160이 사용된다. 이런 구식 지칭법은 점차 사라져가고 있다.

파이프 구성 재료

미국재료시험학회(Americal Society for Testing Materials; ASTM)에 의해 규정된 파이프 제조에 쓰이는 재료는 150여 가지가 넘는다. 여기엔 탄소강, 합금강, 그리고 다양한 비철 금속이 포함된다. ASTM 시방서에는 각 종류의 파이프 재질에 대한 제조 공법, 화학적 조성, 인장 특성, 굽힘 특성, 그리고 요구되는 시험 절차에 대한 총체적인 서술이 제공되어 있다.

Nominal size, in.	Schedule number	Outside diameter, in.	Inside diameter, in.	Weight, lb/ft.
1/8	40	0.405	0.269	0.245
	80	0.405	0.215	0.314
1/4	40	0.540	0.364	0.425
	80	0.540	0.302	0.535
3/8	40	0.675	0.493	0.568
	80	0.675	0.423	0.739
1/2	40	0.840	0.622	0.851
	80	0.840	0.546	1.088
	160	0.840	0.466	1.304
3/4	40	1.050	0.824	1.131
	80	1.050	0.742	1.474
	160	1.050	0.614	1.937
1	40	1.315	1.049	1.679
	80	1.315	0.957	2.172
	160	1.315	0.815	2.844
1 1/2	40	1.900	1.610	2.718

	80	1.900	1.500	3.632
	160	1.900	1.337	4.866
2	40	2.375	2.067	3.653
	80	2.375	1.939	5.022
	160	2.375	1.689	7.445
3	40	3.500	3.068	7.58
	80	3.500	2.900	10.25
	160	3.500	2.624	14.33
4	40	4.500	4.026	10.79
	80	4.500	3.826	14.99
	160	4.500	3.438	22.51
6	40	6.625	6.065	18.98
	80	6.625	5.761	28.58
	160	6.625	5.189	45.30
8	40	8.625	7.981	28.56
	80	8.625	7.625	43.4
	160	8.625	6.813	74.7

[표 4-1] 몇몇 표준 파이프 관경에 대한 축약된 목록

[표 4-2]에는 플랜트에 이용되는 몇몇 종류의 튜브 형 제품의 목록이 주어져 있다. 이 목록은 코드에서 찾아볼 수 있는 것과 유사하나 다만 온도에 따라 변하는 허용응력 데이터에 대한 칼럼은 빠져있다.

파이프는 ASTM 번호 혼자만으로 완전히 규정될 수 없다. 한 예로서 ASTM A-106 경우를 살펴보자. 이것은 이음매 없는 파이프의 시방서이기 때문에 ASTM A-106을 규정할 때 용접방법에 따른 추가적인 분류가 불필요하지만 등급(grade)을 규정하는 것이 필요하다.

플랜트에 이용되는 통상적인 탄소강 파이프의 시방서는 ASTM A-53 또는 ASTM A-106이며 오로지 이음매 없는 파이프만 해당되는 시방서는 후자의 경우이다. 이음매 없는 파이프에 있어서 이들 두 가지 시방서는 ASTM A-106이 더욱 엄격한 제조방식의 인증을 받아야 한다는 점을 제외하고는 근본적으로 동일하다. ASTM A-106은 탄소강이 합당한 혹독한 운전 조건과 특별한 굽힘이 요구되는 배관을 위하여 규정되어 있고 따라서 ASTM A-53보다 다소 가격이 비싸다.

material	ASTM specification	ultimate tensile strength
Seamless steel (silicon killed)	A-106 Grade A	48,000
seamless steel (silicon killed)	A-106 Grade B	60,000
seamless steel	A-53 Grade A	48,000
seamless steel	A-53 Grade B	60,000
seamless steel	A-83 Grade A	boiler tubing
seamless steel	A-120	restricted use
lap-welded steel	A-53	45,000
butt-welded steel	A-53	45,000
electric fusion welded steel	A-155 Grade C45	45,000
electric fusion welded steel	A-155 Grade C50	50,000
electric fusion welded steel	A-155 Grade C55	55,000
electric resistance welded steel	A-135 Grade A	48,000
electric resistance welded steel	A-135 Grade B	60,000

[표 4-2] 파이프와 튜브형 재료의 축약 목록

4.4.2 파이프 연결부

오랜 동안 강관의 실용적 연결 방법은 오로지 나사로 된 파이프 끝부분을 커플링 또는 피팅, 밸브, 그리고 유니온 등의 다른 나사식 장치들과 연결하는 방법뿐이었다. 탄소강의 용접이 발전되면서 완벽한 밀폐와 훨씬 강해진 연결부를 제공하는 용접에 의한 접합이 강관의 연결에 있어서 대세를 이루게 되었다. 현재는 파이프의 직경이 1 1/2" 또는 2" 이하에서만 제한적으로 나사식 연결법이 사용된다. 떼어낼 필요가 있는 부분의 직경이 좀 더 큰 파이프의 연결부에는 플랜지가 이용된다[그림 4-36]. 그 외의 모든 파이프라인의 연결부는 용접된다. 플랜지 연결부는 두 개의 플랜지와 한 개의 개스킷, 그리고 필요한 볼트나 볼트 스터드로 구성된다.

[그림 4-36] 플랜지 형태

나사식 연결부(Threaded Joints)

나사식 강관의 연결부는 유니온과 커플링으로 이루어진다. 유니온은 파이프 부분을 떼어낼 때 플랜지와 같은 용도로 이용된다. 용접 연결부가 소구경에서도 이용되기는 하지만 보통은 경제적이거나 실용적이지 못하다.

플랜지식 연결부(Flanged Joints)

표준 단조강 플랜지는 관련 규격에 150lb, 300lb 등으로 편리하게 분류되어 있는데 이들 등급(ratings)은 호칭 사용압력 등급을 지칭한다. 예를 들어 150lb 플랜지는 150psig와 500°F에서 사용하기 적합한 플랜지라는 의미이다.

단조강 플랜지에 대한 ASTM 시방서에서 일반용은 A-181, 고온용은 A-105, 그리고 합금강용은 A-182이다. 플랜지는 모든 호칭경의 파이프에 대하여 제조되는데 몇 가지 종류의 일반적인 플랜지의 형식인 welding-neck, slip-on, lap-joint, socket-welding, 그리고 나사식 형식의 플랜지로 공급된다. 이 중에서 welding-neck이 가장 널리 이용되는 형식이다[그림 4-37 참조].

플랜지 접합면과 개스킷(Flange Facings and Gaskets)

연결부를 밀폐하기 위하여 개스킷이 이용된다. 개스킷은 주어진 배관의 사용 조건을 견디어 낼 수 있는 재료로 만들어지고 압축에 대해 충분한 소성 변형이 발생하여 연결부가 완벽히 밀폐되도록 해야 한다.

모든 관련 규격의 플랜지의 접합면은 돋아 오른 면(raised-face), 암수 형(male-and-female), 혀와 홈 형(tongue-and-groove), 고리 형 연결(ring-joint), 또는 평평한 면(flat-faced)의 접합면(facing) 형식으로 구입될 수 있다[그림 4-37 참조]. 가장 보편적인 접합면은 돋아 오른 면(raised-face) 형식이다.

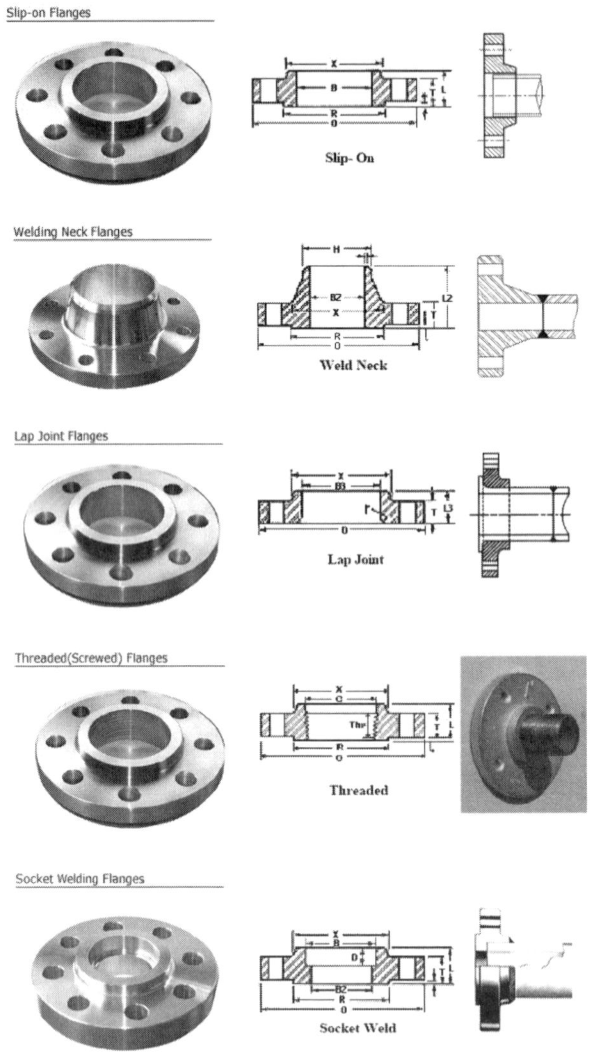

[그림 4-37] 플랜지 연결부 형식 [58]

플랜지를 위한 볼트

두 가지 일반적인 형태의 볼트가 플랜지 연결부에 이용된다. 가장 보편적인 것은 통상적인 탄소강 머신볼트의 변형으로서 사각 또는 육각머리 볼트와 육각 너트이다. 또 다른 형태는 소위 볼트 스터드(bolt studs)라 불리는 것인데 볼트 전체에 나사가 나 있는 스터드와 두 개의 육각머리 너트로 이루어진다.

4.4.3 파이프 피팅 (Pipe Fittings)

용접식 피팅(Welding Fittings)

용접식 배관 시스템은 현재 거의 모든 플랜트의 설치에 이용되며 맞대기 용접(butt-welding) 피팅은 파이프를 굽힐 필요성을 줄여주기 위하여 개발되었다. 용접식 피팅은 다양한 상품명으로 제작되고 판매되고 있다[그림 4-38 참조].

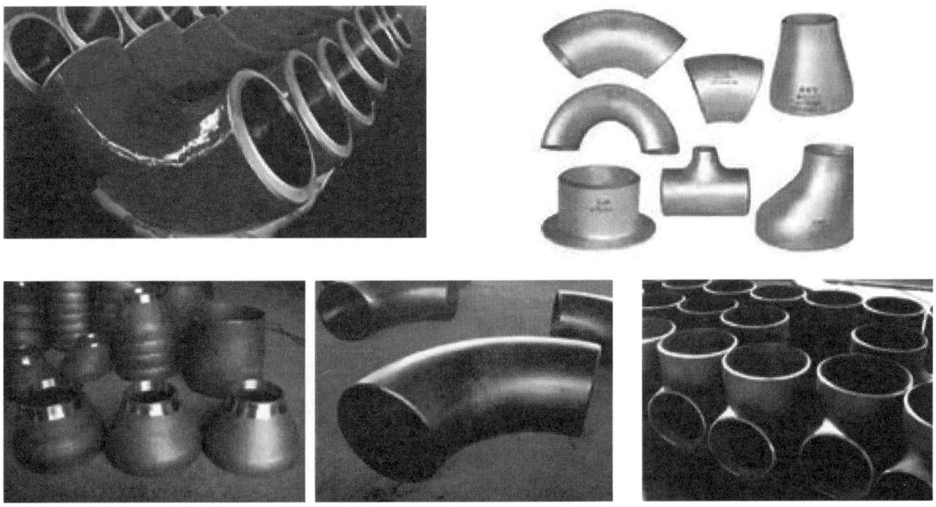

[그림 4-38] 다양한 용접식 피팅

피팅들은 표준 파이프 관경과 시방서에 부합하며, 티, 엘보우, 리듀서, 그리고 캡 등으로 공급된다. 이러한 거의 모든 피팅들은 이음매가 없는(seamless)제품들로서 표준치수를 갖는다. 예를 들어 모든 긴 반경의 90° 용접식 엘보우는 호칭경의 1.5배의 중심에서 접합면까지의 치수(center-to-face dimension)를 갖는다. 이런 표준화가 설계와 건설을 단순화시켜 준다.

플랜지식 피팅(Flanged Fittings)

대부분의 배관 시스템에서 실제 유지보수 작업은 밸브와 같은 부속품에 한정되고 파이프 그 자체에서 발생되지 않는다. 2" 이상의 모든 밸브는 보통 플랜지로 연결되기 때문에 이들 밸브의 연결부는 배관 시스템의 일부를 떼어낼 때 이용될 수 있다.

나사식 피팅(Threaded Fittings)

나사식 파이프 피팅은 거의 모든 재료와 형식으로 구입될 수 있는데 플랜트에서는 단조강 제품이 가장 널리 사용된다. 물론 나사식 피팅의 대부분은 2" 이하의 작은 크기 호칭경의 배관에 이용된다.

4.4.4 밸브(Valves)

밸브는 배관 부속품들 중에서 가장 중요한 것인데 거의 한계가 없을 정도로 다양한 재질과 디자인을 갖춘 제품들이 공급되고 있다. 플랜트의 창고관리와 유지보수는 만약 보관된 밸브의 종류가 최소한으로 유지될 때 매우 편리하게 된다. 예상되는 모든 서비스를 만족시킬 수 있는 한두 가지 밸브 디자인을 선정함으로써 소구경 배관에 있어서 표준화를 꾀하는 것이 특히 경제적이다.

분류(Classification)

플랜트에 사용되는 밸브는 게이트, 글로브, 플러그, 체크, 그리고 제어 밸브로 분류될 수 있다. 이들의 더욱 보편적인 형식의 많은 사용 조건들뿐만 아니라 면대면(face-to-face) 및 플랜지식 밸브의 플랜지 치수도 표준화되어 왔다. 그러나 일반적으로 주어진 밸브에 대한 완벽한 시방서와 개요에 대해서는 제조자의 카탈로그를 참조해야만 한다.

용어해설(Nomenclature)

모든 게이트 및 글로브 밸브는 두 가지 유사한 부분을 갖고 있는데 즉 몸체(body)와 보닛(bonnet)이다. 몸체는 오리피스, 오리피스를 닫는 부분, 그리고 배관에 연결하기 위해 필수적인 플랜지나 나사식 개구부를 포함한다.

보닛은 몸체에 연결되어 밸브를 덮어주는 밸브의 윗부분을 말한다. 여기엔 글랜드(gland), 지지 및 안내 장치, 스템(stem), 그리고 밸브 휠 또는 폐쇄 도구가 포함된다.

밸브 시트(seat)는 플러그나 게이트에 의해 닫히는 오리피스의 부분을 말한다. 밸브는 한 몸체로 된 시트 또는 재생 가능한 시트로 공급될 수 있다. 밸브 트림(trim)은 시트, 플러그 또는 게이트, 그리고 스템을 형성하는 재료에 적용되는 용어이다. 밸브의 양쪽 끝은 나사식, 플랜지식, 또는 용접식으로 지정된다.

게이트 밸브(Gate Valves)

게이트 밸브는[그림 4-39 참조] 가장 보편적으로 이용되는 밸브이다. 유체는 게이트 밸브를 직접적으로 통과해 배관의 축 방향으로 흐른다. 이 밸브는 본질적으로 홈 속에 놓인 하나의 미끄럼 판 또는 게이트로 구성된다. 게이트 판이 손잡이 휠에 의해 회전하는 나사식 스템의 수단으로 오리피스를 직접 가로질러 움직여서 닫힌다. 게이트 밸브는 그러나 일반적으로 장비나 라인을 고립시키기 위한 블록 밸브로 이용되거나 또는 완전 개폐식 서비스에 이용되며 스로틀링(throttling) 목적으로는 거의 사용되지 않는다. 스로틀링 서비스에는 보통 보다 손쉽게 제어되는 글로브 밸브가 이용된다. 오리피스가 대략 동심원을 이루고 유동이 배관에 대해 축 방향이기 때문에 게이트 밸브는 글로브 밸브에 비해 보다 낮은 압력강하를 갖는다.

글로브 밸브(Globe Valves)

글로브 밸브는 오리피스가 유동 축에 대해 직각이나 또는 어떤 각도를 갖도록 배치된 점이 게이트 밸브와 다른 점이다. 폐쇄는 스템에 부착된 디스크 또는 플러그에 의해 이루어진다. 유체 흐름에 몇 차례의 각도 변화가 발생하여 글로브 밸브를 통한 압력강하는 게이트 밸브에 비해 매우 큰 편이고 글로브 밸브는 스로틀링 서비스에 선호된다. 일반적인 앵글 밸브(angle valve)도 이 범주에 속한다.

플러그 밸브(Plug Valves)

플러그 밸브는 코크 밸브(cock valve)로도 불리는데 모든 밸브의 선조 격이다. 이 밸브의 뛰어난 특징은 여전히 이것의 단순성이다. 밸브가 열리면 유체는 몸체의 오리피스와 같은 크기를 가진 플러그의 구멍을 통과해 파이프에 평행하게 흐른다. 유동은 플러그를 90° 회전시킴으로써 닫힌다. 이 밸브는 게이트 밸브만큼 보편적으로 이용되지는 않는다. 볼 밸브도 이 형태의 밸브에 속한다[그림 4-40 참조].

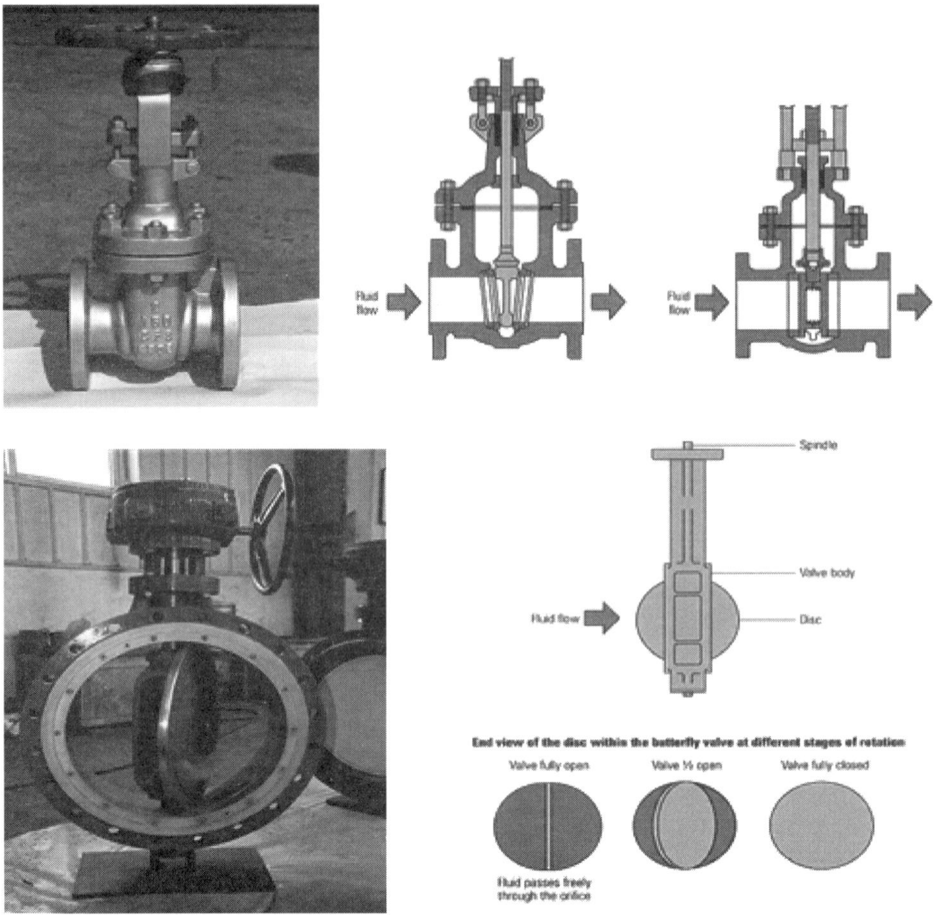

[그림 4-39] 게이트 밸브와 버터플라이 밸브

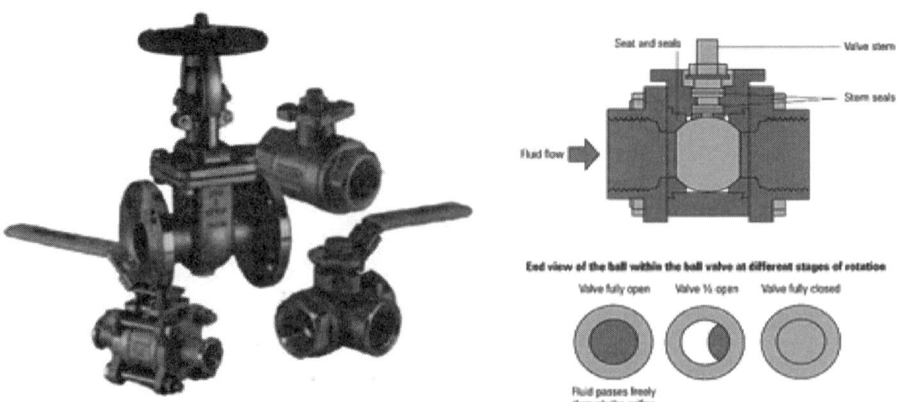

[그림 4-40] 볼 밸브

체크 밸브(Check Valves)

체크 밸브는 배관 라인에서 유체의 역류를 방지하기 위한 목적으로 이용된다. 리프트 체크 형식과 스윙 체크 형식의 두 가지 방식이 이용된다[그림 4-41]. 리프트 체크 밸브는 볼이나 안내 플러그를 갖추고 있는데 이것이 유체가 통과할 때 들려지고 역류할 때 앉히게 되어 밸브가 닫히게 된다. 리프트 체크 밸브는 2" 이하에서 자주 사용되며 들려지는 방향이 수직이 되도록 설치된다.

스윙 체크 밸브는 보다 더 자주 사용되는데 이 밸브는 유동에 대한 저항이 덜하고 2" 이상에서 주로 사용된다.

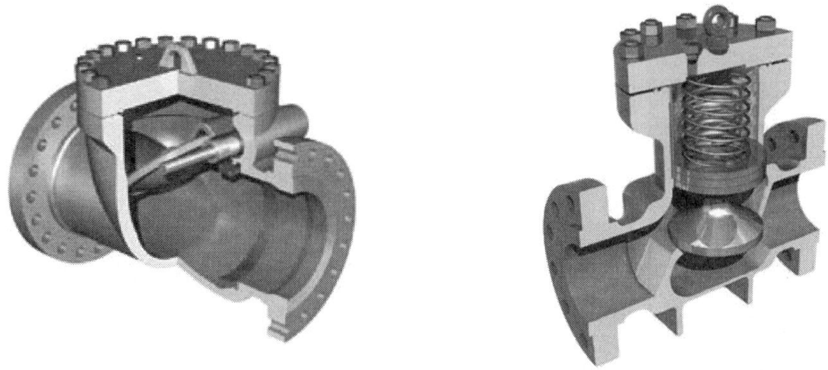

(a) swing check (b) lift check

[그림 4-41] 체크 밸브 58

제어 밸브(Control Valves)

제어 밸브(control valve)는 기본적으로 글로브 밸브와 유사하다[그림 4-42 참조]. 이들은 게이트나 글로브 밸브에서 사용되는 모든 종류의 재질과 사용 범위에 대하여 제작되지만 제어 밸브의 "트림(trim)"과 몸체는 보통 밸브보다 높은 품질의 시방서를 갖는다.

다이어프램(diaphram) 제어 밸브가 가장 널리 이용된다. 그것은 일정한 방으로 된 공간의 움직일 수 있는 부분을 형성하는 하나의 판 또는 다이어프램에 부착된 스템에 의해 개폐된다. 한쪽 방향으로 움직이기 위해 필요한 힘은 그 방으로 된 공간의 공기압에 의해 만들어지고, 반대 방향으로는 스프링에 의해 만들어진다. 다이어프램의 운동과 그에 따라 스템이 밸브 플러그로 하여금 밸브의 오리피스를 여닫게 한다. 다이어프램에 작용하는 공기압은 일차적인 감지 계기에 의해 제어된다.

제어 밸브는 압력의 제어와 유동 제어에 이용된다. 많은 압력 제어기는 제어되고 있는 유체를 시동 매체(actuating medium)로 채용한다. 이런 형식의 밸브에서 감지 요소는 통상적으로 밸브에 위치하고 다이어프램이나 다른 압력 시동 장치로 이루어져 있다.

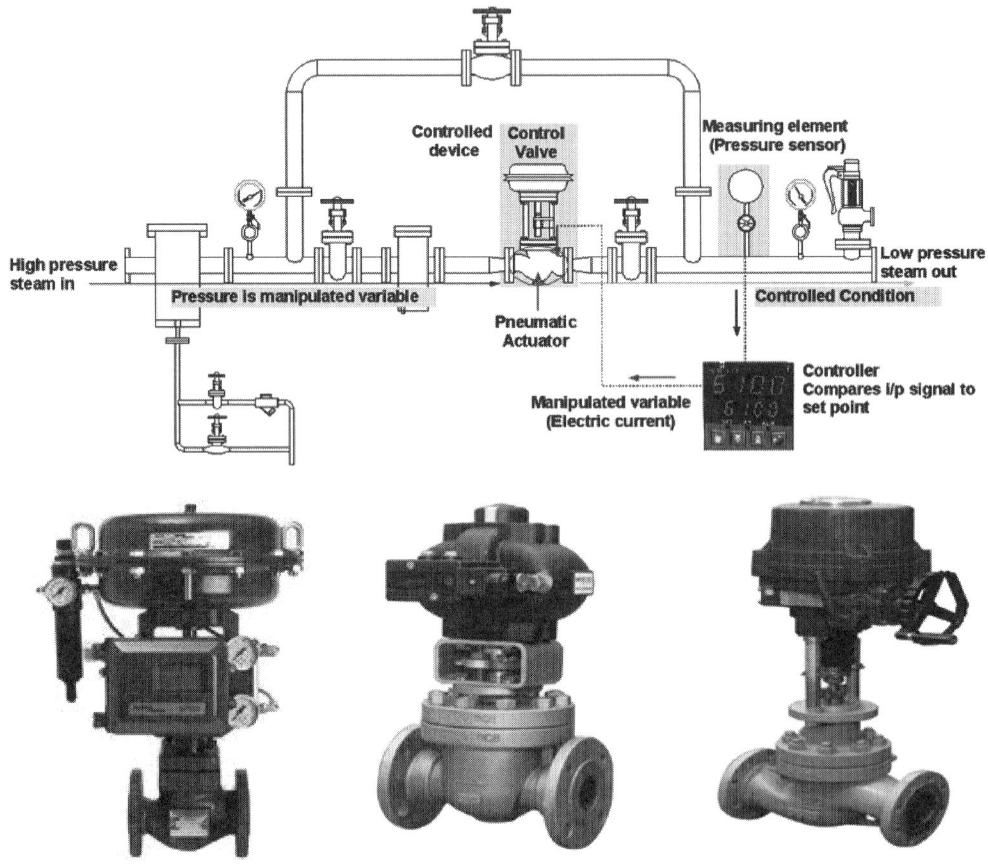

[그림 4-42] 제어 밸브 58

릴리프 밸브(Relief Valves)

릴리프 밸브는 과도한 압력을 해소시켜 장비를 보호할 단일한 목적을 위해 설계되고, 그리고 계속적으로 폐쇄 위치에 놓이도록 설계된 유일한 종류의 밸브이다. 이들 밸브는 시트에 작용하는 힘이 스프링의 힘을 초과할 때 자동적으로 열린다[그림 4-43]. 이들은 생명과 재산을 지키는 안전장치이기 때문에 가장 정제된 재료로 구축되어야 한다.

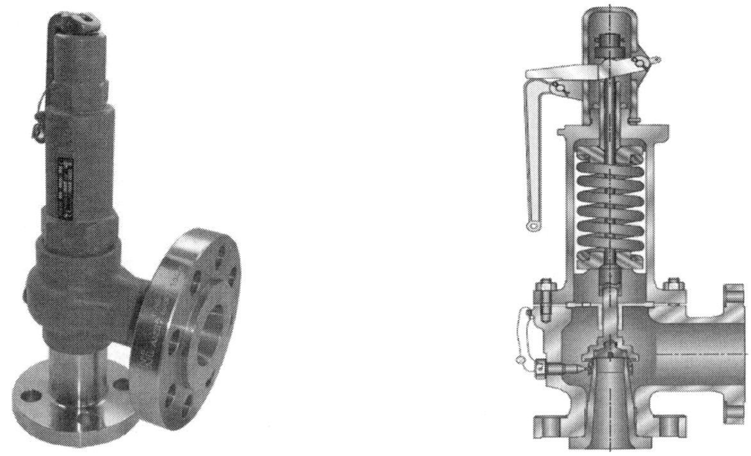

[그림 4-43] 릴리프 밸브 58

4.4.5 파이프 행거와 지지대 (Pipe Hangers and Supports)

플랜트 배관의 설치 시에 모든 배관은 봉이나 체인에 부착된 클램프에 의해 철 구조물에 매달리거나 또는 건물 외에 있는 장비에 연결된 배관은 철 구조물로 만들어진 지지대(support) 위로 설치된다[그림 4-44참조]. 배관이 지지대를 가로질러 놓이기 때문에 구조물 요소 위에 직접 얹힌 슈(shoe)라 불리는 장치에 의해 파이프를 지지하는 것이 더욱 간편하다.

[그림 4-44(b)]에 보인 바와 같은 저렴하고 간단한 슈는 T형 빔이거나 보다 보편적인 H 또는 I 형 강을 나누어서 만들 수 있다. 배관을 각 철 구조물 지지대에 확고히 부착하는 것은 불필요하고 보통은 바람직하지 않다. 통상적으로 하나 걸러 하나씩의 지지대 혹은 각 셋째나 넷째의 지지대에는, 라인의 관경에 따라서, 안내장치(guide)가 [그림 4-44(c)]와 같이 설치된다. 이 안내 장치는 고정된 방향으로 움직임을 허용한다. 수직 움직임을 제한하기 위한 간단한 방법은 [그림 4-45]과 같이 스프링 행거를 설치하는 것이다.

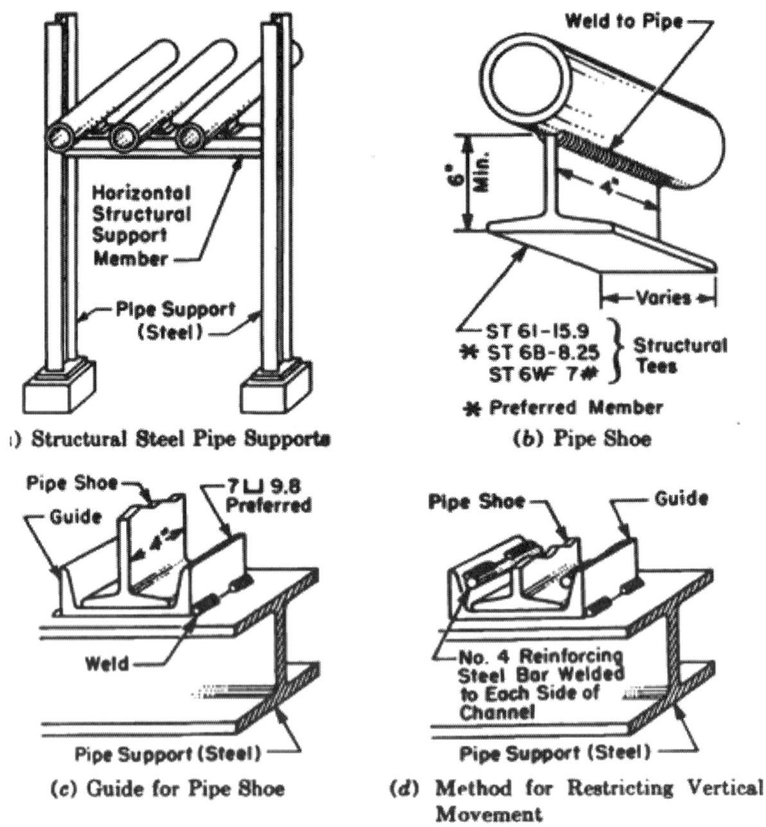

[그림 4-44] 파이프 지지대와 앵커 25

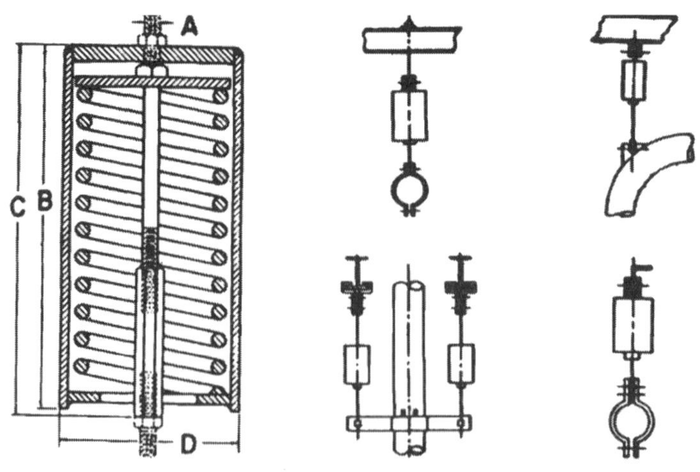

[그림 4-45] 스프링 행거와 대표적인 설치법 25

파이프 지지대의 디자인에 있어서 상대적으로 동일한 높이로 달리는 모든 파이프에 대해 하나의 특정한 파이프 밑면(bottom-of-pipe; B.O.P.) 고도를 설정하는 것이 통상적이고 훌륭한 관행이다. 어떤 층에 있는 모든 파이프를 고정된 B.O.P. 고도에 설정함으로써 실용적으로 가이드를 제외한 모든 슈들은 동일한 높이를 갖게 되며 이로써 파이프라인 지지 장치의 설치를 크게 단순화시켜 준다.

[그림 4-46]에는 클레비스, 클램프, 링, 그리고 롤 스탠드와 같은 일반적으로 공장에서 일괄적으로 제조되어 널리 이용되는 행거들을 보이고 있다.

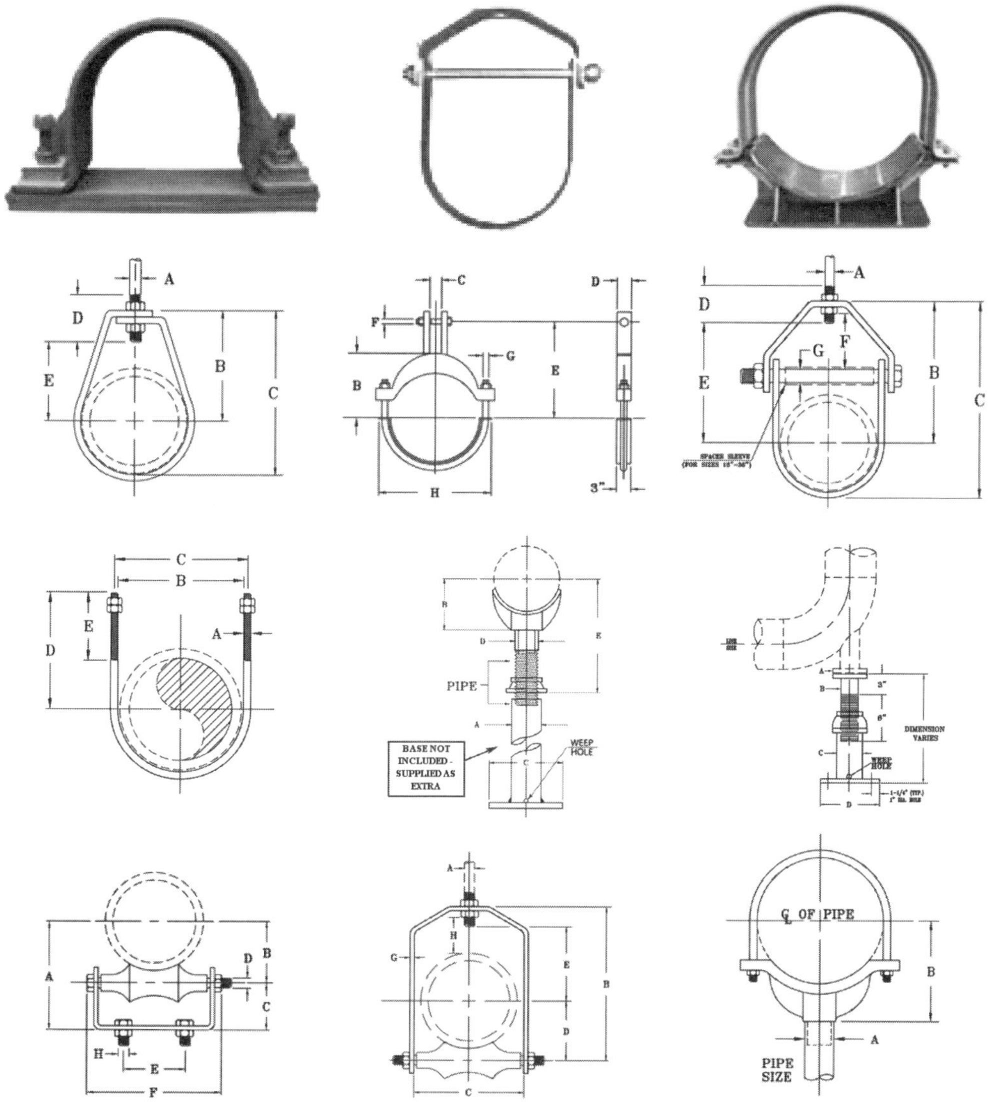

[그림 4-46] 대표적인 행거의 종류

4.4.6 배관 레이아웃과 배치

플랜트를 위한 배관의 레이아웃 또는 최초의 배치에 있어서 디자이너는 고려해야 할 6가지 관련 문제를 가지고 있다[그림 4-47참조].

1) 공정 요구조건

2) 배관으로부터 장비로 과도한 응력의 전달, 그리고 장비로부터 배관 시스템으로 진동의 전달

3) 경제성

4) 작업 접근성

5) 유지보수와 교체

6) 배관 시스템 내의 과도한 응력

[그림 4-47] 옥외 배관의 레이아웃 실례 58

(1) 공정 요구사항

일부 특정한 "공정상의 이유"를 제외하고 최상의 배치가 항상 흐름도 위에 보인 대로 한 장비에서 다른 장비로 최단거리가 되도록 직접 연결함으로써 달성되는 것은 아니다. 어떤 공정 플랜트 배관 설치에 관한 연구에서도 근본적으로 항상 방향 전환은 그 변화가 동일한 평면 안에서든지 또는 다른 평면 안에서든

지 간에 90°로 바뀌면서 모든 배관은 뚜렷한 패턴으로 달리도록 배치된다는 것을 보여주게 될 것이다. 수백 개의 라인들이 플랜트의 다양한 부분들로 연결되어야 할 때 이런 질서정연한 배치가 이용되는 것은 필수적이다[그림 4-48참조]. 각 파이프를 최단거리의 직선으로 라우팅(routing)하는 것은 혼동을 초래하며 비실용적인 배치이다.

모든 장비는 여하튼 다소간의 기계적 보수유지와 검수 및 청소가 필요하기 때문에 장비에 접근할 수 있어야만 한다. 안전을 위하여 어떤 장비는 특정한 지점에 위치하던지 또는 다른 장비로부터 가급적 멀리 떨어져 위치하도록 요구된다.

가장 간단한 배관 배치는 장비가 평행인 열들에 위치하거나 또는 어떤 직사각형 패턴으로 위치하여 있을 때 가능하게 된다. 펌프, 용기, 또는 열교환기와 같은 동일하거나 또는 유사한 공정 장비는 통상적으로 잇따른 열들에 모여지게 된다. 그룹으로 모여 있는 펌프들과 같은 동력 구동 장비의 위치는 동력 공급과 제어 시스템을 단순화시키며 따라서 비용을 줄여준다.

[그림 4-48] 옥내 배관의 레이아웃 실례 58

가능한 한 연결 배관은 항상 지면 가까이에 위치한 보다 작은 장비의 위쪽으로 랙(rack) 안에서 머리위로(overhead) 달리도록 한다. 배관을 머리위로 높이 띄우는 주된 목적은 장비 주위에 간격을 제공하기 위함이다.

방향이 변할 때 높이를 변화시키면서 동일한 높이에서 하나의 묶음(bank) 안에 있는 모든 평행한 배관을 모으는 것은 통상적인 관행이다. 이런 방식으로 잇따른 층들 사이의 연결을 위해 또한 제거와 유지보수를 위해 공간이 제공된다. 그러나 액체가 고일 수 있는 라인 안에 포켓을 생성하는 높이 변화를 피하기 위하여 주의를 기울여야 한다.

(2) 응력과 진동의 전달

배관에서 장비로의 응력의 전달은, 터빈이나 다른 증기구동 장비로 연결된 증기 또는 배증기와 같은 서비스에 있어서, 제조된 팽창 조인트(expansion joints)의 설치로서 소거될 수 있다. 공정 서비스에서 부식, 마멸, 그리고 주기적 응력이 발생될 가능성이 있을 경우엔 때때로 기계적인 팽창 조인트의 사용을 제한하기도 한다. 이런 이유들 때문에 배관 디자이너는 보통 적절한 배관 배치 및 지지대와 앵커의 사용으로 장비에 작용하는 배관 응력을 제거하기 위해 노력한다.

배관 연결에서 응력을 제거하는 두 가지 이유가 있다. 그 하나는 배관이 부착될 기계나 밸브의 몸체의 과도응력을 방지하기 위한 것이고 또 다른 하나는 편차 운동에 의해 초래되는 장비 부품의 정렬이탈을 방지하는 것이다. 장비 제조업자는 만약 파단이 외부 응력에 따른 것이라면 어떤 보증도 인정하지 않을 것이다.

배관에서의 진동은 보통 배관이 움직이는 기계류에 연결될 때 발생된다. 적절한 지지대와 행거 또는 진동 감쇄기의 이용은 대부분의 주기적 진동을 제거시켜 줄 것이다. 원심 압축기와 같은 고속 기계에 의한 고주파 진동은 고정된 지지장치를 적용함으로써 해소된다. 이들 지지대에 대한 올바른 위치는 기계가 작동 중일 때 실험적으로 추의 무게를 적용시켜 봄으로써 결정될 수 있다.

(3) 경제성

비용 고려는 종종 공정 요구조건에 의해 간과된다. 유능한 레이아웃 디자이너는 그러나 피팅과 지지대의 낭비적인 사용을 피할 것이다. 각 시스템이 변하는데 따라서 정해질 수 있는 정교한 법칙이란 없지만 그러나 통상적으로 배관에서의 최상의 경제성은 배관 시방서의 단순화로 얻어질 수 있다.

(4) 접근성

운전 작업 중에 이용되거나 또는 정기적인 유지보수에서 필요한 밸브와 기타 부속품들은 편리한 자리에 위치하여야 한다. 이러한 위치는 지상의 바닥면이거나 또는 플랫폼에 바로 인접한 곳일 것이다.

(5) 유지보수와 교체

배관의 유지보수와 교체의 문제는 통상적으로 배관이 심한 부식성 또는 마모성이 있는 물질을 호송하는 배관일 경우를 제외하고는 중요하지 않다. 탄소강 또는 합금강 배관 시스템은 통상적으로 여러 해의 수명을 가지며 시스템의 폭넓은 부분의 교체는 전체적인 디자인에서 일상적으로 고려되는 주요 문제는 아니다. 마모나 부식의 극단적인 조건에 의존적인 배관의 특정 부분은 그러나 교체가 단순화되도록 배치되어야 한다.

(6) 배관 응력

응력의 종류

근본적으로 모든 배관 시스템의 응력 또는 관련된 응력 해석을 필요로 하는 특정한 모든 응력들은 온도 변화의 결과이다. 일상적으로 배관에 응력을 유발하는 세 가지 조건들이 있는데 즉 첫째 파이프 벽에 작용하는 내부 또는 외부의 압력에 의한 응력, 둘째 제작 또는 설치 후에 파이프 벽에 남아있는 응력, 그리고 셋째 유체유동 또는 외부 조건에 의해 발생되는 온도 변화에 따른 응력이다.

코드의 규칙에 따라 적절한 파이프 시방서와 벽 두께를 선정함으로써 첫째 조건을 견디어 낼 안전한 설계가 이루어질 수 있다. 둘째 조건은 응력 해소와 적절한 제작을 통해 제거될 수 있다. 셋째 조건은 그러나, 그것이 예상될 수 있는 것이기는 하지만, 그것이 현재 알려진 어떤 간단한 해석으로 정확하게 평가될 수 없다는 점에서 더욱 파악하기 어려운 것이다.

"온도" 응력의 크기

양단이 고정된 강관에서 발생된 응력은 온도가 1 °F (0.55 °C) 증가할 때마다 약 195 psi (1.34 MPa)이다. [S = E C T, 여기서 S=응력, E=탄성 계수, C=팽창 계수,

그리고 T= 온도 변화 °F (°C)]. 온도 1 °F (0.55 °C)의 변화에 의해 초래된 가능한 종방향 힘의 크기는 몇 가지 관경에 대해 이 응력 값을 적용함으로써 예시된다. 그러므로 1" schedule 40 파이프에 대해 그 힘은 S×파이프의 금속 단면적 = 96.3 lb (0.43 kN), 4" schedule 40에서 618lb (2.75 kN)이고 12" schedule 40에서 3069 lb (13.6 kN)이 될 것이다.

플랜트 배관에서 온도 변화는 보통 몇 백 도의 범위에 있다. 단 100 °F (55 °C)의 변화로 위의 힘은 각각 대략 5 톤, 30 톤, 그리고 150 톤이 될 것이다. 그러나 이들 힘은 만약 파이프가 가열 중에 움직임이 구속되어 그것의 차가울 때의 자리에 단단히 붙잡아 지는 경우에만 존재하게 된다. 이 조건 하에서조차 만약 응력이 금속의 항복점에 도달하면 어느 정도의 소성이 시스템을 즉각 풀리게 만들 것이다.

팽창 응력 풀림을 위한 방법

배관 시스템은 온도 변화로 발생되는 힘을 줄여주거나 제거하기 위하여 몇몇 수단이 갖춰져야만 한다. 배관은 유연하게 설계되어 그 자체로 이들 힘의 주된 부분을 해소시킬 수 있어야 한다. 이것은 배관 레이아웃에서 유연성을 제공하거나 또는 팽창 조인트(expansion joint)나 콜드 스프링(cold spring)에 의하여 성취될 수 있다.

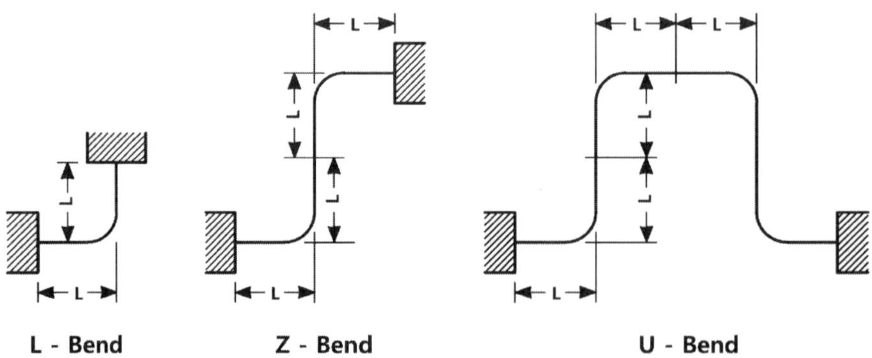

[그림 4-49] 통상적인 팽창 벤드 25

레이아웃을 통한 유연성

배관은 하나의 공통된 연결점에서 다른 점으로 하나의 직선으로 달리는 경우는 드물다. 수시로 배관은 방향을 전환하고 그 전환점에서 자유롭게 움직이도록 허용되어 시스템은 보다 더 유연해진다. 이런 기회에 의지하기보다는 팽창 문제를 염두에 두고 전체 배관 레이아웃을 계획하는 것이 선호된다. [그림 4-49]는 배관에서 유연성을 제공하는 다양한 오프셋(offsets)과 루프(loops)를 예시한다. 이 스케치는 왼쪽에서 오른쪽으로 유연성이 증가하는 순서로 배치되어 있는데 여기서 각 벤드는 같은 길이 L인 레그(leg)를 가지고 있다. 예시된 벤드는 단지 하나의 평면에서 이루어진 것인데 하나 이상의 평면들 즉 3차원 공간에서 벤드를 만들어주면 유연성은 훨씬 향상된다.

팽창 조인트(Expansion Joints)

양단이 단단히 고정된 직선으로 달리는 파이프에서 팽창 조인트의 설치는 팽창에 의해 발단된 응력을 경감시킬 것이다. 조인트는 파이프의 두 구간을 커플링의 방식으로 연결하지만 그러나 여전히 움직임을 허용한다[그림 4-50].

[그림 4-50] 팽창 조인트의 예 58

콜드 스프링(Cold Spring)

팽창에 의해 발생되는 힘은 배관의 치수가 대기 온도에서 작동 온도로 변함에 따라 늘어나거나 줄어드는 배관의 움직임에 기인한다. 뜨거운 조건에서 응력의 최종 강도를 줄이기 위한 하나의 방법은 파이프를 짧게 잘라서 차가운 조건에서 그것을 제 자리에 설치하여 배관 시스템의 작동 시에는 다시 늘어나게 하는 것이다. 이런 늘림(springing)이 시스템에, 팽창된 뜨거운 운전 조건에서는 압축 응력으로 변하는, 인장 응력을 발생시킨다. 이들 응력 모두는 만약 파이프가 차가운 조건에 대하여 엄밀한 치수로 잘렸을 때 발생하는 값들보다 낮은 값을 갖게 될 것이다.

이런 설치 기술은 콜드 스프링(cold spring)이라 불린다. 관련 코드에서는 파이프가 그렇게 설치된 경우에 가정되는 응력 저감의 한계를 정의하고 있다. 콜드 스프링이 실제로 적용될 때에는 해당되는 모든 배관 조각(pipe piece)들을 위한 공간의 실제 현장 측량이 이루어져야 한다.

4.4.7 배관의 관경 결정

기본 방정식

모든 유체 유동의 문제에서 주어진 시스템의 전반적인 질량 및 에너지 평형을 검토하고 열역학 제1법칙과 제2법칙을 고려함으로써 공학적 과제를 해결할 수 있으며 이를 플랜트 배관 시스템에 적용할 수 있다. 주어진 배관 시스템을 정상상태의 정상유동이고 1차원적 유동이라고 가정하면 시스템에 유입되는 에너지의 총량은 시스템으로부터 유출되는 에너지의 총량과 같아야 한다는 결론을 얻게 된다.

유동 시스템에 대한 열역학 제1법칙을 표현하고 이를 단위 질량유량에 대하여 정리하면 아래의 적분형 방정식을 얻을 수 있는데 이를 확장된 베르누이 방정식(modified Bernoulli's equation)이라 부르며 다음과 같이 표현된다.

$$h_q + h_s + \frac{P_1}{\rho g} + \alpha\frac{V_1^2}{2g} + z_1 = \frac{P_2}{\rho g} + \alpha\frac{V_2^2}{2g} + z_2 + h_L \tag{4-25}$$

여기서 h_q = 열전달 헤드

h_s = 축일 헤드

P = 정압

ρ = 유체의 밀도

g = 중력가속도

α = 운동에너지 보정계수

V = 유체의 속도

z = 고도

h_L = 헤드 손실

여기서 헤드 손실은 유체가 파이프 내를 흐르면서 벽면과의 마찰에 기인한 비가역 손실을 의미하며 이로써 파이프 내를 흐르는 유체에는 압력강하(pressure drop)가 발생하게 된다.

직경의 변화가 없는 곧은 파이프가 수평으로 놓여있을 때 파이프의 입구로 유입된 유체가 파이프 출구로 유출되기까지의 과정에서 발생되는 마찰에 의한 주 손실을 검토하자. 위 식 (4-25)에서 열전달, 축일, 고도의 차이가 없다고 가정하고 1차원적 유출입 속도분포를 가정하면(즉 α=1.0), 질량 평형으로부터 $V_1 = V_2$가 되고 따라서 식을 헤드 손실에 대해 정리하면

$$h_L = \frac{P_1 - P_2}{\rho g} = \frac{-\Delta P}{\rho g} \tag{4-26}$$

즉, 파이프 내의 헤드 손실은 파이프 입구와 출구 사이의 압력강하 값을 밀도와 중력가속도로 나눈 값이 된다.

한편 관로 내의 마찰로 인한 압력강하는 실제로 모든 형태의 완전 발달된 내부유동에서 다음과 같이 나타낼 수 있다.

$$\Delta P_L = f\left(\frac{L}{D}\right)\frac{\rho V^2}{2} \tag{4-27}$$

여기서 ΔP_L = 거리 L 사이에서 발생된 압력강하

L/D = 직경에 대한 거리의 비

$\rho V^2/2$ = 동압(dynamic pressure)

f = Darcy의 마찰계수 (friction factor)

파이프의 주 손실에 대한 위의 식(4-26)에 식(4-27)를 대입하여 정리하면 다음과 같다.

$$h_L = f\frac{L}{D}\frac{V^2}{2g} \tag{4-28}$$

이 식에서 Darcy의 마찰계수 f 값을 알 수 있다면 계산하고자 하는 관로 마찰 손실 h_L을 바로 구할 수 있다. 층류 유동의 경우 해석적 방법으로 이 값을 구할 수 있으나 난류 유동의 경우 마찰계수는 레이놀즈 수(Reynolds number; Re)와 파이프 내벽의 상대조도(relative roughness; ϵ/D)에 따라 변화함이 알려져 있다. 수많은 시험결과를 집대성하여 층류나 난류의 경우를 포함한 모든 유동 형태에 대하여 f 값을 구할 수 있도록 작성된 도표를 무디 선도(Moody chart)라 부른다[그림 4-51 참조].

또한 위의 실험결과에 대해 곡선접합(curve fitting)을 수행하여 얻어진 관계식이 발표되어 있는데 이것이 바로 Colebrook 공식이라 불리는 아래의 내재적 관계식(implicit equation)이다.

$$\frac{1}{\sqrt{f}} = -2.0\ \log\left(\frac{\epsilon/D}{3.7} + \frac{2.51}{Re\sqrt{f}}\right) \tag{4-29}$$

요즈음은 무디 선도를 사용하기보다는 개인용 컴퓨터를 이용해 간편하게 내재적 관계식을 풀어 마찰계수 값을 계산해 낼 수 있다.

피팅에서의 손실

식(4-28)은 직관 파이프 내에서의 마찰 손실을 계산할 수 있도록 해준다. 다양한 벤드, 피팅, 그리고 밸브도 또한 고려되어야 한다. 밸브와 피팅에 대한 마찰 손실을 예측하는 가장 간단한 방법은 밸브와 피팅 내에서 발생할 것과 등가의 마찰 손실을 갖는 직관의 길이를 더하여 고려하는 것이다.

$$h_L = f\left(\frac{L_e}{D}\right)\frac{V^2}{2g} \tag{4-30}$$

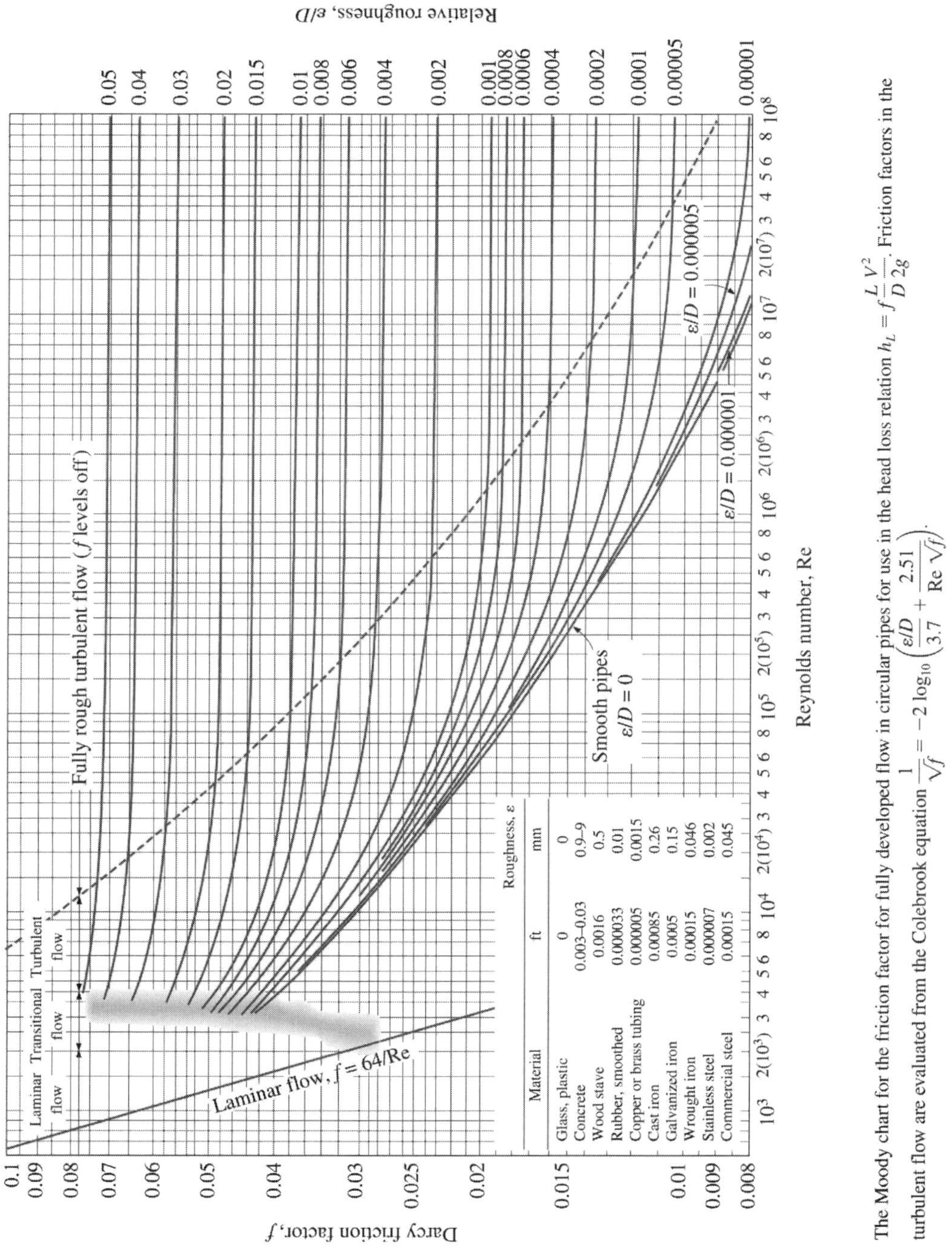

[그림 4-51] Moody Chart 57

여기서 L_e=등가 길이(equivalent length)이다. 이런 등가길이 방식의 밸브와 피팅에 대한 마찰 손실 자료의 예로서 Crane Company Technical Paper No. 410[15]) 에서 찾아볼 수 있다. 또 다른 방법은 제조자가 자신들의 제품을 가지고 실험을 통해 얻어낸 손실 계수(loss coefficient), K, 값을 가지고 마찰 손실을 계산하는 것이다. 이 방법은 피팅에서의 마찰 손실은 유체가 피팅으로 흘러들어 오는 운동 에너지의 일부를 소비한다는 점에 착안한 것이다. 따라서 밸브와 피팅을 지나며 발생되는 마찰 손실 헤드는 다음과 같이 표현된다.

$$h_L = K\frac{V^2}{2g} \tag{4-31}$$

여기서 V = 피팅의 상류에서의 유속

K = 손실 계수

(특정한 피팅이나 밸브에 대해 경험적으로 결정되는 상수)

배관 시스템에 있어서 관로 내의 헤드 손실은 파이프의 직관 부분뿐 아니라 여러 종류의 피팅, 엘보우, 입출구, 그리고 확대 축소부 등에서 발생되며 직관 부분에서 발생한 손실과 그 외의 관로의 모든 손실을 각각 주 손실(major loss)과 부차적 손실(minor loss)이라 부른다. 그러므로 배관 시스템에서 발생되는 총 헤드 손실은 다음과 같다.

$$\begin{aligned} h_{L,total} &= h_{L,major} + h_{L,\mathrm{minor}} \\ &= \Sigma f\left(\frac{L}{D}\right)\frac{V^2}{2g} + \Sigma f\left(\frac{L_e}{D}\right)\frac{V^2}{2g} + \Sigma K\frac{V^2}{2g} \end{aligned} \tag{4-32}$$

다양한 밸브, 피팅, 그리고 여러 가지 다양한 관로 손실 발생부분에 대한 손실계수(K)나 등가길이(L_e) 값들은 관련 코드나 여러 제조자의 자료를 참고할 수 있다.

관경 계산 기술과 범주

공정 라인의 관경 결정 방법은 엔지니어에게 익숙한 유체역학 지식에 관련된다. 한 라인의 관경이 가정되고 그리고 압력강하가 계산된다. 만약 계산된 압력강하가 만족스러울 경우 처음 가정한 관경이 사용된다.

그렇다면 문제는 무엇이 만족스러운 압력강하 값인가 하는 것을 결정하는 문제로 귀결된다. 만약 압력강하가 너무 크다면 펌프 비용이 과도해질 수 있다. 만약 압력강하가 너무 낮은 경우는 파이프, 밸브, 그리고 피팅의 비용이 너무 커진다. 이것이 재료비용과 펌프 비용 사이의 경제적 균형을 제안한다.

많은 운전 회사들과 설계 회사들은 공정 라인의 관경 결정에 있어서의 지침으로서 허용할만한 압력강하 또는 합리적인 속도를 규정하는 자체 표준을 준비해오고 있다. 이와 유사한 경험적 방식들이 엔지니어들에게 도움을 주어왔지만 합리적인 속도 방식이나 허용 압력강하 방식 그 어느 것도 모든 경우에 대하여 정확한 경제적 파이프 사이즈를 산출해 낼 수 없으므로 때때로 득보다 실이 되는 경우도 발생된다는 점을 상기해야 한다.

4.4.8 배관 시방서

플랜트의 성공적인 경제적 설계와 건설을 위하여 주의 깊게 준비된 배관 시방서가 필요하다. 시방서는 각 예상되는 서비스의 종류에 대해 파이프, 밸브, 피팅, 그리고 배관 부속품을 기술하며 배관 도면과 함께 배관 시스템의 완성된 개요를 구성한다.

배관 시방서의 작성에 있어서 첫 걸음은 플랜트에 있어서 모든 공정 및 설비용 유체의 목록을 준비하는 것이다. 이 목록에는 각 유체의 개요, 압력, 온도, 그리고 어떤 서비스 상의 특이사항을 포함해야 한다. 이 목록을 배관 재료의 특성과 운전 조건에 대한 지식을 바탕으로 주의 깊게 검토하면 시방서가 기준으로 삼을 수 있는 특정한 서비스 조건의 범주나 범위를 알아차릴 수 있을 것이다.

용어 해설

앞의 제2장에서 설명한 바와 같이, 각 유체에 몇몇 문자 기호를 지정하고 각 범주 또는 시방서에 약속된 기호를 부여하는 것이 편리하다. 라인 번호와 함께 이들 기호는 건설 중에 흐름도, 배관도면, 자재 목록, 그리고 창고 업무에의 이용을 위하여 배관의 각 구간의 완벽한 서술을 이룬다.

밸브도 또한 넘버링 시스템으로 묘사된다. 대표적인 밸브와 카탈로그 번호에 덧붙여 “또는 동등한(or equivalent)”이란 단어를 그 이름 바로 뒤에 첨부하여 배관 시방서에 포함하는 것이 지혜롭고 보편적인 관행이다. 여기에 밸브 번호가 뒤따른다. 배관 도면에 밸브 번호를 이용하는 것은 도면의 노트 란의 복잡성과 크기를 줄여준다. 더욱이 동일한 번호가 자재목록과 구매 지시서에도 이용된다. 제조자도 또한 각 밸브에 부착된 꼬리표 상에 밸브 번호를 넣는데 이는 현장에서 보관 중에 식별을 가능하게 해준다.

배관 시방서가 준비 중이거나 준비된 후에 밸브 목록이 일련번호 순으로 작성된다. 면대면 치수와 플랜지 등급과 같은 기타 특정한 자료를 밸브 목록에 보여주는 것이 보편적 관행이다. 이 목록이 배관도면에 이용되는 모든 적절한 자료를 단 하나의 편집으로 제공하기 때문에 디자인 제도작업에 도움이 된다.

시방서 준비

시방서 준비의 테크닉을 보다 잘 설명하기 위해 전형적인 시방서의 일례가 교재 말미에 첨부된 부록 II에 주어져 있다. 통상적으로 재질과 시방서 범주의 선정을 위하여 합리적 판단이 선행되어야 한다. 이를 위하여, 표 4-3에는 배관 시방서의 예시에서 고려되어야 할 유체들이 그것들의 서비스 조건과 문자 지정과 함께 요약되어 제시된다.

여기서 시방서 범주의 수는 M, N, P, Q 그리고 Z의 5 개로 제한되어 있다. 이것은 유체의 급에 따라 볼트 너트와 같은 특정 품목을 규정함으로써 가능하게 되었다. 세심하게 계획함으로써 더욱 단순화가 달성되어서 시방서는 4 종류의 플랜지, 두 종류의 볼트 그리고 5 종류의 파이프에 제한되어 있다.

시방서 예제는 특정 종류의 밸브, 피팅, 또는 배관 자재의 추천으로서 해석될 필요는 없다. 이 시방서는 하나의 배관 시방서의 예시로서 그리고 하나의 그런 시방서를 준비하기 위한 지침 또는 체크리스트로서 하나의 완성된 형식으로 작성된 것이고 특정한 품목의 추천으로서 작성된 것은 아니다.

각각의 작동 유체의 종류에 따른 적합한 플랜지와 볼트 그리고 개스킷의 선정은 관련 ANSI code에 따라 규정된 압력 온도 등급에 만족하는지의 여부를 확인하여 이루어져야 한다. 이와 함께 배관 시방서의 5 종류의 범주에 따른 파이프의 재질 선정도 관련 코드에 따라 이루어져야 한다. 시방서 예제에서는 각각의 시방서 범주에 대해 ASTM A106 또는 ASTM A53이 선정되어 있다.

Fluid		Operating	
designation	**Service and fluid**	**pressure(psig)**	**temperature(℉)**
HC	Hydrocarbon	250	800 Maximum
HB	Hydrocarbon	250	800
HA	Hydrocarbon	250	750 Maximum
H	Hydrocarbon	100	600
S	Steam	275	41
SE	Steam, exhaust	40	290
SC	Steam, condensate	15	240
A	Air, utility	100	Ambient
AC	Air, instrument, dried	50	Ambient
F	Fuel, natural gas, dry	50	Ambient
C	Caustic	50	Ambient
IN	Instrument piping	Same as line services	
WF	Water, fire protection	100	Ambient
WC	Water, process cooling	75	85
W	Water, utility	75	Ambient
WS	Water, sanitary	40	Ambient

[표 4-3] 배관 시방서 예제에 대한 유체의 요약

4.5 단열(Thermal Insulation)

단열은 적절히 적용되면 공정 장비의 효과적 운용을 보장하고 값비싼 열에너지를 보존한다. 주어진 상황에 대한 적합한 단열재를 폭넓게 선택할 수 있으므로 각 종류의 특성에 대해 주의 깊게 고려하여 최상의 결정이 내려지도록 해야 한다. 모든 종류의 단열재를 서술하는 것은 본 교재의 범위를 넘어서는 것이므로 플랜트에 자주 이용되는 몇 종류의 단열재에 국한하여 논의하기로 한다.

4.5.1 단열 재료

단열 재료는 크게 네 종류로 분류될 수 있는데 즉 1) 섬유형 2) 과립형 3) 다공형, 그리고 4) 반사형을 들 수 있다. 그러나 실용적인 측면에서 보면 이러한 분류는 의미가 적은데 이는 일부 상용 제품들은 이들 재료의 몇 가지를 조합하여 구성되기 때문이다.

석면(Asbestos)

석면은 천연 광물로서 3MgO-2SiO_2-2H_2O의 조성을 갖는 수산화 마그네슘염이다. 천연적 특성이 돌과 같지만 분쇄하여 부드러운 섬유 형태로 가공될 수 있어서 이를 이용한 단열재가 오랫동안 광범위하게 사용되어 왔으나 최근 들어 발암물질로 규정되어 이의 사용이 법으로 엄격히 규제되고 있다.

규조토

규조토는 규산염의 한 가지 특이한 형태로서 높은 용융점 1260°C와 독특한 특성을 갖는다. 규조토를 석면 등과 혼합하면 고온에 우수한 성능의 단열재가 만들어지며 이를 이용한 다양한 상표의 제품이 제조되고 있다.

85% 마그네시아

대략 315°C까지의 온도에 대해 85% 마그네시아가 아마도 가장 보편적으로 쓰이는 단열재일 것이다. 이것은 마그네시아 85%와 석면 15%로 구성된다. 85% 마그네시아는 효과적인 단열재인데 왜냐하면 총 부피의 90%가 공기가 채워져 있는 기포로 이루어져서 전도도가 낮기 때문이다.

미네랄 울(Mineral Wool)

미네랄 울은 용융 실리카 광물을 면사의 형태로 가공한 것으로 이런 실들이 단열 담요 형태로 짜지거나 적당한 접착물질을 첨가하여 블록 형태의 몰드로 만들어진다. 내수성 접착제가 이용될 때 효과적인 저온 단열재가 생산될 수 있고 이것은 고도의 방습 및 방청 재료이다. 이 형태의 미네랄 울은 광물 코르크라고 불리기도 한다. 미네랄 울은 집이나 건물의 단열재로 쓰이기도 한다.

식물성 코르크(Cork)

천연 코르크는 무수히 많은 밀폐된 기포 공간을 포함하는 재료이다. 이것은 가볍지만 강하며 수증기를 잘 흡수하지 않고 액체에 잘 젖지도 않는다. 이런 특성이 저온 단역재로서 코르크가 좋은 효과를 나타내게 한다.

팽창시킨 폴리스티렌(Expanded Polystyrene)

고분자화 되고 많은 공기 기포를 가둬두기 위해 몰드로 만들어진 스티렌은 가볍고 쓰기 편한 저온 단열재이다.

유리 단열재(Glass Insulation)

유리의 낮은 열전도도, 불연성(타지 않는 성질), 그리고 불활성이 단열을 위한 바람직한 특징들이다. 용융된 유리는 미네랄 울과 비슷한 섬유 형태로 만들어질 수 있고 이 섬유가 담요 형태로 짜지거나 파이프 덮개나 블록 모양의 몰드로 만들어질 수 있다. 유리 섬유 단열재는 보통 315°C까지 양호한 효과를 보이지만 특수 설계에서 540°C까지 견디어 낸다.

유리는 물을 흡수할 수 없으므로 유리 섬유는 판재 형태의 몰드로 만들어져서 고온측의 증기 밀봉이 적절히 갖춰질 때 저온 단열재로의 역할을 감당한다. 과립형 유리 단열재는 수 천 개의 유리 기포들로 형성되는데 극도로 가벼운 단단한 구조로 가공된다. 이 과립형 유리 재료는 온도가 -170°C에서 +420°C까지에 적합하다. 블록 형태와 파이프 덮개 모양으로 이용할 수 있다.

유리는 아니지만 또 다른 단열재가 유리와 매우 비슷한 재질로 만들어지는 수산화 칼슘염이 있다. 이 재질은 650°C까지 유효하고 방습이 된다.

반사형 단열

열은 두 고체에 의해 복사, 대류, 그리고 전도의 방식으로 공기의 공간을 가로질러 전달된다. 만약 공기의 공간 폭이 적절히 선택되고 공기의 공간을 가로질러 온도가 거의 어떤 최적치로 유지된다면, 그 경우 대류는 무시될 것이다. 공기를 통한 전도에 의한 열전달 효과는 공기의 낮은 열전도도로 인해 매우 낮다. 그러므로 대류에 의한 열전달이 무시되도록 충분히 작은 거리에 스페이서에 의해 이격된 평행한 금속판들로 이루어진 단열 재료를 시공함으로써 열전달은 최소화될 수 있다. 금속은 낮은 방사율을 가져야 하며 따라서 높은 반사성을 갖는데 이로써 복사 열전달이 역시 낮게 된다. 이렇게 구축된 단열이 반사형 단열이다.

반사성 단열은 빌딩과 냉장 단열에 매우 보편적이 되었고 공정 산업계에도 점차 수용되어 가고 있다. 알루미늄 판이 가장 성공적인 재질로 판명되었는데 산화된 상태에서도 낮은 방사율을 보였다.

단열을 위한 높은 반사성의 주름잡힌(corrugated) 금속 재킷은 공기 공간과 고도의 반사성 표면을 제공함으로써 단열재를 보호하는 목적과 그 자체의 단열 효과를 더해주는 이중의 목적으로 활용된다.

4.5.2 단열의 선정

단열재의 특성을 비교하기 위한 표준화된 시험 절차는 ASTM(American Society for Testing Materials) C177에 한 가지 방법이 수용되어 오고 있다. 다음의 요인들이 적절히 단열재를 평가하기 위하여 검토되어야 한다. 열거된 특성에 대한 습기의 효과와 온도의 변화가 주의 깊게 고려되어야 한다.

(1) 물리적 특성

a. 열전도도

b. 비열

c. 팽창 계수

d. 압축, 인장 그리고 충격 강도

e. 경도

f. 피로 저항

g. 내연성

(2) 화학적 특성

a. 분석

b. 부식 특성

c. 고려되는 파이프 또는 용기 내의 화학약품의 효과

(3) 설치 특성

a. 독성

b. 피부 상의 작용 (긁힘 등)

c. 전반적인 작업성 (절단, 성형 등)

4.5.3 단열의 입찰과 견적

단열의 설치는 통상 이런 작업에 전문화된 회사에 하도급 된다. 하도급자는 프로젝트의 초기 단계에 선정되어서 그들의 계획이 주 계약자와 연계되어 개발될 수 있도록 해야 한다.

단열 계약자에게 입찰의향서가 제공된 시기에는 플랜트의 실제 상세 설계는 아직 개발되지 않은 상태이다. 통상적으로 엔지니어링 흐름도, 플롯 플랜, 그리고 아마도 몇 가지 예비 설계가 검토되었을 것이다. 그러므로 단열 계약자에게 그가 견적할 단열 요구사항에 관한 매우 완전하게 서술된 자료가 제공되어야 한다.

단열될 모든 라인들에 대한 완벽한 목록이 입찰의향서에 포함되어야 한다. 이 목록은 운전 온도를 나타내야 하는데, 이로써 시방서에 기준한 적절한 단열 두께가 선정될 수 있다. 용기와 교환기 등 모든 다른 장비들이 적절히 서술되거나 적절한 도면이 제공되어 단열의 량과 종류가 선정되도록 한다. 스커트와 맨홀 덮개와 같이 용기의 단열되지 않는 부분은 분명히 표시되어야 한다.

총액 가격에 덧붙여 단위 가격이 예상되는 모든 크기의 파이프, 피팅, 밸브, 그리고 용기에 대하여 요구되어야 한다. 용기에 대한 단위 가격은 쉘 지역과 헤드 지역의 단위 면적 당 가격으로 주어져야 한다.

4.5.4 단열 시공

단열의 종류에 있어서 폭넓은 다양성에도 불구하고 대부분의 단열은 세 가지 형태 중 한 가지로 제조되는데 즉 블록형, 담요형 또는 조각으로 몰드 성형된 파이프 덮개형이 있다. 이 세 가지 형태의 단열재를 설치하는 방법은 그러나 단열 종류에 관계없이 비슷하며, 두 가지 일반적인 규칙이 모든 단열 시공에 적용된다. 하나는 표면이 단열 작업 시작 전에 청결하게 준비되어야 한다는 것이다. 다른 하나는 단열이 몇 개의 층들로 설치될 경우, 모든 접합부는 서로 어긋나는 방식으로(staggered) 시공되어야 한다는 점이다. 접합부의 어긋나기 배치는 접합부에서의 열 누설의 가능성을 최소화 한다.

블록과 담요형 단열

블록 형태로 공급되는 단열재는 용기, 열교환기, 그리고 다른 유사한 장비에 광범위하게 이용된다. 단열재를 타워와 열교환기 위에 고정시키기 위해서는 금속 판재로 성형된 밴드를 이용한다. 담요형 단열재는 블록과 유사한 방법으로 사용되는데 다만 여기서는 밴드 대신에 와이어가 담요를 둘러 고정시키는 데 사용된다.

파이프 단열

파이프 부분의 전형적인 단열 시공 방법이 [그림 4-52]에 보였다. 몰드로 성형된 파이프 단열재는 파이프에 맞추어 와이어나 밴드로 만들어진 루프로 고정된다. 이 와이어는 이곳에서 예상되는 부식이나 고온에 저항성을 가져야 한다. 서로 마주보는 접합부에 간극을 만드는 불규칙한 부분들은 플라스틱 단열재 또는 플라스틱 마감재로 채워져야 한다. 건물 내의 배관은 캔버스 재킷으로 마감되어야 하고 파이프 덮개에 풀칠로 고정된다. 건물 외의 단열은 방수 재킷으로 처리된다.

밸브와 피팅은 직관 파이프 부분에 사용된 동일한 재질의 블록 조각 또는 파이프 단열재 조각으로 단열 시공되는데 이런 조각들은 와이어로 고정되고 플라스틱 단열재의 코팅으로 마감된다.

공정 플랜트에서 종종 검사나 보수를 위해 라인의 일부분을 제거하는 것이 필요하므로 증기 라인을 제외한 모든 플랜지의 단열은 누락시키는 편이 가장 경제적인 것으

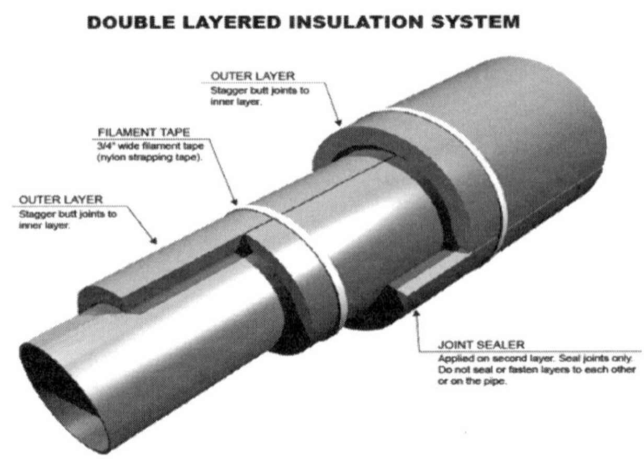

[그림 4-52] 파이프의 단열 58

로 알려져 있다. 따라서 파이프를 제거할 때 단열된 전체 부분을 망가뜨리는 것을 피하기 위해 플랜지 주위에 단열을 단순히 누락시키는 것이 종종 필요하다.

4.5.5 내화물(Refractories)

앞서 논의한 어떤 단열재도 온도 1040°C이상에서는 견디어 낼 수 없다. 플랜트에 이용되는 화로, 반응로, 그리고 다른 유사한 장비에서 이런 온도 이상으로 발생한 열을 가두어 두기 위하여 보통 벽돌 형태(brick)로 구워낸 내화 재료를 채용하는 것이 필수적이다. 가장 경제적인 내화재의 선택은 가격 요소 이외의 수많은 요인들에 의존한다. 여기엔 아래와 같은 물리적 그리고 화학적 특성을 포함하며 이에 관련된 수많은 특성들이 ASTM과 같은 관련 코드에 표준화되어 있다.

내화재는 네 가지 주요 그룹으로 구분될 수 있는데 즉 알루미나 실리카 내화재, 실리카 내화재, 기본 내화재, 그리고 단열 내화재이다. [그림 4-53]에는 대표적인 내화 벽돌 재료의 열전도도를 보인다.

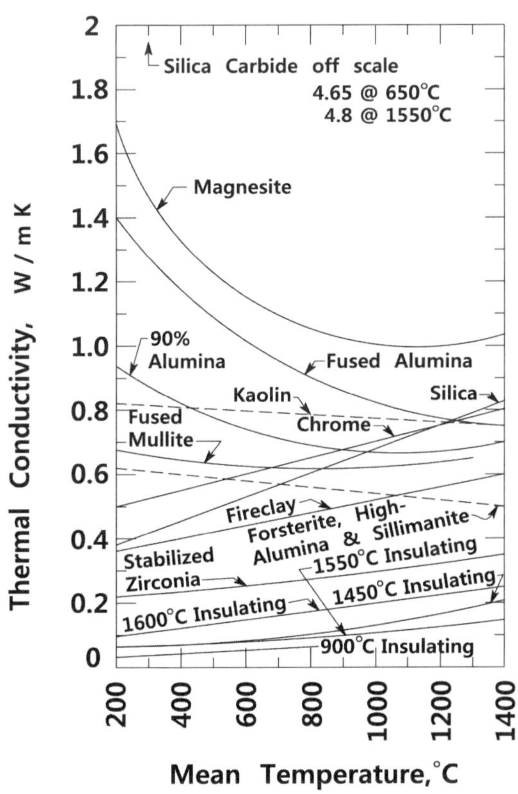

[그림 4-53] 내화 벽돌의 열전도도 25

4.6 계장(Instrumentation)

공정 산업은 어떤 변화과정(process: 공정)에서 발생하는 많은 변화를 표시하고, 기록하고, 제어하고, 그리고 어떤 경우에는 예측하는 계기장치(instruments: 계장) 없이 존재할 수 없을 것이다. 수동 제어를 요하는 공정에서조차 계기는 운전자에게 그가 밸브를 돌릴 때 또는 버튼을 누를 때를 말해 준다.

모든 계장의 선정, 응용, 그리고 구매는 계장 엔지니어에 의해 감독되어야 한다. 적절한 계장을 제공하기 위하여 계장 엔지니어는 공정의 모든 단계, 그것의 주요 특성, 그리고 모든 공정 장비의 적용 또는 기능에 완전히 익숙해야만 한다. 바꾸어 말하자면 계장의 일반적 지식은 공정 엔지니어와 프로젝트 엔지니어에게 공정의 초기 개발에 있어서 도움이 된다.

4.6.1 일반 원리

공정 변수(process variables)를 지시하거나 제어하기 위하여 계기는 어떤 변수의 변화를 감지할 수 있어야만 한다. 계기의 감지 부분은 일차 요소로 불리기도 한다. 계기는 이 일차 자극을 전기식, 공압식, 또는 기계식 수단에 의하여 가시적인 표시 또는 기록으로 번역한다. 그것은 공정 조건을 변화시키기 위하여 다른 장치를 다시 활성화시켜 감지된 변수가 어떤 사전에 결정된 점으로 되돌아오게 한다. 그러므로 계기는 유체 또는 물질과 접촉되어 있는 몇 종류의 일차 감지 장치, 증폭 장치, 그리고 최종적으로 일차 감지 자극을 어떤 종류의 동력 또는 운동으로 표시하거나 기록하고 그리고 번역하는 물리적 장치로 구성되어 있다.

물론 자동화 또는 계장은 이들 기본적인 특성에 한정되는 것은 아니며 계장은 거의 모든 알려진 물리적 또는 화학적 특성들을 감지하고 표시하기 위하여 개발되어오고 있다. 여기에는 압력, 온도, 밀도, 유동성, 점도, 색깔, 수소이온농도, 또는 화학적 조성이 포함된다. 그러나 각 공정 변수를 정교하게 동시에 제어하는 것은 통상적으로 불필요하다. 일상적으로 원하는 최종 제품 특성을 얻기 위하여 단지 몇 가지 핵심 변수들이 제어될 필요가 있다.

4.6.2 계기 종류

4.6.2.1 분류

다음의 계장 또는 제어 단계의 목록은 개략적인 논의의 목적으로 편리하다.

일차 감지 단계(Primary Sensing Phases)

1) 유동(flow), 2) 온도(temperature), 3) 압력(pressure), 4) 액체 수위(liquid level), 그리고 5) 운동(motion).

일차 요소 종류(Primary Elements Types)

1) 유동: 기계식, 차압식, 그리고 면적식

2) 온도: 고체 팽창식, 유체 팽창식, 그리고 열전식(thermo-electric)

3) 압력: 부르돈식, 벨로우즈, 그리고 전기 및 다이어프램 전자식

4) 액체 수위: 차압식, 부유식, 기타 형식, 그리고 시각적 또는 수동식.

5) 운동: 타코미터식, 한계식(limit), 그리고 계수식(counting).

6) 화학적 및 물리적 측정

제어 시스템(Control Systems)

1) 수동식, 2) 기계식, 3) 공압식, 4) 유압식, 그리고 5) 전기 및 전자식

4.6.2.2 유동 측정(Flow Measurement)

기계식 유동 측정

체적 측정의 가장 기초적인 형태는 알려진 부피의 공간을 채운 다음 다시 그 공간을 비우는 방식으로 구성되며 이를 용적식이라 부른다. 이 종류의 측정은 저장 탱크나 용기 내의 유체의 재고량을 측정하기 위하여 공정 산업에서 이용된다. 어떤 공정은 다른 유동 결정을 위한 확인 작업으로 수동식으로 또는 계기장치로 탱크를 주기적으로 측정할 필요가 있다.

통상적인 용적식 미터는 미터 몸체 내의 주어진 공간을 교대로 채우고 비움으로써 액체를 측량한다. [그림 4-54]에는 이런 용적식 미터의 대표적인 예로서 요동 원판을 이용한 유량계를 보이고 있다. 이 장치를 통한 속도와 압력강하는 주어진 공간 또는 다이어프램을 움직이는 데 이용된다. 각 주기는 눈으로 볼 수 있도록 일련의 숫자가 매겨진 톱니바퀴로 횟수를 센다. 이들 미터는 상대적으로 저렴하고 수명이 길고 정확하기 때문에 가정용 수도나 가스의 계량기로 사용된다. 용적식 미터는 기본적으로 총량을 측정하는 장치이기 때문에 순간적인 유량을 측정하기보다는 총생산량을 측정하는 데 더 자주 사용된다.

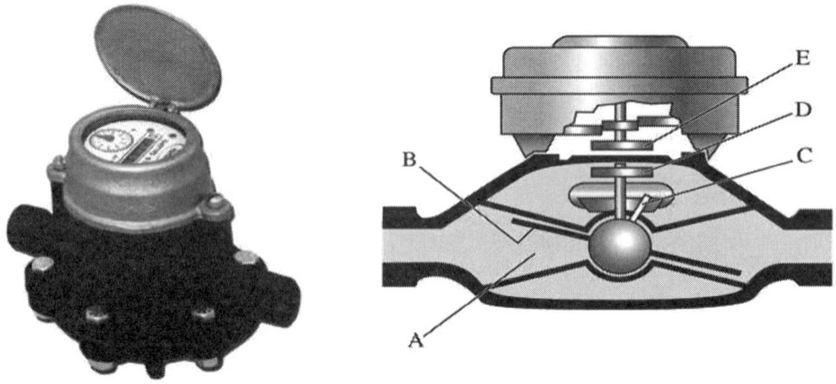

[그림 4-54] 요동 원판 유량계 **57**

차압 계기(Differential Pressure Instruments)

차압 유동 미터는 압력 에너지의 일부를 운동에너지로 변환하다. 이것은 파이프 내에 오리피스, 벤투리, 또는 유동 노즐과 같은 장애물을 설치함으로써 이뤄진다[그림 4-55]. 만약 마찰이 무시된다면 이러한 장애물을 가로질러 발생하는 압력강하는 운동에너지의 변화에 다음과 같이 관련된다.

$$\frac{P_1 - P_2}{\rho} = \frac{1}{2}(V_2^2 - V_1^2) \tag{4-33}$$

여기서 미터의 입구와 출구의 단면적에 따른 속도변화를 연속식을 고려해 출구에서의 속도로 정리하면 다음과 같다.

$$V_2 = \sqrt{\frac{2(P_1 - P_2)}{\rho(1-\beta^4)}} \tag{4-34}$$

여기서 $\beta = d/D$는 직경비이다. 식 (4-34)는 손실이 없다고 가정했을 때의 최대속도이며 실제로 마찰에 의한 압력손실이 존재하고 따라서 속도는 감소한다. 이런 손실들은 실험적으로 얻어지는 보정계수인 유량계수(discharge coefficient) C_d 에 고려되는데 이를 포함한 장애물식 유량계의 유량은 다음과 같이 표현될 수 있다.

$$Q = A_o C_d \sqrt{\frac{2(P_1 - P_2)}{\rho(1-\beta^4)}} \tag{4-35}$$

여기서 $A_o = A_2 = \pi d^2/4$는 교축부의 단면적이다. 유량계수, C_d 는 직경비, β와 레이놀즈 수,, $Re = V_1 D/\nu$의 함수로서 여러 형태의 장애물식 유량계에 대해 경험 상관식들이 알려져 있다.

벤투리 미터(Venturi meter)

벤투리 미터는 공동현상(cavitation)을 제거하기 위하여 21° 이하의 접근각을 가진다. 출구각은 7° 에서 9° 사이로서 유동이 원래 파이프 직경으로 팽창되어 복구되는 것이 균일하고 압력 회복이 높도록 해준다. 낮은 영구압력손실에 의해 증명되듯이 마찰에 따른 작은 에너지 손실이 벤투리 미터의 고유한 특징이다. 그러므로 이것은 저압 가스 시스템이나 물 분배 시스템과 같이 높은 압력 손실을 허용할 수 없는 특별한 경우에 사용된다. 많은 유량을 다루는 물 분배 시스템에서 압력 손실은 펌프 운전비용을 상당히 증가시킨다. 이런 경우에 벤투리 미터는 오리피스나 유동 노즐보다는 비용이 훨씬 비싸지만 설치비에 운전비용을 감안한 전체적인 기준으로 볼 때 보다 경제적이 될 것이다.

오리피스 미터(Orifice meter)

오리피스 플레이트는 가장 간단하고 저렴하며 그리고 가장 대중적인 장애물 식 유량측정 장치이다. 오리피스 미터는 대부분의 플랜트 측정 장치의 설치에서 90% 이상을 차지한다. 유량 계수는 대략 0.59에서 0.62 사이의 값을 가진다.

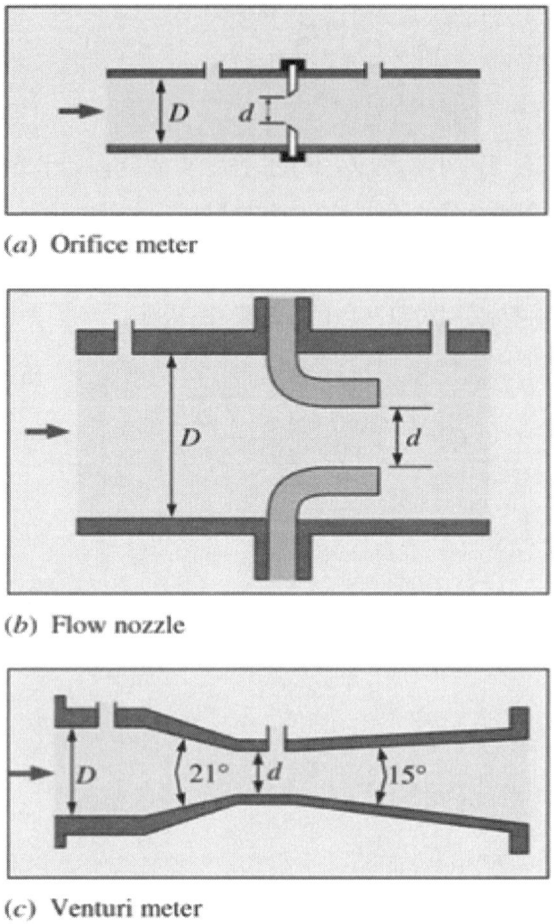

[그림 4-55] 장애물식 차압 계기 **57**

플랜지 탭을 갖춘 오리피스 플랜지는 수많은 제조자들로부터 공급받을 수 있다. 오리피스 플레이트는 이들 플랜지 사이에 끼워지고 압력 연결부는 플랜지 몸체 안으로 통하는 탭으로 되어 있다. 이 탭들은 플랜지들과 오리피스가 함께 조립될 때 각 탭과 플레이트 사이에 일정 간격이 떨어지도록 위치한다.

압력 탭들은 대체로 플랜지 몸체에 위치하지만 때때로 플랜지와 일정 거리 이격된 파이프 위에 구멍을 뚫어 탭을 설치하기도 한다. 압력 탭들의 다른 위치들에는 베나 콘트랙타(vena contracta)와 파이프 탭의 경우가 포함된다. 베나 콘트랙타의 경우에는 오리피스 하류의 최소 유동 단면을 갖게 되는 지점에 탭을 설치하는 방법인데 이때의 위치는 D_2/D_1의 비에 따라 변하며 따라서 오리피스의 크기에 따라 변하기 때문에 특수한 목적 외에는 잘 사용되지 않는다.

파이프 탭들은 오리피스의 상류 2.5 파이프 직경인 곳과 하류 8 파이프 직경인 위치에 설치된다. 상당한 거리의 하류에 탭이 위치하므로 오리피스를 가로질러 발생된 압력강하의 대부분이 회복된 상태가 된다. 이 낮은 압력차이가 높은 유량에 대해 이점이 되기도 한다. 플랜지 탭이 다른 여러 압력 탭 종류 중에서 가장 대중적이다. 이 방식이 점성 유체를 포함하여 대부분의 유체에 대해 만족스러운 결과를 보인다.

사용 중에 부식이나 마모에 의해 가장자리가 뭉툭해지는 것과 같이 오리피스에서의 어떤 급진전인 변화는 심각한 오류를 초래할 것이다. 이런 이유로 오리피스 플레이트는 유체 유동에 저항성이 강한 재료로 만들어져야 한다.

오리피스 설치는 주의 깊게 디자인되어야 하며 오리피스에 근접한 점에서의 과도한 난류는 잘못된 판독을 초래할 것이다. 정확한 측정을 위하여 파이프 내 유동의 난류 성분이 허용치 이내가 되도록 오리피스의 전후방에 장애물이 없는 직관 부분이 정해진 길이만큼 확보되어야만 한다.

유동 노즐(Flow nozzle)

[그림 4-55(b)]에 보인 유동 노즐은 오리피스와 벤투리 튜브 사이의 중간적 특성을 가진다. 이것은 유동의 입구부분은 부드러운 곡선으로 되어 있지만 급작스러운 출구를 가지며 오리피스보다는 효율적이나 벤투리 미터보다는 덜 효율적이다. 이것의 비용은 오리피스보다 더 드나 벤투리보다는 덜 든다.

표준형 플랜지에 의해 고정되는 노즐은 습증기와 같은 수분을 함유하고 있는 기체의 측정에 가장 적합하다. 이들 조건은 오리피스 플레이트의 마모를 초래하지만 노즐에는 영향을 미치지 않는다.

4.6.2.3 온도 측정(Temperature Measurement)

온도 측정 장치의 폭넓은 다양성은 온도, 범위, 그리고 서비스의 변하는 요구를 만족시킨다. 플랜트에서 통상적으로 이용되고 있는 온도측정 장치의 측정 온도 범위를 [표 4-4]에 보인다. 그러나 온도 측정범위 외에도 온도 측정 장치의 선정에 고려해야 많은 요인들이 있으며 여기에 정확도, 반응 속도, 민감성, 비용, 그리고 내식성이 포함된다.

type		range, °C
1. bimetallic		-70 to 540
2. mercury in glass		-38 to 400
3. fluid expansion	a) mercury	-38 to 540
	b) organic liquid	-90 to 260
	c) organic vapor-liquid	-40 to 315
	d) gas	-240 to 540
4. thermocouple	a) copper-constantan	-180 to 315
	b) iron-constantan	-20 to 760(oxidizing atm) or 980(reducing atm)
	c) chromel-alumel	315 to 1150
	d) platinum-platinum-rhodium	700 to 1650
5. resistance	a) copper	-40 to 120
	b) nickel	180 to 315
	c) platinum	-180 to 1020
6. optical pyrometer		450 to 2870
7. radiation pyrometer		90 to 3870

[표 4-4] 온도 측정 계기의 범위

고체 및 유체 팽창 온도계

주지하다시피 모든 물질은 온도에 따라 치수가 변한다. 만약 두 개의 금속 띠가 함께 용접되고 하나는 낮은 팽창계수를 또 다른 하나는 높은 팽창 계수를 가질 경우 합쳐진 띠는 온도의 영향 하에 변형할 것이다. 띠를 얇게 만들어줌으로써 큰 변형이 얻어질 수 있으며 이것이 포인터를 움직여 온도를 표시하는 데 이용될 수 있다. 매우 대중적인 다이얼 온도계는 나선으로 감긴 바이메탈 띠로 구성된다. 이들 다이얼 온도계는 견고하고 적절히 선택되면 합리적인 정확도를 보인다.

산업용 유리관 수은 온도계는 접근 가능한 공정 지점의 비기록용 온도측정 수단으로서 가장 경제적이고 편리한 계기이다. 바이메탈 띠 계측기는 공기조화 시스템과 같은 간단한 온-오프 제어를 위하여 널리 이용된다.

열전(Thermo-electric) 온도계

(1) 열전대(Thermocouples)

열전대는 온도 측정을 위한 가장 널리 사용되는 장치이고 온도 측정 범위는 대략 -180 ℃- 1600℃이다. 열전대 센서로부터 발생된 기전력은 멀리 떨어져 있는 중앙제어실로 전송될 수 있기 때문에 열전대 계기는 현대식 공정 제어와 측정의 목적으로 편리하고 정확한 온도 계측 장비이다.

두 개의 서로 다른 금속으로 구성된 하나의 회로에서 접합부의 한 쪽 끝이 가열되고(hot junction) 다른 한 쪽 끝이(cold junction) 전압계에 연결되면 회로에 기전력(emf)이 흐르게 되며 이 전압은 고온 및 저온 접합점 사이의 온도차와 함께 각 금속 쌍에 대해 정해진 값을 갖는다. 그러므로 만약 저온 접합점이 어떤 일정 온도로 유지될 때, 고온 접합부 온도는 발생된 전압을 측정함으로써 넓은 범위에 걸쳐서 얻어질 수 있다.

열전대 재료의 일반적인 조합은 [표 4-4]에 주어져 있다. 각각의 열전대 쌍은 정확도와 범위에 있어서 각각의 특정한 이점을 갖는다. 구리-콘스탄탄 열전대는 저온 범위에서 우수하다. 약 350°C이상에서 구리는 빠르게 산화한다. -130°C 이하에서 구리-콘스탄탄은 철-콘스탄탄보다 훨씬 정확하다.

비용이 저렴하고, 범위가 넓고, 그리고 적절히 적용될 때 신뢰성이 있으므로 철-콘스탄탄 열전대가 가장 널리 이용된다. 그러나 철은 산화하기 쉬우므로 주의가 필요하다. 백금-백금 로듐 쌍은 가격이 비싸고 온도 범위가 높은 경우에 사용된다.

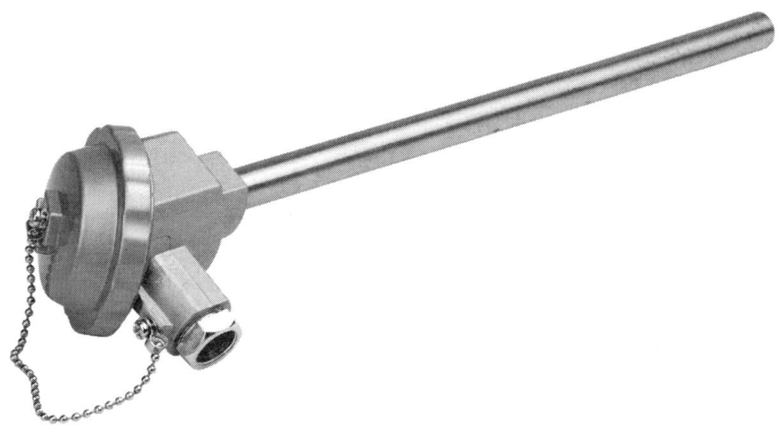

[그림 4-56] 헤드식 열전대 58

열전대의 종류는 사용된 금속의 종류에 따라 구분되는데 K-type는 Chromel-Alumel, E-type는 Chromel-Constantan, J-type는 Iron-Constantan, T-type는 Copper-Constantan, 그리고 S-type는 90% Platinum 10% Rhodium-100% Platinum 등이 있다. 또한 열전대의 형태로는 세라믹 등의 보호관 속에 열전대를 삽입한 헤드형[그림 4-56 참조]과 커넥터형, 그리고 터미널형 등이 있다[그림 4-57 참조].

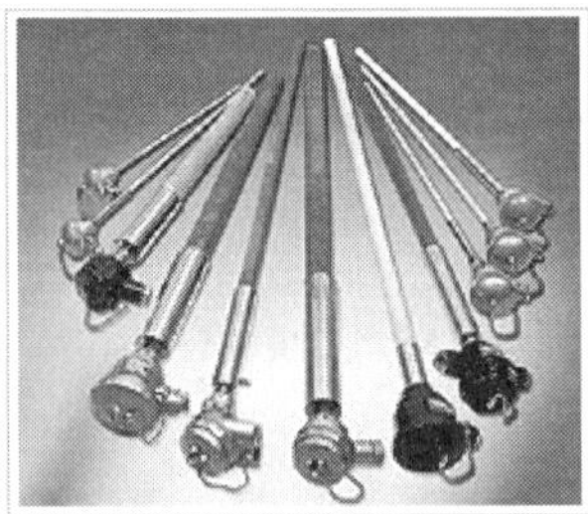
HIGH TEMPERATURE THERMOCOUPLE SENSORS

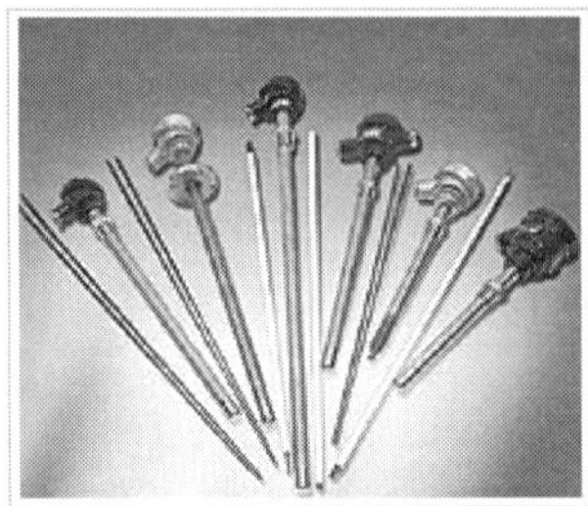
ELEMENT TYPE THERMOCOUPLE SENSORS

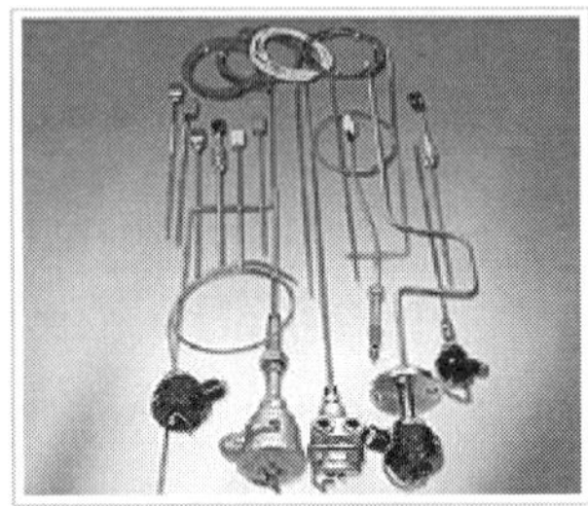
SHEATH TYPE THERMOCOUPLES

[그림 4-57] 열전대 형태 [58]

(2) 저항 온도계(Resistance Thermometer)

정교한 실험실용 온도 측정을 위한 표준적인 방식으로 이용되어오던 저항 온도계는 산업용 계기로도 중요성이 커가고 있다. 이 방식은 -180°C-500°C 범위에서 열전대 방식과 경쟁하고 있다. 열전대 방식과 비교할 때 보다 비용이 들고 부피가 크며 반응 속도가 느리지만 민감도가 우수하고 저온 접합부의 보상이 필요하지 않은 이점이 있다.

저항 온도계는 온도에 따라 금속의 저항이 증가하는 것을 이용한다. 전형적인 온도계 벌브는 코일 형태로 감긴 저항 요소를 금속 튜브 안에 삽입한 형태로 만들어진다. 직렬로 연결된 망간 코일이 온도-저항 특성을 조절하기 위하여 이용된다. 저항 요소는 일종의 휘트스톤 브리지와 같은 회로의 일부를 구성하고 여기에 배터리로 직류 전류를 공급한다. 벌브의 저항 변화는 브리지의 평형을 깨뜨리게 되는데 이것이 탐지되어 교정되는 방식으로 온도를 측정한다.

광학 및 복사 피로미터(Optical and Radiation Pyrometers)

다른 계측기로 측정할 수 있는 온도 범위를 넘어서는 경우에는 복사 또는 광학 피로미터(pyrometer)가 사용된다. 복사 피로미터는 고온체로부터 나오는 총 복사 에너지를 써모파일(thermopile) 위에 렌즈로 에너지를 초점에 맞춰 측정한다. 써모파일이 복사 에너지에 비례하여 기전력을 발생한다. 만약 측정 대상이 노(furnace)의 화염과 같은 흑체 조건으로 개략되면 전달된 에너지는 대상의 절대 온도의 4 제곱에 비례한다.

친숙한 수동으로 작동되는 광학 피로미터는 대상으로부터 나오는 단색광의 복사의 강도를 조절 가능한 표준 원천과 비교한다. 대상으로부터의 복사와 텅스텐 램프로부터의 복사가 적색 필터를 통해 비교된다. 두 이미지가 같아질 때까지 저항을 변경시킴으로써 램프로 흐르는 전류가 변할 수 있다. 이 계기는 저항 변화의 항으로 온도에 대하여 교정된다. 이런 고온 피로미터는 제철소 플랜트에 서 더욱 익숙하게 사용된다.

4.6.2.4 압력 측정(Pressure Measurement)

부르돈 형 압력계

플랜트에서 압력 측정 장치로 가장 일반적으로 사용되는 것은 간단한 부르돈 튜브(Bourdon tube) 형 압력계이다[그림 4-58 참조]. 부르돈 튜브는 단면이 타원형이고 밀폐된 속이 빈 금속 튜브로 이루어져 있다. 이것은 반원 모양으로 굽혀지는데 한 쪽 끝은 고정되어 있고 다른 한 쪽은 압력원에 연결되어 있다. 이로써 대기압보다 높은 압력이 적용되면 감겨있던 튜브는 풀려지고 반대로 진공압력이 적용되면 튜브는 움츠러드는 원리를 응용한 압력계이다.

[그림 4-58] 부르돈 튜브 형 압력계

기타 압력 측정 장치

플랜트의 압력 측정 장치로서 벨로우즈와 다이어프램을 이용한 계측기와 실험실에서 친숙한 마노미터(manometer)와 같은 압력 측정 장치들이 이용되기도 한다. 또한 전기식 혹은 전자식 압력측정 장치들의 사용도 증가되고 있다. 전기전자식 압력측정 장치에는 스트레인 게이지를 이용한 방식과 진공 압력 측정을 위한 특수 브리지 회로 방식 등이 있다.

4.6.2.5 액체 레벨 측정(Liquid-Level Measurement)

차압식(Differential-Pressure Types)

차압식 계기는 종종 액체 레벨 게이지로 이용된다. 예를 들어 마노미터의 한쪽 끝은 용기의 바닥에 연결되고 한쪽은 액체의 자유표면(level) 위에 연결될 수 있다. 두 지점 간의 압력 차이는 액체 레벨의 표시가 된다. 낮은 쪽 연결부의 압력은 액체의 정수압과 용기의 압력을 포함한다. 개방된 탱크의 경우에는 바닥 쪽의 한쪽 압력 연결부만 필요하다.

부유식(Float Types)

부유식 또는 용적식 액체 레벨 표시기는 액체 레벨 계측기로서 아마도 가장 보편적인 것일 것이다. 이 계기는 한 개의 부구(buoyant float)로 구성된다. 이 장치는 용기나 통 안에 있는 두 지점에 직접 배관으로 연결된다. 액체 레벨의 변화가 부구를 움직인다. 부구의 무게는 평형력의 이용으로 조절되어 전체 범위에 걸쳐 반만 잠긴 위치에 잔류하도록 한다. 이런 방식으로 부구의 모든 위치에 대하여 액체의 최대량이 배수되고 따라서 상승과 하강 레벨들에 대해 최대 동력이 발생된다.

이렇게 발생된 동력이 직접 연결된 제어 밸브와 표시기로 전달되거나 또는 레벨에 비례한 공기 압력이 지렛대를 통해 기록계나 컨트롤러로 전달하는 공압 릴레이(pneumatic relay)로 전달된다.

용적식 플로트(displacement-type float)는, 부구와 달리, 레벨에 따라 배수량이 변한다. 긴 원통형 플로트는 플로트가 영의 위치 또는 최소 레벨에 있을 때 자유로운 상태로 매달려있고 최대 레벨에서 완전히 또는 거의 잠기도록 설계되어 있다. 스프링 저울 상의 힘의 변화와 플로트의 움직임이 액체의 레벨을 예시한다.

기타 방식

그 외에 기타 형식의 레벨 계측장치로는 다이어프램식, 전기전자식, 그리고 방사선 레벨 계측 장치 등이 있으며 이들 장치에서는 광전지, 고주파 교류, 그리고 감마선과 같은 방사선 등이 이용되고 있다. 또한 때때로 수동식 레벨 측정과 가시 레벨 게이지 등도 액체의 레벨 표시에 이용되고 있다.

4.6.2.6 운동의 측정(Measurement of Motion)

다양한 종류의 타코미터(tachometer)가 어떤 속도로 운동하는 장치의 속도를 측정하는 속도계로 이용되고 있다. 터빈 발전기와 원심압축기와 같은 고속 기계에 대한 장치는 보통 리드(reed) 형식이다. 다른 형식으로는 스트로보스코프 원리를 이용하는 속도계도 있다. 이밖에도 한계 제어(limit control)에 쓰이는 장치는 설정된 한계에 열고 닫는 전기 접촉 방식이고, 횟수를 측정하는 계수기는 래체트(ratchet)가 회전할 때 숫자가 적혀있는 디스크의 한 눈금씩을 돌리는 형식이다.

4.6.3 공정 제어(Process Control)

일반 사항

플랜트에 대한 거의 모든 공정 제어 적용은 유체 유동의 방향이나 유량의 조절에 관련된다. 제어요소는 일차 요소 또는 감지 장치, 일반적으로 계기로 알려진 이차요소 또는 번역 장치, 그리고 유동 특성의 변화에 영향을 주는 삼차 요소로 구성된다. 대개의 제어 시스템은 삼차 요소의 작동을 위해 공압 시스템을 이용한다.

일괄처리 시스템(Batch Systems)

일괄처리 시스템 제어는 통상적으로 비유동 시스템에 있어서 도달되어야 할 어떤 원하는 조건을 허락하고 그리고 공정이 완료될 때까지 그 조건이 유지되도록 계속되어야 하는 일종의 단순 제어와 관련된다. 일례로서 일괄처리 시스템은 식품 산업계에서 조리 공정이 일정한 시간 동안 계속되어야만 할 때 종종 이용된다. 운전자가 솥을 채우고 그리고 계기를 작동시킨다. 타이머 장치를 이용함으로써 이 시스템은 시간이 어떤 기간의 끝에 도달하면 닫히도록 할 수 있다.

연속적인 시스템(Continuous Systems)

일괄처리 시스템과 달리, 공정 플랜트 제어 문제는 그러나 통상적으로 온도, 압력, 그리고 유동이 고려되어야만 하는 계속적인 공정들과 관련된다. 유동과 압력 제어 문제는 보통 상대적으로 간단한데 이는 유동이나 압력을 감소 또는 증가시키기 위해 단지 밸브의 조절만을 요구하기 때문이다.

공정 제어 방식(Modes of Process Control)

(1) 수동 제어

초창기의 플랜트 공정들은 거의 대부분 수동 제어를 통해 작동되었다. 감지 장치로서는 압력계와 유리관 온도계로 구성되었다. 제어는 사람의 경험, 눈과 귀, 그리고 기억에 전적으로 의존하였다.

수동 제어 중에서 가장 간단한 예로 증기 기관차의 작동을 들 수 있다. 보일러는 압력계(증기 압력), 워터 게이지 글래스(액체 레벨), 그리고 화부의 석탄 삽질 또는 기름 버너의 조절(제어) 능력으로 운전된다. 경험이나 검사를 통해 화부는 화로에 석탄을 넣거나 보일러에 물을 추가할 때를 알 수 있다. 너무 많은 연료가 추가되면 안전(릴리프) 밸브가 과도한 증기 압력을 배출시킨다. 증기 기관차의 동력 소비는 철로의 높낮이 기울기에 따라 달라진다. 화부는 경험이나 기억에 의존하여 언덕 오름길을 예상하고 동력의 손실을 줄이기 위해 압력을 축적해둘 수 있다.

물론 경험은 수동 제어의 일차적인 요구조건이다. 많은 공정이 수동으로 조작되는데 이는 1) 요구조건을 만족시키기 위하여 제조된 계기가 없고 2) 이용 가능한 계장 비용이 과도하거나 또는 3) 정교한 계장 유지에 노동 비용이 높기 때문이다.

공정은 원격 조정 장비의 이용으로 중앙제어실로부터 수동으로 개시되고, 종결되며, 또는 조절될 수 있다. 공압으로 운전되는 다이어프램 제어 밸브는 정교한 유동 제어를 위하여 이런 서비스에 자주 이용되고, 그리고 유압과 전기로 운전되는 모터구동 밸브가 또한 이용된다. 수동 운전은 단순화될 수 있고 운전 노동력이 중앙제어실로부터 원격 조정의 이용으로 절감될 수 있다.

(2) 기계식 제어

기계식 제어는 공정 플랜트에서 히터의 댐퍼 조절, 밸브 조작, 계수장치, 그리고 취급과 포장 작업을 위한 한계 장치(limit mechanism) 등에 이용된다.

(3) 공압식 제어

공압 시스템은 공정 제어에서 다른 어떤 것보다 널리 이용된다. 제어변수의 변화는 특정 공기압으로부터 번역되는데 이것이 다시 다이어프램 제어 밸브를 작동시킨다. 다이어프램은 밸브 스템을 움직이고 밸브가 개폐되도록 한다.

다이어프램 제어 밸브의 작동에는 공기의 공급과 다이어프램에 압력을 가하는 방법이 요구된다. 이런 동작을 달성하는 네 가지 근본 수단은 2점(on-off) 제어, 비례(proportional) 제어, 비례-리셋(proportional-reset) 제어, 그리고 비례-리셋-비율(proportional-reset-rate) 제어이다.

2점 제어는 온-오프 제어 장치로서 공급되는 공기를 노즐로 계속 흘리게 되는데 제어 밸브는 공기압이 떨어지게 되면 개폐되도록 설정되어 있다.

비례 제어는 2점 제어 대신 이용될 경우 주기적인 온-오프 방식보다 부드러운 제어이다. 이들 유닛은 제어 밸브의 개폐에 요구되는 제어변수의 전 범위 변화의 백분율이 변할 수 있도록 설계된다. 이 백분율을 "비례 대역(proportional band)"으로 부르기도 한다.

비례-리셋 제어에서는 리셋이 자동적으로 이루어진다. 그러므로 이 리셋 작용은 부하의 변동에 관계없이 제어점에서 공정을 유지할 수 있도록 해준다.

비례-리셋-비율 제어에서 비율 작용은 제어 밸브의 공기압력 라인과 교축 벨로즈 사이에 조절 가능한 제한 장치를 설치함으로써 달성된다.

계기용 공기는 공압 시스템을 적절히 운전하기 위하여 청결하고 건조한 상태로 공급되어야 하고 이를 위하여 공기 분배 배관은 플랜트 공기 시스템으로부터 분리되어야 한다. 이상적인 공기 공급 시스템은 별도의 공기압축기, 공기 리시버, 그리고 몇 가지 형식의 재생형 탈수장치를 갖추고 있다.

(4) 유압식 제어

유압식 제어는 일부 산업계에서 오랫동안 널리 이용되어오고 있다. 그러나 공정 제어를 위해 이들의 이용은 통상적으로 상당한 동력이 요구되는 운전과 2점 제어 형식에 이용이 제한된다. 유압 시스템의 구성 부품은 유압용 유체의 저장을 위한 공간, 기어 또는 다른 형식의 용적식 펌프, 제어 밸브, 그리고 보통은 피스톤과 실린더로 이루어진 동력 유닛 등이다.

(5) 전기 및 전자식 제어

전기전자식 제어 시스템에서 이용되는 전기전자식 컨트롤러는 솔레노이드 밸브와 같은 전기적으로 작동되는 밸브를 개폐하거나 또는 제어 지점에 가역 모터구동 밸브를 위치시킬 수 있다. 몇몇 비례 및 비례-리셋 제어 시스템은 전기적 작동 밸브의 위치설정을 위하여 전기전자식 방편을 갖추고 있다. 모터 밸브는 연결된 브리지 회로를 평형을 이루도록 하는 방식으로 적절한 방향으로 운동을 개시한다.

전기적으로 작동되는 밸브는 여러 가지 종류가 제조되고 있는데 이른바 솔레노이드 밸브가 다른 모터 구동식 밸브보다 더욱 널리 이용된다. 솔레노이드 밸브는 2점 유닛으로서 완전 개폐식으로 작동한다. 솔레노이드 밸브는 종종 동력 유닛에 공기압을 받아드리거나 차단하는 방식으로 공압 시스템과 더불어 이용된다.

제어 이론과 중앙제어실

우수한 제어 이론들이 수많은 형태의 제어 시스템을 기술하기 위하여 개발되어 왔으며 다양한 플랜트 시스템의 제어에 적용되어오고 있다. 미래에 플랜트 분야에서 일할 기계공학 또는 화학공학 엔지니어는 제어에 관련된 여러 문제의 논의에 도움이 되는 제어 이론 교과목을 이수하거나 또는 참고문헌을 통해 관련 지식을 습득해야 한다.

플랜트 시스템의 운전에 필수적으로 이용되는 공압식 제어 시스템과 전자식 제어 시스템에서 제어변수의 변화는 이에 상응하는 전기적 신호로 송출되므로 모든 계기의 중앙 집중화를 가능하게 하였다. 현대식 플랜트에서는 최신의 에어컨 설비가 완비된 쾌적한 환경의 중앙제어실에서 플랜트 전반의 시스템 제어를 수행할 수 있다[그림 4-59참조]. 그러므로 계기 제조자들은 정확한 제어뿐 아니라 그래픽 이점을 살린 매력적인 컨트롤 패널을 갖춘 중앙제어실을 공급해야 한다.

[그림 4-59] 중앙 제어실의 일례 58

4.7 플랜트 설비(Utilities)

설비(utilities)는 한 도시에서 필수불가결한 것과 마찬가지로 플랜트에서 필수불가결하며, 공정 유닛의 설계와 마찬가지로 플랜트의 계획 수립의 일부이다. 다음의 설비들이 설계에 주안점을 두어 논의될 것이다.

일차 설비(Primary utilities)

1) 물
2) 연료
3) 동력 및 공정 증기
4) 원료와 제품의 저장과 이동

이차 설비(Secondary utilities)

1) 유지보수 시설
2) 플랜트 빌딩
3) 플랜트 도로
4) 철도 시설
5) 소방 설비
6) 플랜트 하수 시스템과 폐기물 처리
7) 플랜트 (압축)공기
8) 플랜트 보안

4.7.1 일차 설비(Primary Utilities)

플랜트의 운전에 결정적으로 필요한 설비를 일차 설비라 부른다. 이들 설비에는 물을 취급하는 설비, 연료를 취급하는 설비, 증기를 다루는 설비, 그리고 원료와 생산된 제품의 저장에 관련된 설비들이 포함된다.

플랜트에서 이용되는 물의 종류

플랜트의 운전 시에 필요한 물에는 주 공정(main process)에 직접적으로 요구되는 공정수(process water), 보일러 급수(boiler feed water), 냉각수(cooling water) 등이 있고 플랜트 운전 시 보조적 역할을 수행할 때 요구되는 위생수(sanitary water), 방화수(fire water), 설비수(utility water) 등이 있다.

공정수는 일부 공정 플랜트에서 반응물(reactants) 또는 용매의 하나로 이용되며 때때로 매우 고도로 정화된 물이 요구되기도 한다. 현대식 고압 보일러는 고도로 정화된 물을 요구한다. 통상적으로는 물은 석회소다 공정으로 처리되고 이온교환에 의해 보다 더 정화되어 보일러의 급수로 이용된다.

만족스러운 보일러와 증기 분배 시스템의 운전을 위하여 보일러 급수를 생산하기 위한 추가적인 처리가 필요할 경우가 있다. 여기에는 산 처리, 실리카 제거, 오일 제거, 그리고 부식성 가스의 탈기(deaeration) 처리과정 등이 포함되고 필요시에는 pH의 재조정도 실시될 수 있다.

냉각수는 모든 종류의 플랜트에서 수냉식 응축기(condenser)와 냉각기에 대량으로 공급되어야 한다. 냉각수는 대량으로 공급해도 줄어들지 않는 공급원으로부터 공급되며 한 번 쓰고 나서 방출되는 물이다. 일부 냉각수는 한번 써서 버리는 경우라도 스케일의 형성, 부식, 조류 번식 등을 방지하기 위하여 수처리가 필요할 수도 있다.

순환 냉각 시스템에서는 소금성분의 농축이 불가피할 경우가 있는데 이럴 경우에는 적정량의 보충수의 주입이 필요하다. 광물질을 제거한 물, 즉 소위 데미워터(demineralized water) 또는 응축수(condensate)는 엔진 재킷의 수냉에 이용되어야 한다.

바닷물이 대다수의 대형 발전 플랜트의 순환수 시스템으로 공급되어 증기 터빈의 응축기를 냉각시키는 역할을 감당하는데 이 경우엔 적절한 음극 보호 시스템(cathodic protection system)을 가동시켜 열교환기 채널 내의 과도한 부식을 억제하여야 한다.

위생수는 음용가능하며 질병을 일으키는 박테리아 등으로부터 안전해야 한다. 소방수는 간헐적으로 요구되는 물로서 다른 설비들이 작동을 전부 멈췄을 경우에도 충분한 양의 물을 공급할 수 있도록 준비되어야 비상시에 대처할 수 있을 것이다. 중요점은 소방수에 관한 정부와 지방자치단체의 법과 규칙을 숙지하고 설계에 임해야 한다. 설비수란 글자 그대로 플랜트의 운전청소나 기타 작업에 쓰이는 설비용 물로서 음용할 수 없는 물이다.

플랜트에서 이용되는 연료

플랜트에서 이용되는 연료에는 천연가스, 액화천연가스(Liquid Natural Gas: LNG), 액화석유가스(Liquid Petroleum Gas: LPG), 공정의 부산물로 발생되는 가연성 쓰레기, 그리고 석탄 및 코우크스 등이 있으며 최근 들어 친환경적 연료인 바이오매스(biomass) 연료도 포함된다.

특히 발전 플랜트의 경우엔 대량의 연료가 연속적으로 소비되며 연료의 종류에 따라 플랜트의 경제성, 친환경성, 주변 주민들과의 관계 등에 막대한 영향을 끼치기 때문에 조달, 저장, 처리, 연소 과정, 그리고 연소 후처리 등에 각별한 관심을 기울여야만 한다. 또한 유황 성분을 함유한 원유나 유연탄 연료를 이용할 때에는 관련 법규에 따라 적합한 탈황 처리시설을 갖추어야 한다.

동력 및 공정 증기

전기는 모든 플랜트에서 일차적인 동력원이다. 전기는 펌프, 압축기, 그리고 다른 여러 기계적 장비를 구동하는 데 이용되며 전기분해 공정, 가열, 계기의 작동, 그리고 조명을 위해 필수적이다.

전기 동력 분배 시스템. 어떤 전기 시스템도 기술적으로 자격을 갖춘 경험자에 의해 설계되어야 한다. 관련된 기본 원리에 덧붙여 국가의 관련 코드에 관한 실무지식과 제조된 장비에 완전히 익숙해야만 한다. [그림 4-60]에는 플랜트에 쓰이는 전기 시스템에 대한 동력원, 변압 장비, 개폐와 보호 장치, 분배 배선, 그리고 최종적 사용처들로 구성된 예시를 보여주고 있다.

배전 전압은 매우 높은 전압으로 플랜트에 공급되므로 플랜트에서 사용되기 위해서 적절한 전압으로 낮춰주어야 한다. 전력은 플랜트에 다음의 방법으로 배전된다. 1) 전극이나 구조물에 부착된 개방 배선, 2) 지상의 금속 도관 내를 달리는 케이블, 3) 금속 또는 기타 형식의 지하 매설 도관 내를 달리는 케이블, 4) 토양에 직접 매설된 케이블. 여기서 1)와 4)의 방법은 안전 문제로 현대식 플랜트에서는 금지되는 방식이며 2)의 방법이 빌딩과 구조물 실내에서 이용된다.

플랜트 지역 내의 위험지역(hazardous area)에서 사용될 전기적 장비는 방폭(explosion-proof) 장비이어야만 한다.

증기 동력과 공정 증기. 증기는 펌프와 터빈을 위한 직접적인 동력원이며 또한 공정 플랜트에서 가장 유용한 가열용 매체이다. 일부 플랜트에서 전력은 구매되기도 하지만 대개의 공정 플랜트에서 통상적으로 공정 증기를 자체 생산하여 이용한다.

중앙 보일러 실은 전체 플랜트를 위하여 증기를 공급할 수도 있고 소형 보일러는 사용처 인근에 위치할 수도 있다. 대규모 플랜트에서 몇 개의 보일러실을 갖추는 것이 분배 배관의 비용을 주여서 경제적일 수도 있다.

증기발생기. 설비에 공급할 목적으로 운용되는 증기발생기는 대체로 소규모의 장치로서 열을 공급하는 노 구간 및 증기를 형성하기 위해 순환하는 물로 열이 전달되는 보일러 구간으로 구성되어 있다. 노는 연료가 보일러 아래 또는 근처에서 타서 연소열이 드럼과 튜브에 복사와 대류에 의해 전달되는 장치를 말한다. 노의 설계는 이용될 연료의 종류에 따라 달라진다.

석탄과 같은 고체 연료는 스토커와 미분탄 분쇄기 등의 기계적인 수단으로 노에 충전된다. 액체 연료는 분무되어 연료 방울이 가능한 한 완전히 연소되도록 해야 한다.

보일러. 설비용의 소규모 보일러는 열이 전달되는 표면들로 구성되고 물과 증기의 순환과 분리를 위한 장치들로 설계된다. 보일러는 일반적으로 화관식과 수관식으로 분류된다. 화관식 보일러는 용량이 비교적 작고 낮은 압력에서 사용된다. 수관식 보일러에서 물과 증기는 튜브 내로 흐르고 뜨거운 가스는 배플에 의해 튜브를 가로지르는 방향으로 향한다.

원료와 생산품의 저장과 이동에 관련된 설비

모든 플랜트의 운전을 위하여 적당한 저장 시설이 원자재와 생산품의 관리에 필수적이다. 저장시설에는 액체 저장 시설, 가스 저장 시설, 그리고 고체 저장 시설이 있으며 원자재의 이동과 생산 제품을 선적을 위하여 적절한 상하차장 및 필요시 하역 시설의 준비가 요구된다. 액체나 기체 상태의 원자재와 제품은 이송 배관 시스템이 종종 경제적인 선택이 될 수 있으며 고체의 경우에는 컨베이어, 버킷 엘리베이터, 그리고 공압식 이송 장치가 이용되기도 한다.

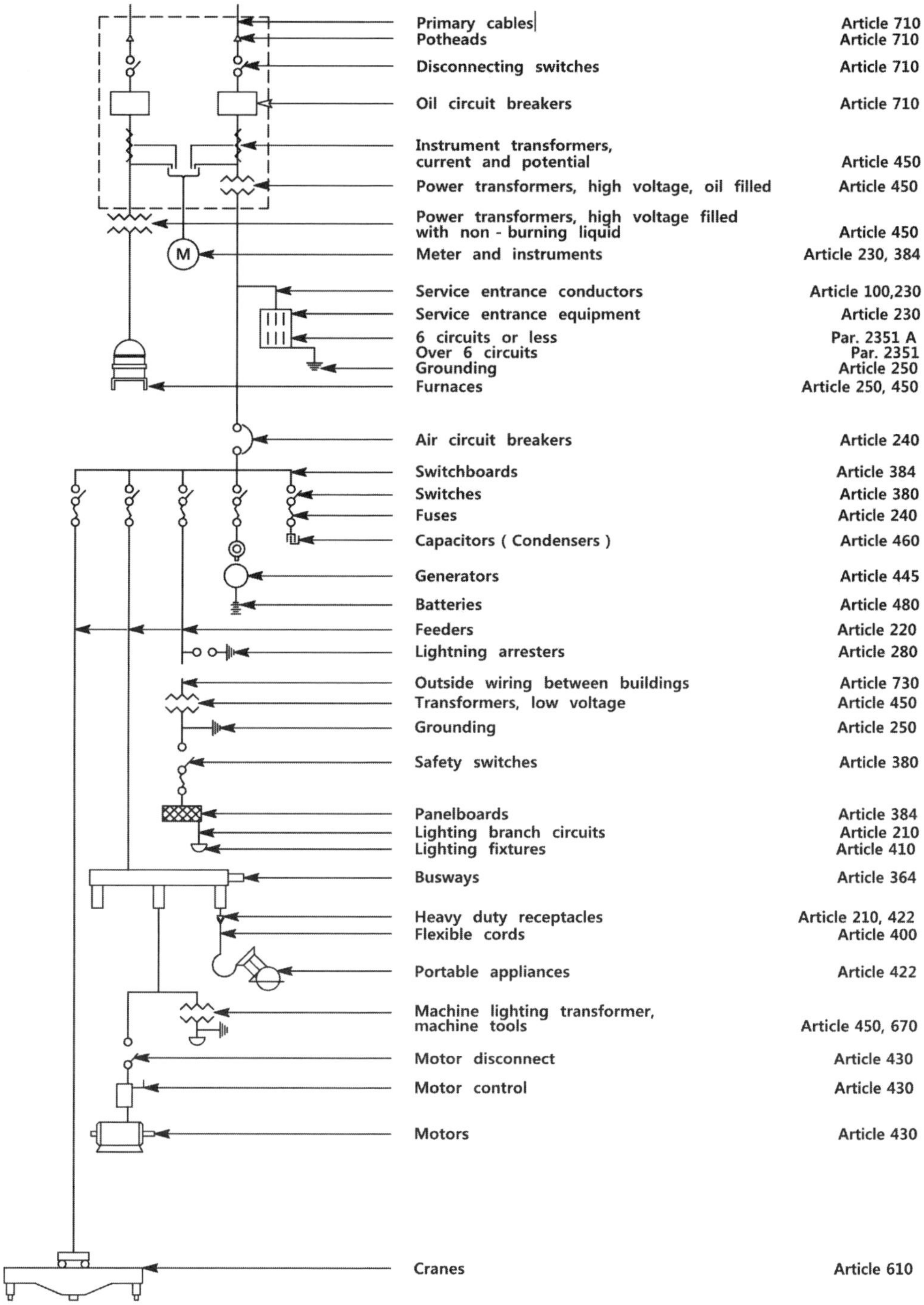

[그림 4-60] 플랜트의 전기 시스템 개요도 25

4.7.2 이차 설비(Secondary Utilities)

플랜트의 운전에 부수적으로 필요한 설비를 이차 설비라 부른다. 이들 설비에는 유지보수를 위한 설비, 플랜트 진입로, 진입 철도 설비, 그리고 플랜트의 하수 시스템(sewer system)과 폐기물 처리(waste disposal) 설비가 포함된다.

특히 플랜트의 운용 시의 환경 관련 문제가 심각한 사회적 이슈가 되고 있는 시점에서 플랜트의 운전으로부터 발생되는 고체, 액체, 그리고 기체 상태의 모든 부산물, 배출 연소 가스, 방출 냉각수, 그리고 고형 쓰레기의 처리에 관한 사항은 친환경 플랜트의 성공적인 운영에 핵심적인 과제로 부상되고 있으므로 관련 법규의 검토와 홍보의 강화, 그리고 플랜트 운전 요원들의 교육이 특별히 강조되어야 한다.

참고문헌

1 17. D. P. Eckman. *Industrial Instrumentation*, John Wiley & Sons, Inc., New York,1950.

2 18. D. P. Eckman. *Principles of Industrial Process Control*, John Wiley & Sons, Inc., New York, 1945.

3 A. L. Abbott. *National Electrical Code Handbook*, 7th ed., McGraw-Hill Book Co., New York, 1952.

4 A. L. Cook and C. C. Carr, *Elements of Electrical Engineering*, John Wiley & Sons, New York, 1954.

5 *ANSI(American National Standards Institute) Standards*, latest ed.,ANSI, Washington, DC (A majority of the standards listed below areapproved by the ANSI and published by the ASME.)

(a) A21.1 Computation of strength and thickness of Cast-Iron Pipe.
(b) A21.6 Cast-Iron Pipe Centrifugally Cast in Metal Molds for Wateror other Liquids.
(c) A21.8 Cast Iron Pipe-Centrifugally Cast in Sand-Lined Molds for Water or other Liquids.
(d) A21.10 Short-Body, Cast-Iron Fittings, 3" to 12".
(e) A21.ll Mechanical Joint for Cast Iron Pressure Pipe and Fittings.
(f) B16b Class 250 Cast-Iron Flanges and Flanged Fittings.
(g) B16.1 Class 125 Cast-Iron Flanges and Flanged Fittings.
(h) B16.3 Malleable-Iron Screwed Fittings, 150lb.
(i) B16.4 Cast-Iron Screwed Fittings, 125 and 250lb.
(j) B16.5 Steel Pipe Flanges and Flanged Fittings.
(k) B16.9 Steel Butt-Welding Fittings.
(l) B16.10 Face to Face Dimension of Ferrous Flanged and Welding- End Valves.
(m) B16.ll Steel Socket-Welding Fittings.
(n) B16.15 Brass or Bronze Screwed Fittings, 125lb.
(o) B16.17 Brass or Bronze Screwed Fittings, 250lb.
(p) B16.19 Malleable-Iron Screwed Fittings, 300lb.
(q) B16.20 Ring-Joint Gaskets and Grooves for Steel Pipe Flanges.
(r) B16.21 Nonmetallic Gaskets for Pipe Flanges.
(s) B31.1 Code for Pressure Piping, including supplement.
(t) B36.1 to 36.26 ASTM Iron and Steel Pipe Specifications accepted as American Standards.

6 *API-ASME Code for Unfired Pressure Vessels*, Am. Soc. Mech.Engrs., New York.

7 *ASME Code for Unfired Pressure Vessels*, Am. Soc. Mech. Engrs., New York.

8 *ASTM Standards, Part III*, American Society of Testing Materials, New York.

9 A. W. Culp, Jr. Principles of Energy Conversion, 2nd ed. McGraw-Hill, NY, 1991.

10 *AWWA Standards*, American Water Works Association, New York.

11 C. Borgnakke and R. E. Sonntag. *Fundamentals of Thermodynamics*, 7th ed. Wiley, 2008.

12 *Crane Company Technical Paper No.409*, Crane Company, Chicago 5, Illinois.

13 D. Q. Kern. *Process Heat Transfer*, McGraw-Hill Book Co., New York, 1950.

14 F. H. Norton. *Refractories*, 3rd ed., McGraw-Hill Book Co., New York, 1950.

15 *Flow of Fluids: Through Valves, Fittings and Pipe Technical Paper No. 410,* Crane Company Eng. Dep't., 2009.

16 *Fluid Meters, Their Theory and Application*, 4th ed., Am. Soc. Mech.Engrs., New York, 1937.

17 F. P. Beer, E. R. Johnston, Jr., J. T. DeWolf and D. F. Mazurek. *Mechanics of Materials*, 5th ed. McGraw-Hill, 2009.

18 F. P. Incropera, D. P. DeWitt, T. L. Bergman and A. S. Lavine, *Fundamentals of Heat and Mass Transfer*, 7th ed. Wiley, NY, 2011.

19 G. A. B. Skrotski and W. A. Vopat, *Applied Energy Conversion*, McGraw-Hill Book Co., New York, 1945.

20 G. B. Wilkes. *Heat Insulation*, John Wiley & Sons, Inc., New York,1950.

21 G. H. Farrington. *Fundamentals of Automatic Control*, Chapman and Hall. London, 1951.

22 G. M.Fair and J. C. Geyer, *Water Supply and Waste-Waler Disposal*, John Wiley & Sons, New York, 1954.

23 G. S. Brown and D. P. Campbell, *Principles of Servo mechanisms*, John Wiley & Sons, Inc., New York, 1948.

24 H. E. Babbitt. *Sewerage and Sewage Treatment*, 7th Ed., John Wiley &Sons, New York, 1952.

25 H. F. Rase and M. H. Barrow. *Project Engineering of Process Plants*, John Wiley & Sons, Inc. New York, 1957.

26 H. Pender. *Electrical Engineer's Handbook-Electric Power Volume*, John Wiley & Sons, New York, 1949.

27 J. K. Salisbury. *Kent's Mechanical Engineer's Handbook - PowerVolume*, 12th ed., John Wiley & Sons, New York, 1950.

28 J. P. Den Hartog, *Advanced Strength of Materials*, McGraw-Hill Book Co., New York, 1952.

29 L. E. Neman, A. Keller, J. M. Lyons and L. B. Wales, *ModernTurbines,* John Wiley & Sons, Inc., New York, 1944.

30 *Manual of ASTM Standards on Refractory Materials*, Am. Soc. Testing Materials New York, 1948.

31 M. F. Behar. Handbook of Measurement and Control, Part II of Instruments and Automation, 27, No. 12, 1954.

32 M. H. Lajoy. *Industrial Automatic Controls*, Prentice-Hall, Inc., New York,1954.

33 M. Jakob and G. A. Hawkins, *Elements of Heat Transfer and Insulation*, 2nd ed., John Wiley & Sons, Inc., New York, 1950.

34 Moody, L. F., Trans. Am. Soc. Mech. Engrs., 66, 671, 1944.

35 M. W. Kellogg Staff, *Design of Piping Systems*, John Wiley & Sons, New York, 1956.

36 P. H. Dike. *Thermoelectric Thermometry*, Leeds and Northrup Co., Philadelphia, Pa., 1954.

37 *Piping Engineering*, Tube Turns Research Staff, Tube Turns, Inc., Louisville 1, Kentucky, 1953.

38 S. Crocker. *Piping Handbook*, 4th ed., McGraw-Hill Book Co., New York, 1955.

39 S. R. Turns. *Thermodynamics: Concepts and Applications*, Cambridge University Press, 2006.

40 *Standards of TEMA*, Tubular Exchanger Manufacturers Association, Inc., New York.

41 *Standards of the Hydraulic Institute*, Hydraulic Institute, New York.

42 *Standards of the ASTM, Part I and II*, Am. Soc. for Testing Materials, Philadelphia, Pa.

43 *Steam: Its Generation and Use*, 38th ed., Babcock and WilcoxCompany, New York, 1972.

44 *Storage, Handling and Use of Flammable Liquids*, NFPA No. 30-L, National Fire Protection Association, Boston, Mass., 1954.

45 S. T. Powell. *Water Conditioning for Industry*, McGraw-Hill Book Co., New York, 1954.

46 *Taylor Forge Catalogs No. 484 and 423*, Taylor Forge and Pipe Works, Chicago 90, Illinois.

47 T. Croft. *Steam Power Plant Auxiliaries and Accessories*, McGraw-Hill Book Co., New York, 1946.

48 *Tube Turn Catalog No. 211*, Tube Turns, Inc., Louisville1, Kentucky.

49 *Vogt Company Catalog No. F9*, Henry Vogt Machine Company, Louisville 10, Kentucky.

50 *Welding Handbook*, 3rd ed., American Welding Society, New York.

51 W. H. Betz and L. D. Betz, *Handbook of Industrial Water Conditioning*, Philadelphia, Pa., 1950.

52 W. H. Erickson and N. H. Bryant. *Electrical Engineering-Theory and Practice*, John Wiley &. Sons, New York, 1952.

53 W. H. McAdams. *Heat Transmission*, 3rd ed., McGraw-Hill Book Co., New York, 1953.

54 W. H. Severns, H. E. Degler and J. C. Miles, *Steam, Air and Gas Power*, 5th ed., John Wiley & Sons, New York, 1954.

55 W. J. Kearton. *Steam Turbine Theory and Practice*, 5th ed., Pitman Publishing Co., New York, 1948.

56 W. J. Ryan. *Water Treatment and Purification*, 2nd ed., McGraw-Hill Book Co., New York, 1946.

57 Y. A. Cengel and J. M. Cimbala, *Fluid Mechanics: Fundamentals and Applications*, 2nd ed. McGraw-Hill, 2009.

58 www.bing.com/images/power engineering

PART 5

터보기계 선정 상세사항

플랜트 장비 중에서 대표적이고 중요한 장비인 펌프, 압축기, 그리고 터빈과 같은 터보기계의 선정을 위하여 프로젝트 엔지니어는 이들 터보기계의 기본원리를 이해하는 것이 중요하다. 먼저 터보기계를 두 가지의 넓은 부류인, 펌프와 터빈으로 분류한다. 그리고 이 두 가지 터보기계에 대한 기본 원리와 설계 시 고려사항을 검토하되 터보기계의 상세설계보다는 예비설계, 전체적인 성능, 그리고 선정 시 고려사항에 주안점을 둔다. 추가적으로, 터보기계의 설계와 선정 시 축척 법칙의 이용에 대해 논의한다.

5.1 터보 기계(Turbomachinery)

5.1.1 터보 기계의 분류

터보 기계에는 두 가지의 넓은 부류로 **펌프(pump)**와 **터빈(turbine)**이 있다. 펌프라는 말은 유체에 에너지를 추가하는 모든 유체기계에 대한 일반적인 용어이다. 펌프에 에너지가 공급되면 대개의 경우 대부분의 에너지를 회전하는 축을 통하여 유체에 전달하기 때문에 펌프를 에너지 흡수장치라고 부르기도 한다. 유체에너지의 증가는 일반적으로 유체의 압력 증가로 나타난다. 반면에 터빈은 에너지 생성장치이며, 유체로부터 에너지를 추출하고 그것의 대부분을 일반적으로 회전하는 축 형태의 기계적 에너지 출력으로 전달한다. 펌프의 목적은 유체에 에너지를 추가하는 것으로서 결과적으로 유체압력을 증가시키고, 터빈의 목적은 유체로부터 에너지를 추출하는 것으로서 결과적으로 유체압력을 감소시킨다. 이런 터보 기계의 대표적인 예로서 압축기와 팬, 원심펌프, 단단 압축기와 가스 터빈, 그리고 원심펌프의 임펠러 설계가 각각 [그림 5-1]로부터 [그림 5-4]까지에 소개되어 있다.

액체를 이송하는 유체기계를 펌프라고 부르지만, 기체를 이송하는 기계에 대해서는 여러 가지 다른 이름이 있다. 팬(fan)은 상대적으로 낮은 압력상승과 높은 유량을 갖는 기체펌프다. 예로 주택용 팬 및 프로펠러 등이 있다. 송풍기(blower)는 일반적으로 중간에서 높은 범위의 압력상승과 유량을 갖는 기체펌프이다. 예로 화로용 송풍기에 있는 원심형 송풍기와 다람쥐 집 모양의 송풍기 등이 있다. 압축기(compressor)는 일반적으로 낮거나 중간정도의 유량에서 매우 높은 압력상승을 갖도록 설계된 기체펌프이다. 예로 공기를 주입하는 공기압축기와 열펌프, 냉장고 및 공기조화기에 사용되는 냉동압축기 등이 있다.

라틴어로 접두어 터보(turbo)는 "회전(spin)"을 의미하므로, 회전축으로 에너지가 공급되거나 추출되는 펌프와 터빈을 터보 기계라고 부르는 것이 적절하다. 그러나 모든 펌프 또는 터빈이 회전축을 사용하는 것은 아니다. 어떤 형태의 펌프에서는 플런저 또는 피스톤의 위아래 왕복 운동이 회전축을 대신하기도 하므로, 터보기계 대신에 단순히 유체 기계라고 부르는 것이 더 적절하다. 그럼에도 불구하고, 문헌에서는 종종 회전축의 사용 여부와 관계없이 모든 형태의 펌프와 터빈을 언급하기 위하여 터보 기계장치(turbomachinery)라는 용어를 사용한다.

유체기계는 또한 에너지가 전달되는 방식을 기준으로 용적식(positive displacement) 또는 동역학적(dynamic) 기계로 넓게 분류되기도 한다. 용적식 기계에서는 유체가 밀폐된 체적으로 보내진다. 밀폐된 체적의 경계를 이동시켜 유체로 에너지를 전달하고 체적을 팽창 또는 수축시키며, 이에 따라 유체가 흡입되거나 송출된다. 사람의 심장은 용적식 펌프의 일례이고, 집에서 널리 사용되는 수도계량기는 용적식 터빈의 대표적인 예이다.

동역학적 기계에는 밀폐체적이 없고 대신에 회전 블레이드가 에너지를 유체에 공급하거나 또는 유체로부터 추출한다. 펌프에서는 이 회전 블레이드를 임펠러 블레이드라고 부르는 반면에 터빈에서는 회전 블레이드를 러너(runner) 블레이드 또는 버킷이라고 부른다.

동역학적 펌프의 예로는 덮개형 펌프(enclosed pump)와 덕트형 펌프(ducted pump) 및 개방형 펌프(open pump) 등이 있다. 동역학적 터빈의 예로는 수력발전용 댐에서 물의 에너지를 추출하는 수력터빈과 같은 덮개형 터빈(enclosed turbine)과 바람으로부터 에너지를 추출하는 풍력터빈과 같은 개방형 터빈(open turbine) 등이 있다.

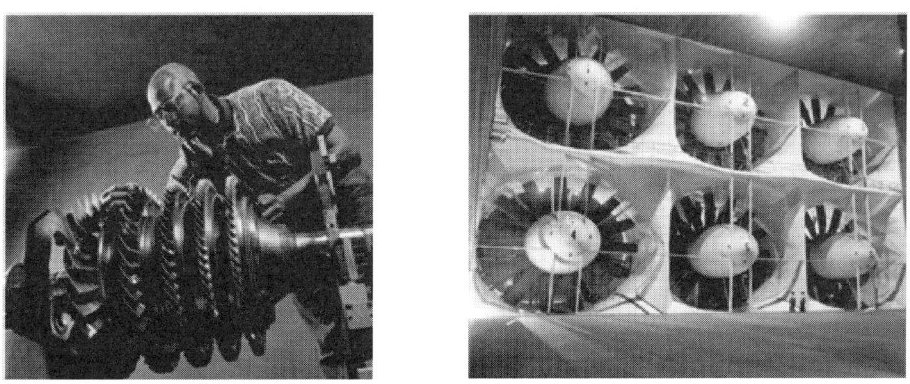

[그림 5-1] 터보 기계의 예(압축기와 팬) [15]

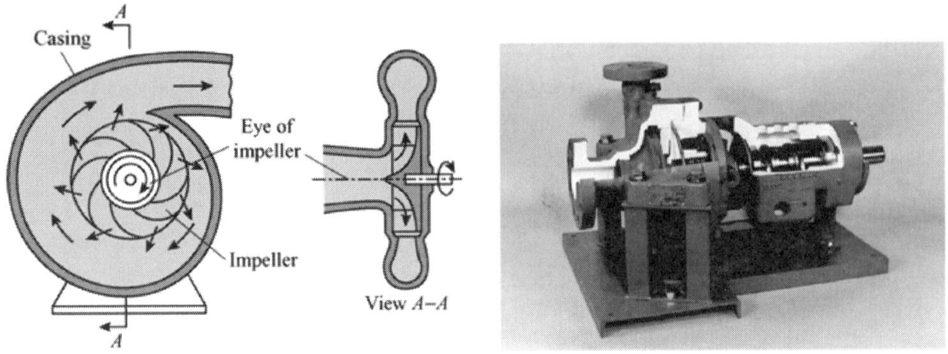

[그림 5-2] 터보 기계의 예(원심 펌프) [15]

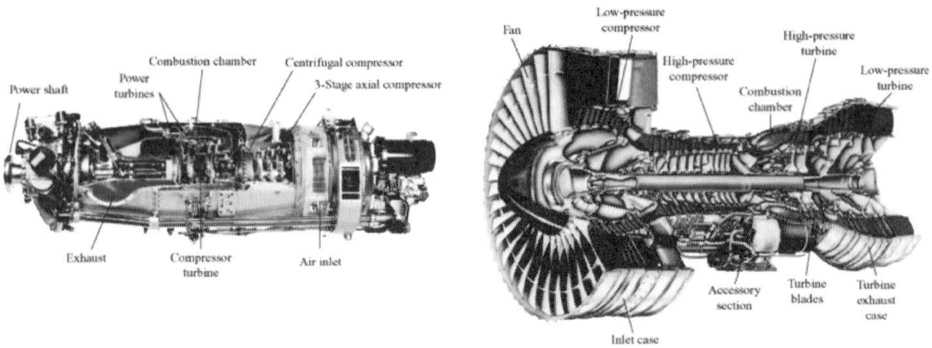

[그림 5-3] 터보 기계의 예(단단 압축기와 가스 터빈) [15]

[그림 5-4] 터보 기계의 예(원심 펌프 임펠러의 CFD 설계) [15]

5.2 펌프

펌프의 기본 이론

펌프의 성능 해석에는 몇 가지의 기본 매개변수(parameter)가 사용된다. 펌프를 지나는 유체의 질량유량(mass flow rate)은 기본 매개변수이며 비압축성유동에서는 질량유량 보다 체적유량(volume flow rate)의 사용이 더 보편적이다. 터보기계 산업계에서는 체적유량을 용량(capacity)이라고 부르며, 이는 단순히 질량유량을 유체의 밀도로 나눈 값이다.

펌프의 성능은 펌프의 입구와 출구 사이의 베르누이 수두(Bernoulli head) 변화로 정의되는 펌프의 순수두(net head) H는 아래와 같이 나타낼 수 있다.

순수두: $$H=\left(\frac{P}{\rho g}+\frac{V^2}{2g}+z\right)_{out}-\left(\frac{P}{\rho g}+\frac{V^2}{2g}+z\right)_{in} \tag{5-1}$$

여기서 순수두의 차원은 길이(m)이며, 물을 이송하지 않는 펌프에서도 종종 등가의 물기둥(수주) 높이로 나타낸다. 괄호 안의 첫째 항은 압력 헤드로서 정압을 유체의 밀도와 중력가속도로 나눈 값이며 둘째 항은 동압 헤드로서 속도의 제곱을 중력가속도의 2배로 나눈 값이며 마지막 셋째 항은 정수압 헤드이다.

입구와 출구의 직경이 같고 높이의 변화가 없이 펌프를 지나는 비압축성 유동의 특별한 경우를 고려하면 식 (5-1)은 다음과 같이 간단해진다.

$$D_{out}=D_{in} \text{ 이고 } Z_{out}=Z_{in} \text{인 특별한 경우:} H=\frac{P_{out}-P_{in}}{\rho g} \tag{5-2}$$

이처럼 단순화된 경우, 순수두는 단순히 수두(액주 높이)로 나타내는 펌프에서의 압력 상승이다.

순수두는 실제로 유체에 전달되는 유용한 동력에 비례한다. 펌프로 가압되는 유체가 물이 아니고 동력이 마력의 단위로 측정되지 않더라도 이 동력을 관습적으로 수마력(water horsepower)이라고 부른다. 차원의 관점에서, 동력 차원을 얻기 위해서는 식 (5-2)의 순수두에 질량유량과 중력가속도를 곱해야 한다. 그러므로 수마력은 다음과 같이 표현된다.

수마력: $$\dot{W}_{watwer\ horsepower}=\dot{m}gH=\rho gQH \tag{5-3}$$

모든 펌프는 마찰, 내부 누설, 블레이드 표면에서의 유동박리, 난류소산 등의 비가역손실을 겪는다. 따라서 펌프에 공급되는 기계적 에너지는 반드시 $W_{waterhorsepower}$보다 커야만 한다. 펌프용어에서 펌프에 공급되는 외부동력은 제동마력(brake horsepower)이라고 부르며, bhp라는 약자로 나타낸다. 회전축으로 제동마력을 공급하는 일반적인 경우,

제동마력: $$bhp = \dot{W}_{shaft} = \omega T_{shaft} \tag{5-4}$$

여기서 ω는 축의 회전속도(rad/s)이고 T_{shaft}는 축에 공급되는 토크이다. 펌프효율 η_{pump}은 공급된 동력에 대한 유용한 동력의 비로 정의한다.

펌프효율: $$\eta_{pump} = \frac{\dot{W}_{water\ horsepower}}{\dot{W}_{shaft}} = \frac{\dot{W}_{water\ horsepower}}{bhp} = \frac{\rho g Q H}{\omega T_{shaft}} \tag{5-5}$$

5.2.1 펌프 성능곡선

펌프를 통과하는 최대 체적유량은 순수두가 영인 상태, 즉 H=0일 때 발생하고, 이때의 유량을 펌프의 자유토출(free delivery)이라 부른다. 자유토출 조건은 펌프의 입구와 출구에서 유동저항이 없을 때, 다시 말하면 펌프에 부하가 걸리지 않을 경우에 얻어진다. 이 운전점에서 Q는 크지만 H는 0이며, 식 (5-5)로부터 명백하게 알 수 있는 것처럼, 펌프가 아무런 유용한 일을 하지 않으므로 펌프효율은 0이다. 다른 극단적인 경우로 차단수두(shutoff head)는 체적유량이 Q=0일 때 발생하는 순수두이며, 이는 펌프의 출구가 막힐 때 얻어진다. 이 조건에서는 H가 크지만 Q는 0이며 펌프효율은 펌프가 아무런 유용한 일을 하지 않으므로 다시 0이 된다. 차단과 자유토출의 두 가지 극단적인 경우 사이에서 펌프의 순수두 H는 유량의 증가에 따라, 일시적으로 차단 값으로부터 약간 증가할 수는 있지만, 전반적으로 볼 때 체적유량 Q에 따라 점차 감소하다가 Q가 자유토출 값으로 증가하면 결국 0이 되어버린다.

펌프의 효율은 차단조건과 자유토출 조건 사이의 어느 곳에서 최댓값에 도달하며, 이 효율이 가장 높은 운전점을 최고 효율점(best efficiency point, BEP)이라고 부르고 별표(*) 로 나타낸다(H*, Q*, bhp*). Q의 함수로 나타낸 H, η_{pump} 및 bhp 곡선을 펌프 성

능곡선(Pump Performance Curve)이라고 부르며, [그림 5-5]에는 특정한 회전속도 조건에서 전형적인 펌프의 성능곡선을 여러 가지 방식으로 설명하는 예시들이 소개되어 있다. 이러한 펌프 성능곡선들은 펌프의 회전속도에 따라 변한다.

정상조건에 대해 펌프는 단지 자신의 성능곡선을 따라서만 운전될 수 있다는 것을 이해하는 것이 중요하다. 따라서 배관 시스템의 운전점은 시스템 요구사항(요구되는 순수두)을 펌프성능(가용 순수두)에 일치시키는 것으로써 결정된다. 대부분의 응용에서 Hrequired와 Havailable은 단 하나의 유량에서 일치하며 바로 이것이 시스템의 운전점(operation point)이 된다.

주손실과 부차적 손실, 고도 변화 등이 있는 주어진 배관 시스템에서 요구되는 순수두는 체적유량에 따라 증가한다. 반면에 [그림 5-5]에서와 같이, 거의 모든 펌프의 가용 순수두는, 적어도 대부분의 추천된 운전범위에서는 유량에 따라 감소한다. 따라서 시스템곡선과 펌프 성능곡선이 교차하며 이에 따라 운전점이 형성된다. 운이 좋다면, 운전점은 펌프의 최고 효율점(BEP) 또는 그 부근에 있다. 그러나 대부분의 경우 펌프는 최고효율에서 운전되지 않는다. 만약 효율이 가장 중요한 관심사라면 반드시 운전점이 가능한 한 최고 효율점에 가까이 있도록 펌프를 선택해야 한다. 몇몇의 경우에는 축의 회전속도를 변경할 수 있어 기존의 펌프를 설계점에 매우 근접하게 운전할 수도 있다.

펌프 산업계에서는, 하나의 펌프 케이싱에 대해 임펠러 직경의 몇 가지 선택사양을 제시하는 것이 보통이다. 여기에는 몇 가지 이유가 있는데, 첫째 생산가격을 절감하고, 둘째 간단한 임펠러 교체로 용량 증가가 가능하고, 그리고 셋째 설치를 표준화하기 위한 것이다. 이와 같은 "펌프군(family)"의 성능을 선도로 나타낼 때 펌프 생산업체는 H, η_{pump} 및 bhp 선도를 [그림 5-5]에 나타낸 것처럼 각각의 임펠러 직경에 대한 별도의 곡선으로 나타내지는 않는다. 그 대신 임펠러 직경이 다른 전체 펌프군의 성능곡선을 하나의 선도에 종합하여 나타내는 것을 선호한다[그림 5-6]. 구체적으로, 각 임펠러 직경에 대하여 [그림 5-5]와 같은 방법으로 H 곡선을 Q의 함수로 도시한다. 그러나 이번에는 다양한 임펠러 직경에 대하여 동일한 Hpump 값을 갖는 점들을 부드러운 곡선으로 연결하여 만든 효율이 일정한 윤곽선(contour line)을 만든다. bhp가 일정한 윤곽선도 종종 같은 선도에 비슷한 방법으로 나타낸다.

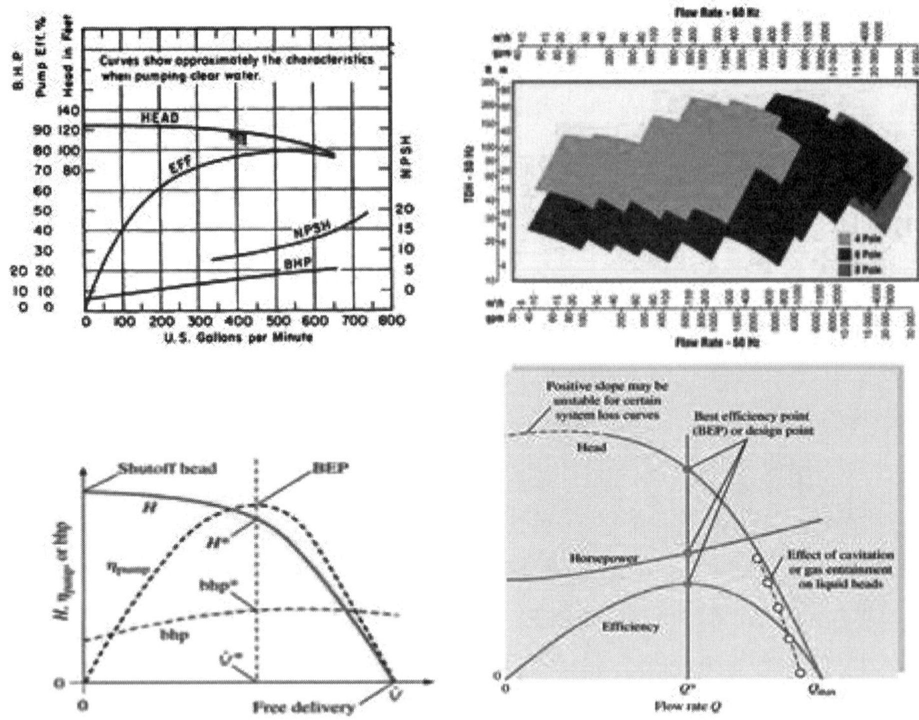

[그림 5-5] 펌프의 성능곡선의 설명 예시

[그림 5-6]은 한 제조사에서 제작한 원심 펌프군의 예를 보여준다. 그림 중 아래의 경우 5가지의 임펠러 직경이 사용 가능하지만 5가지 선택사양 모두 같은 케이싱을 사용한다. 그림에서 볼 수 있듯이 펌프 생산업체는 펌프 성능곡선을 항상 자유토출까지 나타내지는 않는다. 이는 일반적으로 그 조건에서는 낮은 순수두 값과 효율 때문에 펌프를 운전하지 않기 때문이다. 만약 더 높은 값의 유량과 순수두가 요구되면 다음 단계 크기의 케이싱을 사용하거나, 또는 직렬 또는 병렬로 펌프를 추가하여 사용하는 것을 고려해야 한다.

또한 [그림 5-6]의 성능 선도로부터 주어진 펌프 케이싱에 대하여 임펠러 직경이 커지면 얻을 수 있는 최대효율이 더 높아진다는 것이 명백하다. 그러면 왜 작은 크기의 임펠러 펌프를 구입할까? 이 질문에 답하기 위해서는, 사용자의 응용에 따라 정해진 유량과 순수두의 조합이 요구된다는 것을 이해해야 한다. 만약 요구조건이 특정한 임펠러 직경과 일치한다면 이 요구조건을 만족시키기 위해서는 펌프효율을 희생하는 것이 비용적인 측면에서 더 유리하다.

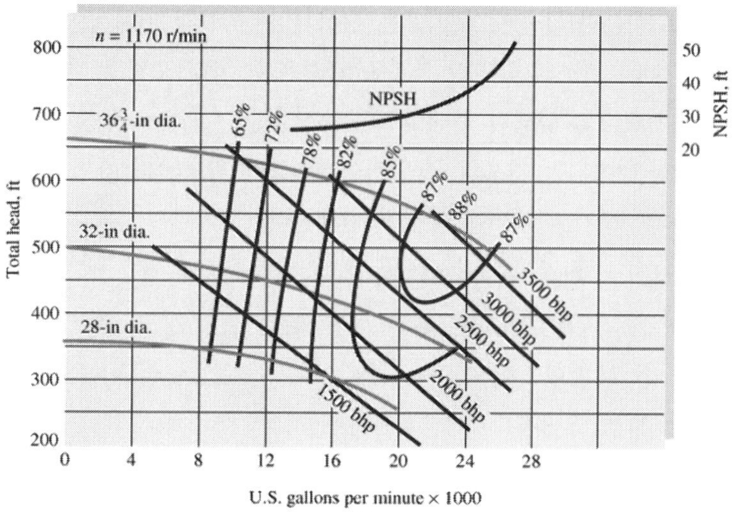

(a)

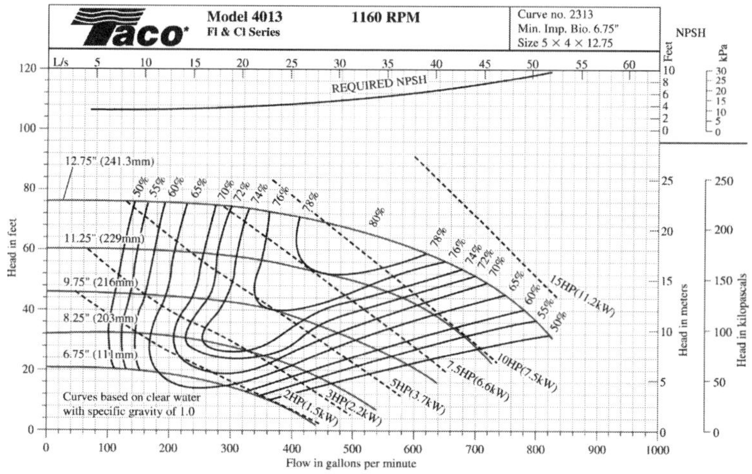

FIGURE 14–15

Example of a manufacturer's performance plot for a family of centrifugal pumps. Each pump has the same casing, but a different impeller diameter.

Courtesy of Taco, Inc., Cranston, RI. Used by permission.

[그림 5-6] 펌프의 성능곡선의 실례 **7, 19**

5.2.2 펌프 공동현상과 유효흡입수두

펌프로 액체를 다루는 경우, 펌프 내의 국부압력이 액체의 증기압, P_v 이하로 떨어질 수 있다(P_v는 포화증기압, P_{sat}이라고도 부르며 열역학 표에 포화온도의 함수로 나타나있다). $P < P_v$이면 공동현상 기포(cavitation bubble)라고 부르는 증기로 채워진 기포가 발생한다. 다시 말하면, 일반적으로 압력이 가장 낮은 흡입지역의 회전하는 임펠러 블레이드 위에서

액체는 국부적으로 끓는다. 공동현상 기포는 생성된 후 펌프를 거쳐서 압력이 더 높은 지역으로 전달되고, 이는 기포의 급격한 붕괴를 가져온다. 이 기포의 붕괴는 소음, 진동, 효율저하 그리고 무엇보다도 임펠러 블레이드의 손상을 가져오므로 바람직하지 않다. 블레이드 표면 부근에서 반복되는 기포의 붕괴는 블레이드에 피팅(pitting) 또는 부식을 가져오고 궁극적으로 블레이드가 파괴되는 재앙이 발생한다.

공동현상을 피하려면 펌프 내의 모든 곳에서 국부압력이 확실히 증기압 이상이 되도록 해야 한다. 압력은 펌프의 입구에서 가장 쉽게 측정(또는 추정)되므로, 공동현상 기준은 일반적으로 펌프의 입구에서 지정된다. 유효흡입수두(NPSH, net positive suction head)라고 부르는 유동 매개변수를 도입하는 것이 유용하며, 이는 펌프입구의 정압수두와 증기압 수두의 차이로 정의된다.

유효흡입수두: $$NPSH=\left(\frac{P}{\rho g}+\frac{V^2}{2g}\right)_{pump\ inlet}-\frac{P_v}{\rho g} \quad (5\text{-}6)$$

펌프 생산업체는 펌프시험 장치를 이용하여 펌프의 체적유량과 입구압력을 제어하며 변화시키면서 펌프 내의 공동현상에 대한 시험을 한다. 구체적으로, 주어진 유량과 액체의 온도에서 펌프입구의 압력을 펌프 내부의 어디에선가 공동현상이 발생할 때까지 천천히 낮춘다. 이 운전조건에서 식 (5-6)을 이용하여 NPSH 값을 계산하고 기록한다. 이 과정을 몇 개의 다른 유량에서 반복하고 난 후 펌프 생산업체는 펌프의 공동현상을 피하기 위하여 필요한 최소 NPSH로 정의되는, 요구 유효흡입수두($NPSH_{required}$)라고 부르는 성능 매개변수를 발표한다. 측정된 $NPSH_{required}$는 체적유량에 따라 다르므로 $NPSH_{required}$는 종종 순수두와 같은 펌프 성능곡선 위에 나타낸다. 일반적으로 성능곡선의 대부분에서 $NPSH_{required}$는 H보다 훨씬 작으므로, 이를 상세히 나타내기 위해서 종종 별도의 확대된 수직축 눈금으로 나타내거나[그림 5-6 참조] 또는 펌프군에 대해서는 일정한 값의 윤곽선으로 나타낸다는 것에 유의하자. $NPSH_{required}$는 일반적으로 체적유량에 따라 증가한다.

펌프에서 공동현상을 확실하게 방지하려면 실제 또는 가용 NPSH는 $NPSH_{required}$보다 커야만 한다. NPSH 값은 유량뿐만 아니라, P_v가 온도의 함수이므로 액체의 온도에 따라서 변한다는 것에 유의하는 것이 중요하다. NPSH 값은 또한 각 액체에는 독특한 P_v-T 선도가 있으므로 사용되는 액체의 종류에 따라서도 변한다. 입구의 상류에 있는 배관 시스템을 통과하는 비가역 수두손실은 유량에 따라 증가하므로, 펌프 입구 정체압(stagnation pressure) 수두는 유량에 따라 감소한다. 그러므로 NPSH 값은 Q에 따라 감소한다. 실제 NPSH와 $NPSH_{required}$ 곡선이 교차하는 유량을 찾아내어 펌프에서 공동현상 없이 토출이 가능한 최대 체적유량을 추정한다.

5.2.3 용적식 펌프

오랜 기간 동안 수많은 용적식 펌프(positive displacement pump: PDP)가 설계되었다. 모든 설계에서, 유체는 확장하는 체적으로 흡입되고 체적이 수축되면서 밀려나가지만, 다양한 설계에서 체적변화를 발생시키는 기계구조들은 서로 크게 다르다. 어떤 설계는, 동기 로브(synchronized lobe)를 갖춘 회전 캠, 맞물림 기어, 또는 스크루 등을 사용한다[그림 5-7 참조]. 용적식 펌프는 점성액체 또는 진한 슬러리의 이송과 같은 고압 응용분야와 의료분야처럼 정확한 양의 액체를 분배 또는 계량할 때 이상적이다.

용적식 펌프의 분류

(1) 왕복동식(Reciprocating)

(a) Piston or plunger

(b) Diaphragm

(2) 회전식(Rotary)

(a) Single rotor

Sliding vane, Flexible tube or lining, Screw, Peristaltic.

(b) Multiple rotors

Gear, Lobe, Screw, Circumferential piston

용적식 펌프의 일례로 두 개의 로터 각각에 두 개의 로브가 달린 단순한 로터리 펌프를 [그림 5-7(f)]에 보였다. 로터들과 하우징 사이, 그리고 로터들의 로브 자체 사이에는 간극이 존재한다. 유체가 이 간극을 통하여 누설 될 수 있으며, 이때 펌프의 효율이 줄어든다. 점성이 큰 유체는 간극으로 침투하기가 쉽지 않으며, 따라서 로터리 펌프의 순수두는 유체의 점도에 따라 증가한다.

로터리 펌프는 용량이 주어진 회전속도에서 부하에 관계없이 거의 일정하므로, 펌프 성능곡선이 추천되는 운전범위 전체에 걸쳐서 수직에 가깝다. 그러나 매우 높은 펌프출구 압력에 해당하는 매우 높은 순수두 값에서는 점도가 높은 유체일지라도 누설이 심해진다. 더욱이 펌프를 구동하는 모터는 이 높은 출구압력으로 발생하는 큰 토크를 극복할 수 없고, 모터는 실속(stall) 또는 과부하에 노출되기 시작하며, 이로 인해 모터가 타버릴 수 있다. 그러므로 로터리 펌프 생산업체는 특정한 최대 순수두 이상으로 펌프를 운전하는 것을 추천하지 않다.

용적식 펌프는 동역학적 펌프에 비하여 많은 장점이 있다. 예로 용적식 펌프는 비슷한 압력과 유량에서 운전되는 동역학적 펌프의 경우보다 유도 전단변형이 훨씬 적으므로 전단변형에 민감한 액체를 더 잘 다룰 수 있다. 잘 밀봉된 용적식 펌프는 건조한 경우일지라도 입구에서 상당한 진공압력을 형성할 수 있으며, 따라서 펌프 아래 수 미터의 액체를 퍼 올릴 수 있다. 마지막으로 용적식 펌프의 로터는 동역학적 펌프의 로터(임펠러)보다 저속으로 작동되므로 실(seal) 등의 유효 수명이 길어지는 장점을 갖는다.

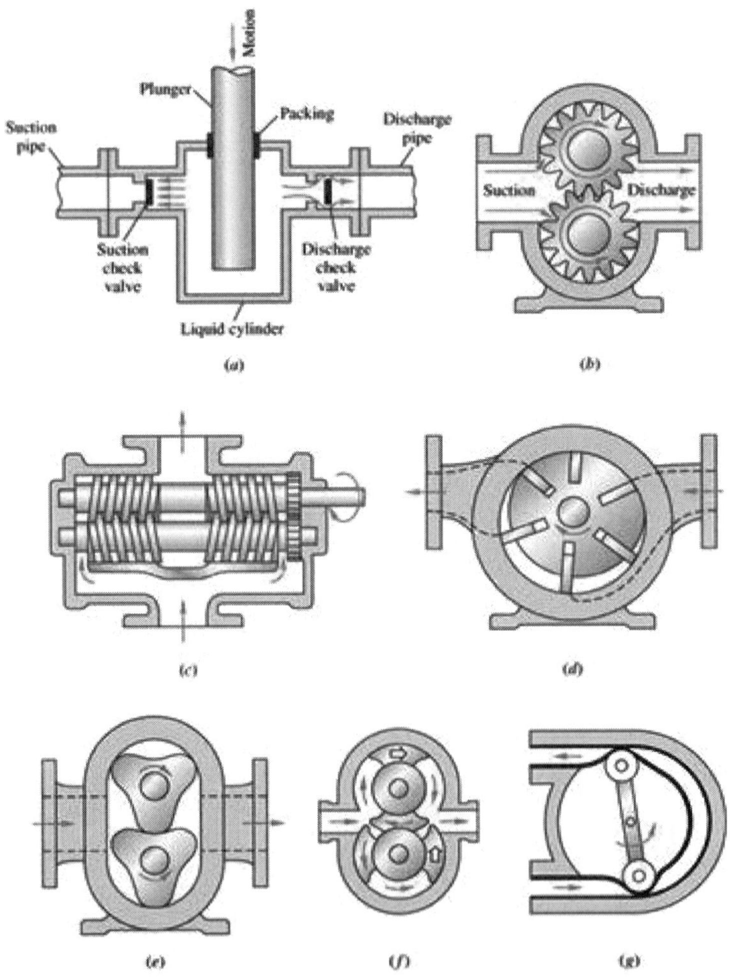

[그림 5-7] 용적식 펌프 [7]

5.2.4 동역학적 펌프

동역학적 펌프의 분류

동역학적 펌프는 간단히 빠르게 움직이는 블레이드 혹은 베인(blades or vanes) 또는 어떤 특수한 디자인에 의하여 유체에 운동량을 더해주는 기계이다. 동역학적 펌프는 다음과 같이 분류할 수 있다.

(1) 회전식(Rotary)

(a) Centrifugal or radial exit flow

(b) Axial flow

(c) Mixed flow (between radial and axial)

(2) 특수한 디자인

(a) Jet pump or ejector

(b) Electromagnetic pumps for liquid metals

(c) Fluid-actuated, gas-lift or hydraulic-ram

임펠러 또는 로터 블레이드라고 부르는 유체에 운동량을 전하는 회전 블레이드가 있는 동역학적 펌프에는 세 가지 주된 형태가 있다. 이런 이유로 이들을 가끔 로터다이나믹 펌프(rotodynamic pump) 또는 간단히 로터리 펌프(rotary pump)라고 부른다(같은 이름을 사용하는 로터리 용적식 펌프와 혼동하지 말 것).

로터리 펌프는 펌프에서 토출되는 유동 방식에 따라 원심류, 축류 및 혼류로 분류된다. 원심류 펌프(centrifugal-flow pump)에서는 유체가 펌프의 중심에서 축방향(회전축의 축과 같은 방향)으로 들어오지만, 펌프 케이싱의 바깥 반경을 따라 반경방향으로(또는 접선방향으로) 토출된다. 이 때문에 원심 펌프는 반경류 펌프(radial-flow pump)라고도 한다. 축류 펌프(axial-flow pump)에서는 유체가 축방향으로 들어오고 나가며 이때 축, 모터, 허브 등의 장애물 때문에 주로 펌프의 바깥 부분을 따라 흐른다. 혼류 펌프(mixed-flow pump)는 원심류와 축류의 중간 형태이며, 유동은 반드시 중심일 필요는 없으나 축방향으로 들어오지만 반경방향과 축방향 사이의 각도로 나간다.

그 외에 특수한 디자인으로서 이젝터(ejector or eductor)등과 같은 비회전식 펌프도 사용된다[그림 5-8].

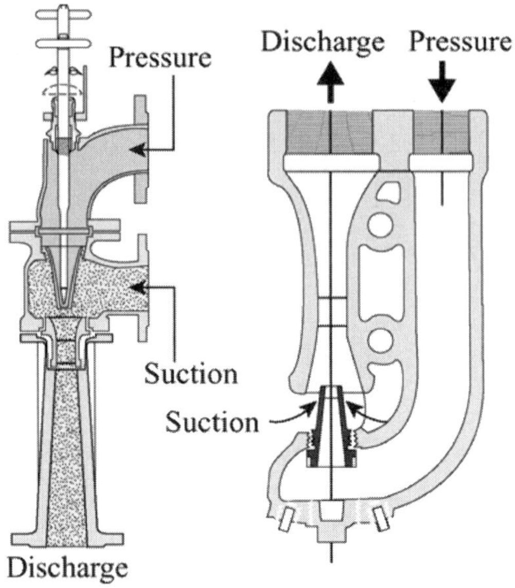

[그림 5-8] 특수 펌프(이젝터) 15

5.2.5 원심 펌프

원심 펌프의 개요

원심 펌프와 송풍기는 스크롤(scroll)이라고 부르는 달팽이 모양의 케이싱으로 쉽게 구별할 수 있다. 원심 펌프는 또한 산업시설의 어디에나 존재하며, 빌딩의 환기 시스템, 세척공정, 냉각수조와 냉각탑, 및 그 밖에 유체를 이송하는 수많은 플랜트에서 사용된다.

[그림 5-9]는 전형적인 원심 펌프의 개요와 단면을 보여준다. 블레이드의 경직도(stiffness)를 증가시키기 위하여 종종 슈라우드(shroud)가 임펠러 블레이드를 감싼다. 펌프 용어로 축, 허브, 임펠러 블레이드 및 임펠러 슈라우드를 포함하는 회전 조립체를 임펠러(impeller) 또는 로터(rotor)라고 부른다. 유체는 펌프의 비어있는 중앙부분 눈(eye)을 통하여 축방향으로 들어온 후 회전하는 블레이드에 마주친다. 유체는 임펠러 블레이드의 운동량 전달에 의해 접선 및 반경 속도를 얻으며, 그리고 소위 원심력에 의해 반경속도를 추가적으로 얻는다. 유동은 반경방향으로 튀어나와 스크롤 또는 볼류트(volute) 속으로 들어가면서 속도와 압력을 얻은 후 임펠러를 떠난다.

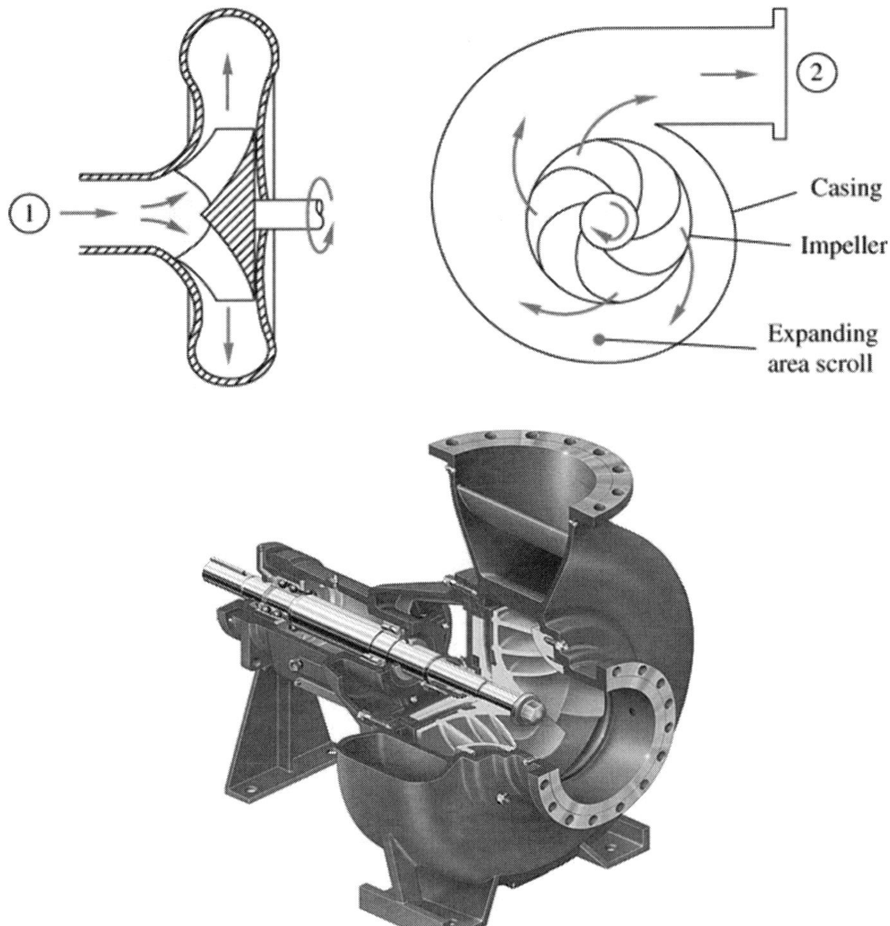

[그림 5-9] 원심 펌프의 개요와 단면 [7, 20]

[그림 5-9]에 나타낸 것처럼 스크롤은 달팽이 형상의 디퓨저(diffuser)로서 그 목적은 임펠러 블레이드 후단을 떠나는 빠르게 움직이는 유체를 감속하고, 이로써 유체의 압력이 더욱 증가하며, 그리고 모든 블레이드 경로의 유동을 합하여 공통된 출구로 향하게 하는 것이다.

임펠러 블레이드 형상

[그림 5-10]에 나타낸 것처럼 임펠러 블레이드 형상에 따라 후향경사 블레이드(backward-inclined blade), 방사형 블레이드(radial blade) 및 전향경사 블레이드(forward-inclined blade)의 세 가지 원심 펌프 형태가 있다. 이 중에서 후향경사 블레이드 원심 펌프(그림 5-10(a))가 가장 일반적이다. 이 펌프는 유체가 블레이드 경로로 흘

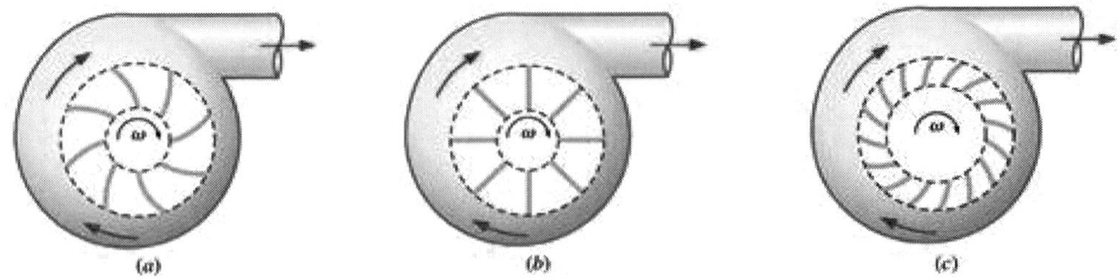

[그림 5-10] 펌프 임펠러 블레이드의 형상 19

러들어오고 그리고 흘러나가면서 방향전환이 가장 작으므로, 셋 중 가장 높은 효율을 갖는다.

어떤 임펠러 블레이드의 경사(후향, 방사형 또는 전향)에 대해서도 [그림 5-11]에 보인 바와 같이 블레이드를 지나는 속도벡터를 분석할 수 있다. 실제 유동장은 비정상이고 완전한 3차원이며 압축성일 수도 있다. 그러나 해석의 단순화를 위해 절대좌표와 임펠러를 따라서 회전하는 상대좌표 모두에서 정상유동이라고 가정한다. 단지 비압축성 유동만을 고려하며, 또한 블레이드의 입구로부터 출구까지 반경 또는 수직속도 성분(하첨자 n)과 원주 또는 접선속도 성분(하첨자 t)만을 고려한다. 또한 실제로는 블레이드와 케이싱 사이에 간극이 존재하지만 이 단순화된 해석에서는 간극으로 누설이 발생하지 않는다고 가정한다.

[그림 5-11]은 임펠러 블레이드 1개의 속도 벡터 다이어그램을 나타낸 것으로, 반경속도와 접선속도 성분을 모두 보여주고 있다. 임펠러를 지나는 축방향 속도 성분은 0이 아니지만 단순화된 해석에서는 무시된다. 여기서 V_{n1}과 V_{n2}는 각각 반경 r_1과 r_2에서 평균수직속도 성분으로 정의된다. 또한 블레이드의 입구(반경 r_1 위치)는 접선속도 ωr_1으로 움직이고 마찬가지로 블레이드의 출구는 접선속도 ωr_2로 움직인다.

[그림 5-11]은 블레이드의 경사 때문에 이 두 접선속도는 크기뿐만 아니라 방향도 분명히 다르다는 것을 잘 보여준다. 선단각(leading edge angle) β_1은 반경 r_1에서 접선의 반대방향에 대한 블레이드 각으로 정의된다. 같은 방법으로 후단각(trailing edge angle) β_2는 반경 r_2에서 접선의 반대 방향에 대한 블레이드 각으로 정의된다.

유동은 블레이드 선단과 평행하게 블레이드에 부딪치고 블레이드 후단에 평행하게 블레이드를 떠난다고 가정한다. 다시 말하면, 블레이드와 함께 회전하는 좌표에서 유동은 항상 블레이드 표면에 대하여 접선방향이라고 가정한다. 이 근사의 본질적인 개

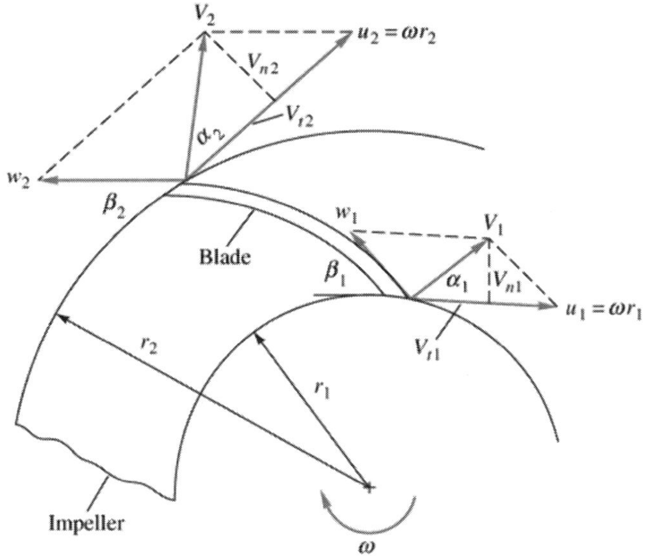

[그림 5-11] 임펠러 블레이드 속도 벡터 다이어그램 [7]

념은 블레이드 표면의 어디에서도 유동박리가 발생하지 않는다는 가정이다. 만약 원심 펌프가 설계조건 또는 그 부근에서 운전된다면 이 가정은 타당하다. 그러나 펌프가 설계조건에서 크게 벗어나서 운전된다면 블레이드 표면에서 유동박리가 일어날 수 있으며 이런 단순화된 해석은 맞지 않는다.

단순화 가정에 따라 [그림 5-11]에 속도 벡터 ω_1과 ω_2를 블레이드 표면에 평행하도록 나타내었다. [그림 5-11]에 나타낸 것처럼 평행사변형을 그려 접선속도 ωr_1(반경 r_1에서의 블레이드 속도)과 ω_1의 벡터 합을 구할 경우, 합 벡터는 블레이드 입구에서 유체의 절대속도 $\overrightarrow{V_1}$이다. 이와 유사한 방법으로 블레이드 출구에서 유체의 절대속도 $\overrightarrow{V_2}$를 구한다.

회전축의 토크를 평가하기 위해 각운동량 관계식을 적용하고 반경 r_1에서 반경 r_2까지 임펠러 블레이드를 둘러싸는 검사체적을 선택한다.

운동량 모멘트는 벡터적 $\vec{r} \times \vec{V}$로 정의되므로, 단지 $\overrightarrow{V_1}$과 $\overrightarrow{V_2}$의 접선방향 성분만 축 토크와 관련이 있다. 이를 V_{t1}과 V_{t2}로 나타내었다. 결과적으로 축 토크는 입구에서 출구까지 사이에서의 운동량 모멘트 변화와 같게 되며 이를 Euler 터보기계 방정식이라 부른다.

Euler 터보기계 방정식: $$T_{shaft} = \rho Q(r_2 V_{t2} - r_1 V_{t1}) \quad (5\text{-}7)$$

단순화된 해석에는 비가역손실이 없다. 즉 펌프효율 η_{pump}= 1이고 이는 수마력

$\dot{W}_{water\ horsepower}$와 제동마력 bhp가 동일하다는 것을 의미한다. 식 (5-3)과 (5-4)를 이용하면

$$bhp = \omega T_{shaft} = \rho\omega Q(r_2 V_{t2} - r_1 V_{t1}) = \dot{W}_{waterhoresepower} = \rho g Q H \tag{5-8}$$

이를 순수두 H에 대하여 풀면

순수두: $$H = \frac{1}{g}(\omega r_2 V_{t2} - \omega r_1 V_{t1}) \tag{5-9}$$

5.2.6 축류 펌프

축류 펌프(axial pumps)는 소위 말하는 원심력을 이용하지 않는다. 그 대신 임펠러 블레이드는 마치 항공기 날개처럼 거동하며, 블레이드 회전에 따른 유체 운동량의 변화로 양력을 발생시킨다. 로터 평면을 수직으로 회전시켰다고 상상하면, 이는 프로펠러가 된다. 헬리콥터 로터와 항공기 프로펠러는 모두 개방형 축류 팬의 예가 되며, 이는 블레이드 끝단 주위에 케이싱이 없기 때문이다.

덕트 내에서 유동을 전달하는 경우, 단일 임펠러(single-impeller) 축류 팬은 관축류 팬(tube-axial fan)이라고 부른다. 환기 팬, 건물 팬, 후드 팬, 및 라디에이터 냉각팬 등과 같은 많은 실제적인 축류 팬의 공학적 응용에서는 회전하는 블레이드에 의해서 발생하는 선회유동에는 관심이 없다. 그러나 선회운동과 증가된 난류강도는 하류로 꽤 멀리까지 계속될 수 있으며, 경우에 따라서는 선회류(또는 이에 수반되는 소음과 난류)를 반드시 피해야 하는 응용분야가 있다. 이를 위해, 회전하는 임펠러의 상류 또는 하류에 한 세트의 고정 블레이드(stator blade)가 추가 될 수 있다. 이름에서 알 수 있듯이, 고정 블레이드는 고정된(회전하지 않는) 안내 깃(guide vane)으로 단순히 유체의 방향을 바꾼다. 한 세트의 로터 블레이드(임펠러 또는 로터)와 깃 또는 고정자(stator)라 불리는 한 세트의 고정 블레이드를 갖는 축류 팬을 깃 축류 팬(vane-axial fan)이라 부른다.

축류 팬은 벨트로 구동되거나 또는 직접 구동될 수 있다. 직접구동 깃 축류 팬의 모터는 덕트의 중간에 장착된다. 모터의 지지대를 제공하기 위하여 고정 블레이드를 사용하는 것이 일반화된 좋은 설계이다.

이 모든 축류 팬의 설계에서 적어도 블레이드 형상을 1차 근사로 설계하는 것은 무척 간단하다. 단순화하기 위하여 에어포일 형상의 블레이드 대신 얇은 블레이드를 가정한다. 예를 들면, 고정 블레이드와 로터 블레이드가 있는 깃 축류 팬[그림 5-12와 5-13 참조]을 고려하자. 고정자의 허브 반경은 로터의 허브 반경과 같다고 가정하였으며, 따라서 유동의 단면적은 일정하게 유지된다. 그림의 1개의 임펠러 블레이드 단면을 고려하자. 다수의 블레이드가 존재하므로 다음 블레이드는 바로 뒤따라 지나간다. 선택된 반경 r에서, 블레이드 열(blade row) 또는 익렬(cascade)이라고 부르는 무한 연속의 2차원 블레이드들이 지나가는 것으로 2차원 근사를 한다. 비록 정지되어 있지만 고정 블레이드에 대해서도 유사한 가정을 한다. 양쪽 모두의 블레이드 열을 [그림 5-12]에 나타내었다.

예를 들어, 만약 깃 축류 팬에서 7개의 로터 블레이드가 있다고 하면, 몇 개의 고정 블레이드가 있어야만 할까? 먼저 7개가 되면 고정자와 로터가 조화를 이룰 것이라고라고 말할지 모르지만, 이는 매우 나쁜 설계가 되는데, 그 이유는 로터의 한 블레이드가 한 개의 고정 블레이드 앞을 지나가는 그 순간에 나머지 6개의 블레이드에서도 같은 일이 일어나기 때문이다. 모든 고정 블레이드는 로터 블레이드 후류(wake)의 교란된 유동을 동시에 만나게 된다. 그 결과로 유동이 맥동하고 소음이 발생하며 전체 장치가 심하게 진동할 수 있다. 그 대신에 고정 블레이드의 수를 로터 블레이드 수와 공통분모를 갖지 않도록 선택하는 것이 실제적으로 좋은 설계가 된다. 블레이드 수를 7과 8, 7과 9, 6과 7, 또는 9와 11처럼 조합하는 것이 좋은 선택이다. 8과 10(공통분모 2) 또는 9와 12(공통분모 3)와 같은 조합은 좋지 않은 선택이다.

전형적인 깃 축류 팬의 성능곡선의 일반적인 형상은 프로펠러 팬의 성능곡선과 매우 비슷하다. 결국 유동을 바르게 하고 성능곡선을 부드럽게 하는 고정 블레이드의 추가를 제외하고는, 깃 축류 팬은 실제로 프로펠러 팬 또는 관 축류 팬과 동일하다.

앞서 설명한 것처럼 축류 팬은 높은 체적유량을 송출하지만 압력상승이 상당히 작다. 어떤 응용분야에서는 큰 유량과 높은 압력상승을 모두 요구한다. 이런 경우에는 몇 개의 고정자-로터 쌍을 직렬로 결합시킬 수 있으며, 일반적으로 공통 축과 허브를 갖는다[그림 5-12 참조]. 이처럼 두 개 또는 그 이상의 로터-고정자 쌍이 결합된 경우를 다단축류 펌프(multistage axial-flow pump)라고 부른다.

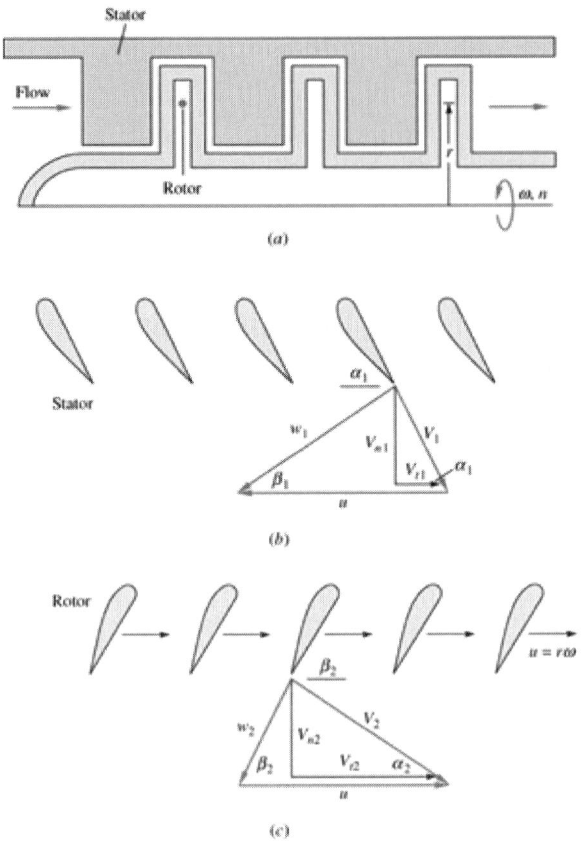

[그림 5-12] 축류 펌프의 개요 설명 7

[그림 5-13] 축류 송풍기

[그림 5-12]와 유사한 블레이드 열의 분석을 연속되는 각 단계에 적용한다. 그러나 압축성 효과와 허브에서 끝단으로 유동면적이 일정하게 유지되지 않을 수 있기 때문에 상세한

해석은 복잡해질 수 있다. 예로 다단축류 압축기에서는 하류에서 유동면적이 감소한다. 공기가 점점 압축될수록 연속되는 각 단계의 블레이드는 점점 더 작아진다. 다단축류 터빈에서는 일반적으로 연속되는 터빈 각 단계에서의 압력손실 발생에 따라 하류에서 유동면적이 증가한다.

다단축류 압축기와 다단축류 터빈을 이용하는 터보기계의 예로 잘 알려진 것은 최신 상업용 항공기의 동력으로 사용되는 터보팬 엔진이다. 앞에서 소개된 [그림 5-3]은 터보팬 엔진의 단면 개략도를 보여준다. 일부 공기가 팬을 통과하고, 이는 프로펠러와 매우 흡사하게 추력을 발생한다. 나머지 공기는 저압압축기, 고압압축기, 연소실, 고압터빈 그리고 마지막으로 저압터빈을 통과한다. 그런 다음 공기와 연소생성물이 고속으로 배출되면서 추가적인 추력을 제공한다.

5.2.7 펌프 축척 법칙

차원해석

터보기계는 차원해석을 수행함에 있어서 중력과 순수두의 곱(gH)과 체적유량(Q)과 같은 펌프의 상태량, 일반적으로 임펠러 블레이드의 직경(D)과 같은 어떤 특성 길이, 블레이드 표면 조도 높이(ϵ), 그리고 유체 상태량인 밀도(p)와 점성계수(μ) 및 임펠러 회전속도(ω) 사이의 관계식을 이용한다. 이때 gH를 묶어 하나의 변수로 취급한다는 것에 유의하면, 그 결과는 무차원 매개변수를 포함하는 다음의 관계식이다.

$$\frac{gH}{\omega^2 D^2} = function\ of\left(\frac{Q}{\omega D^3}, \frac{\rho\omega D^2}{\mu}, \frac{\epsilon}{D}\right) \tag{5-10}$$

같은 변수들의 함수로서 입력 제동마력에 대해 유사한 해석을 하면 다음을 얻는다.

$$\frac{bhp}{\rho\omega^3 D^5} = function\ of\left(\frac{Q}{\omega D^3}, \frac{\rho\omega D^2}{\mu}, \frac{\epsilon}{D}\right) \tag{5-11}$$

여기서 ωD는 특성속도이므로, 식 (5-10)과 (5-11) 모두 우변의 두 번째 무차원 매개변수(또는 Π 그룹)는 물론 레이놀즈 수이다.

$$Re = \frac{\rho\omega D^2}{\mu}$$

우변의 세 번째 Π는 무차원 조도 매개변수이다. 이 두 식에서 세 가지의 새로운 무차원 그룹들에 대하여 다음의 기호와 이름이 주어진다.

무차원 펌프 매개변수들:

$$C_H = \text{수두계수} = \frac{gH}{\omega^2 D^2}$$

$$C_Q = \text{용량계수} = \frac{Q}{\omega D^3}$$

$$C_P = \text{동력계수} = \frac{bhp}{\rho\omega^3 D^5} \tag{5-12}$$

식 (5-10)과 (5-11)처럼 차원해석으로 유도된 관계식은 다음과 같이 해석될 수 있다. 만약 두 펌프 A와 B가 기하학적 상사이고 독립적인 Π들이 서로 같다면(이 경우 $C_{Q,A} = C_{Q,B}$, $Re_A = Re_B$, 그리고 $\epsilon_A / D_A = \epsilon_B / D_B$라면), 종속적인 Π들 또한 서로 같다는 것이 보장된다. 특히, 식 (5-10)으로부터 $C_{H,A} = C_{H,B}$ 와 식 (5-11)로부터 $C_{P,A} = C_{P,B}$이다. 만약 이 같은 조건이 정립되면, 두 펌프는 역학적으로 상사하다고 한다. 역학적 상사가 얻어진 경우 펌프 A의 펌프 성능곡선 위 운전점과 이에 대응하는 펌프 B의 펌프 성능곡선 위 운전점은 상응하다(homologous)고 한다.

세 개의 독립 무차원 매개변수 모두의 동등성에 대한 요건은 어느 정도 완화될 수 있다. 만약 펌프 A와 펌프 B의 Reynolds 수가 둘 다 수천 이상이면, 펌프 내부는 난류 유동 조건이 된다. 난류유동에서는 만약 Re_A 와 Re_B 값이 같지는 않지만 크게 다르지 않다면 두 펌프 사이의 역학적 상사는 여전히 합리적인 근사가 된다. 이런 운이 좋은 조건은 레이놀즈 수 독립(Reynolds number independence) 때문이다. 대부분의 실제 터보기계 공학 해석에서, 매우 작은 펌프에서 매우 큰 펌프로(또는 그 반대로) 축척하는 것처럼 조도의 차이가 큰 경우가 아니면, 조도 매개변수 차이의 효과도 역시 작다. 따라서 많은 실제 문제에서 Re와 ε /D 효과를 모두 무시할 수 있다. 그러면 식 (5-10)과 (5-11)은 C_H는 C_Q의 함수, 그리고 C_P는 C_Q의 함수로 축약된다.

일단 특정 펌프에 대하여 이런 관계식들이 얻어지면, 서로 다른 직경을 가지고 다른 회전속도와 유량으로 운전되며, 그리고 심지어는 다른 밀도와 점성의 유체를 가지고 운전되는 기하학적 상사 펌프들에 대하여 이를 일반화 할 수 있다.

펌프효율에 대한 식 (5-5)를 식 (5-12)의 무차원 매개변수의 함수로 변환하면,

$$\eta_{pump} = \frac{\rho QgH}{bhp} = \frac{\rho(\omega D^3 C_Q)(\omega^2 D^2 C_H)}{\rho\omega^3 D^5 C_P} = \frac{C_Q C_H}{C_P} \cong C_Q \text{ 의 함수} \qquad (5\text{-}13)$$

η_{pump}는 이미 무차원이므로 자체적으로 또 다른 무차원 펌프 매개변수가 된다. 식 (5-13)은 η_{pump}가 세 개의 다른 Π들의 조합으로 얻을 수 있다는 것을 보여주므로 η_{pump}는 펌프의 축척에 필요하지는 않다. 그러나 η_{pump}는 틀림없이 유용한 매개변수다. C_P 및 η_{pump}는 단지 C_Q만의 함수로 근사되므로 종종 이 세 매개변수를 같은 선도에 C_Q의 함수로 나타내어 무차원 펌프 성능곡선 세트를 만든다[그림 5-14].

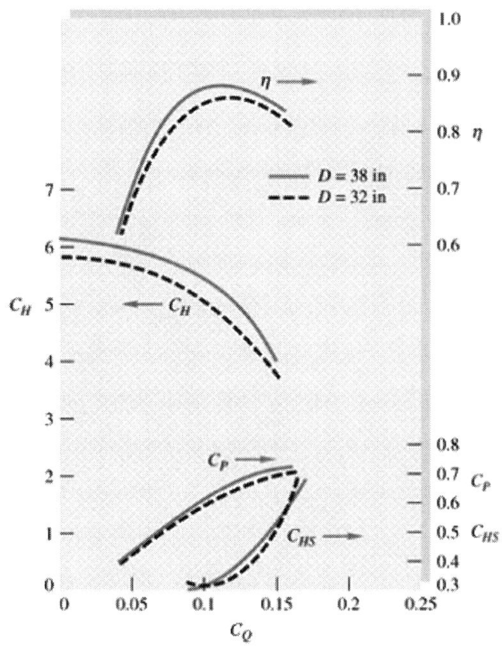

[그림 5-14] 무차원 매개변수들 간의 관계 7

펌프 비속도

펌프 비속도(pump specific speed, N_{Sp})라고 부르는 또 다른 유용한 무차원 매개변수는 C_Q와 C_H의 조합으로 만들어진다.

펌프 비속도: $$N_{SP}=\frac{C_Q^{1/2}}{C_H^{3/4}}=\frac{(Q/\omega D^3)^{1/2}}{(gH/\omega^2D^2)^{3/4}}=\frac{\omega Q^{1/2}}{(gH)^{3/4}} \qquad (5\text{-}14)$$

만약 모든 엔지니어들이 단위에 주의한다면 N_{Sp}는 항상 무차원 매개변수로 남아있게 될 것이다. 불행하게도 현장 엔지니어들은 식 (5-14)에 일관성 없는 단위들을 사용하는 것이 습관화 되면서 성장해왔으며, 이 경우 전혀 문제가 없는 무차원 매개변수 N_{Sp}가 불편한 차원을 갖는 값으로 전환된다. 어떤 엔지니어는 회전속도에 대하여 분당 회전수(rpm) 단위를 선호하는 반면에, 다른 엔지니어들은 초당 회전수(Hz)를 사용하기 때문에 혼란이 가중된다. 유럽에서는 후자(Hz)가 더 일반적으로 사용된다. 추가적으로, 미국의 현장 엔지니어들은 일반적으로 N_{Sp}의 정의에서 중력상수를 무시한다. 이 책에서는 차원이 있는 펌프 비속도 형태를 무차원 형식으로부터 구분하기 위하여 N_{Sp}에 하첨자 "Eur" 또는 "US"를 추가한다. 미국에서는 관습적으로 H는 ft 단위로(다루고 있는 유체에 해당하는 액주 높이로 표현되는 순수두), Q는 분당 갤런(gpm), 그리고 회전율은 ω(rad/s) 대신에 $\dot{n}$ (rpm)으로 나타낸다. 식 (5-14)를 사용하여 다음을 정의한다.

펌프 비속도, 관습적 미국 단위: $$N_{SP,US}=\frac{(\dot{n},rpm)(Q,gpm)^{1/2}}{(H,ft)^{3/4}} \qquad (5\text{-}15)$$

유럽에서는 관습적으로 H는 m 단위로(식에 g = 9.81 m/s^{2}를 포함하기 위해서), Q는 m^3/s 그리고 회전율 $\dot{n}$은 ω(rad/s) 또는 $\dot{n}$(rpm) 대신에 초당 회전수(Hz)로 나타낸다. 식 (5-14)를 이용하면 다음과 같이 정의된다.

펌프 비속도, 관습적 유럽 단위: $$N_{SP,Eur}=\frac{(\dot{n},Hz)(Q,m^3/s)^{1/2}}{(gH,m^2/s^2)^{3/4}} \qquad (5\text{-}16)$$

기술적으로, 펌프 비속도는 어떤 운전조건에도 적용할 수 있으며 또 다른 C_Q의 함수가 될 것이다. 그러나 이것이 펌프 비속도의 일반적인 사용법은 아니다. 그 대신에 단지 하나의 운전점, 즉 펌프의 최고 효율점(BEP)에서 펌프의 비속도를 정의하는 것이 보통이다. 그 결과 펌프의 특성이 하나의 숫자로 나타나는데, 펌프 비속도는 펌프의 최적조건에서 펌프의 운전특성을 나타내기 위하여 사용되며, 이 값은 펌프의 예비 선정 및 설계에 유용하다.

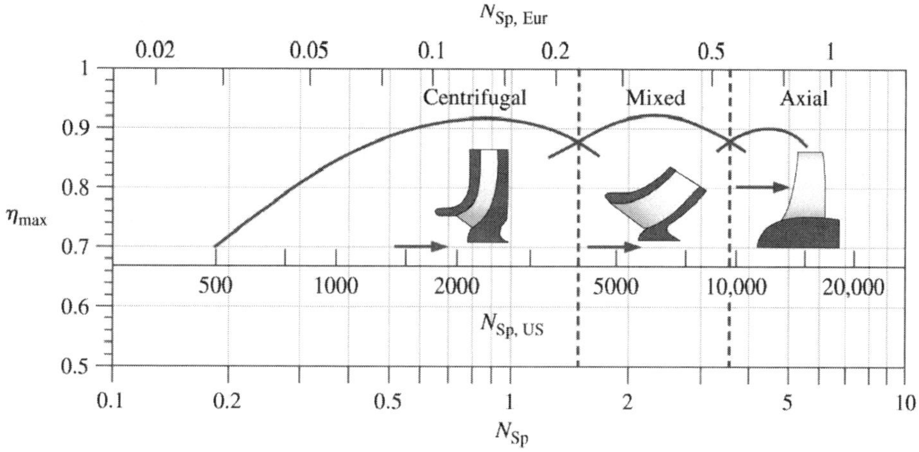

[그림 5-15] 펌프 비속도 19

[그림 5-15]에 나타낸 것처럼, 원심 펌프는 N_{Sp} 값 1 부근에서 최적의 성능을 보이는 반면에, 혼류와 축류 펌프는 각각 N_{Sp} 값 2와 5 부근에서 최고성능을 발휘한다. 만약 N_{Sp} 값이 약 1.5보다 작다면 원심 펌프가 가장 좋은 선택이라는 것을 알 수 있다. 또한 N_{Sp} 값이 1.5와 3.5 사이라면 혼류 펌프가 더 좋은 선택이다. N_{Sp} 값이 약 3.5 이상일 때에는 반드시 축류 펌프가 사용되어야 한다. 이 범위들이 [그림 5-15]에 N_{Sp}, $N_{Sp,US}$, 및 $N_{Sp,Eur}$의 값으로 표시되었다. 이 도표에는 참고로 블레이드 형태의 그림들도 나타내었다.

친화 법칙

기하학적 상사와 역학적 상사 모두를 만족하는 두 펌프를 관련 짓는데 유용한 무차원 그룹을 유도하였다. 상사 관계식은 비율(ratio)로 요약하는 것이 편리하다. 이 관계식을 상사 법칙(similarity rules) 또는 친화 법칙(affinity laws)이라고 부른다. 임의의 두 상응하는 상태 A와 B에 대해

친화 법칙:

$$\frac{Q_B}{Q_A} = \frac{\omega_B}{\omega_A}\left(\frac{D_B}{D_A}\right)^3 \tag{5-17a}$$

$$\frac{H_B}{H_A} = \left(\frac{\omega_B}{\omega_A}\right)^2\left(\frac{D_B}{D_A}\right)^2 \tag{5-17b}$$

$$\frac{bhp_B}{bhp_A} = \frac{\rho_B}{\rho_A}\left(\frac{\omega_B}{\omega_A}\right)^3\left(\frac{D_B}{D_A}\right)^5 \tag{5-17c}$$

식 (5-17)은 펌프와 터빈 모두에 적용된다. 상태 A와 B는 기하학적 상사가 있는 임

의의 두 대의 터보기계 사이에서 임의의 두 개의 상응하는 상태가 될 수 있으며, 또는 심지어 동일한 기계에서 두 개의 서로 상응하는 상태일 수도 있다. 예를 들면 동일한 펌프에서 회전속도를 변화시키거나 또는 다른 유체를 이송하는 것 등이 있다. 주어진 펌프에서 ω가 변하지만 동일한 유체를 다루는 간단한 경우는 $D_A = D_B$이고 $\rho_A = \rho_B$이다. 또한 어디에서나 두 회전속도(ω)의 비가 존재한다는 것을 유의하면, 분모와 분자가 모두 동일하게 환산되기 때문에 회전속도(ω) 대신에 이에 해당하는 적절한 rpm($\dot{n}$) 값으로 대치할 수 있다.

펌프 친화 법칙은 설계도구로 무척 유용하다. 특히, 기존의 펌프가 성능곡선이 알려져 있으며 적당한 효율과 신뢰성을 갖고 운전된다고 가정하자. 펌프 생산업체가 훨씬 무거운 유체를 다루거나 또는 현저하게 더 큰 순수두를 전달하는 등 다른 응용분야에 사용하기 위해 더 큰 펌프를 새로 설계하기로 결정하였다. 처음부터 새롭게 시작하는 대신에 엔지니어는 종종 기존의 설계를 단순히 비례 확대한다. 펌프 친화 법칙은 최소의 노력으로 이 같은 축척 작업(scaling)이 수행될 수 있도록 한다.

펌프 선정의 실례

다음의 [그림 5-16]은 어떤 한 펌프 제조자의 카탈로그를 활용하여 원심 펌프의 선정을 하나의 예로 들어 설명한 것이다. 펌프의 선정에 있어서 작동 유체의 종류, 시스템에서 요구되는 토출량과 양정(헤드), 유효흡입수두, 그리고 펌프의 운전속도 및 효율을 고려하여 제조자의 카탈로그로부터 적합한 모델을 선정한다. 필요할 경우 펌프의 친화법칙을 이용하여 특정한 용량의 펌프에 적용한다.

플랜트 현장의 펌프 설치를 위한 콘크리트 기초(foundation)의 설계 자료로서 앵커볼트의 치수와 설치 간격, 펌프의 입구와 출구 사이의 치수 및 흡입과 토출구의 관경 등의 펌프 설치에 필수적인 자료를 확인하다.

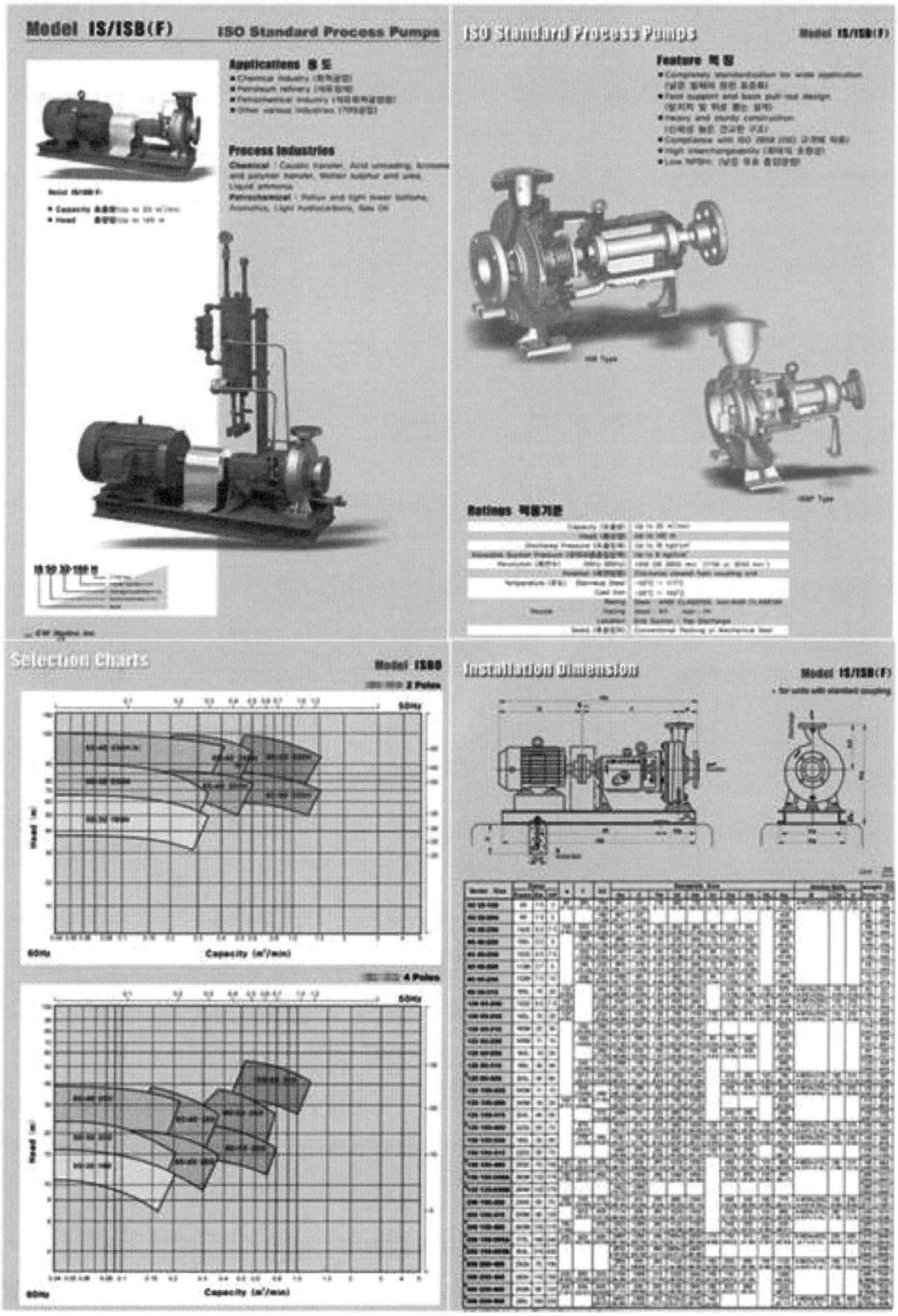
Model IS/ISB(F)
ISO Standard Process Pumps
Applications 용도
Process Industries
ISO Standard Process Pumps
Model IS/ISB(F)
Feature 특징
Ratings 적용기준
Selection Charts
Model ISB
2 Poles
Head (m)
Capacity (m³/min)
4 Poles
Installation Dimension
Model IS/ISB(F)

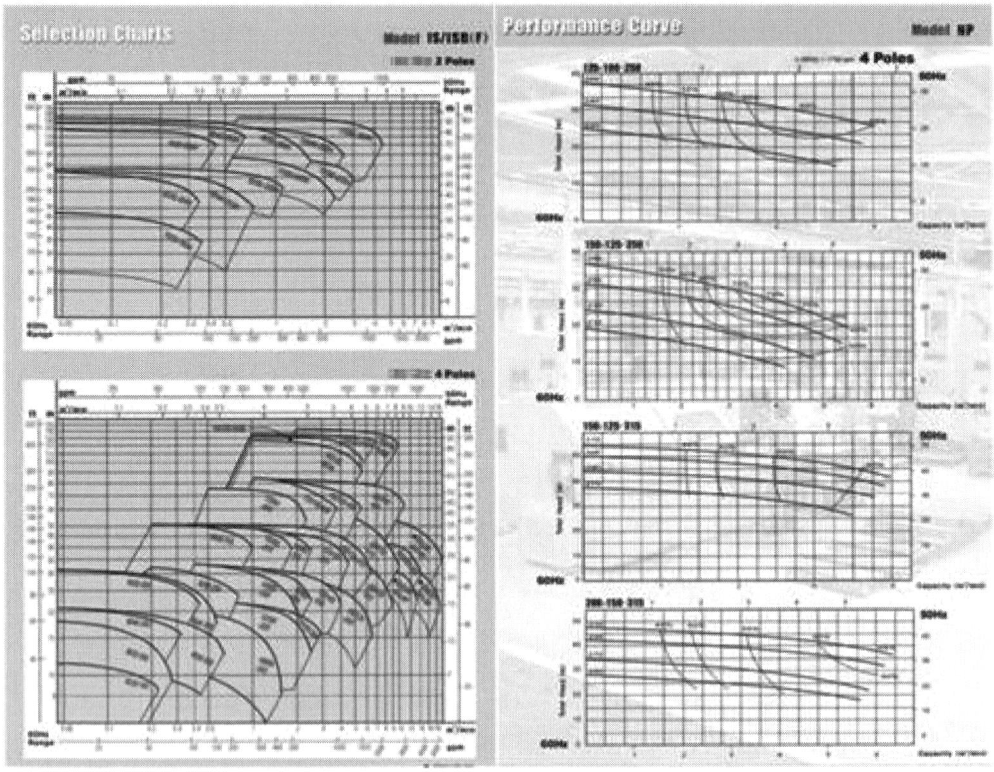

[그림 5-16] 펌프 선정의 실례(원심 펌프) 20

5.2.8 펌프 설치

위치(Location)

펌프는 흡입 라인의 길이와 복잡성을 줄이기 위해 유체의 원천에 가능한 한 가깝게 위치해야 한다. 펌프 주위와 펌프 위쪽 모두에 서비스를 위해 자유로운 공간이 갖추어져야 한다. 왕복동(reciprocating) 펌프의 경우에 이런 공간은 피스톤과 로드를 꺼낼 수 있도록 적절해야 한다. 또한 펌프 주변 지역은 불필요한 안전상의 위험으로부터 자유로워야 한다.

만약 펌프가 펌프실 내에 있을 경우 적당한 환기가 제공되어야 한다. 휘발성 또는 독성 물질을 다루는 펌프의 스터핑 박스에는 특수한 배기 닥트가 필수적이다. 그러므로 가능하다면 펌프실을 두는 것은 피해야 한다. 일반적으로 펌프실은 추가 비용과 위험을 발생시키고 실제 이득은 별로 없다.

실용적일 경우 공정 펌프는 위험한 공정 유닛의 반대편 라인에 설치되어야 한다. 그러면 유닛과 펌프 사이에 도로나 자유 지역에 위치할 수 있어서 펌프들이 플랜트 작업 시에 불필요한 간섭 없이 서비스를 받을 수 있다.

이렇게 라인 중에 펌프를 배치하는 것은 공정 배관이 펌프로 오고가는 것이 복잡해지기는 하지만 전기 선거 설치와 증기 배관을 훨씬 간단하게 만든다. 만약 공정 배관이 어떤 펌프에 대해 너무 복잡해질 경우, 그 펌프를 공정 유닛 지역 내에 놓는 것이 더 나을 수 있다. 일반적으로 그 지역에서 흡입하여 다른 지역으로 방출하는 펌프들은 원격 인-라인 배치가 가장 적합하다. 화재 위험이 없는 경우, 펌프는 서비스를 받는 유닛에 가깝게 모여지도록 해야 한다.

기초(Foundations)

모든 펌프는 종류를 불문하고 펌프에 의해 발생되는 진동을 흡수할 수 있도록 실질적인 기초가 요구된다. 기초는 대개 토양 상부의 표면 밑으로 연장되도록 하는 땅위에 타설되는 콘크리트이다. 기초는 지면 위 또는 최소 0.3m 이상의 바닥면까지 연장된다. 인-라인으로 설치되는 펌프를 위한 기초는 종종 지면으로부터 일정한 높이로 만들어진다. 그러나 만약 펌프의 크기가 매우 클 경우 지면 위 기초의 높이는 변할 수 있어서 펌프 중심선이 동일한 수준이 되게 한다. 그렇게 배치될 경우 펌프들을 관리하는 것이 쉬워지는데 이는 그것들이 항상 지면 위 같은 높이에 있게 되기 때문이다.

펌프 기초는 펌프가 설치되기 전에 적절한 양생 기간을 두기 위하여 일찍 타설되어야 한다. 펌프의 바닥면인 기저판 플랜지와 콘크리트 기초의 윗면 사이에 대략 25mm의 공간을 두어 마감 시멘트(grout)를 바를 수 있도록 해야 한다. 펌프 제조사에 의해 규정된 크기와 충분한 길이의 기초 볼트들은 기초 안에 단단히 고정되어야 한다. 그것들은 볼트 직경의 3-4배 큰 직경의 파이프 슬리브로 둘러싸이도록 한다. 이것이 볼트들이 기저판 구멍들에 일치되도록 움직여질 수 있게 해준다.

펌프 유닛의 정렬 후에 시멘트와 모래가 1:2가 되고 유체 소성 덩어리를 만드는 데 충분한 양의 물로 혼합된 얇은 모르타르(mortar)를 펌프의 바닥 밑으로 주입한다. 이 작업을 그라우팅(grouting)이라 부르고 펌프 바닥이 기초에 단단히 고정되도록 보장한다. 목재 거푸집이 바닥판 주위에 제작되어 유체 그라우트를 담아둔다. 펌프의 바닥판에 갖춰진 구멍들은 공기가 빠져나오도록 해주고 그라우트 혼합물을 다져줄 수 있도록 한다.

정렬(Alignment)

모든 펌프 종류의 정렬에 대한 상세 지침은 제조자로부터 제공된다. 적절한 정렬은 성공적인 펌프 작동에 기본적인 것이다. 만약 모터나 터빈이 펌프와 매우 다른 온도에서 운전될 경우, 최종 정렬은 운전 조건하에서 확인되거나 최초 정렬 시에 적절한 융통성이 마련되어야 한다.

흡입과 토출 배관(Suction and Discharge Piping)

펌프의 흡입과 토출 라인은 앵커나 지지 장치로 고정되어서 펌프 케이싱이 팽창 추력(expansion thrust)을 견디어낼 필요가 없도록 해야 한다.

흡입 라인은 펌프의 NPSH 설계치를 최우선적으로 고려하여 가능한 한 짧아야 하고 마찰 손실이 최소로 유지되도록 설계되어야 한다. 이것은 적합한 관경, 반경이 큰 엘보우, 그리고 최소한의 벤드를 사용함으로써 달성된다.

가스나 공기가 축적되는 공극(pocket)이 원심 펌프의 흡입 라인에서 회피되어야 한다. 편심 리듀서(reducer)는 기울어진 면이 아래쪽을 향하도록 설치하여 공기 공극이 형성되지 않도록 해야 한다.

펌프가 운송할 액체 원천의 아래에 있을 때 흡입 라인은 가능한 한 펌프를 향해 기울어져 있어야 하고 펌프가 원천의 위에 있을 때 반대 방향으로 기울어져 있어야 한다. 이중 흡입 펌프들로 들어가는 엘보우들은 수직으로 설치되어야 한다. 수평으로 또는 일정한 각으로 설치될 때 임펠러의 두 쪽으로의 유동 분배가 균등하지 않게 되는 결과를 초래한다.

펌프들이 평행하게 다기관(manifold)으로 연결되지 않은 한 게이트 밸브는 보통 흡입 라인에는 사용되지 않는다. 그러나 스트레이너는 적어도 이물질들이 라인 중에 떠돌아다닐 수 있는 플랜트 시운전 기간 동안에는 흡입 라인에 설치하는 것이 바람직하다. 펌프 흡입 측에 난류가 최소가 되도록 흡입 노즐과 최종 엘보우 사이에 약 직경의 세 배 길이의 직관을 설치하여야 한다.

토출 라인은 토출 노즐보다 작거나 종종 같은 크기로 설치된다. 가용한 헤드와 경제적 고려가 사용될 관경을 결정한다. 이들 라인에서의 속도 범위는 1-5 m/s이다. 체크 밸브가 토출 노즐과 게이트 밸브 사이에 설치되어 펌프 고장 시 액체의 역류(backup)를 방지한다.

[그림 5-17] 원심펌프의 설치 예 [21]

용적식 펌프의 토출 측에는 펌프와 게이트 밸브 사이에 릴리프 밸브가 설치되어야 한다. 이것은 펌프의 최대 작동 압력이 10% 이상 초과 시에 열리도록 설정되어 있어야 한다. 증기 구동 왕복동 펌프에 대해서 릴리프 밸브는 보통 필수적이지 않다.

[그림 5-17]에는 대형 원심펌프 설치의 일례를 보여주고 있는데 여기서 펌프와 구동모터는 동심축 선상에 정렬되어 있고 진동의 전달을 최소화하기 위하여 별도의 괴상기초(massive foundation or pedestal) 위에 장착되어 있으며 원심펌프의 출구측 토출 배관은 수직방향으로 설치되어 있는 것을 살펴볼 수 있다.

보조 배관(Auxiliary Piping)

보조 배관(냉각수와 글랜드 오일 배관)은, 특히 원심 펌프에 대한, 작은 부분이지만 매우 중요한 항목이다. 배관의 이 단계에서 제조자의 제안은 마음에 두어야 한다. 모든 밸브는 접근 가능해야 하고 배관 배치는 펌프의 검사와 수리에 방해가 되지 않도록 해야 한다.

스터핑 박스 누설을 위한 배관의 준비와 배수(drain line) 라인도 설치되어야 한다. 이런 누설은 종종 모든 펌프를 위해 하나의 공동 웅덩이(sump)에 모아진 뒤에 자동 제어되는 양수 펌프로 폐기장으로 보내지게 된다.

5.3 압축기

많은 플랜트의 일부 공정에서는 외부로부터 공급되는 가스나 증기의 압력을 상승시키는 것이 필요하기 때문에 가스와 증기를 압축하여 수송하는 것이 액체의 운송만큼 중요하다. 압축기 실(compressor station)은 복잡하고 값비싼 기계들로 구성되어 있는 플랜트 내의 하나의 플랜트인데 운전에만 숙련기술이 필요한 것이 아니라 선정과 설치에도 주의 깊은 설계가 필요한 시설이다. 압축기 제조자는 통상적으로 고객에게 자신의 엔지니어를 파견하거나 또는 장래의 고객에게 적절한 유닛을 선정하는 데 도움을 주고 있다. 그러나 여기서도 또한 프로젝트 엔지니어는 압축기에 관한 기본적인 사항들을 알고 있어야만 한다.

기체를 다루는 압축기의 분류는 펌프의 경우와 유사하게 용적식(왕복동) 압축기와 동역학적(원심) 압축기로 대별된다. 그러나 기체의 압축성 때문에 압축기의 설계는 액체를 다루는 펌프보다 훨씬 더 복잡하다. 한편 요즘에 액체를 취급하는 왕복동 펌프의 이용은 산업계에서 점차 축소되어가고 있는 반면에 기체를 취급하는 왕복동 압축기는 여전히 모든 기체 압축에 제 몫을 다하고 있다.

5.3.1 왕복동 압축기

왕복동 압축기 종류

간단히 말해 왕복동 압축기는 압축 요소로서 실린더 내에서 왕복 운동을 따르는 피스톤이 있는 압축기를 의미한다. 왕복동 압축기의 종류를 대략 다음과 같이 구분해 볼 수 있다.

1) 단동(Single-acting). 실린더의 한 쪽으로만 유효한 압축.

2) 복동(Double-acting). 실린더의 양쪽 끝에서 압축이 발생된다.

3) 단단(Single-stage). 피스톤의 각 작업 행정에 대해 최초에서 최종 단계까지 압축이 발생한다.

4) 다단(Multistage). 첫 실린더에서 가스가 최초로부터 중간 압력까지 압축되고 그리고 하나 또는 그 이상의 순차적 실린더에서 압축이 완료된다.

5) 수직식. 압축 요소가 수직 자세로 서 있다.

6) 수평식. 압축 요소가 수평 자세로 있다(공정 산업계에서 가장 일반적인 경우).

7) 각도(Angle). 실린더 축들이 서로 다른 각도를 갖는 다중실린더 압축기(특히 소형 및 휴대용 공기 압축기에 흔하다). 이 용어는 압축기 실린더에 전적으로 기준을 둔 것이다. 하나의 형식으로서 각도의 이용은 이제는 보다 일반적으로 압축기 실린더가 수평이고 그리고 동력 실린더가 압축기 실린더와 각도를 이루는 대형 직결 기계를 가리킨다.

8) 직선(Straight line). (단일 프레임) - 하나 또는 그 이상의 실린더로 이루어진 단일 프레임을 갖는 수평 또는 수직 유닛.

9) 이중(Duplex). 공통의 크랭크축에 연결된 두 개의 평행 실린더.

10) 공냉식. 자연 대기의 순환으로 냉각되는(소형 압축기에 한함).

11) 수냉식. 실린더를 둘러싼 재킷을 통해 물이 순환됨(대부분의 공정 압축기).

대형 고속 다중 실린더 압축기가 공정 플랜트에 보편적으로 이용되고 있다. 압축기의 구동 형식에 따라 공정용 압축기를 몇 가지로 나눠 보면 직결 증기 구동식(Direct-connected Steam-driven), 모터 구동식, 터빈 구동식, 엔진 구동식, 그리고 앵글식 등이 있다.

왕복동 압축기 부품

압축기 실린더는 압력을 다루는 핵심 부품으로 주요 고품질의 주철로 만들어지고 실린더 몸통 주변엔 압축열을 제거하기 위해 보통 수냉 장치가 달려있다. 피스톤은 실린더의 크기와 종류에 따라 주철이나 강철로 만들어 지고 압축 행정 동안에 누설을 막기 위해 두 개 이상의 스냅 링이 달려있다. 피스톤 로드는 단조 탄소강이나 합금강으로 제작된다.

왕복동 압축기에 있어서 적절한 윤활은 매우 중요하다. 크랭크축, 베어링, 그리고 커넥팅 로드, 그리고 피스톤에 윤활유를 순환시키는 오일 윤활 시스템에는 압축기의 토출 측에 기체 유동에 원치 않는 오일을 제거하기 위하여 적합한 분리기가 갖춰져 있어야 한다.

왕복동 압축기에 의해 토출되는 가스는 한 가지 또는 여러 가지 방법의 조합으로 조정(regulation)될 수 있다. 대개의 공정에서 조정은 일정한 압축기 토출 또는 흡입 압력의 유지를 바탕으로 편리하게 이루어진다. 압축기 조정에는 시종 제어(start and stop control), 구동 속도 제어, 간극 공간 제어, 흡입 밸브 제어, 그리고 단계 제어 등이 포함된다.

5.3.2 원심 및 축류 송풍기와 압축기

분류와 용어

원심 및 축류 압축기를 압축 공기와 가스 학회에서는 편의상 토출압력을 기준으로 하여 다음과 같이 분류한다.

1) 블로워(Blowers). 토출압력이 275 kPa를 넘지 않는 송풍기(공기를 기준으로).

2) 압축기(Compressors). 토출압력이 275 kPa를 초과하는 장치.

3) 팬(Fans). 7 kPa 미만의 매우 낮은 압력 범위와 부피가 큰 경우로 작동되는 저속 원심 기계.

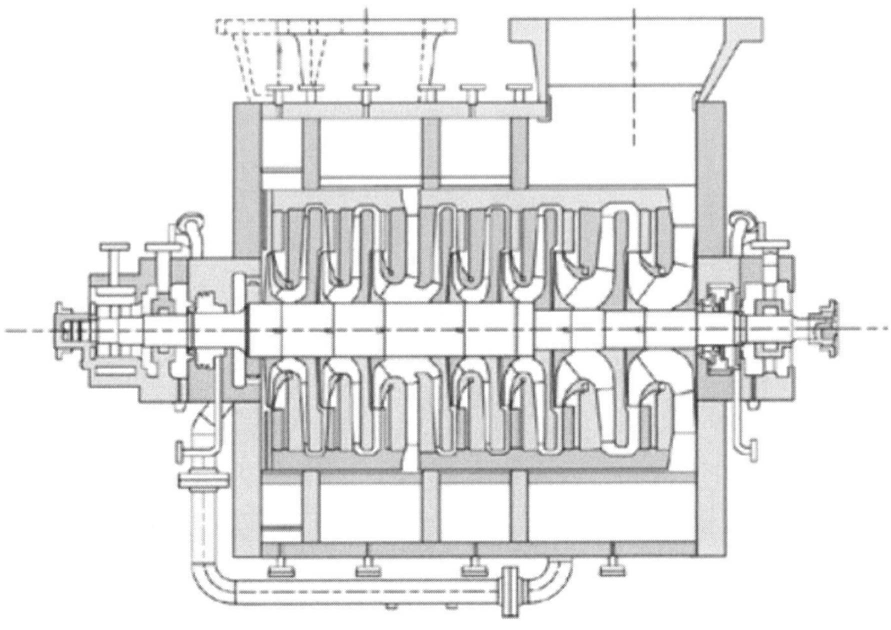

[그림 5-18] 원심 다단 압축기 [7]

또는 펌프의 경우와 유사하게 다음과 같이 나눌 수 있다.

1) 단단(Single-stage). 하나의 임펠러 또는 하나의 베인 열.

2) 다단(Multistage). 두 개 또는 그 이상의 임펠러 또는 베인의 열들.

3) 원심(Centrifugal). 반경방향의 임펠러를 갖고 기계를 통과하는 유동은 반경방향이다. 이들 임펠러는 개방형, 부분 폐쇄형, 그리고 폐쇄형으로 나뉜다. 이들은 직선이나 또는 후향 곡선 블레이드를 갖는다. 다단 유닛에서 디퓨저는 속도 헤드를 압력 헤드로 효율

적인 변환을 위해 단 사이에 위치한다.

4) 축류(Axial). 기체의 유동은 축 방향으로 이루어진다. 이 운동은 회전하는 드럼에 부착된 베인들에 의해 만들어진다. 정지 베인은 회전 베인의 각 열을 분리시키고 그리고 원심 기계의 디퓨저와 같은 방식으로 작동한다.

5) 단 그룹(Stage group). 공기와 가스 학회에 의해 정의된 바로는 단일 케이싱 내에 개개의 임펠러 사이에 냉각 없이 단일 축 상의 유닛으로 작동하는 개별적인 임펠러와 디퓨저의 그룹.

6) 다단 그룹. 그룹 사이에 중간 냉각기를 갖는 단일 구동장치에 의해 구동되는 두 개 또는 그 이상의 단 그룹.

7) 특성곡선(Characteristic curves). 입구 용량 대 토출 압력의 그래프.

8) 성능곡선(Performance curves). 입구 용량 대 축 마력을 보여준다.

9) 등가 공기압. 원심 또는 축류 압축기들을 비교하는 데 이용되는 용어이다. 압축기가 절대압 100 kPa 및 25 °C에서 공기를 취급할 때 정격 용량에서 작동할 때 도달되는 kPa 단위의 압력이다.

원심 펌프와 마찬가지로 원심 및 축류 압축기 또는 송풍기는 베인이나 임펠러를 회전시킴으로써 압축 작용을 수행한다. 임펠러에 의해 기체에 나누어진 속도는 볼류트 또는 디퓨저 내에서 압력으로 변환된다. 하나의 예로서 [그림 5-18]에 보인 것과 같은 원심 압축기는 왕복동 기계에 비해 비교적 용량이 크고 압력이 낮은 응용에 적합하다.

5.3.3 압축기 설치(Compressor Installation)

소형 저속 압축기에 대한 설치는 간단한 일이지만 대형 유닛에 대해서는 많은 복잡한 문제가 있다. 대형 왕복동 기계의 불평형 특성으로 기초 디자인과 배관 레이아웃에 있어서 주의가 필수적이다. 원심 압축기의 고속 운전은 손상을 주는 진동을 피하기 위해 정확한 정렬이 불가피하다.

압축기 기초는 빌딩의 기초와 분리하여 최적으로 설계된다. 인접한 빌딩의 기초로부터 기초를 분리 및 절연하는 것은 빌딩에서의 진동을 제거하는데 도움이 된다. 몇 개의 왕복동 압축기가 하나의 빌딩에 위치하는 경우 모든 기초들 아래에 공통의 매트를 갖추는 것이 바람직하다.

압축기가 설치된 건물은 위험한 가스 혼합물의 제거를 보장하도록 통풍이 잘 되어야 하고, 수리용 공간은 압축기 제조자의 추천대로 제공되어 있어야 한다. 호이스트를 위하여 트롤리 빔이 필요하고, 높이와 압축기 부품을 들어 올리는 데 충분한 용량을 갖춰야 한다.

특히 왕복동 압축기의 흡입 헤더에 있어서 적당한 배관의 크기가 이용되어 압력강하를 제거해야 한다. 압축기 관행에 따르면 속도는 10-12 m/s가 가장 만족스러운 결과를 나타낸다고 알려져 있다. 압축기 배관의 크기를 낮춰 잡는 것은 현명하지 못하다.

과도한 마찰 손실을 제거하기 위하여 배관의 방향 전환은 가능한 한 피해야 하며 필요한 곳에서는 반경이 긴 엘보우가 이용되어야 한다. 원심 압축기의 입구로 향하는 배관은 적어도 직경의 두 배의 직관 부분을 가져야 한다. 이것은 원심 압축기에 대해서 절대적인 필요조건이다. 급하게 꺾인 벤드의 사용은 왕복동 기계의 입구 측에서는 자제되어야 한다.

왕복동 유닛에서 오버헤드 배관은 추천되지 않는데, 이유는 과도한 진동을 방지하기 위하여 고정하는 문제가 매우 어렵기 때문이다. 토출 배관의 고정과 지지는 어떤 경우에도 주의가 요구된다. 진동은 부적절하게 고정된 시스템에서 피로를 초래하고 피로에 의한 라인의 파열을 가져온다. 원심 압축기에 대한 배관은 주의 깊게 지지되고 고정되어 압축기 케이싱의 변형을 피해야 한다.

5.3.4 압축 이론(Compression Theory)

압축기 성능 계산을 단지 가끔씩 접하게 되는 엔지니어에게는 압축기 산업계에 친숙한 공식과 용어는 때때로 장벽처럼 느껴진다. 그러나 만약 열역학 기본 원리를 이해하고 있다면 많은 압축기 설계 방정식들은 이들 원리에 바탕을 둔 것이라는 점을 알아차리게 된다.

열역학 에너지 방정식과 압축일

왕복동 압축기들은 작동에 있어서 유동과 비유동 공정을 조합하더라도 전반적인 결과는 유동 공정(flow process)이다. 따라서 모든 압축기 종류에 대한 압축기 방정식은 일반적인 에너지 평형으로부터 얻어진 유동일에 대한 방정식을 바탕으로 표현될 수 있다. 이런 방식으로 힘든 계산이 비교적 쉽게 이루어질 수 있고 실제 경우에 대한 보정은 효율의 형태로 고려되어 적용될 수 있다.

전체 에너지 평형

열역학 제 1법칙을 미분형으로 표현하면 다음과 같이 시스템의 에너지 변화량은 열에너지와 일 에너지의 차이와 같다.

$$dE = dQ - dW \tag{5-18}$$

위의 식 (1)에서 E는 총에너지, Q는 열에너지, W는 일 에너지를 나타낸다. 또한 표면 효과나 전기 효과 등을 무시하면 총에너지는 $E = U + KE + PE$인데, 여기서 U는 내부에너지, 운동에너지는 $KE = \frac{1}{2}mV^2$, 그리고 위치에너지는 $PE = mgz$이므로 식 (5-18)의 좌변은 다음과 같다.

$$dE = dU + d(KE) + d(PE) \tag{5-19}$$

한편, 일(work)은 다음과 같이 축일과 유동일(또는 압력일)의 합으로 나타낼 수 있다.

$$W = W_{shaft\ work} + W_{pressure\ work} = W_s + (PV)$$

이 식을 다시 미분식으로 표현하면

$$dW = dW_s + d(PV) \tag{5-20}$$

식 (5-18)에 식 (5-19)와 (5-20)을 대입하고, 다시 양변을 질량으로 나누어 단위 질량당 값으로 정리하면 다음과 같은 축일과 유동일을 고려한 일반 에너지 방정식이 된다.

$$du + d\left(\frac{V^2}{2}\right) + d(gz) = dq - d(w_s + Pv)$$

또는 좌변의 위치에너지를 무시하고 우변항의 압력일을 이항하여 정리하면 다음과 같다.

$$d(Pv) + d\left(\frac{V^2}{2}\right) + du = dq - dw_S \tag{5-21}$$

다시, 식 (5-21)을 풀어 쓰고 열역학 관계식 $du = Tds - Pdv$와 가역변화에서 엔트로피의 정의로부터 $dq = Tds$ 를 이용하여 다시 쓰면,

$$vdP + Pdv + d(\frac{V^2}{2}) + Tds - Pdv = Tds - dw_S$$

또는 $$-dw_S = vdP + d(\frac{V^2}{2}) \tag{5-22}$$

식 (5-22)를 최초 상태 1로부터 최종 상태 2까지 적분을 수행하면,

$$-w_s = \int_1^2 vdP \quad + \frac{(V_2^2 - V_1^2)}{2} \tag{5-23}$$

여기서 식 (5-23)의 우변에서 속도의 변화에 따른 운동에너지를 무시하면, 최종적으로 압축일(compression work)에 들어간 유효 축일(useful shaft work)은 다음과 같이 간단히 정리된다.

$$-w_s = \int_1^2 vdP \tag{5-24}$$

주어진 유체의 비체적의 변화, 즉 유체에 적용한 압축일을 나타내는 식 (5-24)에 자유 에너지에 대한 열역학 관계식 $dg = -sdT + vdP$ 을 도입하고 등온 과정을 가정하면 ($dT = 0$), 가역 등온 압축(reversible isothermal compression)에 대한 다음의 방정식을 얻게 된다.

$$-w_s = \int_1^2 vdP = \Delta g = \Delta h - T\Delta s \tag{5-25}$$

또한 식 (5-25)에 엔탈피에 대한 관계식 $dh = Tds + vdP$ 을 도입하고 압축과정을 등엔트로피 과정($ds = 0$)으로 가정하면, 다음과 같이 가역 등엔트로피 압축(reversible isentropic compression)에 대한 방정식을 얻는다.

$$-w_s = \int_1^2 vdP \quad = \Delta h \tag{5-26}$$

위의 식 (5-25)와 (5-26)은 가역 압축일을 결정하기 위한 두 가지 분명한 방법을 표시해 준다. 첫째로, 만약 압력 P와 체적 V 사이의 관계가 알려진 경우 등온 또는 등엔트로피 과정들에 대하여 $\int_1^2 vdP$ 항이 일의 양을 나타낼 것이다. 둘째로, 만약 최초와 최종의 상태에서 엔탈피와 엔트로피 값들이 이용 가능하다면 이들로부터 간단히 일의 양을 계산할 수 있다. 정말로 등엔트로피 가역일은 주어진 기체에 대한 몰리에르 선도로부터 계산될 수 있다는 용이성 때문에 표준으로서 또는 비교의 기준으로서 등엔트로피 일의 채택에 있어서 주요 요인이 되고 있다. 최초의 온도와 압력 그리고 출구 압력을 알 경우, 최종 엔탈피와 온도를 얻기 위해서는 등엔트로피 선을 따라 출구 압력까지 쫓아가기만 하면 된다.

만약 기체가 이상기체 법칙을 따른다면 적분값인 $\int_1^2 vdP$ 항은 아래에서 논의할 바와 같이 이상기체 법칙에 기초한 방정식을 이용하여 단순화될 수 있다.

이상기체 법칙에 기초한 방정식

이상기체의 상태방정식은 단위 질량당으로 표현하면,

$$Pv = RT \tag{5-27}$$

여기서 P는 압력, v는 비체적, R은 기체상수, 그리고 T는 온도이다. 가역 등온 압축에서 식 (5-25)은 이상기체에 대한 식(5-27)을 적용하면 다음과 같다.

$$-w = \int_1^2 vdP \quad = RT\ln\left(\frac{P_2}{P_1}\right) \tag{5-28}$$

이와 유사하게 가역 등엔트로피 압축에 대한 식은 정압비열의 정의식 $dh = C_p\ dT$와 가역 과정에서 $Tds = dh - vdP = 0$를 이용하면, $dh = C_p\ dT = vdP = RT\frac{dP}{P}$가 되므로 다음과 같은 결론에 이른다.

$$-w = \int_1^2 vdP \quad = \int_1^2 RT\ \frac{dP}{P} = \Delta h = C_p\ dT \tag{5-29}$$

여기서 이상기체에 대해 비열비 $k=\dfrac{C_p}{C_v}$ 를 정의하고 $C_p-C_v=R$의 관계를 이용하면 다음과 같은 결론에 이른다.

$$-w=\frac{k}{k-1}RT\left[\left(\frac{P_2}{P_1}\right)^{(k-1)/k}-1\right] \tag{5-30}$$

또는

$$-w=\frac{k}{k-1}P_1v_1\left[\left(\frac{P_2}{P_1}\right)^{(k-1)/k}-1\right] \tag{5-31}$$

실제 기체의 계산

이제까지의 논의는 이상 기체에 대하여 제시된 것이다. 고압 하에서 일부 기체는 이상 거동으로부터 두드러지게 편차가 발생한다. 이상기체 법칙은 압축성 계수라 부르는 계수를 실제 기체에 곱해줌으로써 경험적으로 보정되어오고 있다.

$$Pv=zRT \tag{5-32}$$

여기서 압축성 계수(compressibility factor), z,는 임계조건에서의 온도와 압력을 기준으로 환산 온도(reduced temperature) T/T_c 와 환산 압력(reduced pressure) P/P_c 을 고려함으로써 얻어낼 수 있다. 편리하게 실제 기체의 압축성 계수를 예측하기 위하여, 주어진 환산온도 값들에 대하여 환산압력의 변화에 따른 압축성 계수를 도시한 압축성 계수 선도(compressibility factor chart)를 [그림 5-19]에 보였다.

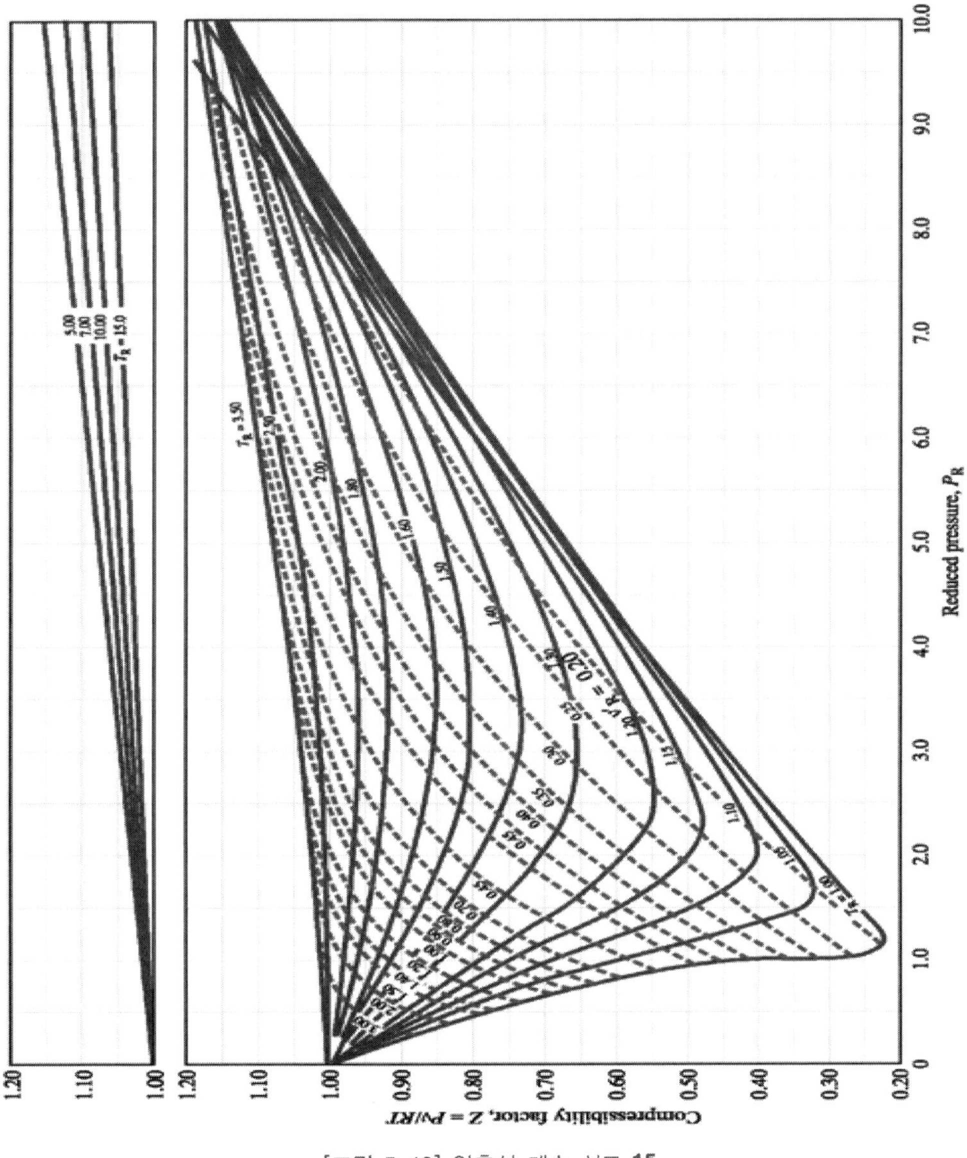

[그림 5-19] 압축성 계수 선도 15

5.4 터빈

지난 수 세기동안 무상으로 사용 가능한 강과 바람의 기계적 에너지를 주로 축 회전으로 나타나는 유용한 기계일로 변환하기 위하여 터빈이 사용되어 왔다. 펌프의 회전부를 임펠러라고 부르는 것에 반하여 수력터빈의 회전부는 러너(runner)라고 부른다.

5.4.1 터빈의 종류

작동유체가 물인 경우 터보기계는 수력터빈(hydraulic turbine)이라 불린다[그림 5-20]. 작동유체가 공기이고 바람으로부터 에너지를 추출하면 이에 알맞게 이 장치를 풍력터빈(wind turbine)이라고 부른다[그림 5-21]. 석탄화력 또는 원자력 발전소에서의 작동유체는 대부분 수증기이며, 따라서 수증기로부터의 에너지를 축 회전의 기계적 에너지로 변환하는 터보기계를 증기터빈(steam turbine)이라 부른다[그림 5-22]. 압축성 기체를 작동유체로 채택하는 터빈에 대한 보다 포괄적인 이름은 가스터빈(gas turbine)이다[그림 5-23].

마지막으로, 펌프는 대개 넓은 유량범위에서 운전되는 반면에 대부분의 발전용 터빈은 제한된 좁은 운전범위에서 작동하고 일정한 속도로 제어된다. 그러므로 이들은 그 조건에서 매우 효율적으로 운전되도록 설계할 수 있다. 미국에서 공급되는 표준 AC 전기는 60 Hz(분당 3600 사이클)이다. 따라서 대부분의 풍력, 수력 및 증기터빈은 이 값의 자연 분수인 속도, 즉 7200 rpm을 일반적으로 짝수인 발전기의 극 수로 나눈 값에서 운전된다. 대형 수력터빈들은 일반적으로 7200/60 = 120 rpm 또는 7200/48 = 150 rpm처럼 저속에서 운전된다. 발전용으로 사용되는 가스터빈은 훨씬 높은 속도로 작동되며, 때로는 7200/2 = 3600 rpm 까지 이른다.

터빈은 펌프와 같이 용적식 터빈과 동역학적 터빈의 두 가지 넓은 부류로 분류된다. 대부분 용적식 터빈은 체적유량 측정을 위한 소형장치인 반면, 동역학적 터빈은 초소형에서 초대형까지 범위가 넓고 유동계측과 동력생산 모두에 사용된다.

[그림 5-20] 수력 터빈 15

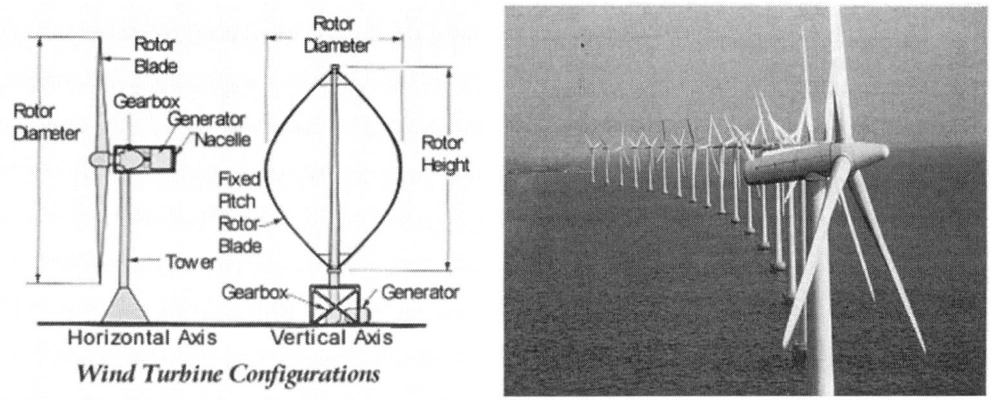

[그림 5-21] 풍력 터빈 15

[그림 5-22] 발전용 증기 터빈 19

[그림 5-23] 발전용 가스 터빈 19

5.4.2 용적식 터빈

용적식 터빈(positive-displacement turbine)은 용적식 펌프가 역으로 작동한다고 생각할 수 있다. 즉, 유체가 밀폐된 체적으로 밀려들어가면서 축을 회전시키거나 왕복하는 막대를 움직인다. 그런 후 유체가 장치로 더 들어오면서 밀폐된 체적의 유체는 밖으로 밀려난다. 용적식 터빈을 지나면서 순수두의 손실이 있다. 다시 말하면 유동하는 유체로부터 에너지가 추출되고 기계적 에너지로 변환된다. 그러나 용적식 터빈은 일반적으로 동력발생용으로는 사용되지 않으며 오히려 유량 또는 유동체적의 측정에 사용된다.

가장 흔한 예는 집에 있는 수도계량기이다. 많은 상업용 수도계량기는 계량기로 들어오는 물 유동에 따라 흔들리며 회전하는 요동원판을 사용한다. 판은 가운데의 구와 적절한 연결막대를 갖고 있어서 요동원판의 편심회전운동을 축 회전으로 전환한다. 축의 360° 회전 당 장치를 통과하는 유체의 체적을 정확히 알고 있으며, 따라서 사용된 물의 전체 체적이 장치에 의해 기록된다. 집에서 물이 수도꼭지에서 적당한 속도로 흐르고 있을 때 수도계량기로부터 가끔 작게 떨리는 소리를 들을 수 있는데, 이것이 계량기 내부에서 흔들리고 있는 요동원판의 소리이다. 용적식 펌프에 다양한 설계가 있는 것처럼, 용적식 터빈에도 물론 다른 형태의 설계들이 있다.

5.4.3 동역학적 터빈

동역학적 터빈

동역학적 터빈(dynamic turbine)은 유동계측과 동력생산에 모두 사용된다. 예로 기상학자가 풍속 측정에 3컵 풍속계를 사용하는 것이다. 이와 같은 응용에서는 축 출력과 터빈효율에는 거의 관심을 두지 않는다. 오히려 이 장치들은 장치의 회전속도가 유체속도에 정확하게 보정될 수 있도록 설계된다. 그러면 초 당 블레이드 회전수를 전기적으로 계수함으로써 유체속도가 계산되고 장치에 표시된다.

여기서는 발전용으로 설계된 대형 동역학적 터빈을 중점적으로 다루며, 댐을 통과하는 커다란 고도의 변화를 이용하여 전기를 생산하는 수력터빈과 고온 고압의 수증기를 이용하여 회전하는 블레이드로부터 전기를 생산하는 증기터빈, 그리고 연소가스의 팽창을 이용하는 가스터빈을 다루게 된다.

동역학적 터빈에는 충동형(impulse)과 반동형(reaction)의 두 가지 형태가 있으며 각각에 대하여 주요 작동 원리와 구조에 대해 논의한다. 두 가지의 동력생산용 동역학적 터빈을 비교하면, 충동 터빈은 더 높은 수두가 요구되지만 작은 체적유량으로 운전될 수 있다. 반동 터빈은 훨씬 낮은 수두로 운전될 수 있으나 큰 체적유량이 요구된다.

5.4.3.1 충동 터빈

충동 터빈

충동 터빈에서 유체는 노즐을 통하여 공급되며, 따라서 대부분의 가용 기계적 에너지가 운동에너지로 변환된다. 그러면 고속제트는 [그림 5-24]에 나타낸 것처럼 에너지를 터빈 축으로 전달하는 버킷형상 깃(bucket-shaped vane)에 충돌한다. 가장 효율이 높고 현대적인 형태의 충동 터빈은 Pelton 수차라 불린다. Pelton 수차의 버킷은 [그림 5-24(b)]에 나타낸 것처럼 유동을 둘로 분할하고 유동의 방향을 거의 180° 뒤로 전환하도록 설계되었다. [그림 5-25]는 작동중인 Pelton 수차를 보여주는데, 여기서 물 제트의 분할됨과 방향전환을 잘 볼 수 있다.

Pelton 수차 터빈의 출력은 Euler 터보기계 방정식을 이용하여 해석한다. 실제 Pelton 수차 터빈에는 여러 다른 손실들이 있는데, 이들은 기계적 마찰, 버킷의 공기역학적 항력, 버킷의 내벽을 따르는 마찰, 버킷의 회전에 따른 제트와 버킷 정렬의 틀어짐, 거꾸로 물 튀김(back splashing) 및 노즐손실 등이다. 그렇다 하더라도, 잘 설계된 Pelton 수차 터빈의 효율은 90%에 달할 수 있다. 다시 말하면, 물의 가용 기계적 에너지의 90%까지 회전축 에너지로 변환된다.

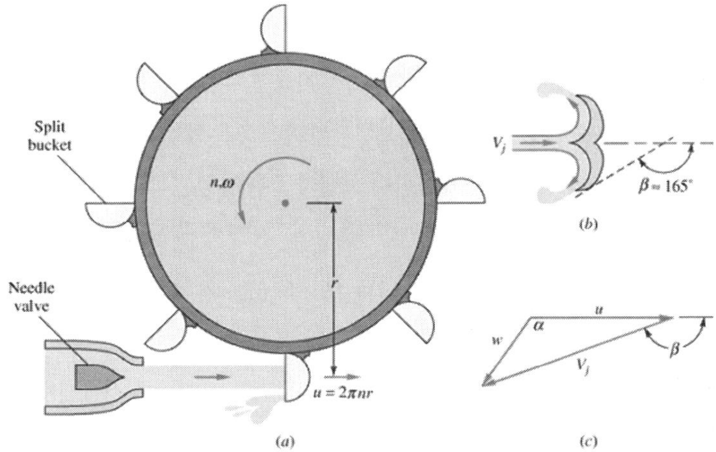

[그림 5-24] 충동 터빈 개요 7

[그림 5-25] 충동 터빈의 예 (펠톤 형식) 19

5.4.3.2 반동 터빈

수력 터빈

에너지를 생산하는 다른 주된 형태의 수력터빈은 반동 터빈이며, 이는 정지 깃(stay vane)이라고 부르는 고정 안내 깃, 쪽문(wicket gate)이라고 부르는 조절 가능한 안내 깃, 그리고 러너 블레이드(runner blade)라고 부르는 회전 블레이드들로 구성되어 있다(그림 5-26). 접선방향으로 들어오는 고압의 유동은 나선형 케이싱 또는 볼류트를 따라서 움직이면서 정지 깃에 의해서 러너를 향하여 방향이 전환되고 커다란 접선속도 성분을 가지며 쪽문을 통과한다. 러너가 회전하면서 유체와 러너 사이에서 운동량이 교환되며 큰 압력강하가 발생한다. 충동 터빈과는 달리 물은 반동 터빈의 케이싱을 완전히 채운다. 이런 이유로 반동 터빈은 일반적으로 동일한 직경, 순수두 및 체적유량을 갖는 충동 터빈보다 더 큰 동력을 생산한다. 쪽문의 각도는 조절가능하며 따라서 러너를 통과하는 체적유량을 제어한다. 설계조건에서는 쪽문을 통과하는 유동은 충격손실을 피하기 위하여 러너 블레이드의 선단에 평행하게 충돌한다.

반동 터빈에는 크게 두 가지 형태가 있는데, Fransis와 Kaplan이다. Francis 터빈은 원심 또는 혼류 펌프와 형상이 다소 비슷하지만 유동이 반대방향이다. 그러나 역으로 작동되는 일반적인 펌프는 효율이 높은 터빈이 될 수 없다는 것에 유의하자. 반면에 Kaplan 터빈은 역으로 운전되는 축류 팬과 약간 비슷하다.

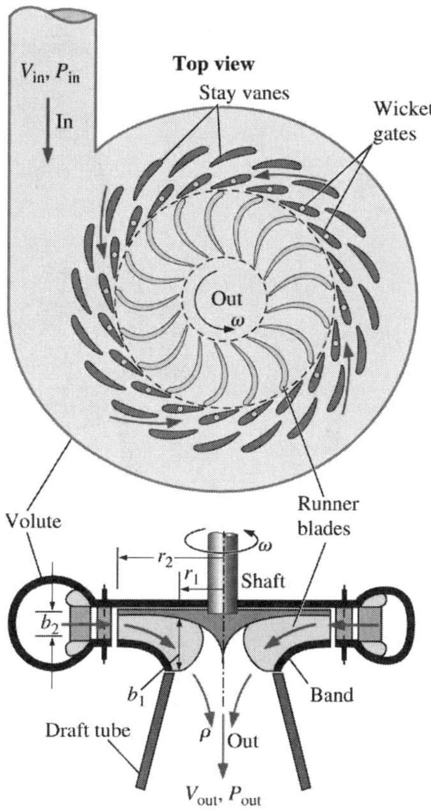

[그림 5-26] 반동 터빈의 개요 19

동역학적 펌프를 임펠러 블레이드를 떠나는 유동각도에 따라 원심(방사형), 혼류, 또는 축류[그림 5-15 참조]로 분류했다는 것을 기억하자. 비슷하지만 역으로 된 방식으로, 반동 터빈은 러너로 들어오는 유동의 방향에 따라 분류된다[그림 5-27]. 만약 유동이 [그림 5-27(a)]처럼 러너에 반경방향으로 들어오면 Francis 반경류 터빈(radial-flow turbine)이라고 한다. 만약 유동이 반경방향과 축방향 사이의 어떤 각도로 러너로 들어오면[그림 5-27(b)] Francis 혼류터빈(mixed-flow turbine)이라고 한다. 혼류터빈 설계가 더 일반적이다.

Francis 터빈은 Pelton 수차 터빈의 높은 수두와 Kaplan 터빈의 낮은 수두 사이에 있는 수두에 가장 적합하다. 전형적인 대형 Francis 터빈은 16개 또는 그 이상의 러너 블레이드를 갖고 있으며, 90-95%의 터빈효율을 얻을 수 있다. 만약 러너에 밴드가 없고 유동이 일부 방향전환을 하며 러너에 들어온다면 이는 혼류터빈(mixed-flow turbine)이라고 부른다[그림 5-27(c)].

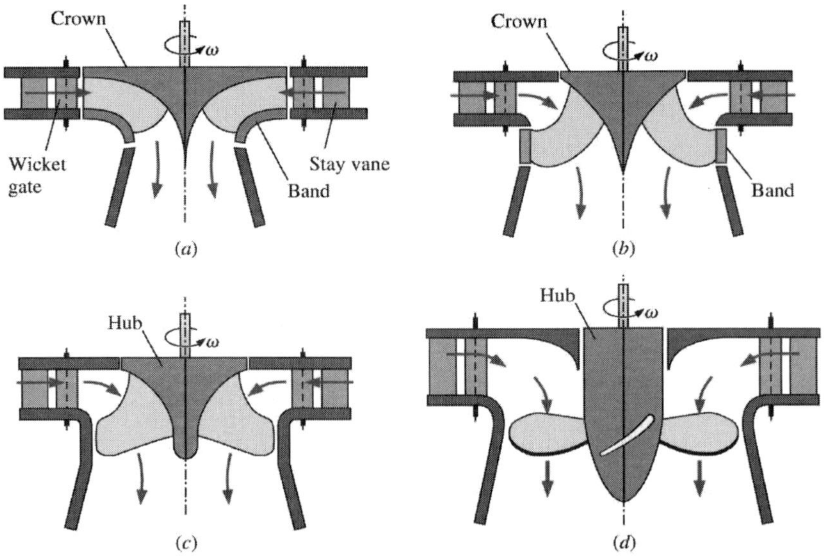

(a)프랜시스 반경류　(b)프랜시스 혼류　(c)프로펠러 혼류　(d)프로펠러 축류

[그림 5-27] 터빈의 분류 19

마지막으로, 만약 유동이 러너에 들어오기 전에 축 방향으로 완전히 전환된다면[그림 5-27(d)] 이 터빈은 축류터빈(axial-flow turbine)이라고 불린다. 축류터빈의 러너는 일반적으로 Francis 터빈보다 매우 적은 수인 단지 3 에서 8개의 블레이드만을 갖고 있다. 이들에는 Kaplan 터빈과 프로펠러 터빈의 두 가지 형태가 있다. Kaplan 터빈은 유량이 쪽문을 회전시키고 그리고 러너 블레이드의 피치를 조절하는 두 가지 방법으로 조절되므로 이중 조절(double regulated)이라고 부른다. 프로펠러 터빈은 블레이드가 고정되었다는 것을 제외하고는 Kaplan 터빈과 거의 동일하다. Pelton 및 Francis 터빈과 비교하여 Kaplan 터빈과 프로펠러 터빈은 낮은 수두와 큰 체적유량에 가장 적합하다. 이 터빈들의 효율은 Francis 터빈에 비견되며 최고 94%에 달할 수 있다.

[그림 5-28]은 Francis 반경류 터빈의 반경류 러너 사진이다. 사진 속의 작업자는 수력발전소의 러너가 얼마나 큰가를 알려주기 위하여 보여주었다. [그림 5-29]는 Francis 터빈의 혼류 러너 사진이며, [그림 5-30]은 축류 프로펠러 터빈의 사진이다. 입구(위)에서 본 모습이다.

관습적으로 터빈효율은 총수두 H_{gross} 대신에 순수두 H를 바탕으로 한다. 특히, $\eta_{turbine}$은 수마력(water horsepower, 터빈을 통해 흐르는 물에서 추출된 동력)에 대한 제동마력 출력(실제 터빈 축 출력)의 비로 정의된다.

[그림 5-28] 수력 터빈의 설치 19

[그림 5-29] 수력 터빈의 설치 (프란시스 혼류 터빈) 19

[그림 5-30] 수력 터빈의 설치(프로펠러 터빈) 19

터빈효율:
$$\eta_{turbine} = \frac{\dot{W}_{shaft}}{\dot{W}_{water\ horsepower}} = \frac{bhp}{\rho g H Q} \tag{5-33}$$

터빈효율 $\eta_{turbine}$은 bhp가 요구 입력 대신에 실제 출력이므로 펌프효율의 역이라는 것에 유의하자.

또한 이 설명에서는 한 번에 단지 한 개의 터빈을 고려한다는 것에 유의하자. 대부분의 대형 수력발전소는 병렬로 연결된 여러 대의 터빈을 갖고 있다. 이는 전기회사가 전력소요가 적은 시간대에 그리고 정비를 목적으로 일부 터빈을 정지할 수 있는 기회를 제공한다.

몇몇의 수력터빈 러너 응용에서, 고출력 및 고유동 운전은 결국 $V_{t1} < 0$ 을 초래할 수 있다. 컴퓨터 시뮬레이션 도구가 터빈 설계자에게 엄청나게 유용하다는 것을 바로 알 수 있다. 사실, 최신 CFD 코드의 도움으로 수력발전소의 오래된 터빈들을 리모델링하는 것이 경제적인 측면에서 현명하고 일상화될 정도까지 수력터빈의 효율이 증가되었다.

가스 및 증기 터빈

터빈의 작동유체로서 연소 가스 또는 증기 같은 기체를 사용하도록 설계된 터빈에 대하여 살펴본다. 석탄 또는 원자력 발전소에서는 고압증기가 보일러에서 생성되고 증기터빈에 공급되어 전기를 생산한다. 재열, 재생 및 전체 효율을 높이기 위한 다른 노력들 때문에 이런 증기터빈들은 일반적으로 (고압 및 저압의) 두 개의 단을 갖는다. 대부분의 발전소 증기터빈은 [그림 5-22]에 보인 것처럼 다단 축류장치이다. 여기서 터빈 블레이드들의 각 세트 사이에서 유동의 방향을 정해주는 노즐은 보이지 않는다. 축류 터빈의 해석은 앞 절에서 설명한 것처럼 축류 팬의 해석과 매우 유사하다.

유사한 축류 터빈들이 앞에서 소개된 가스터빈 발전기[그림 5-23]에 주로 사용되고 대부분의 제트항공기 엔진[그림 5-31]에도 널리 사용된다. 가스터빈 발전기는 추력을 제공하는 대신에 이 터보기계가 연료의 에너지를 가능한 한 많이 회전축으로 전달하도록 설계된 것을 제외하고는 제트엔진과 비슷하다. 발전용 가스터빈은 일반적으로 제트엔진보다 훨씬 크며, 물론 그 이유는 발전용 가스터빈은 지상용이기 때문이다. 수력터빈에서처럼, 전체 터빈의 크기가 증가하면 상당한 효율의 개선을 구현할 수 있다.

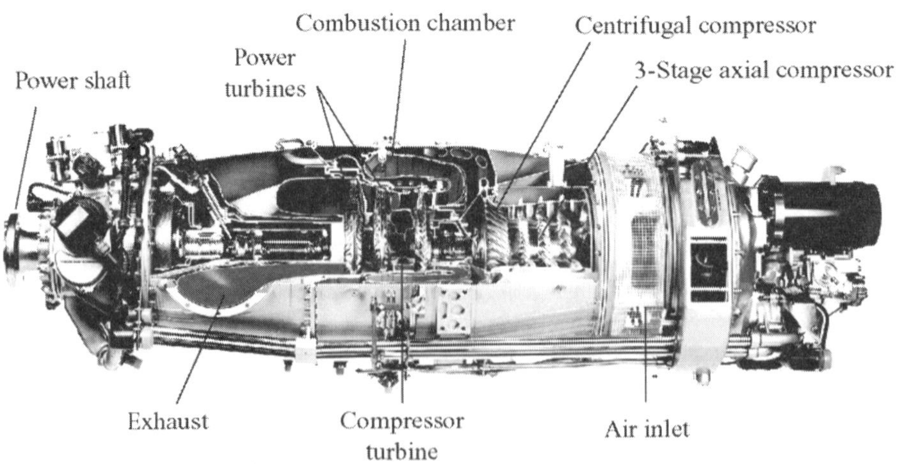

[그림 5-31] 가스 터빈의 예(제트 항공기) 15

5.4.4 터빈 축척 법칙

무차원 터빈 매개변수

터빈에 대한 무차원 그룹을 앞에서 다룬 펌프에 대해 한 것과 유사한 방법으로 정의한다. 레이놀즈 수와 조도 효과를 무시하면서 동일한 무차원 변수들을 다룬다. 이들은 중력과 순수두의 곱(gH), 체적유량(Q), 러너 블레이드의 직경(D), 러너 회전속도(ω), 출력 제동마력(bhp) 및 유체 밀도(ρ)이다. 터빈에서는 독립변수로 Q 대신 bhp를 취한다는 사실 이외에는, 펌프를 해석하든지 또는 터빈을 해석하든지 무차원 해석은 사실상 동일하다.

앞의 식 (5-17)에 보인 친화 법칙은 펌프뿐만 아니라 터빈에도 응용할 수 있으며, 터빈의 크기를 비례하여 확대하거나 축소할 수 있도록 한다. 앞서 펌프에 대하여 한 것과 같은 방법으로, 친화 법칙은 또한 주어진 터빈이 다른 속도와 유량으로 운전될 때의 터빈 성능 예측에도 사용된다.

터빈 비속도

펌프 축척 법칙의 설명에서 또 하나의 유용한 무차원 매개변수, 펌프 비속도(N_{Sp})가 C_Q와 C_H에 기초하여 정의되었다. 터빈에 대해서도 동일하게 비속도를 정의할 수 있다. 그러나 터빈에서는 C_Q 대신에 C_P가 독립 무차원 매개변수이므로 터빈 비속도[turbine specific speed (N_{St})]는 펌프와는 다르게 즉 C_P 와 C_H의항으로 정의한다.

터빈 비속도: $$N_{ST}=\frac{C_P^{1/2}}{C_H^{5/4}}=\frac{\omega(bhp)^{1/2}}{\rho^{1/2}(gH)^{5/4}} \tag{5-34}$$

동일한 터보기계가 펌프와 터빈의 두 가지 모두의 역할을 하는 응용분야가 있는데, 이런 장치는 적절하게 펌프-터빈(pump-turbine)이라고 부른다. 예로 석탄 또는 원자력 발전소에서는 전력수요가 적은 기간 동안 물을 높은 고도로 양수하고, 전력수요가 많아지면 그 물을 다시 동일한 터보기계(터빈으로 운전되는)로 보낼 수 있다. 이런 설비는 종종 산간지방의 자연적인 고도차의 장점을 이용하며, 댐을 건설하지 않고도 상당한 총 수두(300 m까지)를 얻을 수 있다.

펌프-터빈은 펌프로 작동될 때와 터빈으로 작동될 때 모두 비효율성이 있다는 것에 유의하자. 더구나 하나의 터보기계가 펌프로 그리고 터빈으로 운전되도록 설계되어야 하므로, η_{pump} 또는 $\eta_{turbine}$ 어느 것도 펌프 또는 터빈 전용인 경우만큼 높지 않다. 그럼에도 불구하고, 잘 설계된 펌프-터빈 장치에서 이 형태의 에너지저장 전체 효율은 약 80%이다.

기술적으로, 터빈 비속도는 어떤 운전조건에도 적용할 수 있으며 단지 C_P의 또 다른 함수가 된다. 그러나 이것이 일반적인 사용 방법은 아니다. 그 대신 단지 하나의 운전점 즉 터빈의 최고 효율점(BEP)에서 터빈 비속도를 정의하는 것이 보통이다. 그 결과 터빈의 특성이 하나의 숫자로 나타나게 되는데 터빈 비속도는 최적조건에서 터빈의 운전특성을 나타내기 위하여 사용되며 터빈의 예비선정에 유용하다.

[그림 5-32]에 도시한 것처럼 충동터빈은 N_{St} 값 0.15 부근에서 최적의 성능을 보이는 반면에 Francis 터빈과 Kaplan 또는 프로펠러 터빈은 각각 N_{St} 값 1과 2.5 근처에서 최고 성능으로 작동된다. 만약 N_{St}가 약 0.3 이하라면 충동터빈이 최적의 선택이라는 것을 알 수 있다. 만약 N_{St}가 대략 0.3과 2 사이라면 Francis 터빈이 더 좋은 선택이다. N_{St}가 약 2 이상일 때에는 반드시 Kaplan 또는 프로펠러 터빈이 사용되어야 한다. 이 범위들을 N_{St}와 $N_{St.US}$의 항으로 [그림 5-32]에 나타내었다.

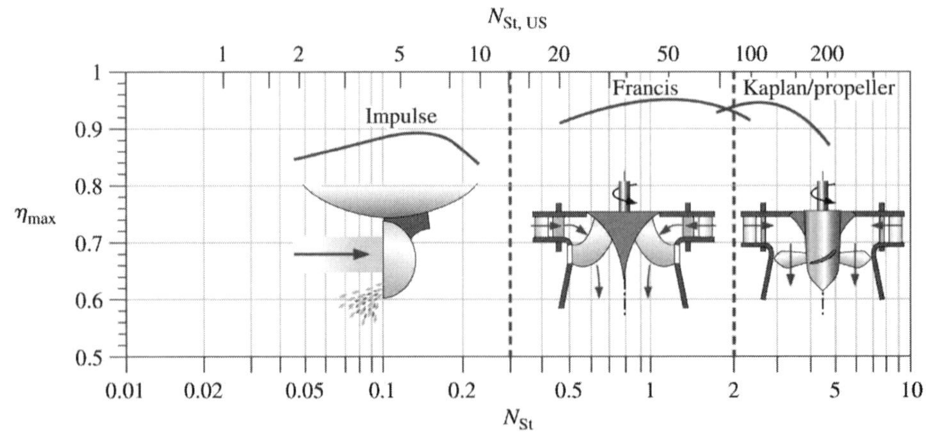

[그림 5-32] 터빈의 비속도 19

참고문헌

1 A. H. Church. *Centrifugal Pumps and Blowers*, John Wiley & Sons, Inc.,New York, 1944.

2 A. J. Stepanoff. *Centrifugal and Axial Flow Pumps: Theory, Design, and Application*, 2nd ed., Wiley, 1991.

3 A. W. Culp, Jr. *Principles of Energy Conversion*, 2nd ed. McGraw-Hill, NY, 1991.

4 C. Borgnakke and R. E. Sonntag. *Fundamentals of Thermodynamics*, 7th ed. Wiley, 2008.

5 F. A. Kristal and F. A. Annett, *Pumps*, 2nd ed., McGraw-Hill Book Co., New York, 1953.

6 F. Bleier. *Fan Handbook: Selection, Application, and Design*, McGraw-Hill, 1997.

7 F. M. White. *Fluid Mechanics*, 7th ed. McGraw-Hill, 2010.

8 H. Addison. *Centrifugal and Other Rotodynamic Pumps*, Amberg Press, 2011.

9 H. F. Rase and M. H. Barrow. *Project Engineering of Process Plants*, John Wiley & Sons, Inc. New York, 1957.

10 I. J. Karassik, J. P. Messina, P. Cooper and C. C. Heald. *Pump Handbook*, 3rd ed., McGraw-Hill, 2000.

11 J. P. Rollins. *Compressed Air and Gas Handbook*, 5th ed., Prentice Hall, 1988.

12 L. E. Neman, A. Keller, J. M. Lyons and L. B. Wales. *ModernTurbines*, John Wiley & Sons, Inc., New York, 1944.

13 R. Jorgensen. *Fan Engineering*, 9th ed., Howden North America Inc., 1999.

14 R. I. Kent. *Mechanical Engineer's Handbook II*, 11th ed., John Wiley & Sons. Inc., New York, 1936.

15 S. R. Turns. *Thermodynamics: Concepts and Applications*, Cambridge University Press, 2006.

16 *Standards of the Hydraulic Institute*, Hydraulic Institute, New York, 2009.

17 T. T. Gill. *Air and Gas Compression*, John Wiley & Sons, Inc., New York, 1941.

18 W. J. Kearton. *Steam Turbine Theory and Practice - A Textbook for Engineering Students*, Aristophanes Press, 2011.

19 Y. A. Cengel and J. M. Cimbala. *Fluid Mechanics: Fundamentals and Applications*, 2nd ed. McGraw-Hill, 2009.

20 *청우하이드로 2012 종합카다로그(국문)*, 청우하이드로(주), 인천광역시 서구 경서동 682-14, 2012.

21 www.bing.com/images/power engineering

PART 6

플랜트 건설 시공

6.1 기초공사(Foundation)

모든 플랜트 시스템은 튼튼한 기초(foundation) 위에 조립되고 설치되어 플랜트의 완공 후에 예상수명 운전기간 동안 중량이 매우 큰 각종 주요 장비들과 구조물들의 하중을 충분히 견디어낼 수 있도록 견고하게 건설되어야 한다.

그러므로 모든 장비, 빌딩, 그리고 철 구조물에 대한 기초는 부하를 토양 또는 파일에 전달해야할 뿐만 아니라 지지를 받는 장비를 제 위치에 고정시키기도 해야만 한다.

실용적 목적으로 모든 기초는 콘크리트 또는 보강 콘크리트로 구축된다고 말할 수 있다. 콘크리트 재료는 상대적으로 저렴하고 소성 상태에서 원하는 거의 모든 모양으로 성형될 수 있다.

기초 위에 직접 장비를 장착하기 위하여, 콘크리트가 부어질 때 앵커 볼트가 먼저 매설되어 있어야 한다. 양생(curing) 기간이 지난 뒤 장비는 앵커 볼트가 매

설되어 있는 제 위치에 볼트로 체결된다. 지지대 위에 장비가 설치되어 있는 철 구조물 자체가 다시 기초에 볼트로 체결되던지, 또는 장비가 직접 콘크리트 기초에 볼트로 체결되던지 간에 대부분의 장비는 단단히 볼트로 고정된다.

그러나 평평한 바닥면을 가진 직경이 거대한 탱크는 볼트로 체결되지 않는데 이는 탱크가 콘크리트 슬래브 위에 직접 설치되거나 또는 아무런 부착물 없이 준비된 토양 바닥 위에 설치되기 때문이다.

때때로 소형 펌프나 기계 및 가벼운 컨베이어 시스템과 같은 경량 장비를 설치하는 경우에는 별도의 기초를 마련하지 않고, 장비들의 밑면을 직접 마감 콘크리트 바닥 위에 올려놓은 뒤, 드릴로 바닥을 뚫어 콘크리트에 고정용 팽창 볼트(expansion bolts)를 심어줌으로써 간편하게 경량 장비들을 지지하기도 한다.

6.1.1 기초의 형태

플랜트에 사용되는 가장 통상적인 기초의 형태로는 스프레드 푸팅(spread footings), 매트(mats), 매시브(massive), 그리고 파일 기초(pile foundations) 등이 있다. 여기 나열된 것은 분류 시스템을 나타내는 것이 아니고, 다만 아래의 논의를 위해 편리하게 세분화한 것이다.

스프레드 푸팅(Spread Footings: 독립 기초)

기초(foundation)의 가장 오래된 형태인 토대(footing)는 만약 토양 조건이 호의적일 경우 가장 저렴한 형태의 기초이다. 간편하게 사용되는 용어로서 공정 산업계에서 널리 이용되는 스프레드 푸팅은, [그림 6-1]에 보인 것처럼, 하중을 떠받치는 구조물의 밑면 면적을 넓게 만든 바닥(footing: 토대)과 일체가 되도록 콘크리트를 부어 만든 기둥(column)이나 주추(pedestal)로 구성된다. 넓혀진 부분은, 만약 적절히 설계된 경우, 걸려있는 부하를 토양에 전달한다. 이런 기초의 기저(밑바닥)에 의해 덮이는 면적이 넓을수록 토양 위의 단위 압력은 낮아지게 될 것이다.

스프레드 푸팅은 보통 보강 콘크리트로 구축된다. 그것들의 기저는 이상적으로 땅속의 평년 동결선 또는 서리 선(frost line)]이나 또는 감지할만한 토양의 수축과 팽창의 최대 깊이 중 큰 값만큼 깊게 설치된다. 그러나 많은 진흙 토양의 수축 면적은 너무 깊어서 푸팅을 위한 터파기 비용이 너무 많이 들 수 있다. 이런 경우 다른 형태의 기초가 지시되기도 한다.

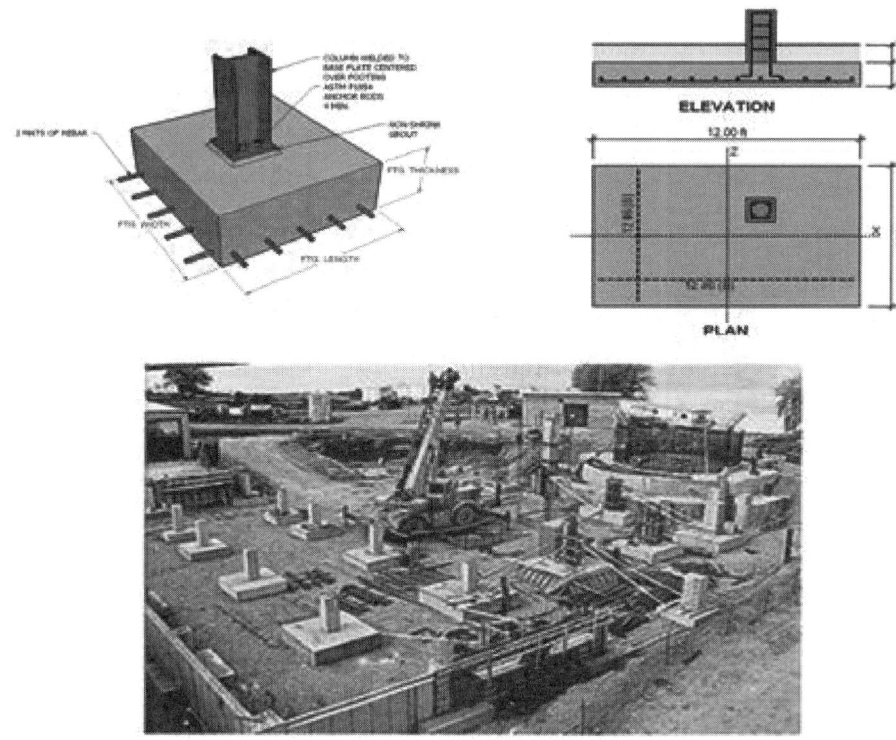

[그림 6-1] 스프레드 푸팅[27]

스프레드 푸팅은 타워, 굴뚝, 그리고 키가 큰 구조용 기둥을 지지하는데 가장 광범위하게 이용된다. 이런 응용에는 원형 푸팅이 이상화된 형상이다. 높이가 있는 구조물은 자중과 지진이나 바람에 의해 전복시키려는 모멘트를 발생시켜 동시적인 힘들을 푸팅에 미치게 한다. 평형이 깨진 토양 압력은 어떤 경우엔 토양과 푸팅 사이에 상향 압력이 영이 되는 지역이 생기게 할 수 있다[그림 6-2 참조]. 이런 조건 하에서 푸팅에 크랙이 발생할 경향이 크다. [그림 6-3]에는 구조용 기둥의 스프레드 푸팅을 위한 거푸집 내 철근 작업을 보여주고 있다.

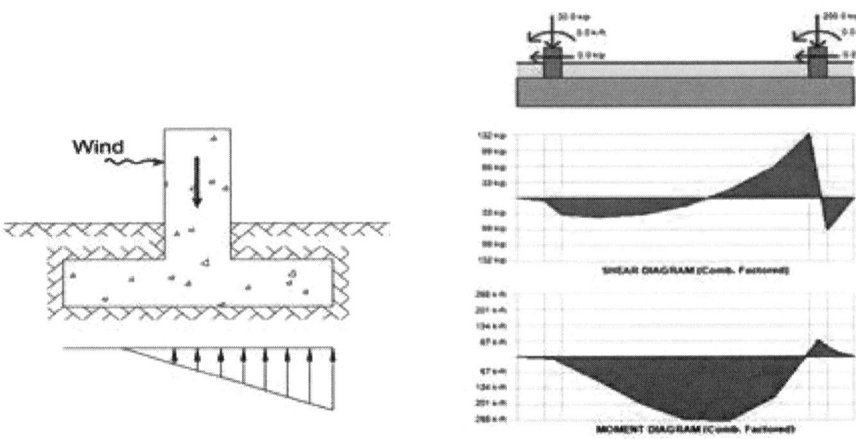

[그림 6-2] 바람 하중에 따른 푸팅 아래의 토양 압력의 분포 27

[그림 6-3] 스프레드 푸팅의 거푸집 작업 27

매트(Mats: 온통 기초)

토양조건 때문에 몇몇 장비와 빌딩의 기초로서 지지반는 구조물의 면적과 거의 맞먹는 총면적을 갖게 되는 여러 개의 푸팅들이 요구되기도 한다. 이런 경우에 있어서 전체 면적을 덮는 하나의 평평한 보강 콘크리트 슬래브(slab)를 이용하는 것이 여러 개의 푸팅들보다 오히려 경제적일 수 있다. 이런 슬래브를 매트(mats: 온통 기초)라 한다[그림 6-4].

매트 기초는 압축성 토양에 성공적으로 이용되어 오고 있으며 그렇게 이용될 때 "플로우팅(floating)" 기초라 부른다. 이 경우 매트를 구축하기 위하여, 매트의 자중과 지지반을 구조물의 자중을 더한 것과 동일한 무게의 토양을 제거하게 되면, 결과적으로 전체 구조물은 교란 받지 않은 하부 토양 위에 "떠 있게(float)" 되는 효과를 보일 것이다.

매트 기초는 종종 저장 탱크를 지지하기 위하여 이용된다. 고정할 필요가 없는 대형 평저 저장 탱크를 위한 가장 간단한 매트 기초는 약 0.1 m 깊이의 모래 패드이다. 탱크 바깥너머로 연장된 모래 패드의 부분을 둑의 물매턱(berm)이라 부르는데 이것의 길이는 적어도 1.5m 정도가 되어야 한다.

[그림 6-4] 매트 푸팅 [27]

아마도 가장 대중적인 대형 저장 탱크를 위한 매트 형식의 기초는 최소 폭이 0.2 m인 콘크리트 벽을 채용하는 것이다. 탱크의 쉘은 땅속의 동결선 아래까지 묻혀있는 이런 보강 콘크리트 벽체 위에 안치된다. 벽체 내에 담겨있는 0.1 m 두께의 모래층은 추가적인 지지를 제공한다[그림 6-5]. 이런 매트 공법과 관련하여, [그림 6-6]에는 원자력 발전소의 냉각탑 설치를 위한 기초 공사 과정을 보여주고 있다.

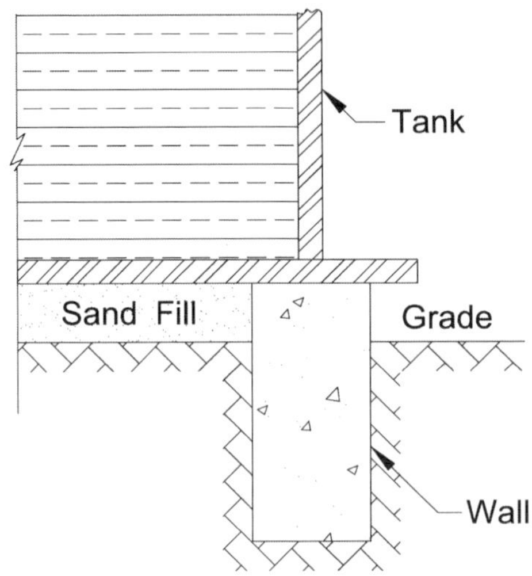

[그림 6-5] 저장 탱크에 대한 고리형 벽체(ring-wall) 기초 16

[그림 6-6] 원자로 냉각탑의 기초 공사 5

매시브 기초(Massive Foundations: 괴상 기초)

왕복동 압축기, 원심기 그리고 다른 유사한 움직이는 장비와 같은 기계류는 지지되어서 진동과 불평형 관성력이 감쇄되도록 하여야 한다. 다양한 진동 격리장치 또는 흡수제나 스프링을 채용한 감쇄기가 구매될 수 있다. 그러나 가능한 한 플랜트에서는 기계류가 단단히 고정되는 무거운 기초 또는 괴상(massive) 기초가 이용된다. 괴상 기초는 행정의 양끝에서 가속도가 최대에 도달함에 따라 왕복동 기계에 의해 설정되는 주기적 관성을 균형 잡아준다. 고속 회전 기계에 의해 발생되는 진동은 충분히 질량이 큰 기초에 의해 역시 흡수된다.

압축기에 대한 전형적인 괴상 기초를 [그림 6-7]에 보였다. 만약 압축기들과 같은 다수의 기계들이 한 압축기실 안에 함께 자리 잡고 있을 경우에 보다 큰 효과적 덩어리의 이점은 분리된 압축기 블록들을 하나의 공통의 단일체인 덩어리로 묶어줌으로써 현실화될 수 있다.

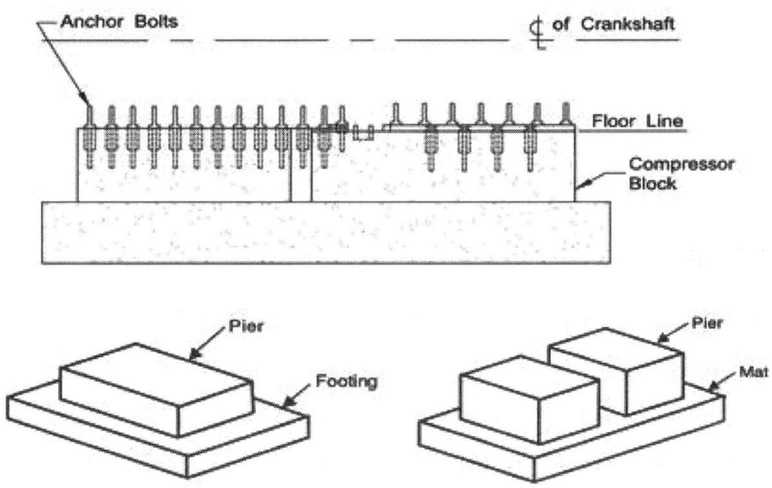

[그림 6-7] 압축기를 위한 매시브 기초

파일 기초(Pile Foundations: 말뚝 기초)

플랜트는 종종 지리적 이점을 살리기 위해 해변 지역 또는 강가에 위치하기도 한다. 이런 위치는 수송 경제적으로 편리하지만, 대개는 낮은 지지 용량의 토양을 가지거나 토양이 부하가 걸릴 때 과도한 침전이 일어난다. 이런 경우에 위에 논의 기초는 [그림 6-8]에 보인 바와 같은 파일에 의해 지지되어야만 한다.

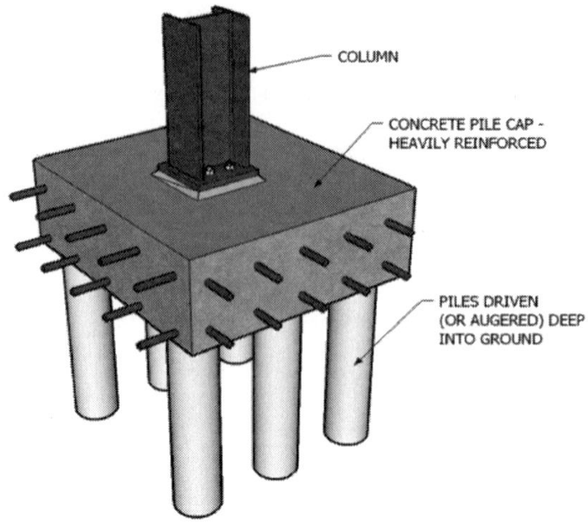

[그림 6-8] 철 구조물 기둥을 지지하고 있는 파일 27

가장 보편적인 파일의 종류에는 프리캐스트(pre-cast) 보강 콘크리트, 현장에서 부어 만든(cast-in-place) 콘크리트, H 빔과 같은 철 구조물, 파이프, 그리고 복합 목재-콘크리트 파일 등이 있다. 이 중에서 콘크리트 파일이 공정 플랜트에서 더욱 자주 사용되고 있다.

6.1.2 기초 형태의 선정

각각의 프로젝트의 종류에 따라 이용되어야 하는 특정 형태의 기초를 결론적으로 언급하는 것은 불가능하다. 이 결정은 지표 아래 토양의 탐사로 축적된 데이터의 세심한 분석 이후에야 내려질 수 있다. 만약 파일 설치가 요구된다면 가장 바람직한 종류를 결정하기 위하여 경제성 검토가 이루어져야만 한다.

공정 요구조건을 만족하는 주어진 지역에 걸쳐 장비의 배치는 종종 기초의 형태를 선정하는 데 있어서 하나의 결정 요인이다. 푸팅의 요구되는 면적의 개략적 추정은, 만약 토양 부하지지 특성이 알려진 경우, 각 지역에 걸쳐 부하의 근삿값으로 프로젝트의 초기에 결정될 수 있다. 토양 부하는 가능한 한 부하가 퍼지도록 하여 한 지역 내에 장비의 설치를 돕기 위해 추정될 수 있다.

장비 위치의 경제성은 연결 배관, 접근 플랫폼, 그리고 구조물의 지지에 드는 비용에 관련된다. 이러한 검토를 통해 부하 집중을 저감하기 위하여 파일 설치 방식의 이용이 장비를 퍼뜨려 배치하는 것보다 비용이 덜 들 것이라는 결론을 얻을 수도 있다.

6.1.3 기초 시공

기초 시공은 일차적으로 토목 엔지니어의 관심사이다. 그러나 프로젝트 엔지니어는 용어, 절차, 그리고 작업의 순서에 익숙해야만 한다.

간략히 말해 스프레드 또는 매트 형식의 기초의 설치는 단단한 지층까지 굴착하기, 보강 철재를 제자리에 설치하기, 그리고 최초의 콘크리트 매트 또는 스프레드 타설하기로 이루어진다. 콘크리트를 둘러싸고 담아줄 거푸집 작업은 통상적으로 지표면 이하에서 최초 타설 시에는 필요하지 않다.

안정적인 토양에서 굴착된 측면들은 콘크리트를 담아두기 위해 필요한 둘러싸는 모양을 형성하기에 충분히 단단하다. 완료된 타설은 콘크리트 위로 보강 봉이 튀어나온 채로 거친 상태로 남겨두어 최종 구조물의 완성을 위해 요구되는 차후에 추가적으로 타설된 콘크리트가 안전하게 봉합되도록 한다.

기초 작업 스케줄 잡기

이상적인 건설 프로그램에서 모든 지하 작업은 어떤 지상 작업이 시작되기 전에 완료되어야 한다. 지상 장비의 설치가 시작되고 난 후에 지하 작업의 계속은 극히 비용이 많이 든다.

예를 들어 건설 현장을 가로질러 트렌치를 파서 열린 상태로 두면 안전상의 위험을 초래하고 심각하게 작업을 방해하게 된다. 복잡한 지역에서 뒤늦은 굴착작업은 거의 항상 수작업으로 수행되어야만 하고 지상 작업은 간섭에 의해 지연된다.

설치 작업팀에게 기초 도면을 출도할 때에는 배관, 전기 접지 시스템, 그리고 전기 선거(conduit) 작업과 같은 다른 모든 지하 작업의 출도와 협의 조정되어야 한다.

지표하부 토양 조사

설치될 플랜트 부지의 토양의 부하지지 특성은 프로젝트의 아주 초기 단계에서 탐사되고 결정되어야 한다. 토양의 특성을 알아내기 위하여 먼저 천공작업(boring)을 실시하고, 그 다음 천공작업으로 얻어진 토양 샘플을 가지고 토양 분석을 수행하여 토양지지 용량을 결정하고, 파일 작업을 위한 데이터 구축을 완성한다.

경계선의 위치

플랜트 레이아웃에 있어서 최초의 현장 작업은 정확한 플랜트 소유지 또는 경계선의 위치, 참조점(references), 그리고 지표면의 고도(elevations)를 확인하는 것이다.

플랜트 내에 다양한 시설들의 위치를 잡기 위하여 모든 지역을 보여주는 마스터 플롯플랜은 통상적으로 가상의 수평 수직선들을 교차시켜 구획을 정하여 임의의 일련번호를 매겨 사용한다. 적어도 두 개의 영구 표지석이 설치되어 구획의 크기를 쉽게 확인되도록 해야 한다.

플랜트 북쪽 방위(plant north)를 임의로 정하는 일은 고도나 치수 참조점(dimensional references)만큼이나 중요하다. 플랜트의 북쪽이 일단 정해지면 진북이 이용될 경우보다 훨씬 간단히 도면 위에 직각 배치들이 이용될 수 있다.

치수 참조점들의 위치가 정해진 다음 플랜트의 고도 평면이 정해져야 한다. 플랜트 현장이 치워지고 평탄작업이 이루어진 뒤에 장비 기초의 위치가 정립되면 굴착(excavation) 작업이 시작될 수 있다.

거푸집 제작(Form Building)

콘크리트가 굳기 전 소성 상태에 있을 때 콘크리트를 담아둘 다양한 형태의 틀을 거푸집(form)이라 부른다. 이들 거푸집의 제작이 콘크리트 작업 중에서 가장 비용이 많이 든다. 거푸집은 나무나 금속으로 구축된다.

보강 콘크리트

콘크리트는 보강된 기초 건설에 있어서 가장 중요한 재료이기 때문에 이것의 조성과 특성의 간략한 서술이 기초에 대한 논의에 반드시 포함되어야 한다. 콘크리트는 시멘트, 물, 그리고 모래와 분쇄된 돌 또는 자갈 등의 혼합체로 구성된다. 시멘트는 그 이름이 나타내듯이 혼합체를 단단한 덩어리로 응고시키는 매개체이다.

시멘트와 물 사이에 물리화학적 반응은 처음에 정해진 일정 시간을 요구하고, 그리고 설계된 강도를 얻기 위해 그 이후 추가적인 시간을 필요로 한다. 시험 절차를 표준화하기 위하여 설계에 이용된 콘크리트의 압축 강도는 그것이 28일 후에 견디어낼 수 있는 응력이다.

콘크리트는 계속해서 단단해지기는 하지만, 압축강도의 곡선은 특별한 양생(curing) 절차 없이 공기 중에서 양생된 콘크리트에 대해 28일 후에는 거의 변화가 없이 현저히 평평해진다.

콘크리트 강도는 통상적으로 28일 후의 강도를 기준으로 등급을 매겨 부른다. 효력 있는 콘크리트 강도의 시방서는 28일 후의 강도를 결정하는 물과 시멘트의 비율을 정해주어야만 한다. 콘크리트에 이용되는 기본적인 보강용 재료는 봉(rods), 막대기(bars), 그리고 와이어 망(wire fabrics) 형태의 강철이다. 가장 보편적인 보강재는 둥근 강철봉이나 막대기이다. 콘크리트와 보강용 강재의 시방서에 관한 상세한 사항은 관련 ASTM 규격을 참조해야 한다.

콘크리트 타설과 콘크리트 기초의 양생

거푸집의 제작과 보강용 강철이 제자리에 놓인 후에 콘크리트는 기초의 거푸집에 타설될 수 있다. 대규모 프로젝트에서는 타설할 콘크리트의 준비를 위해 중앙 믹싱 플랜트를 운용하기도 한다.

최대 강도로 발달되도록 신선한 콘크리트는 증발로부터 물의 손실과 과도히 낮거나 높은 온도로부터 방지해주어야만 한다. 콘크리트 주변의 공기는 적어도 3일 동안 20°C 이상으로 유지되어야 한다. 그러나 타설될 때의 신선한 콘크리트는 수화작용 시의 발열로 온도를 더욱 높일 수 있으므로 26°C이상이 되어서는 안 된다.

완료된 기초

콘크리트가 양생된 뒤에 거푸집은 콘크리트 표면이 다치지 않게 조심스럽게 제거된다. 압축기와 펌프의 기초는 타설 후에 윗부분을 거친 상태로 남겨두어 기계가 설치될 때 마감 시멘트(grout)가 기초에 잘 달라붙도록 해야 한다.

기초의 완성 중이나 후에 모든 앵커 볼트는 손상이나 굽힘으로부터 주의 깊게 보호되어야 한다. 압축기와 같은 대형 기계류를 위하여 탈부착이 가능한 볼트 [그림 6-9(a)]가 선호된다. 볼트들을 제거한 다음 기계는 제자리에 미끄럼 식으로 설치될 수 있고 망가진 볼트들은 쉽게 대체될 수 있다.

6.1.4 기초 계획과 배치

기초의 레이아웃과 예비 디자인은 주요 공정 장비의 배치로부터 시작된다. 펌프, 압축기, 압력용기, 열교환기, 또는 근본적으로 지면에 위치하는 다른 장비들은 별도로 솟아있는 콘크리트 단면 위에 놓여진다. 장비의 기저 또는 콘크리트의 윗면은 항상 적어도 지면에서 0.15m 이상 솟아있어야 한다.

장비들은 치수에 있어서 다양하고, 치수 자료가 알려지기 전에는 기초를 설계할 수 없으므로 다양한 제조자들은 설치에 필수적인 그들의 장비의 치수를 보여주는 도면을 준비해야 한다.

경제성에 대한 고려에 있어서 콘크리트의 비용, 혼합된 콘크리트를 사용하는지 또는 현장에서 혼합해 사용하는지 여부, 거푸집과 치수, 그리고 기초의 표준화 등을 포함해야 한다.

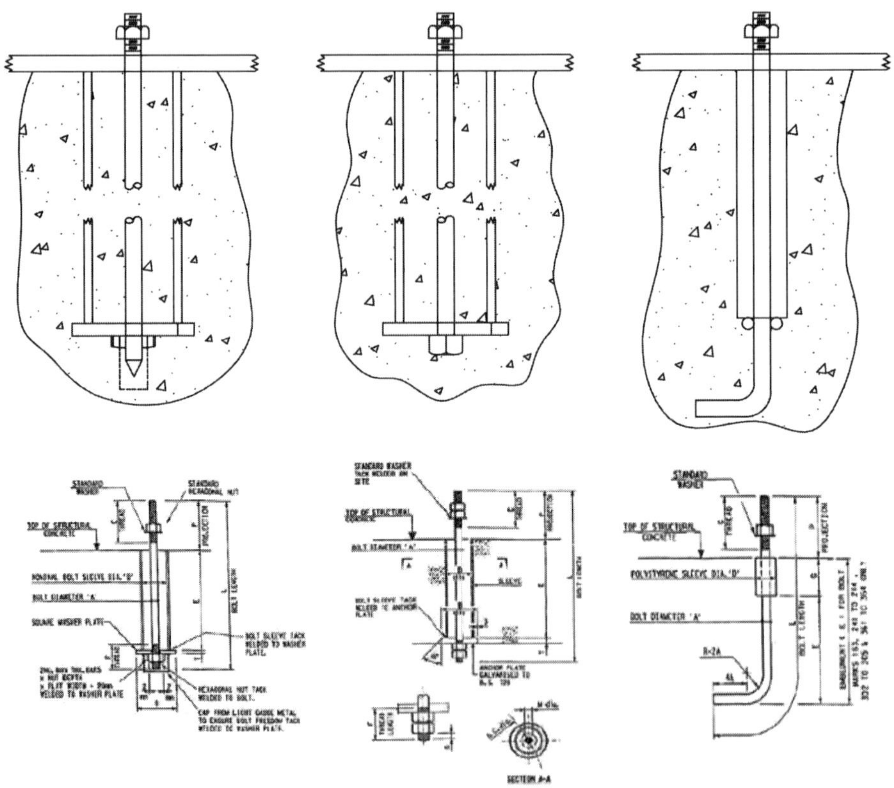

(a) (b) (c)

[그림 6-9] 전형적인 앵커 볼트

6.2 철 구조물 및 빌딩

플랜트를 위한 구조물에는 세 가지 유형이 있는데, 1) 전체가 모두 덮개로 덮인 구조물로 산업용 또는 상업용 빌딩, 2) 지붕달린 쉘터(shelter)의 단순한 형태의 부분적 덮개 구조물, 그리고 3) 덮개가 덮이지 않은 개방형 구조물이다.

플랜트에서 이용되고 있는 철 구조물의 일례로서 [그림 6-10]에는 화력발전 플랜트의 보일러 지역의 철 구조물의 설치 과정을 보여주고 있다.

[그림 6-10] 플랜트의 보일러 지역의 철 구조물 설치 작업 27

6.2.1 완전히 덮인 구조물 - 빌딩

플랜트에 있어서 찾아볼 수 있는 건물의 유형은 보통 상대적으로 단순하며 중공업 플랜트에서의 제련소 빌딩과 유사하다. 다층 구조로 되어있는 현대적인 플랜트에서는 주로 철 구조물이 이용되며 건물의 형식은 플랜트가 위치한 지역의 기후를 고려하여 결정된다.

플랜트에서 보다 보편적인 건물에는 공정 장비를 설치할 빌딩, 사무실 빌딩, 탈의실, 식당과 레크리에이션 센터, 의료 시설, 실험실, 그리고 작업실과 창고 등이 포함된다[그림 6-11].

[그림 6-11] 완전히 덮인 구조물 27

6.2.2 부분적으로 덮인 구조물 - 쉘터

대형 펌프와 압축기와 같은 일부 공정 장비들은 밀폐된 빌딩 내에 설치될 필요는 없지만 눈이나 비와 같은 강수로부터 보호될 필요가 있어서 장비의 유지보수가 지붕 달린 지역에서 이루어질 수 있다[그림 6-12].

압축기나 펌프의 다양한 부품들은 분해되어 떼어낼 때 무게가 무겁기 때문에 기계적인 수단을 이용해 다루어져야 한다. 그러므로 쉘터 구조물은 오버헤드 크레인이나 모노레일을 위한 지지 장치를 제공해야만 한다.

[그림 6-12] 부분적으로 덮인 구조물- 쉘터 27

6.2.3 개방형 구조물 - 실외 공정 유닛

많은 공정 플랜트에서 공정의 주요 부분들이 쉘터가 없는 옥외에서 가동되기도 한다. 장비의 위치가 옥외인 경우에는 냉난방과 통풍 등의 문제가 제거되며 벽체와 지붕의 제거로 인해 초기 건설 비용이 절감되고 유지보수 및 운전 시 비용이 덜 들기도 한다.

옥외 플랜트가 일반적으로 안전한 플랜이기도 하다. 가연성이나 폭발성 증기의 축적이 옥외 플랜트에서는 보기 드물다. 이런 이유들로 거의 모든 공정 플랜트들은 기후가 특별히 혹독한 경우가 아니라면 대부분의 공정 장비의 옥외 설치를 위해 설계된다[그림 6-13].

펌프, 모터, 그리고 다른 장비들은 모든 종류의 날씨에 노출될 때 만족스럽게 작동되도록 설계되어 오고 있다. 이런 웨더 프루핑(weather proofing)을 위한 추가 비용은 빌딩을 짓는 데 드는 비용과 비교하면 무시할 수 있다.

[그림 6-13] 개방형 구조물 - 실외 공정 유닛 [27]

6.2.4 철 구조물의 설계를 위한 기준

철 구조물의 상세 설계는 AISC(Americal Institute of Steel Construction)나 ACI(American Concrete Institute)와 같은 관련 규정의 관행과 관련 시방서에 따라 수행되어야 한다[그림 6-14 참조].

[그림 6-14] 플랜트의 철 구조물 설치 작업 27

6.2.5 철 구조물 모양

고층의 구조물을 위하여 지지 골격으로 강철을 이용하는 것은 아마도 누구에게나 친숙할 것이다. 수십 년 동안 최소의 중량으로 최대의 강도를 얻을 수 있는 특정한 강재의 모양이 개발되어오고 있다. 일반적으로 보(beam), 기둥(column), 채널(channel), 그리고 앵글(angle)과 같은 보편적인 압연 구조용 강의 모양은 중량형 구조물(heavy structure) 설계의 거의 모든 종류를 충족시킨다.

전기저항 용접을 통해 제작된 기타 특수한 모양이나 경량형 모양들은 잘 알려진 막대형 들보(bar joist)로 제작되어 지지용 부재로 이용된다.

통상적인 구조용 부재의 모양이 [그림 6-15]에 보인다. "WF" 빔(wide flange beam: WF beam), "I" 빔("I" beam), "C" 채널("C" channel), 그리고 앵글(angle) 등 각 단면은 수 많은 다양한 크기로 제조된다. 표준 제조 관행과 다양한 탄소강 구조용 단면의 특성은 AISC 및 관련 제조업체의 카탈로그에 그 제원이 주어져 있다.

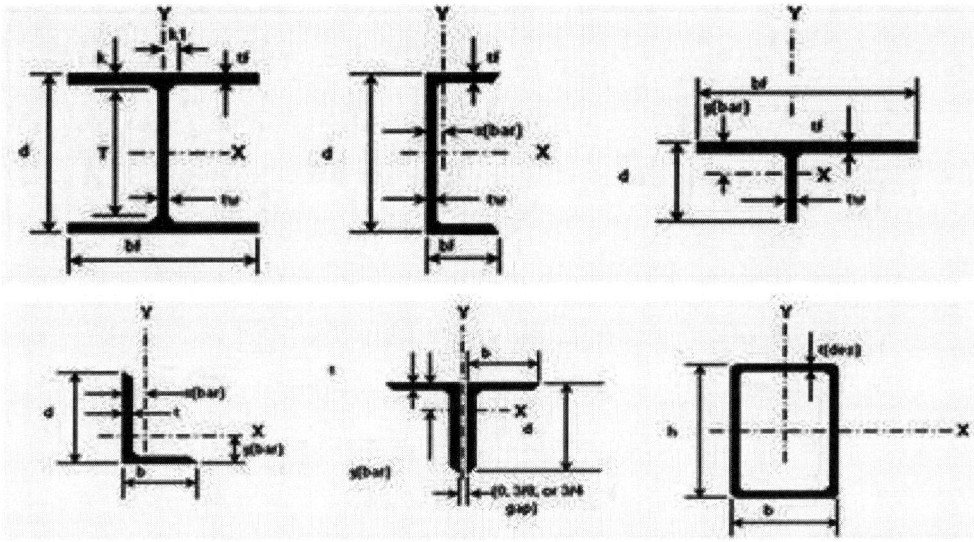

[그림 6-15] 보편적으로 이용되는 구조용 강재의 단면 모양 27

6.3 플랜트 설계시의 안전(Safety)

안전은 모든 플랜트의 설계에 있어서 최고의 고려사항이 되어야만 한다. 하나의 플랜트로 그 자태를 드러낸 강철 덩어리는 궁극적으로 인간에 의해 운전될 것이고 따라서 운전자들의 건강과 복지는 보호되어야만 한다.

플랜트의 설계에서 안전을 도외시하는 것은 범죄적인 태만이다. 각 디자인 엔지니어는 안전한 디자인을 제공할 책임감을 느껴야 한다. 그는 먼저 스스로에게 자문해 보아야 할 것이다. "과연 이 장비를 지금 설계된 대로 내가 기꺼이 운전하려 할 것인가?" 디자이너는 가능한 한 그의 디자인을 운전자 및 플랜트 안전 엔지니어와 함께 논의해야 한다. 이들은 안전에 대해 날카롭게 유념하고 있어 많은 좋은 제안을 줄 것이다.

6.3.1 플랜트에서의 위험(Hazards)

어떤 플랜트의 설계에서든지 고려되어야 하는 위험은 대략 세 가지 주요 범주로 모아볼 수 있는데, 즉 불꽃과 폭발성의 위험, 위생적인 위험, 그리고 기계적 위험이다. 특히 대다수의 화학 공정은 잠정적으로 위험한데 왜냐하면 불꽃이 일거나 폭발성 물질들이 생산되기 때문이다.

또한 수많은 화학제품이 건강에 유해한 것들로 이루어져 있다. 벤젠과 사염화탄소와 같은 이러한 물질에 대해 오랫동안 호흡을 지연하거나 피부 접촉을 하면 영구적인 건강의 손상 또는 사망까지 초래할 수 있다.

기계적인 위험은 장비를 이동하고 장비와 구조물을 배치함으로써 발생되는 모든 위험을 포함한다.

안전을 위한 설계에 요구되는 정보의 원천은, 위험의 범주 별로 나누어 보면, 첫째 화재와 폭발에 관한 자료는 국가 방재청의 다양한 소방 관련 코드를 참고할 수 있고, 둘째 산업 위생에 관한 자료는 산업위생 협회와 관련 화학제품 제조업체의 규정 등을 참고하며, 셋째 기계적인 위험에 대한 자료는 국가 노동부서의 해당 규정들과 ASME, API, 및 전기협회의 등의 관련 규정들을 참고한다.

6.3.2 플랜트 레이아웃

플랜트의 안전 기록은 다양한 유닛의 배치와 이들 유닛 내에 장비의 위치에 부분적으로 의존한다. 이런 이유만으로도 안전 고려사항들은 플랜트 설계의 초기 계획단계에서부터 스며들어야만 한다.

지형과 기후

플랜트 부지를 선정함에 있어서 지형과 기상학적 현상들이 조심스럽게 고려되어야 한다. 언덕진 지역은 내재적인 위험을 안고 있다. 탱크가 흘러넘치거나 압력용기가 터지면 다량의 가연성 물질을 주변 지역으로 흘려보낼 수 있다.

바람이 많은 지역에서는 가연성이고 독성이 있는 가스가 생명체나 사람들에게 위험이 되지 않게 적절히 소산되도록 바람의 영향을 플랜트 레이아웃에서 고려해야 한다.

플랜트를 유닛으로 구분하기

공정 플랜트의 운전 유닛들은 보다 효율적인 운전과 보수뿐만 아니라 안전의 이유 때문에도 분리되어야 한다. 공정 유닛들을 분리시킴으로써 화염과 폭발의 확산을 방지할 수 있다.

공정 유닛 간의 간격에 대한 몇몇 제안들이 [표 6-1]에 나열되어 있다.

Description of hazard	Distance to adjacent operating (unit, m)
ordinary flammability and low to medium pressures	8-24
high flammability and high pressure	30-45
direct fired boilers and furnaces	30-45
blowdown stacks with flare	30-60
loading facilities	30
public roads and railroads	30
cooling tower	30
storage tanks	25-45

[표 6-1] 위험한 공정 유닛에 대한 최소 간격

설비

플랜트에서 물, 증기와 전기 같은 설비들은 가급적 운전하는 공정 유닛들로부터 멀리 떨어지도록 위치하여 비상시에도 원활하게 필요한 물과 전기 등이 공급될 수 있도록 해야 한다. 개방된 화염과 스파크를 일으키는 장비들이 발전 플랜트와 보일러실에서는 일상적이므로 가연성 제품을 생산하는 유닛을 이들 설비 근처에 위치하게 하는 것은 정말 위험하다.

방화벽

안전을 위해 고려되어야 할 간격보다 가깝게 유닛들을 위치시킬 필요가 있을때에는 차단벽을 콘크리트로 구축될 수 있다. 제방이나 방화벽도 가연성 물질을 저장하는 저장 탱크의 모든 주변에 제공되어야 한다.

6.3.3 기계적 디자인과 안전

안전한 건설을 보장하기 위하여 모든 기계적 설계는 현재의 코드에 따라 이루어져야 한다. 모든 관행은 안전한 설계에 중요하지만 코드에 규정되어 있지 않다. 일부 보다 상식적인 관행들이 디자이너를 위한 안전 체크 리스트의 형식으로 아래에 열거되어 있다.

(1) 용기와 탱크

① 부식에 견딜 수 있도록 자재의 주의 깊은 선정. 부식이 예상되는 재료에는 적합한 부식 허용치를 사용한다.

② 검사와 보수유지를 위해 충분한 숫자의 맨홀과 핸드홀을 접근이 용이한 방향으로 제공한다.

③ 소구경 노즐에 대해서 나사식 니플은 피한다. 6000lb 커플링을 사용한다.

④ 노즐의 구경이 $1^1/_2$ in. 이상이면 플랜지 식이어야 한다. 고압에 대해서 모든 구경에 대해 플랜지 식 노즐을 사용한다.

⑤ 제작 전후의 주의 깊은 검사. 경쟁력 있는 검사자는 용기의 파괴를 방지하기 위해 많은 것을 할 수 있다.

- 자재의 검사.
- 작업기량의 검사(특히 용접의 질).
- 방사선 검사와 응력 해소의 입회.

⑥ 대기압 하의 저장 탱크는 호흡(온도나 액체의 레벨 변화에 기인하여 탱크 안의 압력이 증가하거나 또는 감소함에 따른 증기의 유입 또는 배출)을 위한 적절한 통풍구(vents)를 갖추어야 한다.

- 진공압력 브리더 밸브(breather valves)를 사용한다.
- 휘발성 액체에 대해서 부유식 지붕(floating-roof) 탱크를 사용한다.
- 가스 홀더로서 이용되는 단일 탱크에 기밀 탱크의 증기 간격을 연결한다. 그러나 모든 탱크에 대해 릴리프 밸브를 갖춘다.

⑦ 완전히 밀봉된 자동 탱크 레벨 게이지가 선호된다. 수동 게이지 뚜껑은 운전자를 불필요한 위험에 노출시킨다.

(2) 열 교환기

① 만약 교환기의 입구와 출구 양쪽에 차단 밸브가 필요할 경우 과도한 열팽창을 방지하기 위해 차가운 쪽에 릴리프 밸브를 갖춘다. 많은 폭발이 이러한 팽창 때문에 발생되어 오고 있다.

② 충분한 배수구가 유지보수를 위해 갖춰져야 한다.

③ 교환기의 각각의 유체 공간은 개별적인 시험을 거쳐야 한다.

④ 만약 유닛들이 적층될 것이라면 시험 과정 중에 적층되어야 한다.

⑤ 만약 쉘-앤드-튜브의 유체들의 혼합물이 위험을 조성하면 설계와 작업기량에 있어서 극도의 주의가 요구된다.

(3) 동적인 장비(펌프 등)

① 모든 커플링, 벨트, 그리고 체인 구동부에 방책을 갖춰야 한다.

② 안전과 편리한 서비스를 위해 유닛들 사이에 적절한 공간이 제공되어야 한다.

③ 자동 과부하, 과속, 또는 기타 장치들은 압축기와 같은 기계류에 좋은 투자가 된다.

④ 펌프에 스트레이너와 압축기를 위한 액체 노크아웃 드럼(knockout drums)과 같은 방호 장치들은 안전 운전에 필수적이다.

(4) 배관

① 공정 라인들은 가급적 지상 배관으로 설치한다. 이들은 공중으로 띄워지거나 지면 위 슬리퍼에 놓일 수 있다. 누설이 즉각적으로 탐지되지 못하므로 매설 라인들은 위험을 안고 있다.

② 만약 라인들이 트렌치 내에 설치될 경우 소화기와 배수구가 정기적인 간격으로 갖춰져야 한다.

③ 배관과 밸브의 배치는 안전 운전에 중요하다.

- 특히 대형 밸브는 플랫폼으로부터 즉각 접근이 가능해야 한다. 중심선으로부터 플랫폼 레벨까지 최대 이격거리는 약 2m이다. 이 이상일 경우 조작용 체인이 사용된다.
- 잔여 유닛이 계속해서 운전되는 동안에 떼어내야 할 위험 장비에 대해 이중 차단 밸브가 이용된다. 이중 차단 장치 내의 표시 밸브는 누설을 표시한다.
- 긴 옥외 배관은 밀집되지 않도록 배치하여 화재 발생 시 차단 밸브를 닫음으로 어떤 부분이라도 잔여 지역으로부터 격리될 수 있도록 한다.
- 지상 배관의 머리 위의 빈 공간은 도로 위로 약 4.5m, 플랫폼 위로 2.0m, 지상으로부터 2.7m 이어야 한다. 만약 어느 라인이 2m 보다 아래에 위치해야할 경우엔 충분히 낮추어서 그 위로 다닐 수 있는 통로를 갖춰야 한다.

- 노를 위한 연료 공급 밸브는 멀리 떨어진 곳에 설치되어야 한다.
- 비상 방출 밸브는 방출시켜야 하는 장비로부터 안전한 거리만큼 이격되어야 하고 두꺼운 벽이나 건물 뒤에 설치되는 것이 좋다.
- 개방 탱크로 방출하는 밸브를 설치하여 운전자가 원치 않는 증기에 노출되거나 물 튀김이 없이 운전할 수 있도록 한다.

④ 체크 밸브의 누설이 만약 허용 한도를 넘으면 체크 밸브에 추가하여 차단 밸브를 갖춘다.

⑤ 앵글 밸브는 피한다.

⑥ 구조상의 이유로 직경이 1″ 보다 소구경의 파이프는 오버헤드 라인에 사용을 피한다.

⑦ 낮은 점의 배수관과 높은 점의 통기관이 갖춰져야 한다. 3/4 in. 또는 그 이상의 구경을 사용한다.

⑧ 물 배관은, 특히 소방 라인은, 루프를 형성해야 한다.

⑨ 증기 라인은 루프를 이루도록 하고 차단 밸브를 갖춰서 시스템의 일부에 이상이 생길 경우 여러 방향으로부터 증기가 공급될 수 있도록 한다.

⑩ 어떤 위험 물질에 대해서 별도의 분리된 핫 시스템이 필요할 수 있다. 이런 시스템의 통풍은 주의 깊게 계획되어야 한다.

⑪ 소방 장치는 화재의 확산을 방지하기 위해 모든 지표면 배수 시스템에 필수적이다.

⑫ 배관 라인은 운전에 앞서 압력 시험을 거쳐야 한다. 정수압 시험 중에 장비의 어떤 구간이나 기초에 과도응력이 걸리지 않도록 주의해야 한다.

(5) 전기 장비와 접지 작업

전기 장비의 안전한 설치와 설계는 국가 전기 코드에 주의 깊게 예시되어 있다. 문제점은 경쟁력 있는 전기 엔지니어의 주의를 필요로 한다. 그들에게 플랜트의 각 부분에 있어서 위험에 관한 정보가 공급되어야 한다.

① 현지에 장착되는 스타터에 추가하여 운전 장비의 원격 차단을 위한 수단은 바람직하다.

② 스위치기어와 변압기 같은 중요 품목은 운전 유닛으로부터 실용적으로 가능한 한 멀리 위치해야 한다.

③ 케이싱을 위한 콘크리트 내에 염료를 첨가함으로써 지하 도관을 식별한다.

④ 과열에 노출되는 것으로부터 오버헤드 도관을 보호한다.

⑤ 비상 동력 공급을 제공한다.

⑥ 플랜트의 모든 부분은 적절히 조명이 되도록 해서 운전자가 돌출부나 낙하로부터 신체적 상해를 피할 수 있도록 해야 한다.

⑦ 정전기와 번개는 안전한 공정 플랜트 운전에 실제적인 위험을 이루고 있다. 두 경우 모두 방지할 수는 없지만 방호는 가능하다. 정전기 축적에 대해 주시하고 다음의 경우에는 방전시킨다.

- 구동 기계류 (벨트, 컨베이어 등)
- 유동하는 유체 또는 먼지
- 사람들
- 번개

정전기가 예상되는 지역에 있는 모든 장비의 적절한 접지에 의해 방호가 수행된다. 예를 들어, 콘크리트 기초 위에 모든 금속 장비가 놓여있을 때 접지는 설치되어야 한다. 장비의 적절한 접지에 대한 정보는 국가 전기 코드의 화재 방지 핸드북에 주어져 있다.

(6) 철 구조물

① 화재 시에 주 지지 레벨까지 콘크리트로 덮거나 또는 철 구조물을 냉각시키기 위해 비상 물 분무 장치를 갖춤으로써 화재에 의한 붕괴로부터 방호한다.

② 배관과 장비에 철 구조물의 간섭을 피한다. 간섭은 종종 철 구조물의 일부를 현장에서 절단해 버림으로써 해결되며 따라서 구조물의 강도를 저하시킨다.

③ 모든 운전 또는 검사 지역에 최소 폭이 0.75m인 플랫폼이 제공되어야 한다. 맨홀 주변의 보수유지 지역에서는 0.9-1.0m가 선호된다.

④ 계단이 사다리보다 나으며 그리고 대형 유닛을 위해서 적어도 두 개가 요구된다. 45° 또는 그 이하의 완만한 경사도와 0.9m 이상의 폭을 이용한다.

⑤ 4.5-6.0m 이상인 사다리에 대해서는 안전 그물망이 요구된다.

⑥ 모든 플랫폼과 계단 주변에는 손잡이대가 요구된다.

⑦ 낙하물로부터 인원을 보호하기 위해 플랫폼의 가장자리 주변에는 발끝 판(0.15m 높이)이 필수적이다.

(7) 건물

① 위험 지역 내에서는 방화 구조가 필수적이다.

② 절대적으로 필요한 경우를 제외하고 공정 장비는 옥내에 설치되지 말아야 한다. 옥외 플랜트 운전이 훨씬 안전하다.

③ 발생할지 모르는 어떤 폭발이라도 다룰 수 있도록 방폭 문을 갖춰야 한다.

④ 실용적인 경우 자동 스프링클러 시스템을 갖춘다.

⑤ 적어도 두 개의 출구가 요구된다.

(8) 단열

① 작업인력과 부딪힐 수 있는 모든 뜨거운 라인은 단열처리 되어야 한다. 인력 보호를 위해 대략 25-40mm 두께의 85% 마그네시아 단열이 적절하다. 물론 열 보존을 위해서도 단열이 필요하다. 상세 시방은 단열 제조자로부터 이용 가능하다.

② 화재 가능성이 있는 지역이나 또는 과도한 열이 발생되는 지역에 있는 중요한 계기장치 리드의 부분들과 전기 도관은 단열처리 한다.

6.3.4 통풍(Ventilation)

공정 장비가 실내에 설치되어야 할 경우에 통풍은 주된 문제가 된다. 물질의 독성과 가연성 모두가 통풍 시스템의 설계에 고려되어야 한다. 독성 물질의 농도, 가연성 기체와 증기의 발화 한계, 그리고 그에 따른 요구되는 통풍율, 국소적인 통풍 등을 고려하여 설계에 반영하여야 한다.

또한 위험 지역 내에서는 주변 지역보다 다소 높은 공기 압력을 유지하도록 하는 것이 바람직하다. 불활성 기체의 이용은 통풍을 도와주는 또 다른 값진 방법이다. 통풍 시스템의 설계에서 신선한 공기가 단락되는 것을 피하기 위하여 입구와 배출구 덕트의 위치를 선정하는 것은 공정 플랜트에서 매우 중요하다. 독성 또는 가연성 기체의 실내 공기와의 혼합 정도는 배출구의 개구부의 위치 결정을 하기 위해 알려져야만 한다.

어떤 상황에서도 빌딩으로부터 방출되는 가스들은 바람이 잘 부는 방향으로 향하도록 설계되어야 한다. 회전식 지붕 통풍기는 바람이 부는 방향이 변할 때에도 가스의 방출이 가능하게 해준다.

6.3.5 압력 해소 장치

공정 장비를 비정상 상황을 통해 발생할지도 모르는 모든 가능한 조건을 고려해 설계하는 것은 비실용적이다. 그러나 다행스럽게도 비정상 상황은 릴리프 밸브(relief valves)나 럽처 디스크(rupture disks)와 같은 압력 해소장치를 이용하여 처리될 수 있다. 압력을 낮춰주는 시스템의 설계는 주의 깊은 연구를 요한다. 나쁘게 계획된 시스템에서는 너무 많이 또는 너무 적게 설치되거나 설치된 시스템의 위치가 잘 되어있지 않다.

릴리프 밸브와 럽처 디스크의 방출율의 상세한 계산은 제조자가 공급한 차트를 이용하거나 관련 참고문헌을 통해 실시한다. 자동 방출 장치나 수동식 블로우다운 밸브에 의하여 방출된 물질의 적절한 처리는 플랜트 안전의 중요한 단계이다. 필요한 경우에는 플레어 스택(flare stacks)을 이용하기도 한다.

6.3.6 소화 장비(Fire Extinguish Equipment)

공정 플랜트의 화재를 소화하는 것은 매우 전문화된 형태의 소방 작업이다. 대개의 유용한 관련 규정들이 소화 장비의 선정과 적용에 도움을 주고 있다. 소화용 매체로서 물을 사용하는 경우가 많지만 특별한 경우에는 거품이나 이산화탄소 등의 불활성 가스와 같은 다른 소화 물질을 이용하기도 한다.

영구적으로 설치된 소방수전(fire hydrants), 자동 스프링클러 시스템, 그리고 자동 탄산가스 소화 시스템 이외에도 휴대용 소화기를 플랜트 전역에 비치해 두어 작은 화재에는 즉시 손쉽게 이용할 수 있도록 해야 한다.

플랜트 경보 시스템(plant alarm system)이 모든 플랜트에 설치되어서 근무자가 화재시에 경보를 내릴 수 있도록 해야 한다. 대부분의 플랜트에서 경보 시스템은 수동식이지만 통상적으로 주의를 기울일 필요가 적은 일부 공정의 경우에 대해서는 자동 경보 장치가 선호된다.

6.4 플랜트 건설(Construction)

건설작업이 시작되면 프로젝트 엔지니어의 주된 업무는 근본적으로 종결되고 프로젝트의 완공은 건설부서의 업무역량에 따라 좌우된다. 그렇다고 해서 프로젝트 엔지니어가 건설작업의 시공기술과 문제점들에 대해 방관자처럼 상관하지 않을 수는 없다. 그와 반대로 그는 건설시공 방법에 대해서도 충분한 지식을 갖추어 플랜트가 건설작업에 들어가기 전, 아직 설계단계에 있을 때부터, 미리 건설 시 발생할 어려움을 예견하고 피할 수 있어야 한다.

건설의 문제들을 이해하기 위하여 프로젝트 엔지니어는 건설계획의 수립, 노동 인력의 운영, 노무 관계, 그리고 실제 건설 작업을 어느 정도 알고 있어야 한다.

6.4.1 건설 계획수립

설계 도면과 시방서는 건설 부서에게 지어져야 할 것이 무엇인지에 대한 상세한 정보를 주지만, 그러나 그것들이 설치의 방법을 처방해주지는 않는다. 그러므로 실제 설치 작업이 시작되기 훨씬 전에 건설 책임자와 관련 인원들은 설치될 플랜트의 예비 엔지니어링 자료와 축소 모델을 연구한다. 이런 식으로 최적의 기중기를 위한 위치와 호이스트 장비가 선정될 수 있다. 주요 건설 장비가 선정되고 그리고 각 주요 장비의 부품에 대한 가장 실용적인 건설 방법이 결정된다. 사무실에서 이러한 예비 계획수립은 항상 건설비용을 낮춰준다.

6.4.2 건설 인력

현장 조직 또는 건설 조직의 인력은 일반적으로 두 가지로 분류되는데, 첫째는 현장 사무실을 위한 사무 인력이고 둘째는 실제 건설 작업을 수행할 기술 인력이다. 건설 업무에 대한 일상적인 사무실 작업은 현지 구매, 접수, 회계 업무, 인건비 지급, 그리고 나날의 노동 비용 기록의 유지 등으로 구성된다.

건설 프로젝트의 주요 핵심 인력은 현장 프로젝트 관리자, 또는 총감독, 또는 대형 프로젝트에서는 두 사람 모두, 부 총감독, 공구장과 보조 공구장, 그리고 사무 관리자 등으로 구성된다. 핵심 현장 조직은 통상적으로 총감독을 포함하여 여러 명의 감독들로 구성되며 현장 인력의 구성은 전적으로 플랜트의 종류와 규모 완공 일자, 건설사의 시공 능력과 경험 등 여러 가지 요인들에 크게 좌우된다.

건설 인력의 운용에 있어서는 기능인력 그룹 간의 관할권 분쟁이나 노동 인력과 관리자 사이의 노무 관계에 관련된 사항도 주의 깊게 이해하고 세심한 배려로 처리해야 한다.

업무의 범위와 프로젝트의 종류는 프로젝트에 요구되는 기능 인력의 종류를 지배한다. 건설에서 가장 중요한 요소 중 하나인 건설 노동 인력의 배분 문제는 각각의 프로젝트에 따라 상당히 변할 수 있다.

6.4.3 건설 시공

모든 프로젝트 엔지니어는 성공적인 프로젝트 관리능력을 갖추기 위하여 하나의 플랜트의 설치 과정을 처음부터 끝까지 빠짐없이 관찰할 첫 번째 기회를 가져야 한다. 많은 복잡한 설치작업들에 대한 이해는 건설 현장에서 실제 관찰에 의해서만 체득될 수 있다. 플랜트의 설치작업은 일사분란하게 진행되어 공사가 지연되지 않도록 관리되어야하고 프로젝트를 찾아오는 방문자들이 변함없이 작업 현장에 가득 차있는 실천 정신에 의해 감명을 받도록 진행되어야 한다.

일반적인 건설 시공 단계는 현장 준비와 파일 작업을 필두로 하여[그림 6-16] 아래의 순서대로 공정표에 따라 순차적으로 진행된다. 모든 시공 작업은 철저히 작업 지침에 따라야 하며 작업 절차와 방법은 현장에 상주하는 공사 감리 팀(또는 별도의 감리 전담회사의 공사 감리 담당자)의 조언을 경청하고 이를 가급적 시공에 반영하여야 한다. 또한 안전관리 담당 엔지니어(safety engineer)의 현장 순찰을 통해 항상 작업자의 안전을 최우선에 두고 건설 시공을 수행해야 한다.

1) 현장 준비(site preparation)
2) 파일 천공작업(driving of pile)
3) 임시 건물 준비
4) 임시 물 공급
5) 접근로 개설
6) 굴착 작업 시작(excavation operation)
7) 지하시설 설치

8) 전기 선거 설치(electrical conduit)

9) 기초 시공(foundation construction)

10) 기중기 장치 설치

11) 보강 콘크리트 구조물과 철 구조물 설치

12) 주요 장비 설치

13) 배관 설치

14) 단열 시공

15) 빌딩

16) 건설의 최종 단계

[그림 6-16] 공사 현장 파일 천공작업 27

발전 플랜트의 건설 작업은 통상적으로 보일러 구역의 철 구조물의 설치에 뒤이어[그림 6-17] 보일러 본체의 맨 윗부분인 증기 드럼의 상량식을 기점으로 본격적으로 진행된다([그림 6-18]에서 [그림 6-21]까지). 보일러 구역으로부터 시작된 주요 장비들에 대한 설치 작업이 옥외의 냉각탑 설치 [그림 6-22]와 터빈 구역에서 증기 터빈의 설치 작업에 이르러 설치공사의 정점을 이루는데 아래 [그림 6-23]부터 [그림 6-29]까지에 발전용 대형 증기터빈 설치 공사 과정의 일부를 보여주고 있다. 마지막으로 [그림 6-30]은 옥외의 저장탱크 지역의 설치 공사의 과정을 보여준다.

[그림 6-17] 발전 플랜트의 보일러 지역의 철 구조물 설치작업 5

[그림 6-18] 발전플랜트의 보일러 드럼 상량 5

[그림 6-19] 발전 플랜트의 보일러 연소실 설치 5

[그림 6-20] 발전 플랜트의 보일러 상단부 설치작업 27

[그림 6-21] 발전 플랜트의 보일러 연돌 지역 설치작업 27

[그림 6-22] 발전 플랜트의 냉각탑 설치 공사 진행

[그림 6-23] 저압 증기터빈 설치작업 5

[그림 6-24] 발전 플랜트의 터빈 지역 설치작업 27

[그림 6-25] 증기 터빈 설치작업 5

[그림 6-26] 증기 터빈 조립 이동 과정 27

[그림 6-27] 증기 터빈 조립 설치과정 27

[그림 6-28] 증기 터빈 설치 및 조정 과정 27

[그림 6-29] 발전 플랜트의 발전기 설치작업 5

[그림 6-30] 플랜트의 옥외 저장탱크 지역의 설치 작업 27

6.5 시운전과 상업 운전

6.5.1 시운전(Test Operation or Commissioning)

공정표에 의거하여 플랜트의 건설 공사가 완료되면 계약에 따라 플랜트의 시운전을 시행한다. 플랜트의 시운전은 계약에 따라 주계약자가 건설 공사에 연이어 계속적으로 주관하거나 또는 별도의 시운전 전문회사(commissioning agents)에 의해 수행될 수도 있다.

시운전에 들어가기에 앞서 시운전 팀은 플랜트의 각 요소 유닛 별로 각각의 시운전 지침(test operation manual)을 준비하여 이를 숙지한 후 각 시스템을 순차적으로 시험 가동하게 된다[그림 6-31, 32 및 33 참조]. 특히 배관 시스템에 있어서 대구경 파이프 라인의 경우는 설치 공사 중에 삽입되거나 잔류된 파이프 관 내의 이물질 제거와 청결 작업이 시험 운전 전에 이루어져야 한다. 이를 위해 통상적으로 피깅(pigging) 작업과 같은 특수한 배관 내부의 청소 작업을 실시하여 각종 용접 작업 후의 잔류 물질을 완전히 제거한다.

[그림 6-31] 발전 플랜트의 완공 후 시험 가동 27

[그림 6-32] 발전 플랜트의 강제통풍 냉각시스템 완공 후 시험 가동 5

[그림 6-33] 발전 플랜트의 증기 터빈 조정 작업 27

[그림 6-34] 상업운전 중인 화력발전 플랜트(미국) 27

[그림 6-35] 발전 플랜트의 중앙 제어실 27

6.5.2 상업 운전(Commercial Operation)

시운전이 성공리에 완료되어 최초 발주 시에 소유주가 원하던 목표가 달성되었다고 평가될 경우 소유주는 주계약자로부터 플랜트를 인수하게 된다. 턴키 베이스(turn-key basis)로 계약된 경우 글자 그대로 플랜트를 운전할 수 있는 모든 열쇠들을 소유주에게 전달하게 된다.

여러 종류의 공정 플랜트나 발전 플랜트들은 플랜트의 목적에 따라 완공된 신규 플랜트를 가동하여 상업적 사업 목적으로 운전에 돌입하게 된다[그림 6-34]. 전체 플랜트의 각 시스템 별 운전 지침에 따라 운전하되 플랜트 전체에 대한 운전은 중앙제어실에서 통합적으로 수행하고 관리하며 평가한다[그림 6-35].

참고문헌

1 *A.C.I. Building Code* (ACI 318-51), American Concrete Institute, Detroit.

2 A. D. Brandt. *Industrial Health Engineering,* John Wiley & Sons, Inc., New York, 1947.

3 A. E. Cote, Fire Protection Handbook, National Fire Protection Association, 2008

4 *Building Code Requirements for Reinforced Concrete* (ACI-51), American Concrete Institute.

5 C. Borgnakke and R. E. Sonntag. Fundamentals of Thermodynamics, 7th ed. Wiley, 2008.

6 C. M. Gay and H. Parker. *Materials and Methods of Architectural Construction,* 2nd ed., John Wiley & Sons, New York, 1943.

7 *Cranes, Derricks and Hoists,* ANSI-B30.2. American National Standards Institute, 2011.

8 *C.R.S.I. Design Handbook*, Concrete Reinforcing Steel Institute. Chicago, 2008.

9 C. W. Dunham. *Planning Industrial Structures,* 1st ed., McGraw-Hill Book Co., New York, 1948.

10 *Design and Control of Concrete Mixtures,* Portland Cement Association, Hard Press Publishing, 2013.

11 F. A. Patty. *Industrial Hygiene and Toxicology,* Interscience Publishers, Inc., New York, 1948.

12 F. H. Kellogg. *Construction Methods and Machinery,* Prentice-Hall, Inc., New York. 1954.

13 *Fire Protection in Refineries,* 8th ed., American Petroleum Institute, New York, 2001.

14 G. Armistead, Jr. *Safety in Petroleum Refining and Related Industries,* 2nd ed., J. G. Simmonds, 1959.

15 *Heating, Ventilating and Air Conditioning Guide,* Vol. 31, Amer. Soc. Heating Ventilating Engrs., New York, 1953.

16 H. F. Rase and M. H. Barrow. *Project Engineering of Process Plants*, John Wiley & Sons, Inc. New York, 1957.

17 H. Sutherland and H. L. Bowman, *Structural Theory,* 4th ed. John Wiley & Sons, New York, 1963.

18 *National Fire Codes,* National Fire Protection Association, Boston.

19 *Procedure Handbook of Arc Welding Design and Practice,* 9th ed., Lincoln Electric Co., Cleveland, Ohio, 1950.

20 R. C. Reese. *CRSI Handbook,* Concrete Reinforcing Steel Institute, 1st ed., Chicago, 111., 1952.

21 *Reinforced Concrete Design Handbook,* American Concrete Institute, Detroit, 1948.

22 R. J. Reigeluth. *Safety and Economy in Heavy Construction,* McGraw-Hill Book Co., New York,1933.

23 R. Robinson and J. R. Robinson. *Explosions of Steam Boilers,* Lightning Source Inc., 2009.

24 *Steel Construction Manual*, 14th ed., American Institute of Steel Construction, AISC 325-11B, 2011.

25 W. H. Carrier, R. E. Cherre and W. A. Grant. *Modem Air Conditioning*, *Heat and Ventilating,* 2nd ed., Pitman Publishing Corp., New York, 1950.

26 W. M. Gafafer. *Manual of Industrial Hygiene,* U.S. Public Health Service, W. B. Saunders Co., Philadelphia, 1943.

27 www.bing.com/images/power engineering

부 록

I

계약서 샘플*

* 부록 I 은 H.F. Rase & M. H. Barrow (제1장 참고문헌 4)에서 전재한 것임.

I. Typical Cost-Plus Contract for Engineering Services Only

I. AGREEMENT

This Agreement entered into this_____________ day of _________________________, by and between XYZ Company, licensed to operate in ______________, hereinafter designated CONTRACTOR and PDQ Chemical Corporation, a Delaware Corporation, with its principal offices in Chicago, Illinois, hereinafter designated CUSTOMER.

WITNESSETH: That it is agreed by and between the parties hereto as follows:

Article 1. Scope of Work

The CONTRACTOR shall perform all the necessary engineering and design as required in the preparation of all drawings; the listing of all materials; the preparation of all specifications; in accordance with the CONTRACTOR'S proposal, attached hereto as Exhibit I.

Article 2. Time of Completion

The CONTRACTOR agrees to proceed with the work immediately and to diligently execute and perform the work with the utmost dispatch. Unless pre-vented by circumstances beyond his control as described below, Article 10b of Part II, General Conditions, the CONTRACTOR proposes to complete the work within twelve (12) months after start.

Article 3. CONTRACTOR'S Compensation

The CUSTOMER will reimburse the CONTRACTOR for all direct costs as shown below under Direct Costs, Articles 1, 2, 3, and 4, of Part II, General Conditions.

II. GENERAL CONDITIONS

Article 1. Direct Costs, Labor, and Laboratory Services

a. Salaries and wages of all personnel engaged in the work, including, but not limited to, engineers, designers, checkers, draftsmen, tracers, material listers, vari-type operators, requisition typists, reproduction machine operators, stenographers and others of the CONTRACTOR'S personnel who engage in work on this specific contract.

b. Salaries and wages of CONTRACTOR'S Laboratory Technicians and direct costs, as approved by CUSTOMER for use of CONTRACTOR'S laboratory equipment and/or laboratory services.

Article 2. Direct Costs, Materials

a. Materials used in reproduction operations.

b. Rental costs for special equipment.

Article 3. Direct Costs, Miscellaneous

a. Communication costs including telephone, teletype, telegraph, cable, postage.

b. Traveling and living expenses of CONTRACTOR'S personnel when travel is requested and authorized by CUSTOMER.

c. Miscellaneous insurance costs incurred by CONTRACTOR solely as a result of this contract.

d. Consulting service costs, when authorized by CUSTOMER; as costs for labor, material or equipment rental.

Article 4. Direct Costs, Plus Percentage

The costs billed the CUSTOMER by CONTRACTOR for salaries and wages shall be increased by fixed percentages according to tho schedule of costs under Exhibit II, except for overtime hours as discussed under Article 10e, Part II. All other costs shall be increased by a percentage according to the Schedule of Costs under Exhibit III.

Article 5. CONTRACTOR'S Billing Procedure

a. All invoices submitted to the CUSTOMER by the CONTRACTOR shall be substantiated by reference to specific payrolls for labor costs ; and by reference to vendor invoices for materials.

b. Duplicates of insurance certificates shall be submitted for CONTRACTOR'S reimbursement of insurance premiums.

c. Expense accounts for employees shall be substantiated by hotel statements, receipts, travel ticket stubs, or other transportation receipts as proof of expense.

d. On or before the 5th day of each month, CONTRACTOR will furnish CUSTOMER an estimate (in quadruplicate) of total expenses on labor and material (listed separately) for the next two following months. One of these months shall be for the month in which the estimate is tendered. The estimate shall include manhours in the categories, engineering, drafting, and clerical with estimated total dollar cost itemized with manhours.

e. On or before the 5th day of each month, CONTRACTOR shall invoice CUSTOMER for costs incurred in the previous month. Invoices shall he submitted in quadruplicate and separately for each category of cost: labor, material, communications, travel expense, and insurance. All such costs shall be computed according to the Schedule of Costs under Exhibits II and III.

Article 6. CUSTOMER Payments

a. When found to be in accordance with the terms of this agreement CUSTOMER shall reimburse the CONTRACTOR for all billed costs, on or before the 5th day of the month following the month in which invoices arc submitted by the CONTRACTOR.

b. The CUSTOMER, if he elects to do so, may withhold from payments to CONTRACTOR 5% of billed labor costs up to completion of contracted work and full acceptance by CUSTOMER of CONTRACTOR'S work. If the CUSTOMER elects to pay CONTRACTOR in full as invoiced, within the interval for payment specified above, CUSTOMER shall be allowed a reduction in labor costs of one-half (1/2) of one per cent (1%) on labor charges. All monies withheld by the CUSTOMER shall be due and payable thirty (30) days after receipt of final regular billing from CONTRACTOR and acceptance of work by CUSTOMER.

Article 7. CONTRACTOR'S Labor and Cost Accounting Procedure

CONTRACTOR shall maintain daily records of time expended by CONTRACTORS hourly rated personnel and weekly records of time expended by monthly salaried personnel. CONTRACTOR shall maintain separately records of all costs applicable to the contract including payrolls, material invoices, expense accounts, communication records, and any other records which may be required for substantiation of costs. All such records shall be kept in accordance with methods acceptable to CUSTOMER'S auditors, and be made available to the CUSTOMER for auditing as required. CONTRACTOR shall not be reimbursed for costs incurred in the preparation or maintenance of such records.

Article 8. CONTRACTOR'S Estimates

Estimates prepared by CONTRACTOR for CUSTOMER are understood to be CONTRACTOR'S best analysis of work to be done or completed during the next two (2) consecutive months as based on his normal schedule of the work. The CONTRACTOR does not represent that such estimates are to be considered exact with respect to amounts billed to the CUSTOMER.

Article 9. CONTRACTOR'S Personnel

a. The CONTRACTOR shall assign a project engineer or project engineers to the work acceptable to and as agreed upon with the CUSTOMER. Personnel so assigned shall not be removed from the work nor assigned other duties by the CONTRACTOR without approval from the CUSTOMER.

b. The CONTRACTOR shall provide the CUSTOMER with a list of all key personnel to be used on CUSTOMER'S work. The list shall include the qualifications of each person named.

c. The CUSTOMER may at any time upon written request to the CONTRACTOR remove any assigned CONTRACTOR'S personnel from CUSTOMER'S work.

d. The CUSTOMER reserves the right to control CONTRACTOR'S assignment of personnel, below the level of key design personnel with respect to the number of persons used in CUSTOMER'S work at any time. The CONTRACTOR shall reduce his personnel as requested within one working day after receipt of notice from CUSTOMER for personnel employed in CONTRACTOR'S home office. Salaries or wages of CONTRACTOR'S personnel on assignment for CUSTOMER away from CONTRACTOR'S home office shall be to CUSTOMER'S account up to time of return to CONTRACTOR'S home office.

Article 10. Travel Expenses, Holidays, Vacation Periods, CONTRACTOR'S Personnel

The CUSTOMER will reimburse the CONTRACTOR for out-of-pocket expense of personnel living away from home, traveling, or otherwise undergoing expense at the request of the CUSTOMER, up to the amounts described in Schedule of Costs, Exhibit III. The travel time for such CONTRACTOR'S personnel shall be from time of departure from CONTRACTOR'S home office city to time of return to point of departure.

Article 11. Holidays, Vacation Periods-CONTRACTORS Personnel.

a. The CONTRACTOR will absorb all costs in connection with paid holidays, or vacation periods normally allowed CONTRACTOR'S personnel employed on CUSTOMER'S work when such periods fall within the duration of this contract.

b. The CUSTOMER may request of the CONTRACTOR that certain personnel be worked over week-ends or on holidays. When mutually agreed with the CONTRACTOR the CUSTOMER shall reimburse the CONTRACTOR for such costs according to the personnel policies of the CONTRACTOR, and such payments shall be handled according to overtime or premium payments.

c. The CUSTOMER may request the CONTRACTOR to postpone vacation periods for certain personnel; however, the CUSTOMER will not be responsible for vacation period payments to CONTRACTOR'S personnel in the event an employee's vacation is postponed, unless and except mutual agreement is reached for specific employees between CONTRACTOR and CUSTOMER.

Article 12. Employment of New Personnel, Severance, and Termination Payments, CONTRACTOR'S Personnel

a. All CONTRACTOR'S personnel shall be considered to be in the employ of the CONTRACTOR and the CUSTOMER accepts no responsibility for payments to such personnel according to CONTRACTOR'S policies if terminated by the CONTRACTOR.

b. Where CONTRACTOR employs personnel according to CONTRACTOR'S estimate of required work, CUSTOMER assumes no responsibility for duration of such work nor in any way accepts any obligation to CONTRACTOR or personnel as to length of work or employment.

c. CONTRACTOR shall have complete freedom as to employment of personnel according to his past policies, except CUSTOMER will not accept increases in personnel labor rates over average rates shown for various categories of personnel in schedule of costs, Exhibit II.

d. Changes in rates of CONTRACTOR'S key personnel, if mutually agreed upon between CUSTOMER and CONTRACTOR, may be accepted by CUSTOMER; however, the CUSTOMER reserves the right to reject any and all re-classifications, rate changes, or any changes in rate structure, which would tend to increase costs.

Article 13. Completion of Work, Overtime

a. CONTRACTOR shall make every effort to complete work as early as possible. CUSTOMER shall not hold CONTRACTOR responsible for work hold-up due to lack of data to be supplied by or through efforts of CUSTOMER. CONTRACTOR accepts all responsibility for accumulation of data or the expediting of data from manufacturers for equipment listed in proposal under Exhibit I, as developed and/or designed by CONTRACTOR.

b. In the event actions beyond the CONTRACTOR'S control, strikes, fires, or any other occurrences not the result of CONTRACTOR'S actions affect CONTRACTOR'S work to seriously delay completion of the work, this agreement may be cancelled by mutual consent of both parties.

c. CONTRACTOR may work certain personnel overtime hours if it is mutually agreed upon by both parties that such work is necessary. CONTRACTOR will not be reimbursed for excess manhours nor overtime pay to personnel where prior consent is not obtained from CUSTOMER; however, CONTRACTOR may, if he so desires, work personnel overtime hours up to a maximum of 10% of normal working hours, with such excess hours and premium costs charged to his own account.

d. CONTRACTOR agrees to work personnel overtime hours as requested by CUSTOMER up to a maximum of 20% in-excess of normal hours per week per employee. The CONTRACTOR shall be reimbursed by CUSTOMER for all resulting costs for overtime work.

e. Plus-percentages shown in Schedule of Costs, Exhibit II, for salaries and wages shall not be applied to premium payments to CONTRACTOR'S personnel for overtime hours.

Article 14. Cancellation of Contract

a. CUSTOMER may cancel this agreement at any time upon giving the CONTRACTOR written notice ten (10) working days in advance of such action.

b. In the event of cancellation, the CUSTOMER will allow the CONTRACTOR a reasonable period of time to prepare records or any of the data involved for transfer to CUSTOMER. The period of time required for turning over such records or data shall in no case exceed thirty (30) days from date of notice of cancellation.

c. The CUSTOMER will reimburse the CONTRACTOR for salaries and wages of mutually agreed upon personnel who may be engaged in any of the work after notice of cancellation through the above thirty-(30) day termination period.

d. The CONTRACTOR shall also be reimbursed for other reasonable costs such as may be expected for materials or labor in connection with the transfer of data to CUSTOMER.

e. Plus-percentages shown in Schedule of Costs, Exhibit II, for salaries and wages shall not be applied to labor costs for manhours expended after CONTRACTOR gives or receives notice of cancellation.

f. CONTRACTOR may cancel contract by (1) giving CUSTOMER written notice of such action thirty (30) days in advance and (2) in the event only of failure on the part of CUSTOMER to fulfill his part of this agreement. Such failure may be considered to be in effect if the CUSTOMER refuses to reimburse the CONTRACTOR promptly, or fails to reimburse the CONTRACTOR after receipt of CONTRACTOR'S invoices within the agreed period of time.

g. In the event of cancellation by the CONTRACTOR, all forms shall apply as written under this Article II as applicable for cancellation by the CUSTOMER, except that the cancellation notice shall be given to the CUSTOMER by the CONTRACTOR thirty (30) days in advance of such action.

Article 15. CONTRACTOR'S Drawings, Calculation Sheets, Data

a. All drawings, sketches, tracings, reproductions of any drawing or tracing used in the work are the property of the CUSTOMER and shall be turned over to the CUSTOMER at any time upon receipt of written demand by the CUSTOMER.

b. All calculations, copies of calculations, rough drafts, or other data used in the work prepared by the CUSTOMER for use of the CONTRACTOR or prepared by the CONTRACTOR are the property of the CUSTOMER and shall be turned over to the CUSTOMER at any time upon receipt of written demand by the CUSTOMER.

c. All material lists, bills of material, or other relative data are the property of the CUSTOMER and shall be turned over to the CUSTOMER upon receipt of written demand by the CUSTOMER.

d. Cancellation of the contract by the CUSTOMER or the CONTRACTOR shall constitute a request for the return of all data covered in the above paragraphs a, b, and c of this Article 15, of Part II, of this agreement and the CONTRACTOR shall proceed immediately accordingly except as follows under e.

e. In the event the CUSTOMER fails to reimburse the CONTRACTOR within sixty (60) days after presentation and receipt of CONTRACTORS invoices CONTRACTOR may withhold all data, drawings, and other pertinent parts of the work described in this Article 15 up to such time as CUSTOMER meets his obligations or some mutual agreement is reached by both parties.

Article 16. Insurance

The CONTRACTOR shall provide insurance coverage in accordance with instructions from the CUSTOMER. (a) for all records or data, or any of the CUSTOMER'S property located on the CONTRACTOR'S premises or in his possession; (b) for any automobile used in CUSTOMER'S work; (c) for any employee of the CONTRACTOR traveling at the request of the CUSTOMER. The CUSTOMER agrees to reimburse the CONTRACTOR for all such insurance premiums.

Article 17. Patents, Royalties

a. The CONTRACTOR agrees to save the CUSTOMER harmless from all or any costs arising from patent infringements in any design utilized by the CONTRACTOR except for process design initiated by the CUSTOMER or design in accordance with CUSTOMER'S explicit instructions.

b. The CONTRACTOR will immediately bring to the CUSTOMER'S attention designs requested by CUSTOMER which in CONTRACTOR'S opinion would constitute infringement.

c. The CUSTOMER will negotiate for and be responsible for the payment of all royalties, fees, assessments, or other costs arising out of use of licensed processes or methods or materials the use of which require licensing.

Article 18. CONTRACTOR'S Qualification, Engineering Design

a. The CONTRACTOR represents that he is a qualified designer of the equipment and processes for which he accepts responsibility in Exhibit I, Proposal.

b. The CONTRACTOR accepts full responsibility for all basic mechanical, structural, and electrical design methods used in engineering work performed by him.

c. The CONTRACTOR accepts full responsibility for process designs included in Exhibit I.

Article 19. Guarantee, CONTRACTOR'S Liability

a. The CONTRACTOR guarantees all equipment basically designed by him against failure from faulty design for a period not to exceed one (1) year from date of first use in operation, when such equipment is erected and used in the service for which it was designed and intended mechanically or process-wise. In the event equipment is not put into operation the CONTRACTOR'S time guarantee is limited to eighteen (18) months from date of completion of work or from receipt of equipment at point of erection, whichever may first occur.

b. The CONTRACTOR'S guarantee is limited to equipment designed by himself. Equipment designed or manufactured by others is limited by the guarantee of the designer and/or manufacturer, except that the CONTRACTOR will prepare specifications for such equipment to obtain the best possible guarantee in every respect for the CUSTOMER'S best interest.

c. The CONTRACTOR'S liability in the event of mechanical failure of equipment designed by himself shall be limited to replacement or repair of any such equipment without cost to CUSTOMER.

d. The CONTRACTOR'S liability as to process production shall be limited to the costs of changes or modifications in the drawings or specifications as required to meet the process requirements in accordance with the CONTRACTOR'S proposal attached hereto as Exhibit I.

e. The CONTRACTOR will not be held liable for CUSTOMER'S loss-of-profit or for cost of raw material, operating labor, and other production costs in the event of process failure.

f. The maximum liability with respect to costs absorbed by CONTRACTOR under the above paragraph d of this Article 19 shall not exceed fifty (50) percent of the total of sums paid the CONTRACTOR as fees and/or profit over and above direct costs according to the schedules of costs under Exhibits II and III.

Article 20. Assignment of Contract

Neither party shall assign this Agreement in whole or in part without the consent of the other.

Article 21. Intent

The CONTRACTOR and the CUSTOMER mutually agree that these documents form the basis of a working agreement whereby the CON TRACTOR is to perform certain services diligently and as economically as possible and the CUSTOMER is to reimburse the CONTRACTOR for all normal and reasonable costs plus a percentage which constitutes the CONTRACTOR'S overhead and profit. It is further agreed that neither CONTRACTOR nor CUSTOMER shall profit from errors in nor omissions from these documents resulting in interpretations different from the basic intent.

Article 22. General Understanding

CONTRACTOR and CUSTOMER, by execution of these documents, represent each that they have examined the contents in detail and understand fully the scope of the obligations herein and are in complete agreement with all the terms and conditions.

Exhibit I - Proposal

A proposal for an engineering contract such as this is usually divided into two parts consisting of (a) Process and (b) Mechanical specifications.

Process specifications describe the process in detail including raw material and finished product specifications, heat and material balances, and necessary flow diagrams to describe the process graphically. If parts of the process are designed by others, the proposal should clearly state the responsibilities.

The mechanical specifications list and describe all equipment by means of sketches and written descriptions. General specifications for purely mechanical equipment, such as pumps or compressors, are included in sufficient detail to enable manufacturers to estimate prices. If possible manufacturer's names and catalog numbers are included so that identification is fixed although the specificiations may not be complete in all details. Preliminary plot plans showing the scope of work, sketches of pressure vessels, and specification sheets for heat-exchange equipment, as well as specifications for various parts of the work such as the structural, piping, electrical, and instrumentation phases are included.

Most of the specifications included in a proposal are not complete since a considerable part of engineering which will follow upon signing of the contract consists of the development of specifications. It is not uncommon for a CUSTOMER to prepare complete detailed specifications or have them prepared by an engineering firm for the CUSTOMER'S use in obtaining bids from other firms.

The degree of completeness of specifications usually depends upon the terms of the contract or types of bids or proposals to be obtained. For cost-plus contracts, such as the one described above, mechanical specifications may be brief while fixed-price contracts require detailed specifications. If complete specifications are supplied by the customer, the phraseology in the beginning of the contract is somewhat different. In the above contract, for instance, Article 1 of Part I would be changed, where the words "CONTRACTOR'S proposal" appear, to read "Specifications."

Exhibit II-Schedule of Costs, Labor

Personnel	Salary or Wage Range	Billed Plus Percentage
1. Project manager	600-700/month	Paid wages plus 150%
2. Project engineer	500-600/month	Paid wages plus 150%
3. Specialty engineer	500-600/month	Paid wages plus 150%
4. Design engineer	500-600/month	Paid wages plus 125%
5. Section leader	3.15-3.45/hour	Paid wages plus 125%
6. Designer & layout	3.00-3.25/hour	Paid wages plus 125%
7. Senior draftsman	2.85-3.15/hour	Paid wages plus 110%
8. Draftsman	2.50-2.85/hour	Paid wages plus 110%
9. Tracer, B. P. machine operator	1.50-1.75/hour	Paid wages plus 50%
10. Specification writers	2.85-3.15/hour	Paid wages plus 110%
11. Material lister	2.65-2.85/hour	Paid wages plus 100%
12. Variable-typewriter operator	1.25-1.50/hour	Paid wages plus 100%
13. Typist-specifications or bills of material	1.15-1.25/hour	Paid wages plus 50%
14. Stenographic-clerical	1.10-1.50/hour	Paid wages plus 50%
15. Procurement personnel, buyers, clerical	1.35-1.95/hour	Paid wages plus 50%
16. Laboratory technicians	2.85-3.15/hour	Paid wages plus 125%

For all other personnel in engineering categories receiving monthly salaries reimbursement shall not be less than paid salary plus 110%. For all other personnel in design, drafting, engineering, or clerical operations on weekly or hourly basis reimbursement shall not be less than paid salary plus 75%.

CONTRACTOR'S personnel specifically excluded from above categories, or personnel whose salaries or other costs shall be absorbed in CONTRACTOR'S fee or profit are: executive officers, department heads, estimators, office managers, accountants, billing clerks, secretaries to executives, telephone operators, receptionists, elevator operators, messengers, and janitors. With the exception that where CUSTOMER specifically requests the services of such personnel, mutual agreement shall be reached on the percentage of salary or plus percent-age which shall be reimbursed to CONTRACTOR.

Overtime Payments

Salaried employees, or employees not paid on an hourly basis may receive overtime payment for hours worked up to a maximum of 30% of normal monthly salary. Such overtime is calculated on the basis of hours over 8 per day or 40 per week. The rate per hour for monthly salaried personnel is computed by multiplying the fixed monthly salary by a factor, 0.006. This is essentially equal to the nominal hourly rate the CONTRACTOR shall be reimbursed for such overtime pay on the basis of rates noted above with respect to the calculation of plus percentages. Hourly rated, weekly paid employees are paid for all hours worked over 8 per day or 40 per week, at a rate of 1.5 times their fixed hourly rate. CONTRACTOR shall be reimbursed for all premium wages paid such employees; however, the above plus percentages shall be applied only to hours worked at the fixed hourly rates. As an illustration, assume a person in category 8 earning $2.50/hour worked 44 hours. CONTRACTOR'S billing to CUSTOMER would be 46 x 2.50 or $115.00 plus (44 x 2.50 x 1.10) or $236.00.

Exhibit Ⅲ-Schedule of Costs Material or Services

1. Communications. Actual costs of telegrams, cables, teletype, local (where chargeable) and long-distance telephone calls, plus 10%. Equipment use or rental costs shall not be included in costs to CUSTOMER. CONTRACTOR shall maintain accurate records of all such costs in accordance with CUSTOMER'S requirements.
2. Postage, Parcel Post, Air Mail, Air Parcel Post. Actual costs of all such charges plus 10%. Records shall be kept as above for 1.
3. Telephone Service. Where CUSTOMER requests telephone service or installation of telephones or other communication equipment, CONTRACTOR shall be reimbursed for all such costs plus 10%.
4. Office Space and Equipment. CONTRACTOR agrees to furnish office space together with all necessary office furniture without charge, for two (2) of the CUSTOMER'S engineers. Secretarial or stenographic assistance labor shall be reimbursable in accordance with item 14 in Exhibit II. Such personnel assigned to CUSTOMER shall be understood to be in the employ of the CONTRACTOR and shall observe all common rules and practices as required by CONTRACTOR.
5. Supplies. All necessary supplies, except as included below under 6, required for the

work shall be furnished by the CONTRACTOR and no costs for such shall be billed to the CUSTOMER.

6. Reproduction Services. CONTRACTOR shall be reimbursed for all costs incurred in preparing or printing, blueprints, blue-line prints, photocopies, ditto, mimeograph, either when performed by himself or by an outside firm for CUSTOMER'S requirements. Such costs shall be in accordance with standard local commercial practices plus 5%. Labor costs for blueprint or other machine operators shall be reimbursed in accordance with item 9 of Exhibit II, when such personnel are worked overtime at CUSTOMER'S request. When CUSTOMER elects, he may accept charges for all materials used in reproduction and reimburse CONTRACTOR for labor used in these operations as noted above in item 9 of Exhibit II. CONTRACTOR shall be reimbursed for costs of all materials used plus 5%.
7. Consultation Service. CONTRACTOR shall be reimbursed for any services required of outside firms as agreed upon with CUSTOMER. Such costs shall be billed to CUSTOMER plus 5%.
8. Laboratory Service. Where CONTRACTOR provides laboratory services, costs for such services shall be agreed upon prior to start of work. Such costs shall include all charges and no plus percentages will be added to the agreed upon cost. Where CUSTOMER requests special laboratory service, billed rates for personnel shall be computed according to item 16 of Exhibit II.
9. Travel Costs. CUSTOMER will reimburse CONTRACTOR for out-of pocket travel costs of CONTRACTOR'S personnel travelling at CUSTOMER'S request up to a maximum of $12.00 per day for employees who remain in a single location for 30 days or more continuously. For personnel making overnight or short trips the rates shall be reasonably greater; however, in no case shall living expenses billed to CUSTOMER exceed $15.00 per day.

Allowed expense items shall include payments for first class railroad fares plus pullman, air travel, bus, or taxi or any public carrier fares, laundry, and other normal living expenses. Receipts for expense items, hotel bills, ticket stubs, and any other substantiation of payment shall be obtained as far as possible and held on file by CONTRACTOR for CUSTOMER'S inspection when requested. Fixed rates specified above shall apply to travel within the continental limits of the U. S. For foreign travel per diem rates shall be adjusted to meet local conditions.

Telephone or other communication costs shall be reimbursable; however the employee shall use collect calls if possible so that records may be kept of these costs.

Automobile travel costs when insurance requirements are met shall be reimbursable at $0.10 per mile. All costs incurred by CONTRACTOR for travelling expense shall be reimbursable according to the above plus 5%.

II. Typical Engineering and Construction Contract

Agreement between
ABC Chemical Company and XYZ Engineering Company
Including Engineering, Procurement, and
Construction Services
At The Colorado Plant

INDEX

GENERAL AGREEMENT

This Agreement made and entered into this____________ day of______________________ by and between ABC Chemical Co., (address), hereinafter referred to as ABC and XYZ Engineering and Construction Co., (address), hereinafter referred to as CONTRACTOR, witnesseth that:

Whereas ABC desires CONTRACTOR to perform certain services more completely described in the hereto attached, listed, or referenced drawings and specifications under the Scope of Work Article-1;

Now therefore, for and in consideration of the payments hereinafter specified to be made to the CONTRACTOR by ABC, and in consideration of the terms herein included the parties hereto do agree as follows:

DEFINITIONS

1. Contract Documents. All papers, drawings, documents attached hereto or included herewith by reference constitute the contract documents and, if separate hereto, are to be considered as part or parts of this agreement the same as if attached hereto.
2. Contractor. Party to agreement, XYZ Engineering Company, its executive officers, project engineer, construction superintendent.
3. ABC. Party to agreement, ABC Chemical Co., its executive officers, project engineer, inspectors, field construction engineers.
4. Place of Work, Construction. The expressions “jobsite,” or "field" are understood to mean the place of erection of facilities. Albert County, State of Colorado, ABC Chemical Co., Colorado Plant. (Mail address should be included.)
5. Place of Work, Engineering. Contractor’s home or branch offices. (Mail address or addresses should be included.)
6. Work. The term work shall be understood to include labor or material or both.
7. Local Laws. The laws of the place or building shall govern.
8. Jobsite. The term jobsite shall be understood to mean place of erection or construction as designated above in 4.
9. Drawings. Drawings or prints shall be understood to mean reproductions from drawings prepared by either party but identified by written matter as a part of the work (see 6 above). Tracings shall be understood to mean original drawings from which reproduced copies or prints have been obtained. Drawings may be said to be identified when their identifying numbers are included in the contract documents or addenda thereto.
10. Supplies, Construction Materials, and Materials. (a)Supplies are understood to mean those materials of a consumable nature exclusive of tools, such as emery cloth, sandpaper, drinking cups, clerical supplies, fuels, lubricants, and any other such items which are necessary for construction but do not necessarily enter into the permanent plant or remain as a part of the plant after construction is complete; (b) construction materials are the heavier materials used in construction such as scaffolding, form lumber, form ties (but not reinforcing rod); construction buildings together with all their

parts including electrical lighting, plumbing, heating or ventilating equipment; temporary electrical service connections for electrically driven construction equipment, miscellaneous piping, and miscellaneous bulk materials of all kinds used for construction but removed after construction is completed; (c) materials are generally understood to mean permanent materials such as the component of concrete, or stone, sand, and cement; brick, mortar, miscellaneous fill materials, welding rod, rivets, miscellaneous bolts.

11. Construction Tools, (a) Small tools, consumable: screwdrivers, pliers, pipe and other wrenches less than eighteen in. (18") in length; hack saws, hack saw blades, chisels, hammers, welding sets, welding (oxyacetylene) hoses, etc.; (b) hand tools: hand tools are generally understood to mean the larger tools such as axes, shovels, spades, wheel barrows, cement buggies, dollies, sledge hammers, etc.; (c) driven tools: electric or pneumatic, drills, grinders, hammers, rivet-guns, caulking tools, impact wrenches, etc.; (d) machine tools, small: portable electric or pneumatic hoists, pipe and conduit bending and threading machines, portable air compressors, welding machines, etc.; (e) construction tools, large: steam or electric driven hoisting engines, guy, and other types of derricks, including cables, sheaves, hooks, slings, self-driven cranes, grading machines, tractors, trucks including all their appurtenances. Heavy machine tools installed (fixed base) for use during construction such as lathes, drill presses metal saws, etc.
12. Security. The word security shall be understood to mean ABC's plant security or protection organization, or the organization provided by CONTRACTOR to police the construction areas.
13. Premises. Premises shall be understood to mean ABC's property either the immediate construction area or adjacent, or other areas owned by ABC or used by ABC.
14. Trade Names, Terminology. Where trade names are used in descriptions or specifications, they shall be as applicable as formal descriptions. It is understood that the contractor is experienced in the type of work to be performed and expressions common to the trade shall apply and be acceptable.
15. Equipment. Where the word equipment is included herein it is understood to mean process or permanent plant equipment as installed or erected or purchased for use of ABC.

Article Ⅰ. Scope of Work

The CONTRACTOR shall furnish all necessary designs, instructions, drawings, specifications, labor, materials, and equipment as are required to procure, fabricate, erect, and install, ready for use or operation, all equipment to provide the facilities and processes herein described in accordance with CONTRACTOR'S proposal attached hereto as Exhibit I.

Article II. CONTRACTOR'S Costs and Terms of Payment

1. ABC shall reimburse CONTRACTOR for all costs indicated as direct costs as described below plus the percentages indicated for the various parts of the work.
2. CONTRACTOR'S fee shall be computed as a summation of the plus percentages added to CONTRACTOR'S direct costs and shall not exceed eight hundred, and fifty thousand dollars ($850,000.00), except as noted below.
3. Estimated Selling Price: the CONTRACTOR estimates the costs of labor and material and equipment to complete the facilities described in Exhibit I, plus the above fee to be not more than eight million, six hundred and twenty-five thousand dollars ($8,625,000.00) in accordance with the detailed estimate included herein as Exhibit II. CONTRACTOR does not guarantee estimate but agrees that the fee in item 2 above shall be a maximum when the estimated total cost is equal to or exceeds the amount above.
4. Fee Increase or Change. The CONTRACTOR'S fee in item 2 above shall be increased or changed only. (a) When and if the above estimated total selling price exceeds the actual costs of the work, the CONTRACTOR'S fee shall be increased by an amount equal to twenty per cent (20%) of the difference between CONTRACTOR'S estimate and actual total cost. This increase shall be understood to be a bonus payment; (b) when and if the scope of work herein shall be increased by ABC by additions or changes increasing CONTRACTOR'S work or equipment or materials in mutually agreed upon changes, the CONTRACTOR'S fee shall be increased by an amount equal to ten per cent of the actual costs of such increases or changes. All such extras shall be kept separate from total costs of original estimate and shall not affect the bonus payment above in section a; (c) when and if the scope of work herein shall be reduced by ABC as changes or modifications, the actual cost reduction shall be computed as a percentage of the above estimated selling price item 3 and CONTRACTOR'S fee shall be reduced by a like percentage. The maximum reduction in CON-TRACTOR'S fee due to reduction in scope of work shall not exceed one hundred and eighty-five thousand dollars ($185,000.00), except in the event of cancellation under Article IX.
5. Accounting and Billing Procedure.

Article III. Direct Costs

Direct Costs; direct costs shall be limited to the following: (a) engineering costs; all labor costs for all personnel engaged as engineers or used in engineering services as described in Exhibit III, plus fixed percentage of 125%; (b) all costs of process plant or other equipment purchased by CONTRACTOR for installation at the jobsite plus a fixed percentage of 6%; (c) construction material and labor costs; all labor costs for construction personnel and all costs of construction supplies or materials as described in detail in Exhibit IV, plus a fixed percentage of 8%.

Article IV. Consumable Construction Supplies. Field Purchasing

It is understood that all materials or supplies (any materials) purchased by the contractor for the work become the property of ABC.

Article V. Construction Materials and Tools, Field Purchasing

1. Materials used in construction such as foundation and form materials or equipment shall be specified and listed so far as is practicable in CONTRACTOR'S home office. When such materials are purchased in large bulk quantities, the major or blanket orders shall be placed from the CONTRACTOR'S home office after competitive bidding.
2. Tools owned by CONTRACTOR used in the work will be killed to the PURCHASER on a rental basis. Rates for such tools shall not exceed rates for equal equipment available in the area.
3. Rental rates for special equipment snail be set prior to use by mutual agreement of the parties hereto.
4. ABC may at any time question the use of equipment and request its removal from ABC's premises, or to a storage point.
5. ABC agrees to pay all freight and other charges incidental to bringing equipment to jobsite from points within the continental U.S.
6. All materials and equipment except CONTRACTOR'S tools shall be understood to be the property of ABC when received at the jobsite but it shall be the responsibility of the CONTRACTOR to protect and maintain all such materials or equipment up to time of formal acceptance by ABC. The CONTRACTOR shall erect temporary storage sheds or warehouses, or provide shelter as may be requited to protect all such material or equipment.
7. The CONTRACTOR shall employ sufficient watchmen, whose qualifications shall be acceptable to ABC to provide plant protection during the construction period.
8. Fire protection practices shall be followed by CONTRACTOR and regular practice fire drills shall be held. Storage points for flammable materials or liquids shall be isolated and arranged as agreed upon between the parties hereto. The transportation, handling, and storage of all flammable or hazardous materials shall be in strict accordance with ABC's instructions titled General Plant Safety Practices.

Article VI. Construction Labor

1. The CONTRACTOR agrees to comply with all local and federal rules, regulations, orders, directives, or statutes applicable to wage and employment practices, and to act

in accordance with the policies of ABC on matters which affect area practices and which might tend to set precedents. Construction labor wage rates in Exhibit IV form the basis for CONTRACTOR'S estimate in Exhibit II. The CONTRACTOR will not enter into agreements with various labor organizations employed in the work which tend to increase such rates without previous notification to ABC.

2. The CONTRACTOR will maintain suitable temporary sanitary and shelter facilities for use of its employees. CONTRACTOR'S employees shall not trespass on nor use sanitary or other of ABC's plant facilities.
3. The CONTRACTOR will employ a competent registered nurse and provide suitable examination and first-aid facilities continuously at the jobsite during construction. Provisions will also be made for prompt medical aid and hospitalization in the nearest facility for such services.
4. CONTRACTOR'S employees when on ABC's premises shall comply with all General rules and regulations as required by ABC. CONTRACTOR'S employees shall not leave CONTRACTOR'S work area nor visit other parts of ABC's premises without permission, or necessary authority, unless in the line of duty and/or when accompanied by an employee of ABC.
5. Disregard for rules and practices as required by ABC by an employee of the CONTRACTOR shall be sufficient justification for dismissal.
6. Employees discharged for cause by CONTRACTOR or by ABC's request shall not be re-employed by CONTRACTOR for work under this agreement.
7. CONTRACTOR'S employees shall be processed for identification and be provided with identification badges acceptable to ABC. The processing of CONTRACTOR'S personnel to meet security regulations shall be carried out in strict accordance with instructions from ABC. The CONTRACTOR will maintain at the jobsite a separate file on each employee regularly employed in CONTRACTOR'S work or intermittently visiting the jobsite. All employees visiting the jobsite shall follow instructions with regard to security and identification the same as if regularly employed at the jobsite. Any of ABC's security officers may at any time request proper identification and/or the employment history of any personnel.
8. Certain of CONTRACTOR'S personnel may be permitted to bring personal automobiles within ABC's plant premises. Infractions of rules or regulations with regard to use of automobiles will automatically revoke any such permit. In general all construction personnel shall use the ABC plant gate designated for CONTRACTOR'S entrance. When other entrances are used CONTRACTOR'S personnel must obtain a Special pass from security.
9. Vendor's representatives or other persons visiting CONTRACTOR'S offices for business purposes shall comply with ABC's plant regulations with regard to visitors and must be

identified by delegated CONTRACTOR'S personnel. The CONTRACTOR shall be responsible to ABC for such persons. Unless special permission is obtained such persons are not to be allowed access to any part of the work except CONTRACTOR'S offices.

ARTICLE VII. Transportation

CONTRACTOR shall route all materials over carriers designated by ABC by means of traffic maps provided for the CONTRACTOR.

Article VIII. Completion of Work

1. CONTRACTOR agrees to diligently proceed with all parts of the work for ABC's best interest.
2. Unless prevented by causes beyond his control CONTRACTOR proposes to complete all the facilities herein included not more than eighteen months after execution of this agreement.
3. CONTRACTOR agrees to schedule his work for completion in accordance with the precedence agreed upon with ABC and described in Exhibit I.
4. Whenever any part of the work shall be completed and ready for operation ABC may take over that facility and operate it; however, the taking over or operation of any part of the completed work shall not necessarily constitute acceptance on the part of ABC, and CONTRACTOR shall be obligated to complete any unfinished parts of the facility and shall be responsible for errors or omissions discovered after operation by ABC the same as if the facility had not been put into operation.
5. When all parts of the work are completed to the satisfaction of ABC, then ABC shall provide CONTRACTOR with an authorized acceptance at which time all funds or payments due and/or withheld shall be due and payable to CONTRACTOR.

Article IX. Cancellation of Contract

1. This agreement may be cancelled by ABC at any time upon giving CONTRACTOR written notice ten (10) days in advance of such action. The CONTRACTOR shall be allowed a reasonable time for transfer of all parts of the work in his possession to ABC. The period of time allowed after notice of cancellation shall be known as the CANCELLATION period. In no case shall the CANCELLATION period exceed thirty (30) days from date of receipt of notice of cancellation.
2. If cancellation is effected after CONTRACTOR has made commitments for more than fifty per cent (50%) of the estimated value of materials according to CONTRACTOR'S estimate as shown in Exhibit II, then CONTRACTOR'S fee, eight hundred and fifty

thousand dollars ($850,000.00) shall be due and payable within thirty (30) days after notice of cancellation is received.

3. If cancellation is effected before CONTRACTOR has made commitments up to fifty per cent (50%) of the estimated value of materials according to CONTRACTOR'S estimate as shown in Exhibit II, then CONTRACTOR'S fee, eight hundred and fifty thousand dollars ($850,000.00) shall be reduced to the actual plus percentage on labor and material earned up to the time of cancellation.
4. CONTRACTOR shall continue to furnish all necessary personnel and make every effort to expediently transfer data and other forms, drawings, specifications, purchase orders as prepared for and used in the work to ABC. CONTRACTOR shall be reimbursed for all such costs in accordance with the schedules of costs and plus-percentages applicable thereto up to time of notice by ABC to CONTRACTOR of completion of cancellation and transfer of data and materials to ABC.
5. In the event of cancellation ABC shall have the right to immediately enter upon the premises at any time after notice of cancellation and take over any part or parts of the work it so chooses, together with all materials, tools either owned by itself or by CONTRACTOR, and complete the work. The CONTRACTOR shall be paid reasonable rentals as agreed upon with ABC for use of his tools or if he so elects he may remove such tools from ABC's premises provided (a) the removal of such tools will not affect completion of work; (6) such removal is agreeable to ABC; (c) such removal is charged to the CONTRACTOR'S cost. CONTRACTOR'S tools used by ABC for completion of the work will be dismantled, loaded and/or otherwise prepared for shipment by ABC. All freight handling or other costs after loading on earner or leaving ABC's premises shall be to CONTRACTOR'S account whether handled, moved, loaded, or shipped by CONTRACTOR or ABC.
6. All materials or equipment on order at time of cancellation will be handled up to delivery and invoicing by either CONTRACTOR or ABC as decided at time of cancellation of contract. CONTRACTOR will be reimbursed for all invoices due or paid by himself after cancellation in accordance with the terms herein applying to earned plus percentage. When requested to do so by ABC, CONTRACTOR shall transfer to ABC all open orders or orders on which materials have not been delivered. When practical vendor shall be notified of transfer by CONTRACTOR and shall change his invoicing procedure accordingly. In the event such invoices are submitted to CONTRACTOR for payment, mutual agreement will be reached between the parties hereto regarding the most expedient method of handling. Whenever CONTRACTOR is required to process and pay such invoices he shall be reimbursed for such costs plus the percentage fixed herein.
7. In the event that cancellation of this agreement is due to ABC's decision to discontinue the work or for other causes beyond ABC's control with respect to completion of the

work all agreements herein shall apply the same as the preceding paragraphs of this Article IX with the following exceptions:

7.1. The CONTRACTOR shall act immediately to cancel all purchase orders for materials or equipment undelivered, advising each vendor by telegram or teletype of the intention to cancel such order and further instructing each vendor to stop work as of the time of receipt of such instructions. Vendor shall advise of cancellation charges and if such charges will exist he shall advise CONTRACTOR in detail of the reasons for such costs. The CON TRACTOR will then advise ABC immediately of such charges and request a statement from ABC as to acceptance.

7.2. ABC will reimburse CONTRACTOR for all such costs whether vendor cancellation costs or other costs which result from cancellation.

7.3. In general ABC will take delivery on any items on which cancellation will he 100% of purchase price but CONTRACTOR shall advise ABC of such charges before vendor is notified to continue.

Article X. Protection of Materials and Property

1. In addition to the conditions of Article V above, CONTRACTOR shall at all times act for the best interests of ABC and shall protect the property, equipment, and tools of ABC as well as other contractors or subcontractors employed in CONTRACTOR'S work area or areas to the best of his ability.
2. The CONTRACTOR shall be considered the prime contractor on ABC's premises and he shall be responsible for the work and actions of all other contracting or subcontracting firms employed by himself. The CONTRACTOR shall notify ABC immediately of any harmful practices by other contractors not employed by himself. In the absence of the authorized representative of ABC the CONTRACTOR shall act at his own discretion to prevent or avoid any actions by others which may result in damage to property or endanger work or personnel.

Article XI. Insurance

The CONTRACTOR shall provide all or any insurance as may be required by ABC and he shall be reimbursed for all premiums paid for such insurance.

Article XII. Guarantees

1. The CONTRACTOR guarantees all work, materials, and equipment designed or fabricated by himself, against failure from faulty design or workmanship for a period not to exceed one (1) year from first date of installation or operation but not more than eighteen (18) months from date of delivery to jobsite, saving the ABC from all costs of

replacement, except freight costs, when the equipment is being or has been used in the method and manner for which it was designed. The CONTRACTOR cannot guarantee mechanical equipment or other equipment purchased as specialty items manufactured by others beyond the guarantee of the manufacturer of the equipment; however, the CONTRACTOR agrees to make every effort to obtain the best guarantees possible for all such equipment.

2. The CONTRACTOR does not guarantee any equipment against failure or damage due to corrosive effects from fluids or other materials unless the equipment is specifically designed to withstand the conditions caused by the particular fluid as a part of the process.
3. The CONTRACTOR agrees to make any mechanical modifications, changes, or corrections in the process which are necessary to provide the production and quality of products as outlined in the CONTRACTOR'S proposal, Exhibit I, without cost to ABC, provided the raw materials or fluids which are to be processed have the characteristics which were the basis for design, and provided the operation of the processes is maintained for sufficient periods of time required to prove production.
4. The CONTRACTOR will not be held responsible for loss of profit or for operational costs or for costs of fluids, materials, or utilities used in acceptance tests.

Article XIII. Assignment of Contract

This contract shall not be assigned by either party to this agreement except and unless mutual agreement is reached between the parties hereto.

Article XIV. Surplus Materials

1. The CONTRACTOR agrees to make every effort to avoid the accumulation of unreasonable surplus stocks of materials; however, when a surplus is found to exist the CONTRACTOR will immediately notify ABC of the existence of such surplus, giving details of the original order, cost, and specification. ABC will then advise CONTRACTOR in writing whether the material is to be transferred to ABC's warehousing facility or whether it is to be sold. If equipment or material is to be sold, CONTRACTOR will first attempt to return it to the original vendor. If the order cannot be returned then it may be disposed of for the best price CONTRACTOR may obtain. When equipment or material can be returned to vendor, the CONTRACTOR may use his own judgment in accepting vendor's re-stocking charges without further notification to ABC
2. All surplus materials remaining or accumulated at time of acceptance of completed plant by ABC will be accepted by ABC and moved or stored as directed.

3. All equipment found to be surplus will be protected by painting and stored in accordance with instructions from ABC. Equipment wilfully allowed to deteriorate, rust, or otherwise become damaged through negligence of CONTRACTOR'S employees shall become the property of CONTRACTOR, and all costs of such material or equipment including CONTRACTOR'S earned fee on such items shall be deducted from payments to CONTRACTOR.

Exhibit Ⅱ-Estimate, dollars

1. Combined Estimate

	Engineering			
Facilities	and Clerical	Material	Labor	Total
Unit A	166,000	3,026,000	804,000	3,996,000
Unit B	93,000	1,700,000	510,000	2,303,000
Unit C	25,000	470,000	120,000	615,000
Power services	6,000	112,000	33,000	151,000
General utilities	12,000	207,000	48,000	267,000
Plant buildings	18,000	340,000	85,000	443,000
Subtotals	320,000	5,855,000	1,600,000	7,775,000
Fee				850,000
Total combined estimates and fee				8,625,000

2. Estimate-Unit A

	Materials	Labor	Total
Foundations	95,000	115,000	210,000
Structural steel and building	184,000	126,000	310,000
Process equipment	1,890,000	230,000	2,120,000
Piping	619,000	226,000	845,000
Electricals	96,000	59,000	155,000
Instrumentation	142,000	48,000	190,000
	3,026,000	804,000	3,830,000
Engineering and clerical			166,000
Total, Material, Labor, Unit A			3,996,000

부 록

기계공학도를 위한 플랜트 공학

II

배관 시방서 샘플*

* 부록 II 는 H.F. Rase & M. H. Barrow (제1장 참고문헌 4)에서 전재한 것임.

Typical Piping Design Specifications

1.000 General

1.100 Basis of Design

The design, fabrication, and erection of all piping and accessories shall conform th practices specified in the Code for Pressure Piping ASME B31.1, or latest issue thereof, and to the drawings and the following specifications. All references to the code herein shall be understood to refer to the above ASME Code.

1.200 Definitions

The terminology used throughout this specification and on the drawings will be in general that conforming to current trade practices.

Anchor. Point where piping is fixed is called the anchor point. The device attached to pipe or the complete structure if it serves the single purpose of fixing the pipe is called an anchor.

Bleed. A small valve provided to draw off liquids.

Blind. A plate sized to be inserted in a flange to isolate a portion of a system.

Block Valve. A valve furnished to shut off a separate system. The term is loosely used and may be understood to mean any valve which is used for shut-off service rather than for throttling.

B.O.P. Bottom of outside of pipe. Used for pipe support location.

Control Valve. Any one of a number of different types of valves, remotely operated from some type of instrument.

Directions. The Plant North direction shown on plot plans and other drawings will serve for orientation of equipment.

Drip-Leg. A vertical section of pipe located in horizontal piping to deflect and "catch" condensate.

F.W. Field Weld.

Gradient. The successive drop in elevation of piping to insure gravity flow and drainage.

Guide. Device controlling the direction of piping movement.

Hanger. A rod and clamp, a chain, or a spring device used for supporting pipe is called a hanger.

Line. A pipe run from one point to another. The designation, Line Number is a number and symbol appearing on the piping drawings which identifies the pipe according to size, process fluid, general location, and specification.

P.E. Indicates plain-end. Used to differentiate between threaded-end pipe and mill cut. A procurement term.

P.S. The designation P.S. is used to indicate Pipe Support, which support may be one of the above anchors, guides, or shoes or several combined to form the support.

Random Pipe. Pipe furnished in random, not cut, lengths.

Shoe. Device welded to or clamped to a pipe which provides a bearing.

S.P. Sample point. A small valve with necessary piping to draw samples.

Spec. The line specification.

Spool. A short piece of pipe provided with flanges. (The term is also used to indicate pieces of fabricated pipe, but a piece of fabricated pipe does not necessarily always have flanges on each end. Lists of spool numbers are called spool-sheets. These are often used as notification to a fabricator that he may proceed with fabrication, i.e., receipt of the spool sheet releases all the listed spools.)

Spool Number. A number identifying a piece of fabricated pipe.

S.T. Steam trap. Usually schematically indicated, but understood to mean the trap and necessary valving and piping for by-passing in emergencies.

Strainer. A perforated metal sheet temporarily placed in a flanged joint to protect equipment from foreign matter in initial operation. Permanent strainers shall also be furnished where indicated.

1.300 Line Numbering System

The following numbering system shall be used as line identification on piping appearing on flow sheets and piping drawings. The complete line number shall consist of the following components, as illustrated: 4-HA-101-M__The first numeral is the nominal line size. The HA designates the service; the 100, the area number, and the M designates the piping specification applicable.

Line number shall change: (1) When size changes; (2) when specification changes; (3) when branches leave original line; (4) wherever an additional line number would simplify the engineering and drafting.

1.400 Line Sizes

Piping shall be sized in accordance with best engineering practice for pressure drops consistent with proper operation of equipment. In general the following limitation shall apply:

1.401 Sizes 3/8 in., $1^1/4$ in., $2^1/_2$ in., $3^1/_2$ in., $4^1/_2$ in., 5 in., and 7 in. shall not be used.

1.402 Drains, sample, and vent lines shall be 3/4 in. minimum unless otherwise noted. Drains for hot piping shall be not less than $1^1/_2$ in. nominal size.

1.403 Except for instrument transmission lines, piping run on support shall not be smaller than 2 in. Smaller sizes may be used for short runs less than one support space in length in special cases.

1.404 Underground lines beyond process area limits shall be 3 in. or larger. Sanitary water (WS) may be 2 in. minimum. Certain utility lines may be smaller. but must be considered as special cases and approval secured.

1.500 General Notes on Piping Design

1.501 Aboveground Lines

All process and utility lines within the process area and all yard lines outside from the process area except water lines, sewer lines, and certain designated pump and compressor lines shall be run aboveground on concrete sleepers, or overhead on structural steel supports.

1.502 Arrangement of Aboveground Lines

Aboveground lines running in the same plane shall be arranged so that the bottoms of the lines, exclusive of insulation, are at the same elevation. Sufficient height must be allowed to clear the insulation of insulated lines, and this height shall govern the elevation of uninsulated lines as well.

1.503 Elevation of Aboveground Lines

When piping is run in parallel groups, one elevation shall be selected for lines running to Plant North and South and another elevation for lines running East and West. If piping is run in "banks" or layers on pipe supports the clear dimension between bottom of pipe in one layer and top-of-pipe in adjacent layer shall be three times the nominal diameter of the largest pipe in either group, plus twice the extension of a flange beyond the outside diameter of the largest pipe in either adjacent layer. Lines shall ordinarily change elevation when they change direction, except at the discretion of the designer in special cases and for aboveground lines not running in a bank of piping. The dimension of clearance shall be the same as that given above. The largest pipe size in the bank shall always govern for clearances. (Plant North is an arbitrary direction set on Plot Plans for orientation purposes in all work.)

1.504 Elevation of Underground Lines

Changes in direction of all underground lines, except sewers and drains, shall be accompanied by a change in elevation except in the case of lines 24 in. and over. All underground piping shall be arranged as far as possible for free draining to some low point. Access shall be provided at drainage points.

1.505 Location of Valves, Use of Chain Operators

Diaphragm control valves, motor operated valves, special manual control valves and lubricated plug cocks shall be located so that they may be readily accessible from platforms, when elevated, or at grade, when possible.

The same will apply, in general, for block valves, check valves, etc., unless adjustment of the valve is not required during operation in which case extension stems or chain operators shall be used. Seven feet-three inches (7'-3") is the maximum distance the center of valve wheel may be located above the operating level without the use of a chain operator or extension. Chains shall extend to within three feet (3') of the platforms, from which the valve will be operated.

Use of chain operated valves, however, shall be kept to a minimum. Valves requiring extensions, stems, or chain operators shall be noted on drawings. Reach-rods or extension stems, field fabricated, shall be provided for valves $1^1/_2$ in. and below rather than chain wheels.

1.506 Overhead Clearance

Overhead lines running from vessels or other elevated equipment to steel pipe supports or to concrete sleepers shall have a minimum clearance of 25'0" above plant roadways, and railroad (rails). 9'-0" shall be the minimum piping clearance above walkways and platforms and above grade I the immediate process area.

1.507 Bent Pipe

Pipe shall not be bent to a mean radius of less than five (5) times the nominal pipe size. Exceptions, when necessary, shall be accomplished by means of short radius welded fittings. Such special fittings shall be noted on arrangement drawings. A minimum straight run equivalent to two or more pipe diameters should be allowed between two adjacent pipe bends wherever possible. Carbon steel pipe 4 in. and below may be cold bent on bending machines. Alloy pipe or other pipe subject to cold working stresses shall be considered as special and shall be bent according to specified procedures.

1.508 Angle Valves

The use of angle valves shall be avoided.

1.509 Drains, Vents and Test Openings

Drains shall be provided at low points and vents at high points. The drain and/or vent shall consist of a 6000 lb forged steel pipe coupling welded into the line, a short schedule 160 nipple, and a 3/4 in. Gate Valve in accordance with the line specification. In hot process lines the drain or vent shall not be less than $1^1/_2$ in. nominal pipe size. For these connections a hexagon shaped threaded steel plug shall be made-up into the valve. All such plugs shall extend at least 3 in. beyond threaded portion.

Test connections or threaded connections for future use in piping or vessels shall be fabricated the same as drains and vents except valve may be omitted and connection plugged. Shipping plugs shall be removed from such connections and replaced with hexagon steel plugs as noted above. Plugs for insulated equipment shall be fabricated to extend beyond insulation.

1.510 Service Connections and Utilities

3/4 in. hose (manufactured, heavy) connections for steam, air, and water shall be provided at convenient points in the process area for general utility purposes. Utility lines at vertical vessels are to be run adjacent to vessels and outside of insulation but not outside of tower platforms.

1.511 Connections for Pressure Gages and Pressure Instruments

Connections for pressure instruments to indicate or record pump discharge pressures, shall be located in the discharge piping between the pump flange, near the pump and the first valve. Other points shall be noted on drawings specifically. All such pressure indicating or recording points shall be accessible. Test points may be accessible by ladder. Bleed-off valving for pressure instrumentation onhot lines shall be provided with a double block (two valves) and bleed valve located between the two blocks. Instrument bleed sizes need not follow drain and vent sizing, but any bleed piping for hot services shall be not less than 1/2 in. nominal size and shall be arranged so that a rod may be driven up the valve and fitting. Bleed piping for hot fluids which may ignite on exposure to air should be supplied with a simple pipe coil cooler with water jacket. Bleeds from overhead lines and from gage glasses shall be piped to grade or nearest open drain except that the end of such bleed piping shall be visible from the primary or secondary bleed valve.

Valving arrangements for instrument connections will be shown on instrument connection detail drawings.

1.512 Thermo-wells, Test Wells, Orifice Flanges, Miscellaneous Instruments

All temperature instrument points and orifice flange locations shall be noted on piping drawings. The necessary fittings and arrangement shall be shown on instrument schedule and instrument installation drawings. All such installations shall be field fabricated, unless otherwise noted. Orifice flanges shall be located in the exact position shown on drawings. Thermo-wells should be accessible when practical.

1.513 Steam Traps

Typical and special steam trap assemblies shall be shown in detail on "Steam-Trap Schedule Drawing" and identified by the trap number. The steam trap location will be shown on piping drawings by symbol and number.

1.514 Expansion Loops

If stresses produced by expansion or contraction of piping cannot be reduced to the allowable limits of stress as defined by the Code, by changes in direction or elevation, expansion loops shall be provided. Such loops, for piping 6 in. and above shall be fabricated from welding fittings. Cold spring shall not be used.

All expansion loops shall in general be in a vertical plane, rather than horizontal. Loops may be hung downward from supports, and completely fabricated from welding fittings, i..e., two 90° weld ells-one 180° weld fitting, or four 90° long radius weld ells. Expansion loops shall be designed for a maximum stress of only 75% of that allowed by the code under the service.

1.515 Piping at Pumps, Compressors, and Turbines

1.5151 Pumps

Check valves shall be provided in discharge lines of all centrifugal pumps upstream 1.of first block valve.

1.51511 Temporary strainers shall be fabricated from machine perforated sheet metal not less than 1/16 in. thick for piping up to 8 in. nominal size and not less than 1/8 in. thick for all sizes above 8 in.

151512 Pumps and piping shall be so arranged that minimum clearance between projections of adjacent pumps or machines shall be 2'6". The minimum operating aisle, which shall be at the driver end, shall be 5'0". Adequate clearance shall be provided for the withdrawal of reciprocating parts or parts which require horizontal withdrawals.

1.51513 Suction and discharge piping shall be arranged in accordance with the "Standards of the Hydraulic Institute." Water pumps shall be installed with flooded suctions wherever possible. Otherwise, foot valves and ejectors or injector systems shall be provided.

1.51514 Hot piping connections into equipment such as pumps and turbines shall be arranged and anchored to eliminate all possible piping stress being carried into machine.

1.51515 Piping connections to equipment shall not be run horizontally over or across equipment. Equipment must be left clear for removal by crane or other maintenance equipment. See 1.603.

1.51516 Lubricating systems, gland-seal, and small water cooling piping shall be shown in detail on drawings to avoid possible connection errors.

1.5152 Compressors

Compressor piping shall be arranged to avoid excessive or cyclic vibration. See 1.51516 for lubricating oil and water systems.

1.5153 Turbines

Mechanical expansion joints shall be provided in all exhaust steam and live steam lines connecting to equipment. See 1.5157 for lubricating oil and water systems.

1.516 Steam, Exhaust and condensate Lines

All secondary or saturated steam piping and exhaust steam piping shall be run with a gradient. Drip-legs with steam traps shall be provided in this piping at all junction points and other points considered necessary.

Steam traps shall be run to the nearest condensate return header except as noted on drawings.

Main steam distribution headers shall be run with a gradient, and drip-legs shall be provided for condensate removal.

Steam connections from steam headers to equipment drivers shall be provided with a gate valve located in a horizontal run at the header, and a globe valve adjacent to the driver. This valving shall be in addition to any control valves. Exhaust steam connections at the driver shall be provided with a gate valve adjacent to the driver. No block valve shall be provided at exhaust steam headers. 1/2 in. minimum nominal pipe size condensate blow-off connections shall be provided in both steam and exhaust connections at equipment and run to the nearest open box drain. Such lines shall not be submerged in liquid or run to bottom of the drain box.

1.600 Fabrication and Fittings

1.601 Shop and Field Fabricated Pipe

All pipe 4 in. and above shall be shop fabricated, utilizing welding fittings. All 3 in. piping shall be field fabricated utilizing welding fittings. All 2 in. piping ($2^1/_2$ in. when used) and smaller shall be field fabricated, utilizing screwed fittings. In certain cases for 2 in. piping only, welded joints may be more practical than screwed. Where welding is to be utilized it shall be clearly noted, (for 2 in. piping only) on drawings. All galvanized piping shall be run screwed. No welding shall be performed on galvanized piping.

1.602 Changes in Direction

1.6021 Changes in direction of all screwed piping shall be made with pipe bends where possible (see 1.507); otherwise, use screwed fittings, or as noted above in 1.601.

1.6022 Changes in direction of welded piping shall ordinarily be made with seamless buttwelding elbows. Bent pipe may be used, depending on the specification, the service, or the application. See 1.507. Pipe bends in piping 6 in. and above shall be considered as special cases and must be authorized.

1.603 Flanged Fittings and Spools

Flanged fittings shall be kept to an absolute minimum. Short flanged spools (see 1.200) for piping 4 in. and above shall be provided at each piece of equipment for removal purposes. At pumps and turbines the spool may be eliminated if valving or expansion joints provide removable pieces of piping. See 1.5156.

1.604 Reducers

Changes in size of screwed lines shall be effected with forged steel (only) screwed reducing fittings, except at screwed control valves where swaged nipples (seamless only) may be used. For flanged or welded lines seamless buttwelding reducers shall be used. The use of reducing screwed tees shall be limited to side outlet reducing only.

1.605 Branch Connectors

Branch connections in shop fabricated piping may be made without the use of buttwelding fittings when properly reinforced according to code requirements. Buttwelding fittings shall be used for branch connections in field fabricated welded lines. Flanges shall be provided for the reduced connection near the branch.

Manifold connections may be made by means of 6000 lb forged steel couplings welded into the pipe. All such connections must conform to code practice. Large size (above screwed) piping may be welded directly into headers for manifolds. Thread-end nipples welded into pipe bosses shall not be used.

1.606 Maximum Length (Shipping)

No shop fabricated integral piece of pipe shall exceed a maximum length of 40' 0", nor a width or height exceeding the limits of a nine (9') foot rectangle, regardless of whether this limitation is indicated on the drawings. Field welds shall be understood to be required whenever the pieces exceed these limits.

1.607 Connection Flanges and Blind Flanges

Flanges shall be supplied in piping outside the process area limits only at selected points and shall be omitted or kept to a minimum. Flanges in steam piping systems particularly shall be kept to a minimum. All piping run as headers shall be terminated by a blind flange.

1.608 Buttwelding Elbows

Buttwelding 90°elbows shall be long radius type. Exceptions, where necessary, shall be noted on arrangement drawings.

1.700 Testing

1.701 Field Testing

After erection but before application of insulation, all lines shall be given a hydrostatic test as follows:

1.7011 Each section of piping shall be tested hydrostatically at a pressure equal to two (2) times the lowest primary service pressure rating of the fittings, valves, and flanges in the line, but in no case less than one and one-half times the actual normal working pressure. (In certain hydrocarbon and chemical processes all water must be removed from any part of the process system before operation. Such processes cannot be tested with water since the complete removal of the water from the system could not be effected without disassembly thus nullifying the test. Some other acceptable process fluid must be used for testing. Air may not be used since it will also leave water or lubrication oil as a contaminant. Such requirements must be developed early so that the fluid will be available.)

1.7012 The test pressure must not be greater than one-half times the maximum allowable working pressure for the pipe or as determined in accordance with testing requirements in the Code.

1.7013 The test pressure must not be greater than the maximum allowable pressure for the weakest piece of equipment installed in the line and included in the hydrostatic test.

In general, major equipment such as vessels, exchangers, pumps, and compressors shall be isolated from pipe line hydrostatic test. When necessary for practicability, exchangers and vessels may be included with the connected piping, provided the piping test pressures are within the allowable cold pressure limits of the equipment.

1.7014 The lowest hydrostatic test pressure shall be 100 psig.

1.7015 The following equipment shall be excluded from the general hydrostatic test, but shall be tested with compressed air (and soap suds) at pressure equal to the allowable working pressure of the equipment and lines or equal to the maximum compressed air pressure, whichever is the lower.

1.70151 Instrument Air Lines

1.70152 Airlines to Air Motor Operated Valves

1.70153 Pressure Parts of Instruments in Gas or Vapor Service. All other pressure parts of instruments, however, shall be subjected to the general hydrostatic test, except when test pressure exceeds normal working pressure, in which case the instrument shall be isolated.

1.70154 Plant Air Lines

1.70155 Plant Fuel Gas Lines

1.7016 Relief valves shall be excluded from the general hydrostatic tests. Blinds shall be installed between the relief valve inlet or outlet and the section of pipe being tested.

1.7017 Where the test is to be made using water or other fluid, all air shall be vented from the lines as fluid is admitted.

1.7018 The piping and equipment being subjected to the hydrostatic test shall be maintained under pressure for a sufficient length of time to permit thorough inspection for leaks and defects.

1.7019 All underground pipe anchors for bell and spigot elbows and tees shall be completed previous to testing, to avoid the possibility of blowing out.

1.702 Shop Testing

All flanged, shop-fabricated, carbon steel piping for foreign shipment shall be hydrostatically tested before shipment to twice the pressure corresponding to the ASA flange rating of the piece being tested. All alloy or heat treated shop fabricated piping shall be tested in the same manner whether for foreign or domestic use.

Carbon steel pipe fabricated without flanges will be subject to field test only after erection, and the shop test will be waived.

All shop tests shall be performed in the presence of and be witnessed by the purchaser's inspector or delegated representative.

1.800 Pipe Specifications

1.801 Specification M

This specification shall apply to the following services:

A	100	lb	Ai	F	50	lb	Fuel
C	50	lb	Caustic	H	150	lb	Hydrocarbon
SC	15	lb	Condensate	SE	40	lb	Exhaust

Rating:

230 psi at 100 F

150 psi at 500 F

100 psi at 750 F (Maximum)

1.8011 Pipe

Seamless carbon steel, random lengths, P.E. for sizes 2 in. and below, bevelled for welding 3 in. and above, conforming to ASTM Spec. A53 Grade A, latest revision.

2 in. and smaller. Schedule 80. (May be ASTM-A106 or A83 if A53 is unavailable.)

3 in. through 10 in. Schedule 40.

1.8012 Flanges

Forged carbon steel, 150 lb ANSI welding neck, 1/16 in. raised face conforming to ASTM Spec. A181, latest revision, Class I, 0.35% maximum carbon. Note: Bore of all weld neck flanges to be the same as the I.D. of pipe with which used.

1.8013 Fittings

$1^1/_2$ in. and smaller. Screwed type, 3000 lb CWP forged carbon steel.

2 in. and larger. Buttwelding type, seamless carbon steel conforming to ASTM Spec. A234 and A106, latest revisions, Grade A. Inside diameter and wall thickness to be same as pipe with which used.

2 in. and larger. Flanged type, 150 lb ANSI standard cast carbon steel, 1/16 in. raised face.

Cast Steel Flanged Fittings. Do not ordinarily use.

1.8014 Unions

$1^1/_2$ in. and smaller. 2000 lb CWP forged carbon steel screwed, ground joint, integral steel seats.

2 in. and larger. Use flanges as specified above.

1.8015 Bushings and Plugs

$1^1/_2$ in. and smaller. Steel hexagon bushings, and steel hexagon barstock plugs. Use reducers where reduction is more than two sizes.

1.8016 Bolting

Alloy steel bolt studs, see 1.901.

1.8017 Gaskets

Asbestos filled double-jacketed corrugated iron, except for Specs. A and SC sheet asbestos ring gaskets shall be used.

1.80181 Gate Valves

$1^1/_2$ in. and smaller. 600 lb SWP forged carbon steel screwed, inside screw stem, union bonnet, 11-13% chrome stainless steel trim (V35). Note: For Spec. A and SC, see under 1.80381.

2 in. and larger. 150 lb ANSI standard cast carbon steel, flanged, O.S.&Y., 11-13% chrome stainless steel trim; 1/16 in. raised face (V1). Note: For Spec. SC, see 1.80381.

1.80182 Globe Valves

$1^1/_2$ in. and smaller. 600 lb SWP forged carbon steel screwed, inside screw stem, union bonnet, 11-13% chrome stainless steel trim (V34). Note: For Spec. A and SC, see 1.80382.

2 in. and larger. 150 lb ANSI Standard. cast carbon steel, flanged, O.S.&Y., 1/16 in. raised face, 11-13% chrome stainless steel trim (V2). Note: For Spec. SC, see 1.80382.

Note: Use Gate Valves for sizes above 6 in.

1.80183 Check Valves

$1^1/_2$ in. and smaller. 600 lb SWP forged carbon steel screwed, horizontal, piston type, 11-13% chrome stainless steel trim (V19). Note: For Spec. A and SC, see 1.80383.

2 in. and larger. 150 lb ANSI Standard cast carbon steel, flanged, 1/16 in. raised face, swing-type, 11-13% chrome stainless steel trim (V3). Note: For Spec. SC, see 1.80383.

1.80184 Plug Valves

1/4 in, Size. 2000 lb WOG forged carbon steel, screwed, lubricated plug cock (V110).

$1^1/_2$ in. and smaller. 300 lb WP cast carbon steel, screwed, wrench operated, lubricated plug cock (V58).

2 in. to 6 in. sizes. 150 lb ANSI Standard cast carbon steel, flanged, 1/16 in. raised face, wrench operated, lubricated plug cock (V54).

1.8020 Specification N

This specification shall apply to serviced S, HA, HB, HC 300 lb process oil and vapor, 275 lb steam:

Rating: 500 psi @ 100℉
375 psi @ 500℉
300 psi @ 750℉

1.8021 Pipe

Seamless carbon steel, random lengths, P.E. for sizes 2 in. and below, bevelled for welding 3 in. and above, conforming to ASTM Spec. A106 Grade A, latest revision.

10 in. and smaller. Schedule 80.

12 in. and larger. 0.375 in. Wall.

1.8022 Flanges

Forged carbon steel, 300 lb ANSI welding neck, 1/16 in. raised face, conforming to ASTM Spec. A181, latest revision. Class I, 0.35% maximum carbon, except for HC, use RTJ Flange Facing.

Note: Bore of all weld neck flanges to be .same as the I.D. of pipe with which used.

1.8023 Fittings

$1^1/_2$ in. and smaller. Screwed type, see 1.8013.

2 in. and larger. Buttwelding type, see 1.8013.

Note: Cast Steel Flanged Fittings; do not ordinarily use.

1.8024 Unions

$1^1/_2$ in. and smaller. 2000 lb CWP forged carbon steel screwed, see 1.8014.

2 in. and larger. Use flanges as specified above.

1.8025 Bushings and Plugs

$1^1/_2$ in. and smaller. See 1.8015.

1.8026 Bolting

Alloy steel bolt studs, see 1.901.

1.8027 Gaskets

Asbestos filled corrugated iron, except for Spec. HC which shall be 90 Brinell Soft, carbon steel, octagonal, ring.

1.8028 Valves

1.80281 Gate Valves

$1^1/_2$ in. and smaller. 600 lb SWP forged carbon steel screwed, inside screw stem, union bonnet, 11-13% chrome stainless steel trim (V35).

2 in. and larger. 300 lb ANSI Standard Cast carbon steel, flanged, O.S.&Y., 11-13% chrome stainless steel trim, 1/16 in. raised face (V4).

1.80282 Globe Valves

$1^1/_2$ in. and smaller. 600 lb SWP forged carbon steel screwed inside screw stem, union bonnet, 11-13% chrome stainless steel trim (V34).

2 in. and larger. 300 lb ANSI Standard cast carbon steel, flanged, O.S.&Y., 1/16 in. raised face, 11-13% chrome stainless steel trim (V5).

Note: Use gate valves for siaes above 6 in.

1.80283 Check Valves

$1^1/_2$ in. and smaller. 600 lb SWP forged carbon steel screwed, horizontal, piston type, 11-13% chrome stainless steel trim (V19).

2 in. and larger. 300 lb. ANSI Std. cast carbon steel, flanged, 1/16 in. raised face, swing-type, 11-13% chrome stainless steel trim (V6).

1.80284 Plug Valves

1/4 in. Size. 2000 lb WOG, forged carbon steel, screwed, lubricated plug cock (V110).

$1^1/_2$ in. and smaller. 300 lb WP cast carbon steel, screwed, wrench operated, lubricated plug cock (V58).

2 in. to 4 in. Sizes. 300 lb ANSI standard cast carbon steel, flanged, 1/16 in. raised face, wrench operated, lubricated plug cock (V59).

1.8030 Specification P

This specification shall apply to services W, WC, WS, WF:

WF 100 lb Fire Water	WC 75 lb Cooling Water
W 75 lb Service Water	WS 45 lb Sanitary Water

Rating: 125 psi @ 150℉

Note: All pipe and fittings for WS service shall be galvanized.

1.80311 Pipe Above Grade

Seamless carbon steel, random lengths, P.E. for sizes 2 in. and below, bevelled for welding 3 in. and above, conforming to ASTM Spec. A53, Grade A, latest revision, for above grade use only. For WS use ASTM A-120 galvanized.

2 in. and smaller. Schedule 80, except for WS which may be Schedule 40.

3 in. thru 10 in. Schedule 40.

12 in. thru 20 in. 0.375 in. wall pipe.

24 in. and above. 0.250 in. wall, seamless or weld.

1.80312 Pipe Below Grade

2 in. and smaller. Same as above, except galvanized.

3 in. and above. Cast iron, pipe, mechanical joint in accordance with ANSI-A 21.6 or 8, Class 22.

1.8032 Flanges

150 lb ANSI standard forged carbon steel, 1/16 in. welding neck, raised face, except to be plain face where connected to plain-faced cast iron valves, fittings, and equipment. Flanges shall conform to ASTM Spec. A-181, latest revision, Class I, 0.35% maximum carbon. For steel pipe only.

Note: Bore of all weld neck flanges to be same as the I.D. of pipe with which used.

1.80331 Fittings, above grade

$1^1/_2$ in. and smaller. 300 lb standard malleable iron, screwed. Galvanized for WS up to 2 in.

2 in. and larger. Buttwelding type seamless carbon steel, conforming to ASTM Spec. A234 and A106, latest revision, Grade A, at same I.D. and thickness as pipe with which used.

2 in. and larger. Flanged type. Class 125 lb ANSI standard Cast Iron.

1.80332 Fittings to size required, below grade

Class 150 mechanical joint fittings having the same laying dimensions as ANSI Class 125 standard flanged fittings.

1.8034 Unions

$1^1/_2$ in. and smaller. 300 lb standard malleable iron, screwed, ground joint, brass to iron seat.

2 in. and larger. Use flanges as specified above, or mechanical joints. On cast iron pipe in accordance with ANSI A 21.11.

1.8035 Bushings and Plugs

Hexagon steel bushings and hexagon steel plugs. Use reducers where reduction is more than two sizes. Note: All changes from cast iron to steel shall be effected by a flanged cast iron stub piece connected to a mechanical joint.

1.8036 Bolting

Standard carbon steel square head machine bolts with semi-finished steel nuts for steel piping. Bolting shall be supplied with cast iron piping in accordance with ANSI A21-11.

1.8037 Gaskets

1/16 in. thick compressed asbestos. For raised-faced joints. Use ring gaskets for raised-faced joints and full face gaskets for plain-faced joints. Plain composition rubber gaskets shall be supplied with cast iron pipe.

1.8038 Valves

1.80381 Gate Valves

$1^1/_2$ in. and smaller. 150 lb SWP brass, screwed, rising stem, inside screw (V47).

2 in. and larger. 125 lb ANSI standard cast iron, flanged, O.S.&Y., brass trim; and stem (V26).

2 in. and larger. 125 lb ANSI standard cast iron, flanged, O.S.&Y. (fire service double-disk, nonrising stem, brass trim, only) (V117).

1.80382 Globe Valves

$1^1/_2$ in. and smaller. 250 SWP brass, screwed, rising stem, union bonnet (V51). 2 in. and larger. Use gate valves.

1.80383 Check Valves

$1^1/_2$ in. and smaller. 250 lb SWP brass screwed, horizontal piston type, Ni Alloy seat and disk (V101).

2 in. and larger. 125 lb ANSI standard cast iron, flanged, swing type, brass trim (V28).

1.80384 Fire Hydrants

Two hose connection, plant type hydrants (VF).

1.8040 Specification Q

This specification shall apply to service AC only:

50 lb Air for Instruments, dried.

Rating, 125 PSI @ 150℉

1.8041 Pipe

Seamless carbon steel conforming to ASTM Spec. A53, Grade A, latest revision, galvanized. ASTM-A83 acceptable for 2 in. and smaller.

2 in. and smaller. Schedule 80.

3 in. thru 10 in. Schedule 40.

1.8042 Flanges

Cast iron, 125 lb ANSI screwed, flat face, galvanized.

1.8043 Fittings

2 in. and smaller. Screwed type. 300 lb standard malleable iron, galvanized screwed.

3 in.-6 in. and larger. Flanged type. 125 lb ANSI standard cast iron. Note: Use either screwed or flanged as required.

Note: The use of cast iron flanged fittings shall be kept to a minimum.

1.8044 Unions

2 in. and smaller. 2000 lb CWP forged carbon steel screwed, ground, joint, integral steel seats.

3 in. and larger. Flanges are permissible as specified above.

1.8045 Bushings and Plugs

$1^1/_2$ in. and smaller. Steel hexagon bushings, and steel hexagon bar stock plugs. Use reducers where reduction is more than two sizes.

1.8046 Bolting. Carbon steel machine bolts, see 1.901.

1.8047 Gaskets. 1/16 in. compressed asbestos gasket.

1.8048 Valves. See 1.8038 for Valve Specifications.

1.8050 Specification Z

This specification shall apply to instrument services only:

Instrument Services Rating, see Line Services.

1.8051 ipe

Instrument lead lines, or lines which carry fluids to and from instrument elements shall be the same specification or better, than the line service from which instrument line originates. Schedule 160 nipples shall be used up to first block valve where any danger of physical damage to piping is possible. Extensive runs of small sized lines shall be avoided, but where necessary structural support must be provided. Instrument piping of process fluids exceeding 25 ft must be authorized prior to installation.

1.8052 ubing

Copper tubing shall be used for air transmission lines. All tubing shall be 1/4 in. O.D. 0.032" Wall ASTM, B68, nonarsenical cold drawn, vacuum annealed.

1.8053 Fittings

Flared-type fittings shall be used for all copper tubing lines.

1.8054 Valves

Valving used in instrument lead piping shall be of the same specification as the originating line specification.

1.900 Miscellaneous Specifications

1.9010 Alloy Steel Bolting

Alloy steel bolting shall be provided for services S, H, HA, HB and HC and shall conform to ASTM-A193, Grade B7, Class 7 fit for bolt, Class 2B fit for nuts, with two (2) heavy series hexagonal nuts each. Nuts shall conform to ASTM Spec. A194, latest revision, Class 2H, oil quenched, hot forged. All other bolting shall conform to ASTM-A307 with Class 2A fit for bolts and 2B fit for nuts, excepting bolting furnished by pipe vendor for W services, which shall meet ANSI-A21.11 requirements.

1.9020 Cleaning and painting

1.9021 After erection all lines shall be cleaned internally by circulation to remove all dirt and other foreign matter before the plant begins operation. Care shall be taken to thoroughly clean air lines to air actuated diaphragm control valves, before they are connected, and after connection up to last fitting before instrument or valve.

1.9022 All underground (buried) shop fabricated steel pipe 3 in. thru 10 in. size shall have coating on the outside only and wrapping applied as follows:

a. Clean by sandblasting.

b. Apply one coat of bitumastic primer.

c. Apply first coat of bitumastic enamel.

d. Apply second coat of bitumastic enamel

e. Spirally wrap one layer of 15 lb asbestos felt.

f. Spirally wrap one layer of 60 lb Kraft paper.

1.9023 All underground (buried) steel pipe shall have inside and outside cleaned and wrapping applied as follows:

Specifications Inside (for 12 in. and above)

a. Clean by sandblasting.

b. Apply one coat bitumastic primer.

c. Apply one heavy coat bitumastic enamel.

Specifications for coating and wrapping outside of pipe shall be same as for 3 in. thru 10 in. size as specified above, 1.9022.

1.9030 Fire proofing

Pipe supports carrying main steam headers or hydrocarbons through areas subject to fire hazards shall be fireproofed to the point of the cross load bearing members, or as noted on drawings.

1.904 Steam Traps

Inverted bucket-type steam traps shall be provided for all services except those handling small quantities of steam for which case impulse type traps maybe used. All bucket type traps shall have forged or cast steel bodies with allowable working pressure of 600 psi minimum. All other traps shall be steel and have service rating at least two times line pressure.

저자소개

박운진(朴雲辰) 교수

학력/경력
서울대 공대 학사
펜스테이트 기계공학 박사(Ph.D)
제주대 공대 에너지공학과 교수
현 한국기술교육대학교 기계공학부 교수

플랜트 프로젝트 수행이력
평택화력 1,2호기(350 MW x 2 units) 배관설계
월성원자력 1호기 원자로주변 배관설계(캐나다 원자력공사 파견근무)
리비아 미수라타 담수화 및 발전플랜트 설계
사우디 리야드 킹칼리드 국제공항 저유 및 분배 플랜트(PF37) 건설

저서 및 역서
풍력에너지 기초, 소형 및 마이크로 풍력 시스템 가이드, Paul Gipe 저, 박운진 역, HS Media, 2009.
풍력에너지 제대로 알기, Paul Gipe 저, 박운진 역, HS Media, 2011.
유체역학*(Fluid Mechanics, Fundamentals and Applications)*,Cengel and Cimbala 저, 박운진 외 공역, 맥그로힐 코리아, 2판,2009.
C engel & Cimbala 유체역학, Cimbala and Cengel 저, 박운진 외 공역, 지필미디어(주), 2013.
친환경자동차, 박운진 저, 오토북스, 2006.

친환경
플랜트 공학

A-JIN

지은이와 협의 인지 생략

인 쇄 : 2020년 08월 20일
발 행 : 2020년 08월 30일
저 자 : 박운진
발 행 처 : 도서출판 아진
437-120
경기도 의왕시 이미로 40 (포일동 653번지)
인덕원IT밸리 A동 1019호
TEL:02-737-0663 FAX:02-737-0664
Homepage:ajin.to
E-mail:kgb@ajin.to
발 행 인 : 김 근 배
등록번호 : 제330-1995-56호
I S B N : 978-89-5761-701-4 93540

가격 30,000원